應用線性代數

楊精松・莊紹容・吳榮厚

東華書局

國家圖書館出版品預行編目資料

應用線性代數 / 楊精松, 莊紹容, 吳榮厚編著. -- 初版. --
臺北市 : 臺灣東華, 2014.11

376 面 ; 19x26 公分. --

ISBN 978-957-483-799-1 (平裝)

1. 線性代數

313.3 103022334

應用線性代數

編著者 楊精松 • 莊紹容 • 吳榮厚
發行人 陳錦煌
出版者 臺灣東華書局股份有限公司
地址 臺北市重慶南路一段一四七號三樓
電話 (02) 2311-4027
傳真 (02) 2311-6615
劃撥帳號 00064813
網址 www.tunghua.com.tw
讀者服務 service@tunghua.com.tw
門市 臺北市重慶南路一段一四七號一樓
電話 (02) 2371-9320
出版日期 2014 年 11 月 1 版
2018 年 2 月 1 版 3 刷

ISBN 978-957-483-799-1

序言

當學生開始研習線性代數這一門課程之後，就有學生會問老師一些問題：學習線性代數究竟有那些用處？以及在那些領域中可以用到？這的確是一個不好回答的問題。因為近幾年以來，線性代數的應用實不亞於微積分，而線性代數廣泛地被用在物理學、生態學、化學、經濟學、心理學、社會學，以及工程科學領域中，要去完全了解它的應用，實在不是一件容易的事。但是為了想回答學生所提出的問題，作者依據平常講授線性代數之經驗，同時參考了不少中外有關線性代數的書籍而編寫了這本「應用線性代數」。

本書的編寫力求深入淺出，結構嚴謹以及理論與實用的配合，全書分成基礎篇（1 章～6 章）與應用篇（7 章～8 章），為了增進教學效果，本書附有教學光碟及教師手冊，以提供老師教學時參考。而本書附有＊號之章節對商管學院各系的學生可以不教。

這本「應用線性代數」概括地介紹線性代數入門及其重要應用，此書可作為科技大學工學院及商管學院大一或大二程度的學生一年講授之用，同時這本書也可用來當參考教材。雖然作者在例子與習題中使用到有關基本微積分之計算，但微積分在本書中並非很重要，對大一的同學，老師可刪除有關微積分的例子。

本教科書的重點在於計算與幾何方面的觀念，而使抽象的觀念減少到最低的程度。因此有時我們會省略去一些艱難定理的證明或者刪去一些較不重要定理的證明，而以例子來充分說明有關之性質。

❖ 本書內容介紹

基礎篇包含基礎的線性代數內容：

第一章：探討矩陣之性質及逆方陣，並利用逆方陣求解線性方程組 $\boldsymbol{AX} = \boldsymbol{B}$。

第二章：探討行列式及其性質，並利用克雷莫法則解線性方程組。

第三章：介紹三維及 n 維空間向量與幾何，並定義內積與叉積及其應用。

第四章：介紹向量空間、基底、維數。

第五章：介紹內積空間與格蘭姆-史密特正規正交法。

第六章：介紹線性變換與矩陣的特徵值，並應用到二次曲線與二次曲面中之轉軸定理。

第七章：介紹矩陣在微分方程組上的應用。

第八章：介紹線性規劃。

本書得以順利出版，要感謝東華書局董事長卓劉慶弟女士的鼓勵與支持，並承蒙編輯部全體同仁的鼎力相助，在此一併致謝。

編者等才疏學淺，錯誤之處在所難免，敬祈各界學者先進大力斧正，以匡不逮。

編者　謹識

目　錄

CONTENTS

01 矩陣與線性方程組

◎ 矩陣的意義
◎ 矩陣的運算
◎ 逆方陣
◎ 矩陣的基本列運算；簡約列梯陣
◎ 線性方程組的解法

CHAPTER

1-1 矩陣的意義

矩陣在各方面的用途非常廣泛，舉凡電機、自動控制、土木、機械、企業管理、經濟學等，均普遍會應用矩陣的觀念。在沒有談到矩陣的定義之前，我們先看下列的數據。例如，某公司所屬兩工廠的數據如下表所示：

工廠	人員	機器數	電力	生產量
A	40	10	1900 瓩／時	600 公噸
B	60	20	2500 瓩／時	900 公噸

當我們知道該表格各欄的特定意義後，根據該表格內的數字所排成的矩形陣列，就可得到所要的資料。例如上表各數字所排成的矩形陣列即為

$$\begin{bmatrix} 40 & 10 & 1900 & 600 \\ 60 & 20 & 2500 & 900 \end{bmatrix}。$$

> **定義 1-1-1**
>
> 若有 $m \times n$ 個數 a_{ij}（$i = 1, 2, 3, \cdots, m$；$j = 1, 2, 3, \cdots, n$）表成下列的形式
>
> $$A = \begin{bmatrix} a_{11} & a_{12} & \cdots & a_{1j} & \cdots & a_{1n} \\ a_{21} & a_{22} & \cdots & a_{2j} & \cdots & a_{2n} \\ \vdots & \vdots & & \vdots & & \vdots \\ a_{i1} & a_{i2} & \cdots & a_{ij} & \cdots & a_{in} \\ \vdots & \vdots & & \vdots & & \vdots \\ a_{m1} & a_{m2} & \cdots & a_{mj} & \cdots & a_{mn} \end{bmatrix} \begin{matrix} \leftarrow \text{第 1 列} \\ \\ \\ \leftarrow \text{第 } i \text{ 列} \\ \\ \leftarrow \text{第 } m \text{ 列} \end{matrix}$$
>
> 　　　　　　↑　　　　↑　　　　↑
> 　　　　　第 1 行　第 j 行　第 n 行
>
> 其中有 m 列（row）n 行（column），則它是由 a_{ij} 所組成的**矩陣**（matrix）。矩陣中第 i 列第 j 行的數 a_{ij}，稱為此矩陣第 i 列第 j 行的**元素**（entry），故此矩陣中有 $m \times n$ 個元素。

矩陣常以大寫英文字母 A、B、C、$\cdots$ 來表示，若已知一矩陣 A 有 m 列 n 行，則稱此矩陣 A 的**大小**（size）為 $m \times n$，以 $A = [a_{ij}]_{m \times n}$ 表示，其中 $1 \leq i \leq m$，$1 \leq j \leq n$。

例題 1

設 $A=\begin{bmatrix}1 & 5 & 4\\ -2 & 1 & 6\end{bmatrix}$, $B=\begin{bmatrix}3 & -1 & 0\\ 4 & 1 & -1\\ 5 & 6 & -1\end{bmatrix}$, $C=\begin{bmatrix}1\\0\\2\end{bmatrix}$, $D=[-1\ 0\ 4]$

則 A 是 2×3 矩陣，且 $a_{11}=1$, $a_{12}=5$, $a_{13}=4$, $a_{21}=-2$, $a_{22}=1$, $a_{23}=6$; B 是 3×3 矩陣; C 是 3×1 矩陣; D 是 1×3 矩陣。

矩陣的形式

1. 方　陣

若列數 m 與行數 n 相等，則稱該矩陣為 n 階方陣，即

$$A=\begin{bmatrix}a_{11} & a_{12} & a_{13} & \cdots & a_{1n}\\ a_{21} & a_{22} & a_{23} & \cdots & a_{2n}\\ \vdots & \vdots & \vdots & & \vdots\\ a_{n1} & a_{n2} & a_{n3} & \cdots & a_{nn}\end{bmatrix}=[a_{ij}];\quad 1\le i,\ j\le n。$$

2. 行矩陣與列矩陣

定義 1-1-2

凡是只有一行的矩陣，即 $m\times 1$ 矩陣，稱為**行矩陣**或**行向量**。
凡是只有一列的矩陣，即 $1\times n$ 矩陣，稱為**列矩陣**或**列向量**。

例如，$C=\begin{bmatrix}1\\0\\2\end{bmatrix}$ 為行矩陣或行向量，$D=[-1\ \ 0\ \ 4]$ 為列矩陣或列向量。

3. 對角線方陣

若一方陣 $A=[a_{ij}]$ 中除對角線上的元素外，其餘的元素皆為 0，即 $a_{ij}=0$（$i\neq j$），則稱它為**對角線方陣**（diagonal matrix），通常均以 diag $(a_{11}, a_{22}, a_{33}, \cdots, a_{nn})$ 表示之。

4. 單位方陣

若一方陣 $\boldsymbol{A}=[a_{ij}]$ 中，除對角線上的元素為 1 外，其餘的元素皆為 0，即

$$a_{ij}=\begin{cases}1\,, & i=j\\ 0\,, & i\neq j\end{cases}\;;\quad 1\leq i,\ j\leq n$$

則稱它為**單位方陣**（unit matrix），記為

$$\boldsymbol{I}_n=\begin{bmatrix}1 & 0 & 0 & \cdots & 0\\ 0 & 1 & 0 & \cdots & 0\\ \vdots & \vdots & \vdots & & \vdots\\ 0 & 0 & 0 & \cdots & 1\end{bmatrix}$$

或　$\boldsymbol{I}_n=\mathrm{diag}(1,\ 1,\ 1,\ \cdots,\ 1)$。

5. 零矩陣

一矩陣中的各元素均為 0，稱為**零矩陣**，以符號“$\mathbf{0}_{m\times n}$”表示各元素均為 0 的 $m\times n$ 矩陣。

6. 上三角矩陣

在方陣 $\boldsymbol{A}=[a_{ij}]$ 中，當 $i>j$ 時，$a_{ij}=0$，即

$$\boldsymbol{A}=\begin{bmatrix}a_{11} & a_{12} & a_{13} & \cdots & a_{1n}\\ 0 & a_{22} & a_{23} & \cdots & a_{2n}\\ 0 & 0 & a_{33} & \cdots & a_{3n}\\ \vdots & \vdots & \vdots & & \vdots\\ 0 & 0 & 0 & \cdots & a_{nn}\end{bmatrix}$$

則稱 $\boldsymbol{A}$ 為**上三角矩陣**（upper triangular matrix）。

7. 下三角矩陣

在方陣 $\boldsymbol{A}=[a_{ij}]$ 中，當 $i<j$ 時，$a_{ij}=0$，即

$$\boldsymbol{A}=\begin{bmatrix}a_{11} & 0 & 0 & \cdots & 0\\ a_{21} & a_{22} & 0 & \cdots & 0\\ a_{31} & a_{32} & a_{33} & \cdots & 0\\ \vdots & \vdots & \vdots & & \vdots\\ a_{n1} & a_{n2} & a_{n3} & \cdots & a_{nn}\end{bmatrix}$$

則稱 $\boldsymbol{A}$ 為**下三角矩陣**（lower triangular matrix）。

定義 1-1-3

已知 $A=[a_{ij}]_{m\times n}$，若 $a_{ij}^T=a_{ji}$（$i\le i\le m$, $1\le j\le n$），則矩陣 $A^T=[a_{ij}^T]_{n\times m}$ 稱為 A 的**轉置**（transpose）。即，A 的轉置是由 A 的行與列互換而得。

例題 2

若 $A=\begin{bmatrix}1 & 4\\ 7 & -1\\ 0 & 1\\ 4 & 3\end{bmatrix}$, 則 $A^T=\begin{bmatrix}1 & 7 & 0 & 4\\ 4 & -1 & 1 & 3\end{bmatrix}$。

定義 1-1-4

已知方陣 $A=[a_{ij}]_{n\times n}$，

(1) 若 $A=A^T$, 即 $a_{ij}=a_{ji}$，$\forall i$、$j=1, 2, \cdots, n$, 則稱 A 為**對稱方陣**（symmetric matrix）。

(2) 若 $A=-A^T$, 則稱 A 為**反對稱方陣**（skew-symmetric matrix）。

例題 3

$A=\begin{bmatrix}1 & 2 & 3\\ 2 & 4 & 5\\ 3 & 5 & 6\end{bmatrix}$ 與 $I_3=\begin{bmatrix}1 & 0 & 0\\ 0 & 1 & 0\\ 0 & 0 & 1\end{bmatrix}$ 為對稱方陣。

例題 4

$A=\begin{bmatrix}0 & 5 & 9\\ -5 & 0 & -2\\ -9 & 2 & 0\end{bmatrix}$ 為反對稱方陣，因為此一方陣如果以對角線為對稱軸時，其相對應位置的元素相差一負號。

定義 1-1-5

若 A 為一矩陣，則由 A 中去掉某些行及某些列後所剩下的部分所構成的矩陣稱為 A 的**子矩陣**。

例題 5

若 $A=\begin{bmatrix}3 & 2 & 1 & 4\\ 5 & -3 & 2 & 0\\ 1 & 5 & 4 & 7\end{bmatrix}$，則 $[-3]$、$\begin{bmatrix}1 & 4\\ 2 & 0\end{bmatrix}$、$\begin{bmatrix}3 & 1 & 4\\ 5 & 2 & 0\end{bmatrix}$、$\begin{bmatrix}3 & 2 & 1\\ 5 & -3 & 2\\ 1 & 5 & 4\end{bmatrix}$ 等等均是 A 的子矩陣，而且 A 也是其本身的子矩陣。

習題 1-1

1. 判斷下列矩陣的階。

(1) $\begin{bmatrix}3\\ 5\end{bmatrix}$　(2) $\begin{bmatrix}1 & 4\\ -6 & 3\end{bmatrix}$　(3) $\begin{bmatrix}-1 & 1 & 2\\ 3 & 4 & -1\end{bmatrix}$

(4) $\begin{bmatrix}-1 & 0 & 1 & 2\end{bmatrix}$　(5) $\begin{bmatrix}1 & 2 & 4 & 6\\ -1 & 1 & 2 & 7\\ 0 & 1 & 1 & 4\end{bmatrix}$

2. 下列矩陣，何者為方陣？何者為對角線方陣？何者為上三角矩陣？何者為下三角矩陣？何者為單位矩陣？

(1) $\begin{bmatrix}1 & 3 & 0\\ -3 & 2 & -1\\ 1 & 1 & 5\end{bmatrix}$　(2) $\begin{bmatrix}1 & 0 & 0 & 0\\ 0 & 3 & 0 & 0\\ 0 & 0 & 4 & 0\\ 0 & 0 & 0 & 1\end{bmatrix}$　(3) $\begin{bmatrix}2 & 1 & -1 & 6\\ 0 & 2 & -3 & 4\\ 0 & 0 & 5 & 1\\ 0 & 0 & 0 & 7\end{bmatrix}$

(4) $\begin{bmatrix}0 & 0 & 0 & 0\\ 2 & -1 & 0 & 0\\ 4 & 2 & 5 & 0\\ 0 & 0 & 3 & 4\end{bmatrix}$　(5) $\begin{bmatrix}1 & 0 & 0 & 0 & 0\\ 0 & 1 & 0 & 0 & 0\\ 0 & 0 & 1 & 0 & 0\\ 0 & 0 & 0 & 1 & 0\\ 0 & 0 & 0 & 0 & 1\end{bmatrix}$　(6) $\begin{bmatrix}2 & 1\\ 0 & 5\end{bmatrix}$

3. 設 $A=[a_{ij}]_{2\times 3}$，且 $a_{ij}=2i-j$，試求矩陣 A。

4. 設 $A=[a_{ij}]$ 為**四階方陣**，且 $a_{ii}=1$（$i=1, 2, 3, 4$），當 $i\neq j$ 時，$a_{ij}=0$，求 A。

5. 設 $A=[a_{ij}]_{3\times 2}$，若 $a_{ij}=i^2+j^2-1$，$1\le i\le 3$，$1\le j\le 2$，求 A。

6. 設 $A=[a_{ij}]_{3\times 3}$，且 $a_{ij}=\begin{cases}1, & \text{當 } i=j\\ 2, & \text{當 } i>j\\ -2, & \text{當 } i<j\end{cases}$，求 A 及 A^T。

7. 設 $A=\begin{bmatrix}2 & 1 & 4\\ 3 & 7 & 5\\ 0 & -1 & 9\end{bmatrix}$，求 A^T。

8. 下列哪一個方陣是反對稱方陣？

$$A=\begin{bmatrix}0 & 1 & 3\\ 1 & 0 & 4\\ 3 & -4 & 0\end{bmatrix},\quad B=\begin{bmatrix}0 & -1 & -2 & -5\\ 1 & 0 & 6 & -1\\ 2 & -6 & 0 & 3\\ 5 & 1 & 3 & 0\end{bmatrix}$$

$$C=\begin{bmatrix}0 & 3 & -4\\ -3 & 0 & 5\\ -4 & -5 & 0\end{bmatrix},\quad D=\begin{bmatrix}0 & 2 & 3 & -4\\ -2 & 0 & 1 & -1\\ -3 & -1 & 0 & 6\\ 4 & 1 & -6 & 0\end{bmatrix}$$

9. 設 $A=\begin{bmatrix}1 & 3\\ 2 & 4\end{bmatrix}$，求 A 的所有子矩陣。

10. 設 $A=\begin{bmatrix}1 & -1 & 2\\ 0 & 3 & 5\\ 2 & 4 & -3\end{bmatrix}$，求 A 的所有子矩陣。

1-2 矩陣的運算

為了要計算矩陣，需作其數學上的運算，它包含有矩陣的加、減、實數乘以矩陣以及矩陣的乘法。首先，我們定義兩矩陣相等的觀念。

定義 1-2-1

設兩個大小相同的矩陣 $A=[a_{ij}]_{m\times n}$，$B=[b_{ij}]_{m\times n}$，$1\le i\le m$, $1\le j\le n$。若對於任意 i 與 j，$a_{ij}=b_{ij}$，則稱此兩矩陣為**相等矩陣**，以符號 $A=B$ 或 $[a_{ij}]_{m\times n}=[b_{ij}]_{m\times n}$ 表之。

例題 1

設 $A=\begin{bmatrix}2x & 1\\ y & x-1\end{bmatrix}$，$B=\begin{bmatrix}4 & z\\ 2y & 1\end{bmatrix}$，若 $A=B$，求 x、y 與 z。

解 因 $A=B$，故

$$\begin{bmatrix}2x & 1\\ y & x-1\end{bmatrix}=\begin{bmatrix}4 & z\\ 2y & 1\end{bmatrix}$$

即

$$\begin{cases}2x=4\\ z=1\\ y=2y\\ x-1=1\end{cases}，解得\begin{cases}x=2\\ y=0\\ z=1\end{cases}。$$

★

矩陣的加法

定義 1-2-2

若 $A=[a_{ij}]_{m\times n}$ 與 $B=[b_{ij}]_{m\times n}$，則 $C=A+B$，此處 $C=[c_{ij}]_{m\times n}$，且定義如下

$$c_{ij}=a_{ij}+b_{ij}，1\le i\le m，1\le j\le n。$$

由此定義，可知兩個同階矩陣方能相加，否則無意義。

定理 1-2-1

若 $\boldsymbol{A}=[a_{ij}]_{m\times n}$，$\boldsymbol{B}=[b_{ij}]_{m\times n}$，$\boldsymbol{C}=[c_{ij}]_{m\times n}$，則下列的性質成立。

(1) $\boldsymbol{A}+\boldsymbol{B}=\boldsymbol{B}+\boldsymbol{A}$（加法交換律）

(2) $(\boldsymbol{A}+\boldsymbol{B})+\boldsymbol{C}=\boldsymbol{A}+(\boldsymbol{B}+\boldsymbol{C})$（加法結合律）

(3) $\boldsymbol{0}_{m\times n}+\boldsymbol{A}=\boldsymbol{A}+\boldsymbol{0}_{m\times n}=\boldsymbol{A}$，此時 $\boldsymbol{0}_{m\times n}$ 即稱為矩陣 $\boldsymbol{A}$ 的**加法單位元素**。

(4) 對於任意的矩陣 $\boldsymbol{A}$，均存在矩陣 $-\boldsymbol{A}$，使得 $\boldsymbol{A}+(-\boldsymbol{A})=(-\boldsymbol{A})+\boldsymbol{A}=\boldsymbol{0}_{m\times n}$，此 $-\boldsymbol{A}$ 稱為矩陣 $\boldsymbol{A}$ 的**加法反元素**。

證 (2) 因 $\boldsymbol{A}=[a_{ij}]_{m\times n}$，$\boldsymbol{B}=[b_{ij}]_{m\times n}$，$\boldsymbol{C}=[c_{ij}]_{m\times n}$，故對 $i\in\{1, 2, \cdots, m\}$，$j\in\{1, 2, \cdots, n\}$ 而言，矩陣 $(\boldsymbol{A}+\boldsymbol{B})+\boldsymbol{C}$ 的第 i 列第 j 行的元素為 $(a_{ij}+b_{ij})+c_{ij}$，而矩陣 $\boldsymbol{A}+(\boldsymbol{B}+\boldsymbol{C})$ 的第 i 列第 j 行的元素為 $a_{ij}+(b_{ij}+c_{ij})$。但因 $(a_{ij}+b_{ij})+c_{ij}=a_{ij}+(b_{ij}+c_{ij})$，故知 $(\boldsymbol{A}+\boldsymbol{B})+\boldsymbol{C}$ 與 $\boldsymbol{A}+(\boldsymbol{B}+\boldsymbol{C})$ 的對應元素相等，即

$$(\boldsymbol{A}+\boldsymbol{B})+\boldsymbol{C}=\boldsymbol{A}+(\boldsymbol{B}+\boldsymbol{C})$$

其餘留給讀者自證。

例題 2

設 $\boldsymbol{A}=\begin{bmatrix}-1 & 2 & 3\\ 0 & -1 & 4\\ 1 & 3 & 2\end{bmatrix}$，$\boldsymbol{B}=\begin{bmatrix}0 & -1 & 2\\ 1 & 3 & 4\\ -1 & 2 & -1\end{bmatrix}$，求 $\boldsymbol{A}+\boldsymbol{B}$。

解

$$\boldsymbol{A}+\boldsymbol{B}=\begin{bmatrix}-1 & 2 & 3\\ 0 & -1 & 4\\ 1 & 3 & 2\end{bmatrix}+\begin{bmatrix}0 & -1 & 2\\ 1 & 3 & 4\\ -1 & 2 & -1\end{bmatrix}$$

$$=\begin{bmatrix}-1+0 & 2+(-1) & 3+2\\ 0+1 & -1+3 & 4+4\\ 1+(-1) & 3+2 & 2+(-1)\end{bmatrix}$$

$$=\begin{bmatrix}-1 & 1 & 5\\ 1 & 2 & 8\\ 0 & 5 & 1\end{bmatrix}$$

★

常數乘以矩陣

定義 1-2-3

若 $\boldsymbol{A}=[a_{ij}]_{m\times n}$，則定義數 α（有時稱為純量）乘以矩陣的運算為 $\boldsymbol{B}=\alpha\boldsymbol{A}$，其中

$$\boldsymbol{B}=[b_{ij}]_{m\times n}=[\alpha a_{ij}]_{m\times n}$$

即，$\boldsymbol{B}$ 是由 $\boldsymbol{A}$ 的每一元素乘 α 而得。

定理 1-2-2

若 $\boldsymbol{A}=[a_{ij}]_{m\times n}$，$\boldsymbol{B}=[b_{ij}]_{m\times n}$，$\alpha$、$\beta$ 為二實數，則下列的性質成立。

(1) $\alpha(\boldsymbol{A}+\boldsymbol{B})=\alpha\boldsymbol{A}+\alpha\boldsymbol{B}$

(2) $(\alpha+\beta)\boldsymbol{A}=\alpha\boldsymbol{A}+\beta\boldsymbol{A}$

(3) $(\alpha\beta)\boldsymbol{A}=\alpha(\beta\boldsymbol{A})=\beta(\alpha\boldsymbol{A})$

(4) $1\boldsymbol{A}=\boldsymbol{A}$

(5) $\alpha\boldsymbol{0}_{m\times n}=\boldsymbol{0}_{m\times n}$

(6) $0\boldsymbol{A}=\boldsymbol{0}_{m\times n}$，其中 $0\in\mathbb{R}$。

證 (2)
$$\begin{aligned}(\alpha+\beta)\boldsymbol{A}&=(\alpha+\beta)[a_{ij}]_{m\times n}=[(\alpha+\beta)\,a_{ij}]_{m\times n}=[\alpha a_{ij}+\beta a_{ij}]_{m\times n}\\&=[\alpha a_{ij}]_{m\times n}+[\beta a_{ij}]_{m\times n}=\alpha[a_{ij}]_{m\times n}+\beta[a_{ij}]_{m\times n}\\&=\alpha\boldsymbol{A}+\beta\boldsymbol{A}\end{aligned}$$

(3)
$$(\alpha\beta)\boldsymbol{A}=(\alpha\beta)[a_{ij}]_{m\times n}=[(\alpha\beta)a_{ij}]_{m\times n}=\alpha[\beta a_{ij}]_{m\times n}=\alpha(\beta\boldsymbol{A})$$
$$(\alpha\beta)\boldsymbol{A}=(\alpha\beta)[a_{ij}]_{m\times n}=[(\alpha\beta)a_{ij}]_{m\times n}=[(\beta\alpha)a_{ij}]_{m\times n}=\beta[\alpha a_{ij}]_{m\times n}=\beta(\alpha\boldsymbol{A})$$

故
$$(\alpha\beta)\boldsymbol{A}=\alpha(\beta\boldsymbol{A})=\beta(\alpha\boldsymbol{A})。$$

例題 3

設 $\boldsymbol{A}=\begin{bmatrix}-1&1&2\\0&1&-1\end{bmatrix}$，$\boldsymbol{B}=\begin{bmatrix}3&1&0\\0&1&0\end{bmatrix}$，求一個 2×3 矩陣 $\boldsymbol{X}$，使滿足 $\boldsymbol{A}-2\boldsymbol{B}+3\boldsymbol{X}=\boldsymbol{0}$。

解
$$3\boldsymbol{X}=2\boldsymbol{B}-\boldsymbol{A}=2\begin{bmatrix}3&1&0\\0&1&0\end{bmatrix}-\begin{bmatrix}-1&1&2\\0&1&-1\end{bmatrix}$$

$$=\begin{bmatrix}6 & 2 & 0\\0 & 2 & 0\end{bmatrix}-\begin{bmatrix}-1 & 1 & 2\\0 & 1 & -1\end{bmatrix}$$

$$=\begin{bmatrix}7 & 1 & -2\\0 & 1 & 1\end{bmatrix}$$

故 $\quad X=\frac{1}{3}\begin{bmatrix}7 & 1 & -2\\0 & 1 & 1\end{bmatrix}=\begin{bmatrix}\frac{7}{3} & \frac{1}{3} & -\frac{2}{3}\\0 & \frac{1}{3} & \frac{1}{3}\end{bmatrix}$。 ★

矩陣的乘法

我們先定義 $1\times m$ 階列矩陣乘以 $m\times 1$ 階行矩陣之積。令

$$A=[a_{11}\quad a_{12}\quad a_{13}\quad \cdots \quad a_{1m}],\quad B=\begin{bmatrix}b_{11}\\b_{21}\\b_{31}\\\vdots\\b_{m1}\end{bmatrix}$$

則 A 乘以 B，記為 AB，為一個 1×1 階的矩陣，如下式

$$AB=[a_{11}\quad a_{12}\quad a_{13}\quad \cdots \quad a_{1m}]\begin{bmatrix}b_{11}\\b_{21}\\b_{31}\\\vdots\\b_{m1}\end{bmatrix}$$

$$=[a_{11}b_{11}+a_{12}b_{21}+a_{13}b_{31}+\cdots+a_{1m}b_{m1}]_{1\times 1}$$

$$=\left[\sum_{p=1}^{m}a_{1p}\,b_{p1}\right]_{1\times 1}$$

現在我們可將上式列矩陣與行矩陣之乘法，推廣至矩陣 A 與矩陣 B 相乘。若 A 為一 $m\times n$ 階矩陣，且 B 為一 $n\times l$ 階矩陣，則乘積 AB 為一 $m\times l$ 階矩陣，而 AB 的第 i 列第 j 行的元素為單獨提出 A 的第 i 列及 B 的第 j 行，將列與行相對應元素相乘然後再將其各乘積相加。

定義 1-2-4

若 $A=[a_{ij}]_{m\times n}$，$B=[b_{jk}]_{n\times l}$，則定義矩陣 A 與 B 的乘積為 $AB=C=[c_{ik}]_{m\times l}$，其中

$$c_{ik}=\sum_{j=1}^{n} a_{ij}\, b_{jk}$$

$i=1,\ 2,\ \cdots,\ m;\ j=1,\ 2,\ \cdots,\ n;\ k=1,\ 2,\ \cdots,\ l$

$$\underset{m\times n}{\begin{bmatrix} a_{11} & a_{12} & \cdots & a_{1n} \\ \vdots & \vdots & & \vdots \\ a_{i1} & a_{i2} & \cdots & a_{in} \\ \vdots & \vdots & & \vdots \\ a_{m1} & a_{m2} & \cdots & a_{mn} \end{bmatrix}} \underset{n\times l}{\begin{bmatrix} b_{11} & \cdots & b_{1k} & \cdots & b_{1l} \\ b_{21} & \cdots & b_{2k} & \cdots & b_{2l} \\ \vdots & & \vdots & & \vdots \\ b_{n1} & \cdots & b_{nk} & \cdots & b_{nl} \end{bmatrix}}$$

第 i 列→（$a_{i1}\ a_{i2}\ \cdots\ a_{in}$）；第 k 行↑（$b_{1k},\ b_{2k},\ \cdots,\ b_{nk}$）

$$=\begin{bmatrix} c_{ik} \end{bmatrix}_{m\times l}$$

註： (1) A 的行數須與 B 的列數相等始可相乘，否則 AB 無意義。

(2) 若 A 是 $m\times n$ 矩陣，B 是 $n\times l$ 矩陣，則 AB 是 $m\times l$ 矩陣。

例題 4

假設 A 為 3×4 階矩陣，B 為 4×7 階矩陣，且 C 為 7×3 階矩陣，則 AB 為可定義且為 3×7 階矩陣，CA 亦為可定義且為 7×4 階矩陣，BC 亦為可定義且為 4×3 階矩陣，但乘積 AC、CB 及 BA 卻皆無意義。

例題 5

若 $A=\begin{bmatrix} 1 & 3 \\ 2 & 4 \end{bmatrix}$，$B=\begin{bmatrix} -1 & 23 & 5 \\ 2 & 1 & -7 \end{bmatrix}$，求 AB。又 BA 是否可定義？

解 $AB=\begin{bmatrix} 1 & 3 \\ 2 & 4 \end{bmatrix}\begin{bmatrix} -1 & 23 & 5 \\ 2 & 1 & -7 \end{bmatrix}$

$$=\begin{bmatrix}1\times(-1)+3\times2 & 1\times23+3\times1 & 1\times5+3\times(-7)\\ 2\times(-1)+4\times2 & 2\times23+4\times1 & 2\times5+4\times(-7)\end{bmatrix}$$

$$=\begin{bmatrix}5 & 26 & -16\\ 6 & 50 & -18\end{bmatrix}$$

BA 不可定義，因矩陣 ***B*** 的行數不等於矩陣 ***A*** 的列數。 ★

例題 6

若 $\boldsymbol{A}=\begin{bmatrix}1 & 1\\ 0 & 0\end{bmatrix}$, $\boldsymbol{B}=\begin{bmatrix}1 & 1\\ 1 & 0\end{bmatrix}$, 求 ***AB*** 及 ***BA***。

解 $\boldsymbol{AB}=\begin{bmatrix}1 & 1\\ 0 & 0\end{bmatrix}\begin{bmatrix}1 & 1\\ 1 & 0\end{bmatrix}=\begin{bmatrix}1\times1+1\times1 & 1\times1+1\times0\\ 0\times1+0\times1 & 0\times1+0\times0\end{bmatrix}=\begin{bmatrix}2 & 1\\ 0 & 0\end{bmatrix}$

$\boldsymbol{BA}=\begin{bmatrix}1 & 1\\ 1 & 0\end{bmatrix}\begin{bmatrix}1 & 1\\ 0 & 0\end{bmatrix}=\begin{bmatrix}1\times1+1\times0 & 1\times1+1\times0\\ 1\times1+0\times0 & 1\times1+0\times0\end{bmatrix}=\begin{bmatrix}1 & 1\\ 1 & 1\end{bmatrix}$ ★

例題 7

若 $\boldsymbol{A}=\begin{bmatrix}1 & 2 & 4\\ -3 & 1 & 0\\ 2 & -1 & 4\end{bmatrix}$, $\boldsymbol{B}=\begin{bmatrix}1 & -1 & 1\\ -2 & 1 & 1\\ 1 & 2 & -3\end{bmatrix}$, 求 ***AB***。

解 $\boldsymbol{AB}=\begin{bmatrix}1 & 2 & 4\\ -3 & 1 & 0\\ 2 & -1 & 4\end{bmatrix}\begin{bmatrix}1 & -1 & 1\\ -2 & 1 & 1\\ 1 & 2 & -3\end{bmatrix}$

$$=\begin{bmatrix}1\times1+2\times(-2)+4\times1 & 1\times(-1)+2\times1+4\times2 & 1\times1+2\times1+4\times(-3)\\ (-3)\times1+1\times(-2)+0\times1 & (-3)\times(-1)+1\times1+0\times2 & (-3)\times1+1\times1+0\times(-3)\\ 2\times1+(-1)\times(-2)+4\times1 & 2\times(-1)+(-1)\times1+4\times2 & 2\times1+(-1)\times1+4\times(-3)\end{bmatrix}$$

$$=\begin{bmatrix}1 & 9 & -9\\ -5 & 4 & -2\\ 8 & 5 & -11\end{bmatrix}$$ ★

定理 1-2-3

設 A、B、C 為三個矩陣，且其加法與乘法的運算皆有意義，則下列的性質成立。

(1) $(AB)C = A(BC)$

(2) $A(B+C) = AB + AC$

(3) $(B+C)C = AC + BC$

(4) $\alpha(AB) = (\alpha A)B = A(\alpha B)$，$\alpha$ 為任意數。

(5) 若 A 是 $m \times n$ 矩陣，則 $AI_n = I_m A = A$。

證 (2) 設 $A = [a_{ij}]_{m\times n}$，$B = [b_{ij}]_{n\times r}$，$C = [c_{ij}]_{n\times r}$。

令 $D = A(B+C)$，$E = AB + AC$，則

$$d_{ij} = \sum_{k=1}^{n} a_{ik}(b_{kj} + c_{kj})$$

$$e_{ij} = \sum_{k=1}^{n} a_{ik} b_{kj} + \sum_{k=1}^{n} a_{ik} c_{kj}$$

但 $$\sum_{k=1}^{n} a_{ik}(b_{kj} + c_{kj}) = \sum_{k=1}^{n} a_{ik} b_{kj} + \sum_{k=1}^{n} a_{ik} c_{kj}$$

可知 $d_{ij} = e_{ij}$。因此，$A(B+C) = AB + AC$。

例題 8

若 $A = \begin{bmatrix} 1 & 3 & 5 \\ 2 & 4 & 6 \end{bmatrix}$，$B = \begin{bmatrix} 0 & 1 & 1 & 1 \\ 1 & 0 & 1 & 1 \\ 2 & 0 & 1 & -1 \end{bmatrix}$，$C = \begin{bmatrix} 5 \\ 7 \\ 4 \\ 2 \end{bmatrix}$，試證 $(AB)C = A(BC)$。

解 (i) $$(AB)C = \left(\begin{bmatrix} 1 & 3 & 5 \\ 2 & 4 & 6 \end{bmatrix}\begin{bmatrix} 0 & 1 & 1 & 1 \\ 1 & 0 & 1 & 1 \\ 2 & 0 & 1 & -1 \end{bmatrix}\right)\begin{bmatrix} 5 \\ 7 \\ 4 \\ 2 \end{bmatrix}$$

$$= \begin{bmatrix} 13 & 1 & 9 & -1 \\ 16 & 2 & 12 & 0 \end{bmatrix}\begin{bmatrix} 5 \\ 7 \\ 4 \\ 2 \end{bmatrix} = \begin{bmatrix} 106 \\ 142 \end{bmatrix}$$

$$(\text{ii})\ \boldsymbol{A}(\boldsymbol{BC})=\begin{bmatrix}1&3&5\\2&4&6\end{bmatrix}\left(\begin{bmatrix}0&1&1&1\\1&0&1&1\\2&0&1&-1\end{bmatrix}\begin{bmatrix}5\\7\\4\\2\end{bmatrix}\right)$$

$$=\begin{bmatrix}1&3&5\\2&4&6\end{bmatrix}\begin{bmatrix}13\\11\\12\end{bmatrix}=\begin{bmatrix}106\\142\end{bmatrix}$$

由（i）、（ii）知 $(\boldsymbol{AB})\boldsymbol{C}=\boldsymbol{A}(\boldsymbol{BC})$。 ★

方陣之乘法性質與實數之乘法性質，有相似之處，亦有相異之處，以下將一一說明之。

1. 相似處

(1) 若 $\boldsymbol{A}$、$\boldsymbol{B}$ 與 $\boldsymbol{C}$ 均為 n 階方陣，則有

$$(\boldsymbol{AB})\boldsymbol{C}=\boldsymbol{A}(\boldsymbol{BC})=\boldsymbol{ABC}$$
$$\boldsymbol{A}(\boldsymbol{B}+\boldsymbol{C})=\boldsymbol{AB}+\boldsymbol{AC}$$
$$(\boldsymbol{A}+\boldsymbol{B})\boldsymbol{C}=\boldsymbol{AC}+\boldsymbol{BC}$$

(2) 對方陣 $\boldsymbol{A}_{n\times n}$ 與單位方陣 $\boldsymbol{I}_n$，則

$$\boldsymbol{AI}_n=\boldsymbol{I}_n\boldsymbol{A}=\boldsymbol{A}$$

一單位方陣在矩陣運算裡所扮演之角色就如同數值 1 在數值關係 $a\cdot 1=1\cdot a=a$ 裡所扮演的一樣。

(3) 對方陣 $\boldsymbol{A}_{n\times n}$ 與零方陣 $\boldsymbol{0}_{n\times n}$,

$$\boldsymbol{A0}_{n\times n}=\boldsymbol{0}_{n\times n}\boldsymbol{A}=\boldsymbol{0}_{n\times n}$$

2. 相異處

(1) 對於任一異於 0 之實數 a，恰有一實數 $\frac{1}{a}$，使得 $a\times\frac{1}{a}=1$；但對於任一 n 階方陣 $\boldsymbol{A}\neq\boldsymbol{0}$，未必有一 n 階方陣 $\boldsymbol{B}$，滿足 $\boldsymbol{AB}=\boldsymbol{I}_n$。例如

設 $\boldsymbol{A}=\begin{bmatrix}1&0\\-1&0\end{bmatrix}\neq\boldsymbol{0}$, $\boldsymbol{B}=\begin{bmatrix}b_{11}&b_{12}\\b_{21}&b_{22}\end{bmatrix}$, $\boldsymbol{I}_2=\begin{bmatrix}1&0\\0&1\end{bmatrix}$

若 $\boldsymbol{AB}=\boldsymbol{I}_2$，即 $\begin{bmatrix}1&0\\-1&0\end{bmatrix}\begin{bmatrix}b_{11}&b_{12}\\b_{21}&b_{22}\end{bmatrix}=\begin{bmatrix}1&0\\0&1\end{bmatrix}$

則
$$\begin{bmatrix} b_{11} & b_{12} \\ -b_{11} & -b_{12} \end{bmatrix} = \begin{bmatrix} 1 & 0 \\ 0 & 1 \end{bmatrix}$$

可知 $b_{11}=1$, $b_{12}=0$, $-b_{11}=0$, $-b_{12}=1$, 此為不合理。

故對於方陣 $\boldsymbol{A}$, 不存在另一方陣 $\boldsymbol{B}$, 使 $\boldsymbol{AB}=\boldsymbol{I}_2$。

(2) 對於任意兩實數 a 與 b, $ab=ba$。但對於任意兩 n 階方陣 $\boldsymbol{A}$ 與 $\boldsymbol{B}$, $\boldsymbol{AB}=\boldsymbol{BA}$ 未必成立，如例題 6。

(3) 對於兩實數 a、b, 若 $ab=0$, 則 $a=0$ 或 $b=0$。但對於兩 n 階方陣 $\boldsymbol{A}$ 及 $\boldsymbol{B}$, 若 $\boldsymbol{AB}=\boldsymbol{0}$, 則 $\boldsymbol{A}=\boldsymbol{0}$ 或 $\boldsymbol{B}=\boldsymbol{0}$ 未必成立。例如

設
$$\boldsymbol{A}=\begin{bmatrix} 1 & 0 \\ 0 & 0 \end{bmatrix}, \qquad \boldsymbol{B}=\begin{bmatrix} 0 & 0 \\ 1 & 0 \end{bmatrix},$$

則
$$\boldsymbol{AB}=\begin{bmatrix} 1 & 0 \\ 0 & 0 \end{bmatrix}\begin{bmatrix} 0 & 0 \\ 1 & 0 \end{bmatrix}=\begin{bmatrix} 0 & 0 \\ 0 & 0 \end{bmatrix}=\boldsymbol{0}$$

但 $\boldsymbol{A}\neq\boldsymbol{0}$ 且 $\boldsymbol{B}\neq\boldsymbol{0}$。

(4) 對於實數 a、b 與 c, 若 $ab=ac$, 且 $a\neq0$, 則 $b=c$。但對於三個 n 階方陣 $\boldsymbol{A}$、$\boldsymbol{B}$、$\boldsymbol{C}$, 若 $\boldsymbol{AB}=\boldsymbol{AC}$, 且 $\boldsymbol{A}\neq\boldsymbol{0}$, 則 $\boldsymbol{B}=\boldsymbol{C}$ 未必成立。例如

設
$$\boldsymbol{A}=\begin{bmatrix} 0 & 1 \\ 0 & 2 \end{bmatrix}, \qquad \boldsymbol{B}=\begin{bmatrix} 1 & 1 \\ 3 & 4 \end{bmatrix}, \qquad \boldsymbol{C}=\begin{bmatrix} 2 & 5 \\ 3 & 4 \end{bmatrix}$$

此處
$$\boldsymbol{AB}=\boldsymbol{AC}=\begin{bmatrix} 3 & 4 \\ 6 & 8 \end{bmatrix}$$

雖然 $\boldsymbol{A}\neq\boldsymbol{0}$, 但欲從方程式 $\boldsymbol{AB}=\boldsymbol{AC}$ 之兩端消去 $\boldsymbol{A}$ 而得 $\boldsymbol{B}=\boldsymbol{C}$ 是錯誤的。因此，對方陣而言，消去律不成立。

(5) 若實數 a 滿足 $a^2=0$, 則一定有 $a=0$。但對於方陣 $\boldsymbol{A}$, 若 $\boldsymbol{A}^2=\boldsymbol{0}$, 不一定有 $\boldsymbol{A}=\boldsymbol{0}$。例如

設
$$\boldsymbol{A}=\begin{bmatrix} 2 & 2 \\ -2 & -2 \end{bmatrix}$$

則
$$\boldsymbol{A}^2=\begin{bmatrix} 2 & 2 \\ -2 & -2 \end{bmatrix}\begin{bmatrix} 2 & 2 \\ -2 & -2 \end{bmatrix}=\begin{bmatrix} 0 & 0 \\ 0 & 0 \end{bmatrix}=\boldsymbol{0}$$

但是 $\boldsymbol{A}\neq\boldsymbol{0}$。

方陣的乘冪

在實數系中，若 $a \in \mathbb{R}$，則

$$a \cdot a = a^2$$
$$a \cdot a \cdot a = a^3$$
$$\vdots$$
$$\underbrace{a \cdot a \cdot a \cdot \cdots \cdot a}_{n\text{ 個 } a} = a^n$$

又若 $a \neq 0$，則 $a^0 = 1$，仿此，若 $\boldsymbol{A}$ 為方陣，則我們將 $\boldsymbol{A}$ 的乘冪表成如下:

$$\boldsymbol{A}^2 = \boldsymbol{A}\boldsymbol{A},\quad \boldsymbol{A}^3 = \boldsymbol{A}^2\boldsymbol{A},\quad \cdots,\quad \boldsymbol{A}^n = \boldsymbol{A}^{n-1}\boldsymbol{A}$$

若 $\boldsymbol{A} \neq \boldsymbol{0}$，則定義 $\boldsymbol{A}^0 = \boldsymbol{I}$。

定義 1-2-5

若 $\boldsymbol{A}$ 為方陣，則對任意多項式函數 $f(x) = a_n x^n + \cdots + a_1 x + a_0$，定義 $f(\boldsymbol{A})$ 為

$$f(\boldsymbol{A}) = a_n \boldsymbol{A}^n + \cdots + a_1 \boldsymbol{A} + a_0 \boldsymbol{I}$$

若 $f(\boldsymbol{A}) = 0$，則 $\boldsymbol{A}$ 稱為 $f(x)$ 的**零位**（zero）。

例題 9

令 $\boldsymbol{A} = \begin{bmatrix} 1 & 2 \\ 3 & -4 \end{bmatrix}$，則 $\boldsymbol{A}^2 = \begin{bmatrix} 1 & 2 \\ 3 & -4 \end{bmatrix}\begin{bmatrix} 1 & 2 \\ 3 & -4 \end{bmatrix} = \begin{bmatrix} 7 & -6 \\ -9 & 22 \end{bmatrix}$。

若 $f(x) = 2x^2 - x + 3$，則

$$f(\boldsymbol{A}) = 2\begin{bmatrix} 7 & -6 \\ -9 & 22 \end{bmatrix} - \begin{bmatrix} 1 & 2 \\ 3 & -4 \end{bmatrix} + 3\begin{bmatrix} 1 & 0 \\ 0 & 1 \end{bmatrix} = \begin{bmatrix} 16 & -14 \\ -21 & 51 \end{bmatrix}$$

若 $g(x) = x^2 + 3x - 10$，則

$$g(\boldsymbol{A}) = \begin{bmatrix} 7 & -6 \\ -9 & 22 \end{bmatrix} + 3\begin{bmatrix} 1 & 2 \\ 3 & -4 \end{bmatrix} - 10\begin{bmatrix} 1 & 0 \\ 0 & 1 \end{bmatrix} = \begin{bmatrix} 0 & 0 \\ 0 & 0 \end{bmatrix}$$

故 $\boldsymbol{A}$ 為 $g(x)$ 的零位。

定理 1-2-4

若 A 為一方陣，且若 r 與 s 均為非負整數，則

(1) $A^{r+s}=(A^r)(A^s)$

(2) $(A^r)^s=A^{rs}=(A^s)^r$

例如，$A^{4+6}=(A^4)(A^6)=A^{10}$，$(A^3)^2=A^{(3)(2)}=(A^2)^3=A^6$。但是，實數的指數律 $(ab)^n=a^nb^n$，在方陣之乘法中並不成立。事實上，如果 A 與 B 均為 n 階方陣，且 n 是大於或等於 2 的整數，一般而言，$(AB)^n \neq A^nB^n$。因此，方陣相乘之順序非常重要，縱然是最簡單的情形 $n=2$，我們通常也會得知 $(AB)(AB)\neq(AA)(BB)$。

例題 10

令 $A=\begin{bmatrix}2 & -4\\ 1 & 3\end{bmatrix}$，$B=\begin{bmatrix}3 & 2\\ -1 & 5\end{bmatrix}$，則

$$(AB)^2=\begin{bmatrix}10 & -16\\ 0 & 17\end{bmatrix}^2=\begin{bmatrix}100 & -432\\ 0 & 289\end{bmatrix}$$

然而，

$$A^2B^2=\begin{bmatrix}0 & -20\\ 5 & 5\end{bmatrix}\begin{bmatrix}7 & 16\\ -8 & 23\end{bmatrix}=\begin{bmatrix}160 & -460\\ -5 & 195\end{bmatrix}$$

因此，對方陣 A 與 B 而言，我們有 $(AB)^2\neq A^2B^2$。

轉置矩陣

例題 11

設 $A=\begin{bmatrix}1 & -1\\ 2 & 3\end{bmatrix}$，$B=\begin{bmatrix}-1 & 3\\ 4 & 2\end{bmatrix}$，試證

(1) $(A^T)^T=A$

(2) $(AB)^T=B^TA^T$

(3) $(A+B)^T=A^T+B^T$

解 (1) 因 $A^T=\begin{bmatrix}1 & 2\\ -1 & 3\end{bmatrix}$，故 $(A^T)^T=\begin{bmatrix}1 & -1\\ 2 & 3\end{bmatrix}=A$。

(2) $AB=\begin{bmatrix}1&-1\\2&3\end{bmatrix}\begin{bmatrix}-1&3\\4&2\end{bmatrix}=\begin{bmatrix}-5&1\\10&12\end{bmatrix}$, $(AB)^T=\begin{bmatrix}-5&10\\1&12\end{bmatrix}$

又 $$B^TA^T=\begin{bmatrix}-1&4\\3&2\end{bmatrix}\begin{bmatrix}1&2\\-1&3\end{bmatrix}=\begin{bmatrix}-5&10\\1&12\end{bmatrix}$$

故 $$(AB)^T=B^TA^T$$

(3) $A+B=\begin{bmatrix}1&-1\\2&3\end{bmatrix}\begin{bmatrix}-1&3\\4&2\end{bmatrix}=\begin{bmatrix}0&2\\6&5\end{bmatrix}$, $(A+B)^T=\begin{bmatrix}0&6\\2&5\end{bmatrix}$

又 $$A^T+B^T=\begin{bmatrix}1&2\\-1&3\end{bmatrix}+\begin{bmatrix}-1&4\\3&2\end{bmatrix}=\begin{bmatrix}0&6\\2&5\end{bmatrix}$$

故 $$(A+B)^T=A^T+B^T$$ ★

參考例題 11，我們有下面的定理。

定理 1-2-5 轉置的性質

假設 $A=[a_{ij}]$ 為 $m\times p$ 矩陣，$B=[b_{ij}]$ 為 $p\times n$ 矩陣，r 為實數，則

(1) $(A^T)^T=A$

(2) $(AB)^T=B^TA^T$

(3) $(rA)^T=rA^T$

(4) 若 A 與 B 皆為 $m\times p$ 矩陣，則 $(A+B)^T=A^T+B^T$。

證 我們將 (1)、(3)、(4) 留作習題，而只證明 (2)。因為 AB 為 $m\times n$ 矩陣，B^T 為 $n\times p$ 矩陣，且 A^T 為 $p\times m$ 矩陣，可知 $(AB)^T$ 與 B^TA^T 皆為 $n\times m$ 矩陣，所以，我們只要證明 $(AB)^T$ 與 B^TA^T 的第 i 列第 j 行之元素相等即可。令 $(AB)^T$ 的第 i 列第 j 行之元素為 c_{ij}^T，則

$$\begin{aligned}c_{ij}^T=c_{ji}&=a_{j1}b_{1i}+a_{j2}b_{2i}+a_{j3}b_{3i}+\cdots+a_{jp}b_{pi}\\&=a_{1j}^Tb_{i1}^T+a_{2j}^Tb_{i2}^T+a_{3j}^Tb_{i3}^T+\cdots+a_{pj}^Tb_{ip}^T\\&=b_{i1}^Ta_{1j}^T+b_{i2}^Ta_{2j}^T+b_{i3}^Ta_{3j}^T+\cdots+b_{ip}^Ta_{pj}^T\end{aligned}$$

以上亦為 B^TA^T 的第 i 列第 j 行之元素，故得證。

定理 1-2-6

若 A 為一對稱方陣，則下列的性質成立。
(1) 若 α 為任意實數，則 αA 亦為對稱方陣。
(2) $AA^T = A^TA = A^2$，亦為對稱方陣。

定理 1-2-7

若 A 為一反對稱方陣，則下列的性質成立。
(1) 若 α 為任意實數，則 αA 亦為反對稱方陣。
(2) $AA^T = A^TA = -A^2$ 為對稱方陣，且 A^2 亦為對稱方陣。

例題 12

若 $A = [a_{ij}]_{n\times n}$，試證
(1) AA^T 與 A^TA 皆為對稱。
(2) $A + A^T$ 為對稱。
(3) $A - A^T$ 為反對稱。

解 (1) 因 $(AA^T)^T = (A^T)^TA^T = AA^T$
故 AA^T 為對稱。
因 $(A^TA)^T = A^T(A^T)^T = A^TA$
故 A^TA 為對稱。
(2) 因 $(A + A^T)^T = A^T + (A^T)^T = A^T + A = A + A^T$
故 $A + A^T$ 為對稱。
(3) 因 $(A - A^T)^T = A^T - (A^T)^T = A^T - A = -A + A^T = -(A - A^T)$
故 $A - A^T$ 為反對稱。 ★

習題 1-2

1. 設 $\begin{bmatrix} 2x^2+1 & 3x+4y \\ 4x+y & y^2 \end{bmatrix} = \begin{bmatrix} 3x+15 & 2y \\ -2x-3y & 9 \end{bmatrix}$，求 x 與 y。

2. 若 $A=\begin{bmatrix}1&5&0\\2&6&7\end{bmatrix}$, $B=\begin{bmatrix}-1&4&2\\1&-3&8\end{bmatrix}$, $C=\begin{bmatrix}-7&-22&-31\\-11&3&101\end{bmatrix}$, 求一個 2×3 階矩陣 X, 使滿足 $2A+4X=2B+C$。

3. 試求下列各矩陣之積。

(1) $\begin{bmatrix}1&2\\-3&1\end{bmatrix}\begin{bmatrix}2&3\\1&-2\end{bmatrix}$ (2) $\begin{bmatrix}1&2&4\\-3&1&0\\2&-1&4\end{bmatrix}\begin{bmatrix}1&-1&1\\-2&1&1\\1&2&-3\end{bmatrix}$

(3) $\begin{bmatrix}3&4&-1&5\\-2&1&3&2\\4&5&6&7\end{bmatrix}\begin{bmatrix}1&0\\3&4\\-2&3\\-1&2\end{bmatrix}$

4. 設 $A=\begin{bmatrix}1&-1&0\\2&3&1\\0&4&2\end{bmatrix}$, $B=\begin{bmatrix}0&2&1\\1&0&3\\4&1&-1\end{bmatrix}$, 試問 A^2-B^2 與 $(A-B)(A+B)$ 是否相等？

5. 設 $A=B^T=\begin{bmatrix}2&-3&1&1\\-4&0&1&2\\-1&3&0&1\end{bmatrix}$, 試求 AB 與 BA。

6. 設 $A=\begin{bmatrix}1&-3\\2&4\end{bmatrix}$, $B=\begin{bmatrix}5&6\\-3&4\end{bmatrix}$, $C=\begin{bmatrix}1&2\\5&6\end{bmatrix}$, 試求 $(3A-4B)C$ 及 $3AC-4BC$。兩者是否相等？

7. 令 $A=\begin{bmatrix}2&-1&3\\0&4&5\\-2&1&4\end{bmatrix}$, $B=\begin{bmatrix}8&-3&-5\\0&1&2\\4&-7&6\end{bmatrix}$, $C=\begin{bmatrix}0&-2&3\\1&7&4\\3&5&9\end{bmatrix}$

試證 (1) $(A+B)^T=A^T+B^T$。

(2) $(AB)^T=B^TA^T$。

8. 試解下列矩陣方程式中的 X。

$$X\begin{bmatrix}1&-1&2\\3&0&1\end{bmatrix}=\begin{bmatrix}-5&-1&0\\6&-3&7\end{bmatrix}$$

9. 設 $A=\begin{bmatrix}\cos\theta&\sin\theta\\-\sin\theta&\cos\theta\end{bmatrix}$, $\theta=\dfrac{\pi}{3}$, 求 A^2 與 A^3。

10. 設 $\boldsymbol{A}$、$\boldsymbol{B}$ 是對稱方陣,

(1) 試證 $\boldsymbol{A}+\boldsymbol{B}$ 為對稱。

(2) 試證若且唯若 $\boldsymbol{AB}=\boldsymbol{BA}$, 則 $\boldsymbol{AB}$ 為對稱。

11. 若 $\boldsymbol{A}=\begin{bmatrix}1 & -1\\ 0 & 1\end{bmatrix}$, $\boldsymbol{B}=\begin{bmatrix}1 & 2\\ 1 & 1\end{bmatrix}$, 驗證下面二式:

(1) $(\boldsymbol{A}+\boldsymbol{B})^2 \neq \boldsymbol{A}^2+2\boldsymbol{AB}+\boldsymbol{B}^2$

(2) $(\boldsymbol{A}+\boldsymbol{B})(\boldsymbol{A}-\boldsymbol{B}) \neq \boldsymbol{A}^2-\boldsymbol{B}^2$

12. 設 $a \neq 0$, $\boldsymbol{A}=\begin{bmatrix}0 & a\\ \frac{1}{a} & 0\end{bmatrix}$, 試求 $\boldsymbol{A}^2$、$\boldsymbol{A}^3$、$\boldsymbol{A}^4$、$\boldsymbol{A}^5$ 與 $\boldsymbol{A}^6$。

13. 設 $\boldsymbol{A}$、$\boldsymbol{B}$ 均為 n 階方陣, 則 $(\boldsymbol{AB})^2=\boldsymbol{A}^2\boldsymbol{B}^2$ 恆成立嗎？驗證你的答案。

14. 若 $\boldsymbol{AB}=\boldsymbol{BA}$, 且 n 為非負整數, 試證 $(\boldsymbol{AB})^n=\boldsymbol{A}^n\boldsymbol{B}^n$。

15. 試證 $\begin{bmatrix}\lambda & 1\\ 0 & \lambda\end{bmatrix}^n=\begin{bmatrix}\lambda^n & n\lambda^{n-1}\\ 0 & \lambda^n\end{bmatrix}$。

16. 設 $\boldsymbol{A}$ 為 n 階方陣, 試證:

(1) $\frac{1}{2}(\boldsymbol{A}+\boldsymbol{A}^T)$ 為對稱方陣。

(2) $\frac{1}{2}(\boldsymbol{A}-\boldsymbol{A}^T)$ 為反對稱方陣。

(3) $\boldsymbol{A}$ 可以表為一對稱方陣與一反對稱方陣的和。

17. 若 $\boldsymbol{A}=\begin{bmatrix}1 & 2 & 3\\ -1 & 4 & 1\\ 2 & 5 & 6\end{bmatrix}$, 試驗證第 16 題中的 (1)、(2) 與 (3)。

18. 令 $\boldsymbol{A}=\begin{bmatrix}1 & 2\\ 4 & -3\end{bmatrix}$。

(1) 求 $\boldsymbol{A}^2$ 與 $\boldsymbol{A}^3$。

(2) 若 $f(x)=2x^3-4x+5$, 求 $f(A)$。

19. 令 $\boldsymbol{A}=\begin{bmatrix}1 & 2\\ 0 & 1\end{bmatrix}$, 求 $\boldsymbol{A}^n$。

20. 方陣 $A=[a_{ij}]_{n\times n}$ 的**跡數**（trace），記為 $\text{tr}(A)$，定義為其對角線上所有元素的和，即，$\text{tr}(A)=a_{11}+a_{22}+\cdots+a_{nn}$。試證：若 A 與 B 皆為 n 階方陣，則 $\text{tr}(AB)=\text{tr}(BA)$。

1-3 逆方陣

對於每一個不等於零的數均會存在一乘法反元素，但是在矩陣之運算中，對於一非零方陣是否會存在一方陣，而使得此兩方陣相乘為單位方陣呢？這就產生逆方陣的觀念了。我們看下面的定義。

定義 1-3-1

若 $A=[a_{ij}]_{n\times n}$，並存在另一方陣 $B=[b_{ij}]_{n\times n}$，使得 $AB=BA=I_n$ 時，則稱 B 為 A 的**逆方陣**或**反方陣**（inverse matrix），此時，A 稱為**可逆方陣**（invertiable matrix）或**非奇異方陣**，通常以 A^{-1} 表示 A 的逆方陣。反之，若不存在這樣的方陣 B，則稱 A 為**奇異方陣**（singular matrix）。

例題 1

方陣 $A=\begin{bmatrix}1&2\\4&9\end{bmatrix}$ 的逆方陣為 $B=\begin{bmatrix}9&-2\\-4&1\end{bmatrix}$，

因為

$$AB=\begin{bmatrix}1&2\\4&9\end{bmatrix}\begin{bmatrix}9&-2\\-4&1\end{bmatrix}=\begin{bmatrix}1&0\\0&1\end{bmatrix}=I_2$$

$$BA=\begin{bmatrix}9&-2\\-4&1\end{bmatrix}\begin{bmatrix}1&2\\4&9\end{bmatrix}=\begin{bmatrix}1&0\\0&1\end{bmatrix}=I_2。$$

例題 2

若 $A=\begin{bmatrix}1&2\\3&4\end{bmatrix}$，則 A 的逆方陣是否存在？

解 為了求 A 的逆方陣，我們設其逆方陣為

$$A^{-1}=\begin{bmatrix} a & b \\ c & d \end{bmatrix}$$

可得 $$AA^{-1}=\begin{bmatrix} 1 & 2 \\ 3 & 4 \end{bmatrix}\begin{bmatrix} a & b \\ c & d \end{bmatrix}=\begin{bmatrix} 1 & 0 \\ 0 & 1 \end{bmatrix}$$

所以 $$\begin{bmatrix} a+2c & b+2d \\ 3a+4c & 3b+4d \end{bmatrix}=\begin{bmatrix} 1 & 0 \\ 0 & 1 \end{bmatrix}$$

上式等號兩端的方陣相等，故其對應元素應相等，可得下列方程組

$$\begin{cases} a+2c=1 \\ 3a+4c=0 \end{cases} \quad 與 \quad \begin{cases} b+2d=0 \\ 3b+4d=1 \end{cases}$$

解上面方程組，可得 $a=-2$，$c=\frac{3}{2}$，$b=1$，$d=-\frac{1}{2}$。

又因為方陣 $$\begin{bmatrix} a & b \\ c & d \end{bmatrix}=\begin{bmatrix} -2 & 1 \\ \frac{3}{2} & -\frac{1}{2} \end{bmatrix}$$

亦滿足下列性質

$$\begin{bmatrix} -2 & 1 \\ \frac{3}{2} & -\frac{1}{2} \end{bmatrix}\begin{bmatrix} 1 & 2 \\ 3 & 4 \end{bmatrix}=\begin{bmatrix} 1 & 0 \\ 0 & 1 \end{bmatrix}$$

因此 A 為非奇異方陣，而

$$A^{-1}=\begin{bmatrix} -2 & 1 \\ \frac{3}{2} & -\frac{1}{2} \end{bmatrix}$$

★

一般而言，對方陣 $A=\begin{bmatrix} a & b \\ c & d \end{bmatrix}$，若 $ad-bc\neq 0$，則

$$A^{-1}=\frac{1}{ad-bc}\begin{bmatrix} d & -b \\ -c & a \end{bmatrix}=\begin{bmatrix} \frac{d}{ad-bc} & -\frac{b}{ad-bc} \\ -\frac{c}{ad-bc} & \frac{a}{ad-bc} \end{bmatrix} \tag{1-3-1}$$

讀者要特別注意，並非每一個方陣皆有逆方陣，例如

$$A=\begin{bmatrix} 1 & 3 \\ 2 & 6 \end{bmatrix}$$

就沒有逆方陣，所以 A 是一奇異方陣。

定理 1-3-1

若 B 與 C 皆為 n 階方陣 A 的逆方陣，則 $B = C$。

證 因為 B 是 A 的逆方陣，故 $BA = I_n$。等式的兩端各乘以 C，可得 $(BA)C = I_nC = C$。但是，$(BA)C = B(AC) = BI_n = B$，所以 $C = B$。

定理 1-3-2

(1) 若 A 為 n 階非奇異方陣，則 A^{-1} 亦為非奇異方陣，且 $(A^{-1})^{-1} = A$。

(2) 若 C 為非零的實數，則 $(CA)^{-1} = \frac{1}{C}A^{-1}$。

(3) 若 A、B 皆為非奇異方陣，則 AB 亦為非奇異方陣，且 $(AB)^{-1} = B^{-1}A^{-1}$。

(4) $(A^n)^{-1} = (A^{-1})^n$。

(5) 若 A 為非奇異方陣，則 A^T 亦為非奇異方陣，且 $(A^T)^{-1} = (A^{-1})^T$。

證 (3) 因為 $(AB)(B^{-1}A^{-1}) = A(BB^{-1})A^{-1} = AI_n\ A^{-1} = AA^{-1} = I_n$

且 $(B^{-1}A^{-1})(AB) = B^{-1}(A^{-1}A)B = B^{-1}I_n\ B = B^{-1}B = I_n$

故 AB 為非奇異方陣，

$$AB(B^{-1}A^{-1}) = A(BB^{-1})A^{-1} = (AI_n)A^{-1} = AA^{-1} = I_n$$

故 $$(AB)^{-1} = B^{-1}A^{-1}$$

(5) 因為 $AA^{-1} = A^{-1}A = I_n$，取其轉置，可得

$$(AA^{-1})^T = (A^{-1}A)^T = I_n^T = I_n$$

$$(A^{-1})^TA^T = A^T(A^{-1})^T = I_n$$

故 $$(A^T)^{-1} = (A^{-1})^T$$

推論： 若 A_1、A_2、A_3、⋯、A_n 皆為 n 階非奇異方陣，則 $A_1A_2A_3\cdots A_n$ 亦是非奇異的，且

$$(A_1A_2A_3\cdots A_n)^{-1} = A_n^{-1}A_{n-1}^{-1}\cdots A_3^{-1}A_2^{-1}A_1^{-1} \tag{1-3-2}$$

例題 3

若 $A^{-1}=\begin{bmatrix}2 & 3\\ 1 & 4\end{bmatrix}$，試求 A。

解 利用（1-3-1）式，知

$$(A^{-1})^{-1}=A=\frac{1}{2\times 4-1\times 3}\begin{bmatrix}4 & -3\\ -1 & 2\end{bmatrix}=\frac{1}{5}\begin{bmatrix}4 & -3\\ -1 & 2\end{bmatrix}$$

$$=\begin{bmatrix}\frac{4}{5} & -\frac{3}{5}\\ -\frac{1}{5} & \frac{2}{5}\end{bmatrix}。$$

★

例題 4

若 $A^{-1}=\begin{bmatrix}1 & 2 & -1\\ 3 & 4 & 2\\ 0 & 1 & -2\end{bmatrix}$，$B^{-1}=\begin{bmatrix}0 & 1 & 1\\ 1 & 0 & 1\\ -2 & 3 & 2\end{bmatrix}$，求 $(AB)^{-1}$。

解 $$(AB^{-1})=B^{-1}\cdot A^{-1}=\begin{bmatrix}0 & 1 & 1\\ 1 & 0 & 1\\ -2 & 3 & 2\end{bmatrix}\cdot\begin{bmatrix}1 & 2 & -1\\ 3 & 4 & 2\\ 0 & 1 & -2\end{bmatrix}=\begin{bmatrix}3 & 5 & 0\\ 1 & 3 & -3\\ 7 & 10 & 4\end{bmatrix}$$

★

例題 5

若 $A=\begin{bmatrix}-3 & 3\\ 1 & -2\end{bmatrix}$，試證明 $(A^T)^{-1}=(A^{-1})^T$。

解 先求 A^{-1}，利用 (1-3-1) 式，得:

$$A^{-1}=\begin{bmatrix}-\frac{2}{3} & -1\\ -\frac{1}{3} & -1\end{bmatrix},\quad (A^{-1})^T=\begin{bmatrix}-\frac{2}{3} & -\frac{1}{3}\\ -1 & -1\end{bmatrix}$$

又 $A^T=\begin{bmatrix}-3 & 1\\ 3 & -2\end{bmatrix}$

$$A^T(A^{-1})^T=\begin{bmatrix}-3 & 1\\ 3 & -2\end{bmatrix}\begin{bmatrix}-\frac{2}{3} & -\frac{1}{3}\\ -1 & -1\end{bmatrix}=\begin{bmatrix}1 & 0\\ 0 & 1\end{bmatrix}$$

$$(A^{-1})^TA^T=\begin{bmatrix}-\frac{2}{3} & -\frac{1}{3}\\ -1 & -1\end{bmatrix}\begin{bmatrix}-3 & 1\\ 3 & -2\end{bmatrix}=\begin{bmatrix}1 & 0\\ 0 & 1\end{bmatrix}$$

故得 $(A^T)^{-1}=(A^{-1})^T$。 ★

例題 6

若 $A^{-1}=\begin{bmatrix}1 & 2 & 0\\ 0 & 1 & 0\\ 3 & 1 & -1\end{bmatrix}$ 與 $B=\begin{bmatrix}2\\ 1\\ 3\end{bmatrix}$, 試解 $AX=B$ 之 X。

解 因 A^{-1} 存在, 故 $AX=B\Rightarrow(A^{-1})AX=A^{-1}\cdot B$, 則

$$X=A^{-1}\cdot B$$

所以 $$X=\begin{bmatrix}1 & 2 & 0\\ 0 & 1 & 0\\ 3 & 1 & -1\end{bmatrix}\begin{bmatrix}2\\ 1\\ 3\end{bmatrix}=\begin{bmatrix}4\\ 1\\ 4\end{bmatrix}。$$ ★

例題 7

若 A、B、C 皆為 n 階非奇異方陣, 試證

$$(ABC)^{-1}=C^{-1}B^{-1}A^{-1}。$$

解 因 $$\begin{aligned}(ABC)\cdot(C^{-1}B^{-1}A^{-1})&=AB(CC^{-1})B^{-1}A^{-1}=AB\cdot I_n\cdot B^{-1}A^{-1}\\ &=A(BB^{-1})A^{-1}=AI_nA^{-1}=AA^{-1}\\ &=I_n\end{aligned}$$

同理, $$\begin{aligned}(C^{-1}B^{-1}A^{-1})\cdot(ABC)&=C^{-1}B^{-1}(A^{-1}A)BC=C^{-1}B^{-1}I_nBC\\ &=C^{-1}(B^{-1}B)C=C^{-1}I_nC\\ &=I_n\end{aligned}$$

故 $$(ABC)^{-1}=C^{-1}B^{-1}A^{-1}$$ ★

習題 1-3

1. 試問下列方陣是否可逆？若為可逆，求其逆方陣。

(1) $\boldsymbol{A}=\begin{bmatrix}3 & 1\\ 6 & 2\end{bmatrix}$　(2) $\boldsymbol{B}=\begin{bmatrix}3 & -2\\ 1 & 1\end{bmatrix}$　(3) $\boldsymbol{C}=\begin{bmatrix}-3 & 2\\ 4 & 1\end{bmatrix}$

2. 試求 $\boldsymbol{A}=\begin{bmatrix}\cos\theta & \sin\theta\\ -\sin\theta & \cos\theta\end{bmatrix}$ 的逆方陣。

3. 若 $\boldsymbol{A}$ 為一可逆方陣，且 $7\boldsymbol{A}$ 的逆方陣為 $\begin{bmatrix}-3 & 7\\ 1 & -2\end{bmatrix}$，求 $\boldsymbol{A}$。

4. 若 $\boldsymbol{A}$ 與 $\boldsymbol{B}$ 皆為 n 階方陣，則下列關係是否成立？

(1) $(\boldsymbol{A}+\boldsymbol{B})^{-1}=\boldsymbol{A}^{-1}+\boldsymbol{B}^{-1}$　(2) $(C\boldsymbol{A})^{-1}=\dfrac{1}{C}\boldsymbol{A}^{-1}$，$C\neq 0$

5. 試求 $\boldsymbol{A}$ 使得 $(4\boldsymbol{A}^T)^{-1}=\begin{bmatrix}2 & 3\\ -4 & -4\end{bmatrix}$。

6. 試求 x 使得 $\begin{bmatrix}2x & 7\\ 1 & 2\end{bmatrix}^{-1}=\begin{bmatrix}2 & -7\\ -1 & 4\end{bmatrix}$。

7. 設 $\boldsymbol{A}$ 為 n 階方陣，試證若 $\boldsymbol{A}^5=\boldsymbol{0}_{n\times n}$，則

$$(\boldsymbol{I}_n-\boldsymbol{A})^{-1}=\boldsymbol{I}_n+\boldsymbol{A}+\boldsymbol{A}^2+\boldsymbol{A}^3+\boldsymbol{A}^4$$

8. 若 $\boldsymbol{A}$ 與 $\boldsymbol{B}$ 皆為 n 階方陣，且 $\boldsymbol{AB}=\boldsymbol{0}_{n\times n}$。若 $\boldsymbol{B}$ 為非奇異的，求出 $\boldsymbol{A}$。

9. 若 $\boldsymbol{A}$ 為非奇異且為反對稱矩陣，試證 $\boldsymbol{A}^{-1}$ 為反對稱矩陣。

10. 若 $\boldsymbol{A}=\begin{bmatrix}1 & 3\\ 2 & 7\end{bmatrix}$，試求 $(\boldsymbol{A}^T)^{-1}$、$(\boldsymbol{A}^{-1})^T$ 與 $\boldsymbol{A}^{-1}$ 之關係為何？

11. 若 $\boldsymbol{A}^3=\begin{bmatrix}1 & 1\\ -5 & -2\end{bmatrix}$，試求 $(2\boldsymbol{A})^{-3}$。

1-4 矩陣的基本列運算；簡約列梯陣

矩陣的基本列運算可求得一方陣的逆方陣，而簡約列梯陣又可用來解線性方程組。首先我們先介紹三種基本列變換。

1. 將矩陣 $\boldsymbol{A}$ 中的第 i 列與第 j 列互相對調，以 $R_i \leftrightarrow R_j$ 表示之，即

$$\boldsymbol{A}=\begin{bmatrix} a_{11} & a_{12} & \cdots & a_{1n} \\ a_{21} & a_{22} & \cdots & a_{2n} \\ \vdots & \vdots & & \vdots \\ a_{i1} & a_{i2} & \cdots & a_{in} \\ \vdots & \vdots & & \vdots \\ a_{j1} & a_{j2} & \cdots & a_{jn} \\ \vdots & \vdots & & \vdots \\ a_{n1} & a_{n2} & \cdots & a_{nn} \end{bmatrix} \underset{\sim}{R_i \leftrightarrow R_j} \begin{bmatrix} a_{11} & a_{12} & \cdots & a_{1n} \\ a_{21} & a_{22} & \cdots & a_{2n} \\ \vdots & \vdots & & \vdots \\ a_{j1} & a_{j2} & \cdots & a_{jn} \\ \vdots & \vdots & & \vdots \\ a_{i1} & a_{i2} & \cdots & a_{in} \\ \vdots & \vdots & & \vdots \\ a_{n1} & a_{n2} & \cdots & a_{nn} \end{bmatrix}$$

2. 將矩陣 $\boldsymbol{A}$ 中的第 i 列乘常數 c，以 cR_i 表示之，即

$$\boldsymbol{A}=\begin{bmatrix} a_{11} & a_{12} & \cdots & a_{1n} \\ a_{21} & a_{22} & \cdots & a_{2n} \\ \vdots & \vdots & & \vdots \\ a_{i1} & a_{i2} & \cdots & a_{in} \\ \vdots & \vdots & & \vdots \\ a_{n1} & a_{n2} & \cdots & a_{nn} \end{bmatrix} \underset{\sim}{cR_i} \begin{bmatrix} a_{11} & a_{12} & \cdots & a_{1n} \\ a_{21} & a_{22} & \cdots & a_{2n} \\ \vdots & \vdots & & \vdots \\ ca_{i1} & ca_{i2} & \cdots & ca_{in} \\ \vdots & \vdots & & \vdots \\ a_{n1} & a_{n2} & \cdots & a_{nn} \end{bmatrix}$$

3. 將矩陣 $\boldsymbol{A}$ 中的第 i 列乘上一非零常數 c，然後加在另一列，如第 j 列上。以 cR_i+R_j 表示之。

$$\boldsymbol{A}=\begin{bmatrix} a_{11} & a_{12} & a_{13} & \cdots & a_{1n} \\ a_{21} & a_{22} & a_{23} & \cdots & a_{2n} \\ \vdots & \vdots & \vdots & & \vdots \\ a_{i1} & a_{i2} & a_{i3} & \cdots & a_{in} \\ \vdots & \vdots & \vdots & & \vdots \\ a_{j1} & a_{j2} & a_{j3} & \cdots & a_{jn} \\ \vdots & \vdots & \vdots & & \vdots \\ a_{n1} & a_{n2} & a_{n3} & \cdots & a_{nn} \end{bmatrix} \underset{\sim}{cR_i+R_j} \begin{bmatrix} a_{11} & a_{12} & a_{13} & \cdots & a_{1n} \\ a_{21} & a_{22} & a_{23} & \cdots & a_{2n} \\ \vdots & \vdots & \vdots & & \vdots \\ a_{i1} & a_{i2} & a_{i3} & \cdots & a_{in} \\ \vdots & \vdots & \vdots & & \vdots \\ ca_{i1}+a_{j1} & ca_{i2}+a_{j2} & ca_{i3}+a_{j3} & \cdots & ca_{in}+a_{jn} \\ \vdots & \vdots & \vdots & & \vdots \\ a_{n1} & a_{n2} & a_{n3} & \cdots & a_{nn} \end{bmatrix}$$

此種基本列運算只是將一矩陣變形為另一矩陣，使所得矩陣適合某一特殊形式。原矩陣與所得矩陣並無相等關係。

定義 1-4-1

若 $m \times n$ 矩陣 $\boldsymbol{A}$ 經由有限次數的基本列運算後變成 $m \times n$ 矩陣 $\boldsymbol{B}$，則稱矩陣 $\boldsymbol{A}$ 與 $\boldsymbol{B}$ 為**列同義**（row equivalent），可寫成 $\boldsymbol{A} \sim \boldsymbol{B}$。

例題 1

矩陣 $\boldsymbol{A} = \begin{bmatrix} 1 & 2 & 4 & 3 \\ 2 & 1 & 3 & 2 \\ 1 & -1 & 2 & 3 \end{bmatrix}$ 列同義於 $\boldsymbol{D} = \begin{bmatrix} 2 & 4 & 8 & 6 \\ 1 & -1 & 2 & 3 \\ 4 & -1 & 7 & 8 \end{bmatrix}$。

因為

$$\boldsymbol{A} = \begin{bmatrix} 1 & 2 & 4 & 3 \\ 2 & 1 & 3 & 2 \\ 1 & -1 & 2 & 3 \end{bmatrix} \underset{\sim}{2R_3 + R_2} \begin{bmatrix} 1 & 2 & 4 & 3 \\ 4 & -1 & 7 & 8 \\ 1 & -1 & 2 & 3 \end{bmatrix} \underset{\sim}{R_2 \leftrightarrow R_3}$$

$$\begin{bmatrix} 1 & 2 & 4 & 3 \\ 1 & -1 & 2 & 3 \\ 4 & -1 & 7 & 8 \end{bmatrix} \underset{\sim}{2R_1} \begin{bmatrix} 2 & 4 & 8 & 6 \\ 1 & -1 & 2 & 3 \\ 4 & -1 & 7 & 8 \end{bmatrix}。$$

定義 1-4-2

將單位方陣 $\boldsymbol{I}_n$ 經過基本列運算 $R_i \leftrightarrow R_j$，cR_i，$cR_i + R_j$ 後，可得下列三種**基本矩陣**（elementary matrix）。

(1) 以 $\boldsymbol{E}_i \leftrightarrow \boldsymbol{E}_j$ 表示 $\boldsymbol{I}_n$ 中的第 i 列與第 j 列互相對調之後所產生的基本矩陣。

(2) 若 $c \neq 0$，以 $c\boldsymbol{E}_i$ 表示 $\boldsymbol{I}_n$ 中的第 i 列乘上常數 c 後所產生的基本矩陣。

(3) 若 $c \neq 0$，以 $c\boldsymbol{E}_i + \boldsymbol{E}_j$ 表示 $\boldsymbol{I}_n$ 中的第 i 列乘上常數 c 後再加在第 j 列上所產生的基本矩陣。

例如

$$\begin{bmatrix}1&0\\0&-5\end{bmatrix},\ \begin{bmatrix}1&0&0&0\\0&0&0&1\\0&0&1&0\\0&1&0&0\end{bmatrix},\ \begin{bmatrix}1&0&4\\0&1&0\\0&0&1\end{bmatrix}$$ 皆爲基本矩陣。

⇩ I_2 的第 2 列乘上 −5

⇩ I_4 的第 2 列與第 4 列互調

⇩ I_3 的第 3 列乘上 4 加到第 1 列

定理 1-4-1

若 $A=[a_{ij}]_{m\times n}$, $B=[b_{ij}]_{m\times n}$, $E_i\leftrightarrow E_j$, cE_i, cE_i+E_j 為 $m\times m$ 基本矩陣，則

(1) $A \overset{R_i\leftrightarrow R_j}{\sim} B \Leftrightarrow B=(E_i\leftrightarrow E_j)A$

(2) $A \overset{cR_i}{\sim} B \Leftrightarrow B=cE_i A$

(3) $A \overset{cR_i+R_j}{\sim} B \Leftrightarrow B=(cE_i+E_j)A$

例題 2

考慮矩陣

$$A=\begin{bmatrix}1&0&2&3\\2&-1&3&6\\1&4&4&0\end{bmatrix} \overset{3R_1+R_3}{\sim} B=\begin{bmatrix}1&0&2&3\\2&-1&3&6\\4&4&10&9\end{bmatrix}$$

另一基本矩陣

$$E=\begin{bmatrix}1&0&0\\0&1&0\\3&0&1\end{bmatrix}$$

則

$$EA=\begin{bmatrix}1&0&0\\0&1&0\\3&0&1\end{bmatrix}\begin{bmatrix}1&0&2&3\\2&-1&3&6\\1&4&4&0\end{bmatrix}=B。$$

例題 3

若 $A=\begin{bmatrix}1 & -1 & 2\\ 2 & 0 & 1\\ -3 & 4 & 5\end{bmatrix}$，$B$ 為 A 經過基本列運算 $2R_1+R_2$，$1R_2+R_3$，$1R_1+R_3$ 後所求得的矩陣，則 B 為何？

解

$$A=\begin{bmatrix}1 & -1 & 2\\ 2 & 0 & 1\\ -3 & 4 & 5\end{bmatrix}\underset{\sim}{2R_1+R_2}\begin{bmatrix}1 & -1 & 2\\ 4 & -2 & 5\\ -3 & 4 & 5\end{bmatrix}\underset{\sim}{1R_2+R_3}$$

$$\begin{bmatrix}1 & -1 & 2\\ 4 & -2 & 5\\ 1 & 2 & 10\end{bmatrix}\underset{\sim}{1R_1+R_3}\begin{bmatrix}1 & -1 & 2\\ 4 & -2 & 5\\ 2 & 1 & 12\end{bmatrix}$$

即

$$B=\begin{bmatrix}1 & -1 & 2\\ 4 & -2 & 5\\ 2 & 1 & 12\end{bmatrix}。$$

★

例題 4

利用上面的例題，求出基本矩陣 E_1、E_2、E_3，使得 $B=E_3E_2E_1A$。

解

$$E_1=\begin{bmatrix}1 & 0 & 0\\ 2 & 1 & 0\\ 0 & 0 & 1\end{bmatrix},\quad E_2=\begin{bmatrix}1 & 0 & 0\\ 0 & 1 & 0\\ 0 & 1 & 1\end{bmatrix},\quad E_3=\begin{bmatrix}1 & 0 & 0\\ 0 & 1 & 0\\ 1 & 0 & 1\end{bmatrix}$$

則

$$E_3E_2E_1A=\begin{bmatrix}1 & 0 & 0\\ 0 & 1 & 0\\ 1 & 0 & 1\end{bmatrix}\begin{bmatrix}1 & 0 & 0\\ 0 & 1 & 0\\ 0 & 1 & 1\end{bmatrix}\begin{bmatrix}1 & 0 & 0\\ 2 & 1 & 0\\ 0 & 0 & 1\end{bmatrix}\begin{bmatrix}1 & -1 & 2\\ 2 & 0 & 1\\ -3 & 4 & 5\end{bmatrix}$$

$$=\begin{bmatrix}1 & 0 & 0\\ 0 & 1 & 0\\ 1 & 0 & 1\end{bmatrix}\begin{bmatrix}1 & 0 & 0\\ 0 & 1 & 0\\ 0 & 1 & 1\end{bmatrix}\begin{bmatrix}1 & -1 & 2\\ 4 & -2 & 5\\ -3 & 4 & 5\end{bmatrix}$$

$$=\begin{bmatrix}1 & 0 & 0\\ 0 & 1 & 0\\ 1 & 0 & 1\end{bmatrix}\begin{bmatrix}1 & -1 & 2\\ 4 & -2 & 5\\ 1 & 2 & 10\end{bmatrix}=\begin{bmatrix}1 & -1 & 2\\ 4 & -2 & 5\\ 2 & 1 & 12\end{bmatrix}=B。$$

★

定理 1-4-2

每一基本矩陣皆是可逆矩陣，且

(1) $(E_i \leftrightarrow E_j)^{-1} = E_i \leftrightarrow E_j$

(2) $(cE_i)^{-1} = \dfrac{1}{c} E_i$

(3) $(cE_i + E_j)^{-1} = -cE_i + E_j$

由前一題知 $E_1^{-1} = \begin{bmatrix} 1 & 0 & 0 \\ -2 & 1 & 0 \\ 0 & 0 & 1 \end{bmatrix}$, $E_2^{-1} = \begin{bmatrix} 1 & 0 & 0 \\ 0 & 1 & 0 \\ 0 & -1 & 1 \end{bmatrix}$, $E_3^{-1} = \begin{bmatrix} 1 & 0 & 0 \\ 0 & 1 & 0 \\ -1 & 0 & 1 \end{bmatrix}$

分別為 E_1、E_2、E_3 的基本逆方陣，而

$$E_1^{-1}E_2^{-1}E_3^{-1}B = \begin{bmatrix} 1 & 0 & 0 \\ -2 & 1 & 0 \\ 0 & 0 & 1 \end{bmatrix}\begin{bmatrix} 1 & 0 & 0 \\ 0 & 1 & 0 \\ 0 & -1 & 1 \end{bmatrix}\begin{bmatrix} 1 & 0 & 0 \\ 0 & 1 & 0 \\ -1 & 0 & 1 \end{bmatrix}\begin{bmatrix} 1 & -1 & 2 \\ 4 & -2 & 5 \\ 2 & 1 & 12 \end{bmatrix}$$

$$= \begin{bmatrix} 1 & 0 & 0 \\ -2 & 1 & 0 \\ 0 & 0 & 1 \end{bmatrix}\begin{bmatrix} 1 & 0 & 0 \\ 0 & 1 & 0 \\ 0 & -1 & 1 \end{bmatrix}\begin{bmatrix} 1 & -1 & 2 \\ 4 & -2 & 5 \\ 1 & 2 & 10 \end{bmatrix}$$

$$= \begin{bmatrix} 1 & 0 & 0 \\ -2 & 1 & 0 \\ 0 & 0 & 1 \end{bmatrix}\begin{bmatrix} 1 & -1 & 2 \\ 4 & -2 & 5 \\ -3 & 4 & 5 \end{bmatrix} = \begin{bmatrix} 1 & -1 & 2 \\ 2 & 0 & 1 \\ -3 & 4 & 5 \end{bmatrix} = A$$

故 $B \sim A$。

由例題 4 之討論可推得下面的定理。

定理 1-4-3

若 A 與 B 均為 $m \times n$ 矩陣，則 B 與 A 列同義的充要條件為存在有限個 $m \times m$ 基本矩陣，E_1, E_2, E_3, …, E_l, 使得

$$B = E_l E_{l-1} \cdots E_3 E_2 E_1 A。$$

推論： 若 $A \sim B$，則 $B \sim A$。

證 由上面定理可知，若 $A \sim B$，則存在有限個基本矩陣，E_1, E_2, E_3, …, E_l, 使

得 $B = E_l E_{l-1} \cdots E_1 A$。由定理 1-4-3 知 E_1^{-1}，E_2^{-1}，E_3^{-1}，…，E_l^{-1} 均存在且均是基本矩陣，故可得 $A = E_1^{-1} E_2^{-1} \cdots E_l^{-1} B$，此即表示 A 與 B 為列同義，即 $B \sim A$。

但讀者應注意，若 A 與 B 皆為 n 階方陣且 $A \sim B$，則 A 與 B 同時為可逆方陣或同時為不可逆方陣。

定理 1-4-4

n 階方陣 A 為可逆方陣的充要條件為 $A \sim I_n$。

由此定理得知，必存在有限個基本矩陣 E_1，E_2，…，E_l，使得

$$E_l E_{l-1} \cdots E_3 E_2 E_1 A = I_n \tag{1-4-1}$$

上式兩端同乘以 A^{-1}，則得

$$E_l E_{l-1} \cdots E_3 E_2 E_1 I_n = I_n A^{-1} = A^{-1} \tag{1-4-2}$$

因為一矩陣乘上一基本矩陣就等於該矩陣施行一次基本列運算，故我們可利用下式將 I_n 化至 A

$$E_1^{-1} E_2^{-1} \cdots E_{l-1}^{-1} E_l^{-1} I_n = A \tag{1-4-3}$$

由以上之討論，我們很容易瞭解，若想求一可逆方陣 A 的逆方陣 A^{-1}，我們只要作 $n \times 2n$ 矩陣 $[A \,\vdots\, I_n]$，然後利用矩陣的基本列運算將 $[A \,\vdots\, I_n]$ 化為 $[I_n \,\vdots\, B]$ 的形式，則 B 即為所求的逆方陣 A^{-1}。

例題 5

求 $A = \begin{bmatrix} 1 & -2 & 1 \\ -1 & 3 & 2 \\ 2 & -2 & 7 \end{bmatrix}$ 的逆方陣。

解 我們作 3×6 矩陣 $[A \,\vdots\, I_3]$，並將它化成 $[I_3 \,\vdots\, B]$。

$$\left[\begin{array}{ccc|ccc} 1 & -2 & 1 & 1 & 0 & 0 \\ -1 & 3 & 2 & 0 & 1 & 0 \\ 2 & -2 & 7 & 0 & 0 & 1 \end{array}\right] \underset{\sim}{1R_1 + R_2} \left[\begin{array}{ccc|ccc} 1 & -2 & 1 & 1 & 0 & 0 \\ 0 & 1 & 3 & 1 & 1 & 0 \\ 2 & -2 & 7 & 0 & 0 & 1 \end{array}\right] \underset{\sim}{-2R_1 + R_3}$$

$$\left[\begin{array}{ccc:ccc} 1 & -2 & 1 & 1 & 0 & 0 \\ 0 & 1 & 3 & 1 & 1 & 0 \\ 0 & 2 & 5 & -2 & 0 & 1 \end{array}\right] \underset{\sim}{-2R_2+R_3} \left[\begin{array}{ccc:ccc} 1 & -2 & 1 & 1 & 0 & 0 \\ 0 & 1 & 3 & 1 & 1 & 0 \\ 0 & 0 & -1 & -4 & -2 & 1 \end{array}\right] \underset{\sim}{2R_2+R_1}$$

$$\left[\begin{array}{ccc:ccc} 1 & 0 & 7 & 3 & 2 & 0 \\ 0 & 1 & 3 & 1 & 1 & 0 \\ 0 & 0 & -1 & -4 & -2 & 1 \end{array}\right] \underset{\sim}{-1R_3} \left[\begin{array}{ccc:ccc} 1 & 0 & 7 & 3 & 2 & 0 \\ 0 & 1 & 3 & 1 & 1 & 0 \\ 0 & 0 & 1 & 4 & 2 & -1 \end{array}\right] \underset{\sim}{-3R_3+R_2}$$

$$\left[\begin{array}{ccc:ccc} 1 & 0 & 7 & 3 & 2 & 0 \\ 0 & 1 & 0 & -11 & -5 & 3 \\ 0 & 0 & 1 & 4 & 2 & -1 \end{array}\right] \underset{\sim}{-7R_3+R_1} \left[\begin{array}{ccc:ccc} 1 & 0 & 0 & -25 & -12 & 7 \\ 0 & 1 & 0 & -11 & -5 & 3 \\ 0 & 0 & 1 & 4 & 2 & -1 \end{array}\right]$$

故
$$A^{-1} = \begin{bmatrix} -25 & -12 & 7 \\ -11 & -5 & 3 \\ 4 & 2 & -1 \end{bmatrix}。$$ ★

下面我們再討論一種非常有用的矩陣形式，稱為**簡約列梯陣**（reduced rowechelon matrix）。

定義 1-4-3

若一個矩陣滿足下列的性質，則稱為**簡約列梯陣**。

(1) 矩陣中全為 0 之所有的列（如果有的話）皆置於矩陣的底層。

(2) 非全為 0 的每一列中之第一個非 0 元素為 1，稱為此列的首項。

(3) 若第 i 列與第 $i+1$ 列是兩個非全為 0 的連續列，則第 $i+1$ 列之首項應置於第 i 列之首項之右方。

(4) 若一行含有某列的首項，則此行的其他元素皆為 0。

例題 6

$$\begin{bmatrix} 1 & 0 & 0 & 0 & 3 \\ 0 & 0 & 1 & 0 & 4 \\ 0 & 0 & 0 & 1 & 1 \end{bmatrix} 與 \begin{bmatrix} 1 & 0 & 0 & -2 \\ 0 & 1 & 2 & 1 \\ 0 & 0 & 0 & 0 \end{bmatrix}$$ 為簡約列梯陣，但

$$\begin{bmatrix} 1 & 0 & 1 & -1 \\ 0 & 1 & -2 & 1 \\ 0 & 1 & 1 & 0 \\ 0 & 0 & 0 & 0 \end{bmatrix} 與 \begin{bmatrix} 1 & 1 & 0 & 1 \\ 0 & 1 & 2 & -1 \\ 0 & 0 & 1 & 0 \end{bmatrix}$$ 為非簡約列梯陣。

例題 7

試將矩陣 $A=\begin{bmatrix}0&0&-2&0&7&12\\2&4&-10&6&12&28\\2&4&-5&6&-5&-1\end{bmatrix}$ 化為簡約列梯陣。

解

$$A=\begin{bmatrix}0&0&-2&0&7&12\\2&4&-10&6&12&28\\2&4&-5&6&-5&-1\end{bmatrix}\overset{R_1\leftrightarrow R_2}{\sim}\begin{bmatrix}2&4&-10&6&12&28\\0&0&-2&0&7&12\\2&4&-5&6&-5&-1\end{bmatrix}\overset{\frac{1}{2}R_1}{\sim}$$

$$\begin{bmatrix}1&2&-5&3&6&14\\0&0&-2&0&7&12\\2&4&-5&6&-5&-1\end{bmatrix}\overset{-2R_1+R_3}{\sim}\begin{bmatrix}1&2&-5&3&6&14\\0&0&-2&0&7&12\\0&0&5&0&-17&-29\end{bmatrix}\overset{-\frac{1}{2}R_2}{\sim}$$

$$\begin{bmatrix}1&2&-5&3&6&14\\0&0&1&0&-\frac{7}{2}&-6\\0&0&5&0&-17&-29\end{bmatrix}\overset{-5R_2+R_3}{\sim}\begin{bmatrix}1&2&-5&3&6&14\\0&0&1&0&-\frac{7}{2}&-6\\0&0&0&0&\frac{1}{2}&1\end{bmatrix}\overset{2R_3}{\sim}$$

$$\begin{bmatrix}1&2&-5&3&6&14\\0&0&1&0&-\frac{7}{2}&-6\\0&0&0&0&1&2\end{bmatrix}\overset{\frac{7}{2}R_3+R_2}{\sim}\begin{bmatrix}1&2&-5&3&6&14\\0&0&1&0&0&1\\0&0&0&0&1&2\end{bmatrix}\overset{-6R_3+R_1}{\sim}$$

$$\begin{bmatrix}1&2&-5&3&0&2\\0&0&1&0&0&1\\0&0&0&0&1&2\end{bmatrix}\overset{5R_2+R_1}{\sim}\begin{bmatrix}1&2&0&3&0&7\\0&0&1&0&0&1\\0&0&0&0&1&2\end{bmatrix}$$

★

習題 1-4

1. 下列各矩陣是否為基本矩陣？

(1) $\begin{bmatrix}1&0\\-9&1\end{bmatrix}$ (2) $\begin{bmatrix}-8&1\\1&0\end{bmatrix}$ (3) $\begin{bmatrix}1&0&0\\0&0&1\\0&1&0\end{bmatrix}$

(4) $\begin{bmatrix}1&0&0\\0&1&7\\0&0&1\end{bmatrix}$ (5) $\begin{bmatrix}3&0&0&3\\0&1&0&0\\0&0&1&0\\0&0&0&1\end{bmatrix}$

2. 試決定列運算以還原下面各基本矩陣為單位矩陣。

(1) $\begin{bmatrix} 1 & 0 \\ -7 & 1 \end{bmatrix}$　(2) $\begin{bmatrix} 1 & 0 & 0 \\ 0 & 1 & 0 \\ 0 & 0 & 6 \end{bmatrix}$

(3) $\begin{bmatrix} 0 & 0 & 0 & 1 \\ 0 & 1 & 0 & 0 \\ 1 & 0 & 0 & 0 \\ 0 & 0 & 1 & 0 \end{bmatrix}$　(4) $\begin{bmatrix} 1 & 0 & -\frac{1}{5} & 0 \\ 0 & 1 & 0 & 0 \\ 0 & 0 & 1 & 0 \\ 0 & 0 & 0 & 1 \end{bmatrix}$

3. 考慮下列的矩陣

$$\boldsymbol{A}=\begin{bmatrix} 3 & 4 & 1 \\ 2 & -7 & -1 \\ 8 & 1 & 5 \end{bmatrix},\ \boldsymbol{B}=\begin{bmatrix} 8 & 1 & 5 \\ 2 & -7 & -1 \\ 3 & 4 & 1 \end{bmatrix},\ \boldsymbol{C}=\begin{bmatrix} 3 & 4 & 1 \\ 2 & -7 & -1 \\ 2 & -7 & 3 \end{bmatrix}$$

求基本矩陣 $\boldsymbol{E}_1$、$\boldsymbol{E}_2$、$\boldsymbol{E}_3$ 與 $\boldsymbol{E}_4$，使得

(1) $\boldsymbol{E}_1\boldsymbol{A}=\boldsymbol{B}$　(2) $\boldsymbol{E}_2\boldsymbol{B}=\boldsymbol{A}$　(3) $\boldsymbol{E}_3\boldsymbol{A}=\boldsymbol{C}$　(4) $\boldsymbol{E}_4\boldsymbol{C}=\boldsymbol{A}$

4. 求下列方陣的逆方陣。

(1) $\boldsymbol{A}=\begin{bmatrix} 1 & 3 \\ 2 & 7 \end{bmatrix}$　(2) $\boldsymbol{B}=\begin{bmatrix} 3 & -2 & 1 \\ 1 & 4 & 3 \\ 0 & 2 & 2 \end{bmatrix}$

(3) $\boldsymbol{C}=\begin{bmatrix} 1 & 2 & -1 \\ 0 & 1 & 1 \\ 1 & 0 & -1 \end{bmatrix}$　(4) $\boldsymbol{D}=\begin{bmatrix} 1 & 0 & 1 & 0 \\ -1 & 1 & 1 & 0 \\ 0 & 1 & 0 & 1 \\ 1 & -1 & 1 & 0 \end{bmatrix}$

5. 下列的方陣是否可逆？若可逆，則求其逆方陣。

(1) $\boldsymbol{A}=\begin{bmatrix} 1 & -1 & 3 \\ 1 & 2 & -3 \\ 2 & 1 & 0 \end{bmatrix}$　(2) $\boldsymbol{B}=\begin{bmatrix} -3 & 1 & 1 & 1 \\ 1 & -3 & 1 & 1 \\ 1 & 1 & -3 & 1 \\ 1 & 1 & 1 & -3 \end{bmatrix}$

6. 下列各矩陣中，哪些為簡約列梯陣？

$\boldsymbol{A}=\begin{bmatrix} 1 & 0 & 0 & 0 & -3 \\ 0 & 0 & 1 & 0 & 4 \\ 0 & 0 & 0 & 1 & 2 \end{bmatrix}$　$\boldsymbol{B}=\begin{bmatrix} 1 & 0 & 0 & 0 & 2 \\ 0 & 0 & 1 & 0 & 0 \\ 0 & 0 & 0 & 1 & 3 \\ 0 & 0 & 0 & 0 & 0 \end{bmatrix}$

$$C=\begin{bmatrix}0&1&0&0&5\\0&0&1&0&-4\\0&0&0&-1&3\end{bmatrix}\qquad D=\begin{bmatrix}0&0&0&0&0\\0&0&1&2&-3\\0&0&0&1&0\\0&0&0&0&0\end{bmatrix}$$

7. 若 $A=\begin{bmatrix}0&0&-1&2&3\\0&2&3&4&5\\0&1&3&-1&2\\0&3&2&4&1\end{bmatrix}$，求出一簡約列梯陣 C 使其列同義於 A。

8. 試求出方陣 A 的逆方陣存在時之所有 a 值，若 $A=\begin{bmatrix}1&1&0\\1&0&0\\1&2&a\end{bmatrix}$，$A^{-1}$ 為何？

1-5 線性方程組的解法

由 n 個未知數、m 個線性方程式所組成之系統稱為**線性系統**（linear system）或聯立線性方程組，如下

$$\begin{cases}a_{11}x_1+a_{12}x_2+\cdots+a_{1n}x_n=b_1\\a_{21}x_1+a_{22}x_2+\cdots+a_{2n}x_n=b_2\\\quad\vdots\qquad\quad\vdots\qquad\qquad\quad\vdots\qquad\ \vdots\\a_{m1}x_1+a_{m2}x_2+\cdots+a_{mn}x_n=b_m\end{cases}\tag{1-5-1}$$

（1-5-1）式可以寫成下列之形式

$$AX=b\tag{1-5-2}$$

其中，$A=\begin{bmatrix}a_{11}&a_{12}&a_{13}&\cdots&a_{1n}\\a_{21}&a_{22}&a_{23}&\cdots&a_{2n}\\\vdots&\vdots&\vdots&&\vdots\\a_{m1}&a_{m2}&a_{m3}&\cdots&a_{mn}\end{bmatrix}$，$X=[x_1\quad x_2\quad x_3\cdots x_n]^T$ 為 $n\times1$ 矩陣，

而 $b=[b_1\quad b_2\quad b_3\quad\cdots\quad b_m]^T$ 為 $m\times1$ 矩陣，又

$$[A\,\vdots\,b]=\begin{bmatrix}a_{11}&a_{12}&a_{13}&\cdots&a_{1n}&\vdots&b_1\\a_{21}&a_{22}&a_{23}&\cdots&a_{2n}&\vdots&b_2\\\vdots&\vdots&\vdots&&\vdots&\vdots&\vdots\\a_{m1}&a_{m2}&a_{m3}&\cdots&a_{mn}&\vdots&b_m\end{bmatrix}\tag{1-5-3}$$

稱為**擴增矩陣**（augmented martrix）。

首先，我們介紹一種**高斯後代法**（Gauss backward-substitution）化簡程序。

例題 1

解線性方程組

$$\begin{cases} x_1 - x_2 + x_3 = 4 \\ 3x_1 + 2x_2 + x_3 = 2 \\ 4x_1 + 2x_2 + 2x_3 = 8 \end{cases}。$$

解 聯立方程組的擴增矩陣為

$$\begin{bmatrix} 1 & -1 & 1 & \vdots & 4 \\ 3 & 2 & 1 & \vdots & 2 \\ 4 & 2 & 2 & \vdots & 8 \end{bmatrix} \xrightarrow{-3R_1+R_2} \begin{bmatrix} 1 & -1 & 1 & \vdots & 4 \\ 0 & 5 & -2 & \vdots & -10 \\ 4 & 2 & 2 & \vdots & 8 \end{bmatrix} \xrightarrow{-4R_1+R_3}$$

$$\begin{bmatrix} 1 & -1 & 1 & \vdots & 4 \\ 0 & 5 & -2 & \vdots & -10 \\ 0 & 6 & -2 & \vdots & -8 \end{bmatrix} \xrightarrow{-\frac{6}{5}R_2+R_3} \begin{bmatrix} 1 & -1 & 1 & \vdots & 4 \\ 0 & 5 & -2 & \vdots & -10 \\ 0 & 0 & \frac{2}{5} & \vdots & 4 \end{bmatrix}$$

$$\xrightarrow{\frac{1}{5}R_2} \begin{bmatrix} 1 & -1 & 1 & \vdots & 4 \\ 0 & 1 & -\frac{2}{5} & \vdots & -2 \\ 0 & 0 & \frac{2}{5} & \vdots & 4 \end{bmatrix}$$

至此，擴增矩陣所對應的方程組為

$$\begin{cases} x_1 - x_2 + x_3 = 4 \cdots\cdots ① \\ x_2 - \frac{2}{5}x_3 = -2 \cdots\cdots ② \\ \frac{2}{5}x_3 = 4 \cdots\cdots ③ \end{cases}$$

故由 ③ 式解得 $x_3 = 10$，代入 ② 式得 $x_2 = -2 + \frac{2}{5}x_3 = -2 + 4 = 2$。最後將 x_3 與 x_2 再代入 ① 式得 $x_1 = 4 + x_2 - x_3 = 4 + 2 - 10 = -4$。 ★

但讀者應注意由原係數矩陣的擴增矩陣經由有限次之基本列運算後，其係數矩陣列同義於一上三角矩陣，故由後代法依序解得 x_3、x_2 與 x_1 之值。如果我們再繼續矩陣的基本列運算，使係數矩陣列同義於一單位矩陣，則可直接求得 x_1、x_2 與 x_3 之值，而不必去使用後代法的運算步驟，再繼續矩陣的基本列運算。

$$\begin{bmatrix} 1 & -1 & 1 & : & 4 \\ 0 & 1 & -\frac{2}{5} & : & -2 \\ 0 & 0 & \frac{2}{5} & : & 4 \end{bmatrix} \underset{\sim}{\frac{5}{2}R_3} \begin{bmatrix} 1 & -1 & 1 & : & 4 \\ 0 & 1 & -\frac{2}{5} & : & -2 \\ 0 & 0 & 1 & : & 10 \end{bmatrix} \underset{\sim}{1R_2+R_1}$$

$$\begin{bmatrix} 1 & 0 & \frac{3}{5} & : & 2 \\ 0 & 1 & -\frac{2}{5} & : & -2 \\ 0 & 0 & 1 & : & 10 \end{bmatrix} \underset{\sim}{-\frac{3}{5}R_3+R_1} \begin{bmatrix} 1 & 0 & 0 & : & -4 \\ 0 & 1 & -\frac{2}{5} & : & -2 \\ 0 & 0 & 1 & : & 10 \end{bmatrix} \underset{\sim}{\frac{2}{5}R_3+R_2}$$

$$\begin{bmatrix} 1 & 0 & 0 & : & -4 \\ 0 & 1 & 0 & : & 2 \\ 0 & 0 & 1 & : & 10 \end{bmatrix}$$

即 $\begin{bmatrix} 1 & -1 & 1 & : & 4 \\ 3 & 2 & 1 & : & 2 \\ 4 & 2 & 2 & : & 8 \end{bmatrix}$ 與 $\begin{bmatrix} 1 & 0 & 0 & : & -4 \\ 0 & 1 & 0 & : & 2 \\ 0 & 0 & 1 & : & 10 \end{bmatrix}$ 為列同義矩陣。

矩陣 $\begin{bmatrix} 1 & 0 & 0 & : & -4 \\ 0 & 1 & 0 & : & 2 \\ 0 & 0 & 1 & : & 10 \end{bmatrix}$ 所表示的就是方程組 $\begin{cases} 1x_1 + 0x_2 + 0x_3 = -4 \\ 0x_1 + 1x_2 + 0x_3 = \ \ 2 \\ 0x_1 + 0x_2 + 1x_3 = \ 10 \end{cases}$ 的係數

因此，方程組的解為 $\begin{cases} x_1 = -4 \\ x_2 = \ \ 2 \\ x_3 = \ 10 \end{cases}$

此方法稱為**高斯-約旦消去法**（Gauss-Jordan elimination）。

例題 2

有一電路圖如圖 1-5-1 所示，已知 $V_1 = 1$ 伏特，$V_2 = 3$ 伏特，$V_3 = 4$ 伏特，$R_1 = 2$ 歐姆，$R_2 = 4$ 歐姆，$R_3 = 3$ 歐姆，$R_4 = 1$ 歐姆，$R_5 = 4$ 歐姆。試求電流 I_1、I_2 與 I_3。

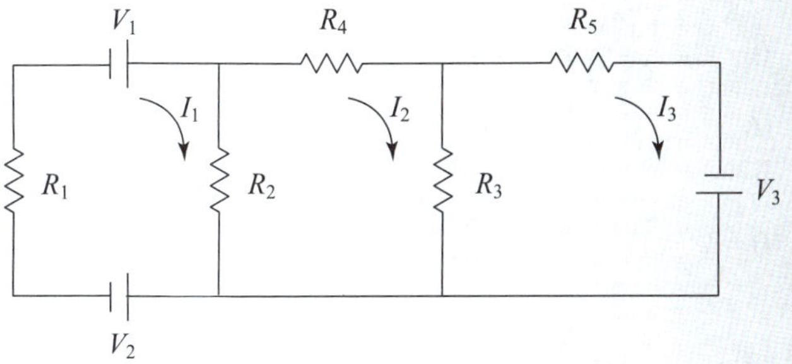

圖 1-5-1

解 由歐姆定律及克希荷夫定律，可由三個封閉迴路得到下列方程組。

$$\begin{cases} V_2 + R_1I_1 - V_1 + R_2(I_1 - I_2) = 0 \\ R_2(I_2 - I_1) + R_4I_2 + R_3(I_2 - I_3) = 0 \cdots\cdots ① \\ R_3(I_3 - I_2) + R_5I_3 - V_3 = 0 \end{cases}$$

現將各電壓值及電阻值代入 ① 式，得

$$\begin{cases} 6I_1 - 4I_2 = -2 \\ -4I_1 + 8I_2 - 3I_3 = 0 \\ -3I_2 + 7I_3 = 4 \end{cases}$$

其擴增矩陣為

$$\begin{bmatrix} 6 & -4 & 0 & \vdots & -2 \\ -4 & 8 & -3 & \vdots & 0 \\ 0 & -3 & 7 & \vdots & 4 \end{bmatrix} \xrightarrow{\frac{1}{6}R_1} \begin{bmatrix} 1 & -\frac{2}{3} & 0 & \vdots & -\frac{1}{3} \\ -4 & 8 & -3 & \vdots & 0 \\ 0 & -3 & 7 & \vdots & 4 \end{bmatrix} \xrightarrow{4R_1 + R_2}$$

$$\begin{bmatrix} 1 & -\frac{2}{3} & 0 & \vdots & -\frac{1}{3} \\ 0 & \frac{16}{3} & -3 & \vdots & -\frac{4}{3} \\ 0 & -3 & 7 & \vdots & 4 \end{bmatrix} \xrightarrow{-\frac{2}{9}R_3 + R_1} \begin{bmatrix} 1 & 0 & -\frac{14}{9} & \vdots & -\frac{11}{9} \\ 0 & \frac{16}{3} & -3 & \vdots & -\frac{4}{3} \\ 0 & -3 & 7 & \vdots & 4 \end{bmatrix} \xrightarrow{\frac{9}{16}R_2 + R_3}$$

$$\begin{bmatrix} 1 & 0 & -\frac{14}{9} & \vdots & -\frac{11}{9} \\ 0 & \frac{16}{3} & -3 & \vdots & -\frac{4}{3} \\ 0 & 0 & \frac{85}{16} & \vdots & \frac{13}{4} \end{bmatrix} \underset{\sim}{\frac{16}{85}R_3} \begin{bmatrix} 1 & 0 & -\frac{14}{9} & \vdots & -\frac{11}{9} \\ 0 & \frac{16}{3} & -3 & \vdots & -\frac{4}{3} \\ 0 & 0 & 1 & \vdots & \frac{52}{85} \end{bmatrix} \underset{\sim}{3R_3+R_2}$$

$$\begin{bmatrix} 1 & 0 & -\frac{14}{9} & \vdots & -\frac{11}{9} \\ 0 & \frac{16}{3} & 0 & \vdots & \frac{128}{255} \\ 0 & 0 & 1 & \vdots & \frac{52}{85} \end{bmatrix} \underset{\sim}{\frac{3}{16}R_2} \begin{bmatrix} 1 & 0 & -\frac{14}{9} & \vdots & -\frac{11}{9} \\ 0 & 1 & 0 & \vdots & \frac{8}{85} \\ 0 & 0 & 1 & \vdots & \frac{52}{85} \end{bmatrix} \underset{\sim}{\frac{14}{9}R_3+R_1}$$

$$\begin{bmatrix} 1 & 0 & 0 & \vdots & -\frac{23}{85} \\ 0 & 1 & 0 & \vdots & \frac{8}{85} \\ 0 & 0 & 1 & \vdots & \frac{52}{85} \end{bmatrix}$$

此即表示 $I_1 = -\frac{23}{85}$ 安培，$I_2 = \frac{8}{85}$ 安培，$I_3 = \frac{52}{85}$ 安培，負號則表示與原來 I_1 電流所示之方向相反。 ★

在（1-5-1）式中，若 $b_1 = b_2 = b_3 = \cdots = b_m = 0$，則稱為**齊次方程組**（homogeneous system），我們亦可用矩陣形式寫成

$$\boldsymbol{AX} = \boldsymbol{0} \qquad (1\text{-}5\text{-}4)$$

（1-5-4）式中的一組解

$$x_1 = x_2 = x_3 = \cdots = x_n = 0$$

稱為**明顯解**（trivial solution）。另外，若齊次方程組的解 x_1，x_2，x_3，⋯，x_n 並非全為 0，則稱為**非明顯解**（nontrivial solution）。

定理 1-5-1

若 $n > m$，則 n 個未知數及 m 個線性方程式的齊次方程組有一組非明顯解。

定理 1-5-2

若 $\boldsymbol{A}$ 為 n 階方陣，$\boldsymbol{X}=[x_1 \quad x_2 \quad x_3 \cdots x_n]^T$，則齊次方程組

$$\boldsymbol{AX}=\mathbf{0}$$

有一組非明顯解的充要條件是 $\boldsymbol{A}$ 為**奇異方陣**。

證 假設 $\boldsymbol{A}$ 為非奇異，則 $\boldsymbol{A}^{-1}$ 存在，然後將 $\boldsymbol{AX}=\mathbf{0}$ 的左右兩邊乘上 $\boldsymbol{A}^{-1}$，可得

$$\boldsymbol{A}^{-1}(\boldsymbol{AX})=\boldsymbol{A}^{-1}\mathbf{0}$$

$$(\boldsymbol{A}^{-1}\boldsymbol{A})\boldsymbol{X}=\mathbf{0}$$

$$\boldsymbol{I}_n\boldsymbol{X}=\mathbf{0}$$

$$\boldsymbol{X}=\mathbf{0}$$

所以，$\boldsymbol{AX}=\mathbf{0}$ 的唯一解為 $\boldsymbol{X}=\mathbf{0}$。

留給讀者自行證明：假設 $\boldsymbol{A}$ 為奇異，則 $\boldsymbol{AX}=\mathbf{0}$ 有一組非明顯解。

定理 1-5-3

若 $\boldsymbol{A}=[a_{ij}]_{n\times n}$，則下列的敘述為同義。

(1) $\boldsymbol{A}$ 為可逆方陣。

(2) $\boldsymbol{AX}=\mathbf{0}$ 僅有明顯解。

(3) $\boldsymbol{A}$ 是列同義於 $\boldsymbol{I}_n$。

推論： 一 n 階方陣為**非奇異**的充要條件是其為列同義於 $\boldsymbol{I}_n$。

例題 3

考慮齊次方程組 $\boldsymbol{AX}=\mathbf{0}$，其中 $\boldsymbol{A}=\begin{bmatrix} 6 & -2 & -3 \\ -1 & 1 & 0 \\ -1 & 0 & 1 \end{bmatrix}$。

因為 $\boldsymbol{A}$ 是非奇異，所以，

$$\boldsymbol{X}=[x_1 \quad x_2 \quad x_3]^T=\boldsymbol{A}^{-1}\mathbf{0}=\mathbf{0}$$

我們也可用高斯-約旦消去法來求解原來的方程組。此時，我們可求出與原方程組的擴增矩陣

$$\begin{bmatrix} 6 & -2 & -3 & \vdots & 0 \\ -1 & 1 & 0 & \vdots & 0 \\ -1 & 0 & 1 & \vdots & 0 \end{bmatrix}$$

為列同義的簡約列梯陣。

$$\begin{bmatrix} 6 & -2 & -3 & \vdots & 0 \\ -1 & 1 & 0 & \vdots & 0 \\ -1 & 0 & 1 & \vdots & 0 \end{bmatrix} \overset{R_1 \leftrightarrow R_3}{\sim} \begin{bmatrix} -1 & 0 & 1 & \vdots & 0 \\ -1 & 1 & 0 & \vdots & 0 \\ 6 & -2 & -3 & \vdots & 0 \end{bmatrix} \overset{-1R_1}{\sim}$$

$$\begin{bmatrix} 1 & 0 & -1 & \vdots & 0 \\ -1 & 1 & 0 & \vdots & 0 \\ 6 & -2 & -3 & \vdots & 0 \end{bmatrix} \overset{-6R_1+R_3}{\sim} \begin{bmatrix} 1 & 0 & -1 & \vdots & 0 \\ -1 & 1 & 0 & \vdots & 0 \\ 0 & -2 & 3 & \vdots & 0 \end{bmatrix} \overset{1R_1+R_2}{\sim}$$

$$\begin{bmatrix} 1 & 0 & -1 & \vdots & 0 \\ 0 & 1 & -1 & \vdots & 0 \\ 0 & -2 & 3 & \vdots & 0 \end{bmatrix} \overset{3R_2+R_3}{\sim} \begin{bmatrix} 1 & 0 & -1 & \vdots & 0 \\ 0 & 1 & -1 & \vdots & 0 \\ 0 & 1 & 0 & \vdots & 0 \end{bmatrix} \overset{-1R_2+R_3}{\sim}$$

$$\begin{bmatrix} 1 & 0 & -1 & \vdots & 0 \\ 0 & 1 & -1 & \vdots & 0 \\ 0 & 0 & 1 & \vdots & 0 \end{bmatrix} \overset{1R_3+R_2}{\sim} \begin{bmatrix} 1 & 0 & -1 & \vdots & 0 \\ 0 & 1 & 0 & \vdots & 0 \\ 0 & 0 & 1 & \vdots & 0 \end{bmatrix} \overset{1R_3+R_1}{\sim}$$

$$\begin{bmatrix} 1 & 0 & 0 & \vdots & 0 \\ 0 & 1 & 0 & \vdots & 0 \\ 0 & 0 & 1 & \vdots & 0 \end{bmatrix}$$

由上式最後矩陣可得出此解為 $\boldsymbol{X} = [x_1 \quad x_2 \quad x_3]^T = \mathbf{0}$。

例題 4

考慮齊次方程組 $\boldsymbol{AX}=\boldsymbol{0}$，其中 $\boldsymbol{A}=\begin{bmatrix}1 & 2 & -3\\ 1 & -2 & 1\\ 5 & -2 & -3\end{bmatrix}$ 為一奇異方陣。

此時，與原方程組的擴增矩陣

$$\begin{bmatrix}1 & 2 & -3 & \vdots & 0\\ 1 & -2 & 1 & \vdots & 0\\ 5 & -2 & -3 & \vdots & 0\end{bmatrix}$$

為列同義的簡約列梯陣為

$$\begin{bmatrix}1 & 2 & -3 & \vdots & 0\\ 1 & -2 & 1 & \vdots & 0\\ 5 & -2 & -3 & \vdots & 0\end{bmatrix}\underset{-1R_1+R_2}{\overset{-5R_1+R_3}{\sim}}\begin{bmatrix}1 & 2 & -3 & \vdots & 0\\ 0 & -4 & 4 & \vdots & 0\\ 0 & -12 & 12 & \vdots & 0\end{bmatrix}\underset{\frac{1}{12}R_3}{\overset{-\frac{1}{4}R_2}{\sim}}$$

$$\begin{bmatrix}1 & 2 & -3 & \vdots & 0\\ 0 & -1 & 1 & \vdots & 0\\ 0 & -1 & 1 & \vdots & 0\end{bmatrix}\overset{2R_2+R_1}{\sim}\begin{bmatrix}1 & 0 & -1 & \vdots & 0\\ 0 & -1 & 1 & \vdots & 0\\ 0 & -1 & 1 & \vdots & 0\end{bmatrix}\overset{-1R_2+R_3}{\sim}$$

$$\begin{bmatrix}1 & 0 & -1 & \vdots & 0\\ 0 & -1 & 1 & \vdots & 0\\ 0 & 0 & 0 & \vdots & 0\end{bmatrix}\overset{-1R_2}{\sim}\begin{bmatrix}1 & 0 & -1 & \vdots & 0\\ 0 & 1 & -1 & \vdots & 0\\ 0 & 0 & 0 & \vdots & 0\end{bmatrix}$$

上式最後矩陣隱含著

$$\begin{cases}x_1=t\\ x_2=t\\ x_3=t\end{cases}$$

其中 t 為任意實數。因此，原方程組有一組**非明顯解**。

例題 5

解齊次方程組

$$\begin{cases} x_1 + x_2 + x_3 + x_4 = 0 \\ x_1 + x_4 = 0 \\ x_1 + 2x_2 + x_3 = 0 \end{cases}$$ 。

解 此方程組的擴增矩陣為

$$\begin{bmatrix} 1 & 1 & 1 & 1 & \vdots & 0 \\ 1 & 0 & 0 & 1 & \vdots & 0 \\ 1 & 2 & 1 & 0 & \vdots & 0 \end{bmatrix} \xrightarrow{-1R_1+R_2} \begin{bmatrix} 1 & 1 & 1 & 1 & \vdots & 0 \\ 0 & -1 & -1 & 0 & \vdots & 0 \\ 0 & 1 & 0 & -1 & \vdots & 0 \end{bmatrix} \xrightarrow{1R_2+R_1}$$

$$\begin{bmatrix} 1 & 0 & 0 & 1 & \vdots & 0 \\ 0 & -1 & -1 & 0 & \vdots & 0 \\ 0 & 1 & 0 & -1 & \vdots & 0 \end{bmatrix} \xrightarrow{1R_2+R_3} \begin{bmatrix} 1 & 0 & 0 & 1 & \vdots & 0 \\ 0 & -1 & -1 & 0 & \vdots & 0 \\ 0 & 0 & -1 & -1 & \vdots & 0 \end{bmatrix}$$

$$\xrightarrow{-1R_3} \begin{bmatrix} 1 & 0 & 0 & 1 & \vdots & 0 \\ 0 & -1 & -1 & 0 & \vdots & 0 \\ 0 & 0 & 1 & 1 & \vdots & 0 \end{bmatrix} \xrightarrow{1R_3+R_2} \begin{bmatrix} 1 & 0 & 0 & 1 & \vdots & 0 \\ 0 & -1 & 0 & 1 & \vdots & 0 \\ 0 & 0 & 1 & 1 & \vdots & 0 \end{bmatrix}$$

$$\xrightarrow{-1R_2} \begin{bmatrix} 1 & 0 & 0 & 1 & \vdots & 0 \\ 0 & 1 & 0 & -1 & \vdots & 0 \\ 0 & 0 & 1 & 1 & \vdots & 0 \end{bmatrix}$$

最後矩陣所表示的方程組就是

$$\begin{cases} x_1 + \cdots\cdots\cdots\cdots + x_4 = 0 \\ x_2 + \cdots\cdots - x_4 = 0 \\ x_3 + x_4 = 0 \end{cases}$$

故方程組的解為

$$\begin{cases} x_1 = -t \\ x_2 = t \\ x_3 = -t \\ x_4 = t \end{cases}, \quad t \in \mathbb{R}$$

★

由以上之討論得知線性方程組可能有解，也可能無解；如果有解，可能只有一組解，也可能有無限多組解。至少有一組解的線性方程組稱為**相容**（consistent），而無解的線性方程組稱為**不相容**（inconsistent）。

現在，我們再考慮 n 個未知數及 n 個方程式的線性方程組 $\boldsymbol{AX}=\boldsymbol{B}$ 的解。

定理 1-5-4

令 $\boldsymbol{AX}=\boldsymbol{B}$ 為具有 n 個變數及 n 個一次方程式的方程組。若 $\boldsymbol{A}^{-1}$ 存在，則此方程組之解為唯一，且 $\boldsymbol{X}=\boldsymbol{A}^{-1}\boldsymbol{B}$。

證 我們首先證明 $\boldsymbol{X}=\boldsymbol{A}^{-1}\boldsymbol{B}$ 為方程組的解。將 $\boldsymbol{X}=\boldsymbol{A}^{-1}\boldsymbol{B}$ 代入矩陣方程式中，並利用矩陣之性質，我們得到

$$\boldsymbol{AX}=\boldsymbol{A}(\boldsymbol{A}^{-1}\boldsymbol{B})=(\boldsymbol{AA}^{-1})\boldsymbol{B}=\boldsymbol{I}_n\boldsymbol{B}=\boldsymbol{B}$$

$\boldsymbol{X}=\boldsymbol{A}^{-1}\boldsymbol{B}$ 滿足方程式，於是 $\boldsymbol{X}=\boldsymbol{A}^{-1}\boldsymbol{B}$ 為方程組之解。

我們現在再證明解的唯一性。令 $\boldsymbol{X}_1$ 亦為其一解，則 $\boldsymbol{AX}_1=\boldsymbol{B}$。此式等號兩端同乘 $\boldsymbol{A}^{-1}$，可得

$$\boldsymbol{A}^{-1}\boldsymbol{AX}_1=\boldsymbol{A}^{-1}\boldsymbol{B}$$
$$\boldsymbol{I}_n\boldsymbol{X}_1=\boldsymbol{A}^{-1}\boldsymbol{B}$$
$$\boldsymbol{X}_1=\boldsymbol{A}^{-1}\boldsymbol{B}=\boldsymbol{X}$$

於是，證得方程組有唯一解。

例題 6

解線性方程組 $\boldsymbol{AX}=\boldsymbol{B}$，其中 $\boldsymbol{A}=\begin{bmatrix}2&3\\4&5\end{bmatrix}$，$\boldsymbol{X}=\begin{bmatrix}x_1\\x_2\end{bmatrix}$，$\boldsymbol{B}=\begin{bmatrix}4\\1\end{bmatrix}$。

解 $\boldsymbol{X}=\boldsymbol{A}^{-1}\boldsymbol{B}=-\dfrac{1}{2}\begin{bmatrix}5&-3\\-4&2\end{bmatrix}\begin{bmatrix}4\\1\end{bmatrix}=\begin{bmatrix}-\dfrac{5}{2}&\dfrac{3}{2}\\2&-1\end{bmatrix}\begin{bmatrix}4\\1\end{bmatrix}=\begin{bmatrix}-\dfrac{17}{2}\\7\end{bmatrix}$ ★

例題 7

解方程組

$$\begin{cases} x_1 \qquad - 2x_3 = 1 \\ 4x_1 - 2x_2 + x_3 = 2 \\ x_1 + 2x_2 - 10x_3 = -1 \end{cases}。$$

解 此線性方程組的矩陣形式為

$$\begin{bmatrix} 1 & 0 & -2 \\ 4 & -2 & 1 \\ 1 & 2 & -10 \end{bmatrix}\begin{bmatrix} x_1 \\ x_2 \\ x_3 \end{bmatrix} = \begin{bmatrix} 1 \\ 2 \\ -1 \end{bmatrix}$$

先求出 $\boldsymbol{A} = \begin{bmatrix} 1 & 0 & -2 \\ 4 & -2 & 1 \\ 1 & 2 & -10 \end{bmatrix}$ 的逆方陣。

$$[\boldsymbol{A} : \boldsymbol{I}_n] = \begin{bmatrix} 1 & 0 & -2 & : & 1 & 0 & 0 \\ 4 & -2 & 1 & : & 0 & 1 & 0 \\ 1 & 2 & -10 & : & 0 & 0 & 1 \end{bmatrix} \underbrace{\quad}_{}^{-4R_1 + R_2}$$

$$\begin{bmatrix} 1 & 0 & -2 & : & 1 & 0 & 0 \\ 0 & -2 & 9 & : & -4 & 1 & 0 \\ 1 & 2 & -10 & : & 0 & 0 & 1 \end{bmatrix} \underbrace{\quad}_{}^{-1R_1 + R_3}$$

$$\begin{bmatrix} 1 & 0 & -2 & : & 1 & 0 & 0 \\ 0 & -2 & 9 & : & -4 & 1 & 0 \\ 0 & 2 & -8 & : & -1 & 0 & 1 \end{bmatrix} \underbrace{\quad}_{}^{1R_2 + R_3}$$

$$\begin{bmatrix} 1 & 0 & -2 & : & 1 & 0 & 0 \\ 0 & -2 & 9 & : & -4 & 1 & 0 \\ 0 & 0 & 1 & : & -5 & 1 & 1 \end{bmatrix} \underbrace{\quad}_{}^{-9R_3 + R_2}$$

$$\begin{bmatrix} 1 & 0 & -2 & : & 1 & 0 & 0 \\ 0 & -2 & 0 & : & 41 & -8 & -9 \\ 0 & 0 & 1 & : & -5 & 1 & 1 \end{bmatrix} \underbrace{\quad}_{}^{-\frac{1}{2}R_2}$$

$$\left[\begin{array}{ccc:ccc} 1 & 0 & -2 & 1 & 0 & 0 \\ 0 & 1 & 0 & -\frac{41}{2} & 4 & \frac{9}{2} \\ 0 & 0 & 1 & -5 & 1 & 1 \end{array}\right] \overset{2R_3+R_1}{\sim}$$

$$\left[\begin{array}{ccc:ccc} 1 & 0 & 0 & -9 & 2 & 2 \\ 0 & 1 & 0 & -\frac{41}{2} & 4 & \frac{9}{2} \\ 0 & 0 & 1 & -5 & 1 & 1 \end{array}\right]$$

故

$$A^{-1} = \begin{bmatrix} -9 & 2 & 2 \\ -\frac{41}{2} & 4 & \frac{9}{2} \\ -5 & 1 & 1 \end{bmatrix}$$

方程組的解為

$$\begin{bmatrix} x_1 \\ x_2 \\ x_3 \end{bmatrix} = \begin{bmatrix} -9 & 2 & 2 \\ -\frac{41}{2} & 4 & \frac{9}{2} \\ -5 & 1 & 1 \end{bmatrix} \begin{bmatrix} 1 \\ 2 \\ -1 \end{bmatrix} = \begin{bmatrix} -7 \\ -17 \\ -4 \end{bmatrix}。$$

★

LU 分解法

LU 分解法係將一 $(n \times n)$ 之方陣 $\boldsymbol{A}$ 分解成一下三角方陣 $\boldsymbol{L}$ 與一上三角方陣 $\boldsymbol{U}$ 之乘積以便於解聯立方程組。

一對角線元素不全為零之方陣，可化為下三角與上三角方陣之乘積。

設

$$\boldsymbol{A} = \begin{bmatrix} a_{11} & a_{12} & a_{13} & a_{14} \\ a_{21} & a_{22} & a_{23} & a_{24} \\ a_{31} & a_{32} & a_{33} & a_{34} \\ a_{41} & a_{42} & a_{43} & a_{44} \end{bmatrix}$$

令

$$\boldsymbol{LU} = \begin{bmatrix} l_{11} & 0 & 0 & 0 \\ l_{21} & l_{22} & 0 & 0 \\ l_{31} & l_{32} & l_{33} & 0 \\ l_{41} & l_{42} & l_{43} & l_{44} \end{bmatrix} \begin{bmatrix} 1 & u_{12} & u_{13} & u_{14} \\ 0 & 1 & u_{23} & u_{24} \\ 0 & 0 & 1 & u_{34} \\ 0 & 0 & 0 & 1 \end{bmatrix} = \begin{bmatrix} a_{11} & a_{12} & a_{13} & a_{14} \\ a_{21} & a_{22} & a_{23} & a_{24} \\ a_{31} & a_{32} & a_{33} & a_{34} \\ a_{41} & a_{42} & a_{43} & a_{44} \end{bmatrix} = \boldsymbol{A}$$

將 $\boldsymbol{L}$ 之各列分別乘 $\boldsymbol{U}$ 之第一行得

$$l_{11}=a_{11},\qquad l_{21}=a_{21},\qquad l_{31}=a_{31},\qquad l_{41}=a_{41}$$

再將 $\boldsymbol{L}$ 之第一列分別乘 $\boldsymbol{U}$ 之第二行、第三行及第四行可求得 u_{12}、u_{13} 與 u_{14}。

$$l_{11}u_{12}=a_{12},\qquad l_{11}u_{13}=a_{13},\qquad l_{11}u_{14}=a_{14}$$

則

$$u_{12}=\frac{a_{12}}{l_{11}},\qquad u_{13}=\frac{a_{13}}{l_{11}},\qquad u_{14}=\frac{a_{14}}{l_{11}}$$

所以，$\boldsymbol{U}$ 方陣之第一列可以求出。

然後交替求得 $\boldsymbol{L}$ 之行及 $\boldsymbol{U}$ 之列。將 $\boldsymbol{L}$ 之各列乘以 $\boldsymbol{U}$ 之第二行得

$$\begin{cases} l_{21}u_{12}+l_{22}=a_{22} \\ l_{31}u_{12}+l_{32}=a_{32} \\ l_{41}u_{12}+l_{42}=a_{42} \end{cases}$$

改寫成

$$\begin{cases} l_{22}=a_{22}-l_{21}u_{12} \\ l_{32}=a_{32}-l_{31}u_{12} \\ l_{42}=a_{42}-l_{41}u_{12} \end{cases}$$

則 $\boldsymbol{L}$ 的第二行元素可求得。以此類推，求 $\boldsymbol{U}$ 之第二列、 $\boldsymbol{L}$ 之第三行、 $\boldsymbol{U}$ 之第三列、 $\boldsymbol{L}$ 之第四行，各元素可求得如下

$$\begin{cases} l_{21}u_{13}+l_{22}u_{23}=a_{23} \\ l_{21}u_{14}+l_{22}u_{24}=a_{24} \end{cases}$$

或

$$\begin{cases} u_{23}=\dfrac{a_{23}-l_{21}u_{13}}{l_{22}} \\ u_{24}=\dfrac{a_{24}-l_{21}u_{14}}{l_{22}} \end{cases}$$

$$\begin{cases} l_{31}u_{13}+l_{32}u_{23}+l_{33}=a_{33} \\ l_{41}u_{13}+l_{42}u_{23}+l_{43}=a_{43} \end{cases}$$

或

$$\begin{cases} l_{33}=a_{33}-l_{31}u_{13}-l_{32}u_{23} \\ l_{43}=a_{43}-l_{41}u_{13}-l_{42}u_{23} \end{cases}$$

$$l_{31}u_{14}+l_{32}u_{24}+l_{33}u_{34}=a_{34}$$

或 $$u_{34}=\frac{a_{34}-l_{31}u_{14}-l_{32}u_{24}}{l_{33}}$$

$$l_{41}u_{14}+l_{42}u_{24}+l_{43}u_{34}+l_{44}=a_{44}$$

或 $$l_{44}=a_{44}-l_{41}u_{14}-l_{42}u_{24}-l_{43}u_{34}$$

故 $\boldsymbol{L}$ 之各元素可由下式求得

$$l_{ij}=a_{ij}-\sum_{k=1}^{j-1}l_{ik}\,u_{kj},\quad j\le i,\quad i=1,\ 2,\ \cdots,\ n$$

$\boldsymbol{U}$ 之各元素可由下式求得

$$u_{ij}=\frac{a_{ij}-\sum_{k=1}^{i-1}l_{ik}\,u_{kj}}{l_{ii}},\quad i\le j,\quad j=2,\ 3,\ \cdots,\ n$$

當 $j=1$, $$j_{i1}=a_{i1}$$

當 $i=1$, $$u_{1j}=\frac{a_{1j}}{l_{11}}=\frac{a_{1j}}{a_{11}}\text{。}$$

例題 8

$\boldsymbol{A}=\begin{bmatrix}1 & -1 & 3\\ 2 & 0 & 1\\ 1 & 0 & 3\end{bmatrix}$, 求 $\boldsymbol{L}$ 及 $\boldsymbol{U}$, 使 $\boldsymbol{LU}=\boldsymbol{A}$。

解 設

$$\begin{bmatrix}l_{11} & 0 & 0\\ l_{21} & l_{22} & 0\\ l_{31} & l_{32} & l_{33}\end{bmatrix}\begin{bmatrix}1 & u_{12} & u_{13}\\ 0 & 1 & u_{23}\\ 0 & 0 & 1\end{bmatrix}=\begin{bmatrix}1 & -1 & 3\\ 2 & 0 & 1\\ 1 & 0 & 3\end{bmatrix}$$

$$\because l_{11}=a_{11}=1,\qquad l_{21}=a_{21}=2,\qquad l_{31}=a_{31}=1$$

$$u_{12}=\frac{a_{12}}{l_{11}}=\frac{-1}{1}=-1,\qquad u_{13}=\frac{a_{13}}{l_{11}}=\frac{3}{1}=3$$

$$l_{22}=a_{22}-l_{21}u_{12}=0-2\times(-1)=2$$

$$l_{32}=a_{32}-l_{31}u_{12}=0-1\times(-1)=1$$

$$u_{23}=\frac{a_{23}-l_{21}u_{13}}{l_{22}}=\frac{1-2\times 3}{2}=-\frac{5}{2}$$

$$l_{33}=a_{33}-l_{31}u_{13}-l_{32}u_{23}=3-1\times 3-1\times(-\frac{5}{2})$$

$$=3-3+\frac{5}{2}=\frac{5}{2}$$

所以 $\boldsymbol{L}=\begin{bmatrix}1&0&0\\2&2&0\\1&1&\frac{5}{2}\end{bmatrix}$, $\boldsymbol{U}=\begin{bmatrix}1&-1&3\\0&1&-\frac{5}{2}\\0&0&1\end{bmatrix}$

檢驗

$$\boldsymbol{LU}=\begin{bmatrix}1&0&0\\2&2&0\\1&1&\frac{5}{2}\end{bmatrix}\begin{bmatrix}1&-1&3\\0&1&-\frac{5}{2}\\0&0&1\end{bmatrix}=\begin{bmatrix}1&-1&3\\2&0&1\\1&0&3\end{bmatrix}=\boldsymbol{A}\text{。}$$

★

例題 9

試利用 ***LU*** 分解法解下列之方程組。

$$\begin{cases}x_1-x_2+3x_3=1\\2x_1\qquad+x_3=2\\x_1\qquad+3x_3=3\end{cases}$$

解 此線性方程組的矩陣形式為

$$\begin{bmatrix}1&-1&3\\2&0&1\\1&0&3\end{bmatrix}\begin{bmatrix}x_1\\x_2\\x_3\end{bmatrix}=\begin{bmatrix}1\\2\\3\end{bmatrix}$$

由例題 8 得知,

$$\boldsymbol{A}=\begin{bmatrix}1&-1&3\\2&0&1\\1&0&3\end{bmatrix}=\underbrace{\begin{bmatrix}1&0&0\\2&2&0\\1&1&\frac{5}{2}\end{bmatrix}}_{\boldsymbol{L}}\underbrace{\begin{bmatrix}1&-1&3\\0&1&-\frac{5}{2}\\0&0&1\end{bmatrix}}_{\boldsymbol{U}}$$

故 $$AX = LUX = B, \quad B = \begin{bmatrix} 1 \\ 2 \\ 3 \end{bmatrix}$$

令 $UX = Y$，而 $$Y = \begin{bmatrix} y_1 \\ y_2 \\ y_3 \end{bmatrix}$$

故得 $$LY = B$$

即 $$\begin{bmatrix} 1 & 0 & 0 \\ 2 & 2 & 0 \\ 1 & 1 & \frac{5}{2} \end{bmatrix} \begin{bmatrix} y_1 \\ y_2 \\ y_3 \end{bmatrix} = \begin{bmatrix} 1 \\ 2 \\ 3 \end{bmatrix}$$

所以，$$\begin{cases} y_1 = 1 \\ y_1 + y_2 = 1 \\ y_1 + y_2 + \frac{5}{2} y_3 = 3 \end{cases}$$

解得 $y_1 = 1$，$y_2 = 0$，$y_3 = \frac{4}{5}$。

將 $Y = \begin{bmatrix} 1 \\ 0 \\ \frac{4}{5} \end{bmatrix}$ 代入 $UX = Y$ 中，解 X，故

$$\begin{bmatrix} 1 & -1 & 3 \\ 0 & 1 & -\frac{5}{2} \\ 0 & 0 & 1 \end{bmatrix} \begin{bmatrix} x_1 \\ x_2 \\ x_3 \end{bmatrix} = \begin{bmatrix} 1 \\ 0 \\ \frac{4}{5} \end{bmatrix}$$

即解 $$\begin{cases} x_1 - x_2 + 3x_3 = 1 \\ x_2 - \frac{5}{2} x_3 = 0 \\ x_3 = \frac{4}{5} \end{cases}$$

解得 $x_3 = \frac{4}{5}$，$x_2 = 2$，$x_1 = 1 + x_2 - 3x_3 = 1 + 2 - 3 \cdot \frac{4}{5} = \frac{3}{5}$。 ★

習題 1-5

1. 試利用高斯後代法解下列方程組。

(1) $\begin{cases} x_1 - 2x_2 + x_3 = 5 \\ -2x_1 + 3x_2 + x_3 = 1 \\ x_1 + 3x_2 + 2x_3 = 2 \end{cases}$

(2) $\begin{cases} 2x_1 - 3x_2 + x_3 = 1 \\ -x_1 + 2x_3 = 0 \\ 3x_1 - 3x_2 - x_3 = 1 \end{cases}$

(3) $\begin{cases} x_2 - 2x_3 + x_4 = 1 \\ 2x_1 - x_2 - x_4 = 0 \\ 4x_1 + x_2 - 6x_3 + x_4 = 3 \end{cases}$

(4) $\begin{cases} x_1 + 2x_2 + x_3 = 7 \\ 2x_1 + x_3 = 4 \\ x_1 + 2x_3 = 5 \\ x_1 + 2x_2 + 3x_3 = 11 \\ 2x_1 + x_2 + 4x_3 = 12 \end{cases}$

2. 試利用**高斯-約旦消去法**解下列方程組。

(1) $\begin{cases} x_1 - 2x_2 + x_3 = 5 \\ -2x_1 + 3x_2 + x_3 = 1 \\ x_1 + 3x_2 + 2x_3 = 2 \end{cases}$

(2) $\begin{cases} -x_2 + x_3 = 3 \\ x_1 - x_2 - x_3 = 0 \\ -x_1 - x_3 = -3 \end{cases}$

3. 試利用克希荷夫定律於下圖網路上之節點 X 或 Y，若已知 $R_1 = 3$ 歐姆，$R_2 = 5$ 歐姆，$R_3 = 2$ 歐姆，而 $E_1 = 3$ 伏特，$E_2 = 6$ 伏特，試求流經每一個電阻器上之電流各為多少安培？

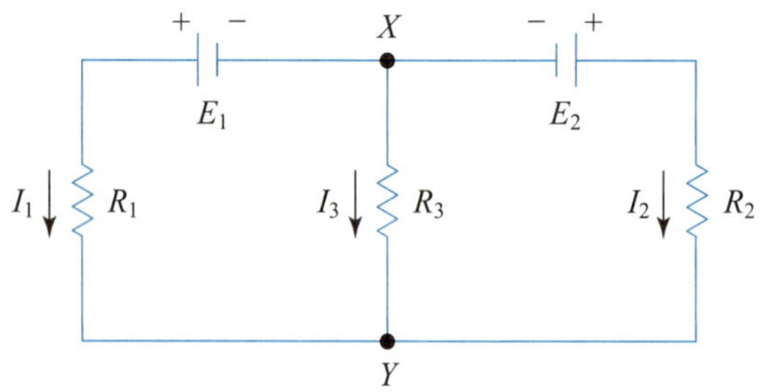

4. 就下列方程組：(1)沒有解，(2)有唯一解，(3)有無限多解，求所有 a 的值。

$$\begin{cases} x_1 + x_2 - x_3 = 3 \\ x_1 - x_2 + 3x_3 = 4 \\ x_1 + x_2 + (a^2 - 10)x_3 = a \end{cases}$$

5. 方陣 $\boldsymbol{A}$ 列同義於 $\boldsymbol{I} \Leftrightarrow \boldsymbol{AX}=\boldsymbol{0}$ 僅有明顯解，試利用此觀念判斷下列哪一個方程組有一組非明顯解。

(1) $\begin{cases} x_1+2x_2+3x_3=0 \\ 2x_2+2x_3=0 \\ x_1+2x_2+3x_3=0 \end{cases}$ (2) $\begin{cases} x_1+x_2+2x_3=0 \\ 2x_1+x_2+x_3=0 \\ 3x_1-x_2+x_3=0 \end{cases}$

(3) $\begin{cases} 2x_1+x_2-x_3=0 \\ x_1-2x_2-3x_3=0 \\ -3x_1-x_2+2x_3=0 \end{cases}$

6. 求出下列各線性方程組係數矩陣的逆方陣並求解方程組。

(1) $\begin{cases} 6x_1-2x_2-3x_3=1 \\ -x_1+x_2=-1 \\ -x_1+x_3=2 \end{cases}$ (2) $\begin{cases} x_1+2x_2-x_3=1 \\ x_2+x_3=2 \\ x_1-x_3=0 \end{cases}$

7. 試解下列齊次方程組

$$\begin{cases} x_1-x_2+x_3=0 \\ 2x_1+x_2=0 \\ 2x_1-2x_2+2x_3=0 \end{cases}$$

8. 試解下列矩陣方程式的 $\boldsymbol{X}$。

$$\begin{bmatrix} 1 & -1 & 1 \\ 2 & 3 & 0 \\ 0 & 2 & -1 \end{bmatrix}\boldsymbol{X}=\begin{bmatrix} 2 & -1 & 5 & 7 & 8 \\ 4 & 0 & -3 & 0 & 1 \\ 3 & 5 & -7 & 2 & 1 \end{bmatrix}$$

9. 若 $\boldsymbol{A}=\begin{bmatrix} -1 & -2 \\ -2 & 2 \end{bmatrix}$，求齊次方程組 $(\lambda\boldsymbol{I}_2-\boldsymbol{A})\boldsymbol{X}=\boldsymbol{0}$ 有非明顯解的所有 λ 值。

10. 試以 $\boldsymbol{LU}$ 分解法解下列方程組

$$\begin{cases} 2x_1-2x_2+x_3=1 \\ x_1+2x_2+3x_3=0 \\ 3x_1+x_2-2x_3=2 \end{cases}$$。

02

行列式

◎ 行列式

◎ 餘因子展開式與克雷莫法則（Cramer's rule）

◎ 最小平方法

CHAPTER

2-1 行列式

每一個方陣皆可定義一個數與其對應，這個數就是**行列式**（determinant）。行列式在解線性方程組時有其重要性。若

$$A=\begin{bmatrix} a_{11} & a_{12} & \cdots & a_{1n} \\ a_{21} & a_{22} & \cdots & a_{2n} \\ \vdots & \vdots & & \vdots \\ a_{n1} & a_{n2} & \cdots & a_{nn} \end{bmatrix}$$

則其行列式記為 $|A|$ 或 $\det(A)$。

定義 2-1-1

(1)若 A 為一階方陣，且 $A=[a_{11}]$，則定義 $\det(A)=a_{11}$。

(2)若 A 為二階方陣，且 $A=\begin{bmatrix} a_{11} & a_{12} \\ a_{21} & a_{22} \end{bmatrix}$，則定義

$$\det(A)=\begin{vmatrix} a_{11} & a_{12} \\ a_{21} & a_{22} \end{vmatrix}=a_{11}a_{22}-a_{12}a_{21}。$$

(3)若 A 為三階方陣，且 $A=\begin{bmatrix} a_{11} & a_{12} & a_{13} \\ a_{21} & a_{22} & a_{23} \\ a_{31} & a_{32} & a_{33} \end{bmatrix}$，則定義

$$\det(A)=a_{11}\begin{vmatrix} a_{22} & a_{23} \\ a_{32} & a_{33} \end{vmatrix}-a_{12}\begin{vmatrix} a_{21} & a_{23} \\ a_{31} & a_{33} \end{vmatrix}+a_{13}\begin{vmatrix} a_{21} & a_{22} \\ a_{31} & a_{32} \end{vmatrix}$$

或 $\det(A)=a_{11}(a_{22}a_{33}-a_{23}a_{32})-a_{12}(a_{21}a_{33}-a_{23}a_{31})+a_{13}(a_{21}a_{32}-a_{22}a_{31})$

$=a_{11}a_{22}a_{33}+a_{12}a_{23}a_{31}+a_{13}a_{21}a_{32}-a_{13}a_{22}a_{31}-a_{12}a_{21}a_{33}-a_{11}a_{32}a_{23}$。

定義 2-1-2

設 $\boldsymbol{A}$ 為 n 階方陣，且令 $\boldsymbol{M}_{ij}$ 為 $\boldsymbol{A}$ 中除去第 i 列及第 j 行後的 $(n-1)\times(n-1)$ 子矩陣，則子矩陣 $\boldsymbol{M}_{ij}$ 的行列式 $|\boldsymbol{M}_{ij}|$ 稱為元素 a_{ij} 的**子行列式**（minor）。令 $\boldsymbol{A}_{ij}=(-1)^{i+j}|\boldsymbol{M}_{ij}|$，則 $\boldsymbol{A}_{ij}$ 稱為 a_{ij} 的**餘因子**（cofactor）。

例題 1

令 $\boldsymbol{A}=\begin{bmatrix}2 & -1 & 4\\ 0 & 1 & 5\\ 0 & 3 & -4\end{bmatrix}$，求 $\boldsymbol{A}_{32}$。

解 $\boldsymbol{A}_{32}=(-1)^{3+2}|\boldsymbol{M}_{32}|=-\begin{bmatrix}2 & 4\\ 0 & 5\end{bmatrix}=-10$ ★

定理 2-1-1

一個 n 階方陣 $\boldsymbol{A}$ 的行列式值可用任一列（或行）之每一元素乘其餘因子後相加來計算，即

$$\det(\boldsymbol{A})=a_{i1}\boldsymbol{A}_{i1}+a_{i2}\boldsymbol{A}_{i2}+\cdots+a_{in}\boldsymbol{A}_{in}$$

$$=\sum_{j=1}^{n}a_{ij}\boldsymbol{A}_{ij}\quad\text{（對第 } i \text{ 列展開）}$$

或

$$\det(\boldsymbol{A})=a_{1j}\boldsymbol{A}_{1j}+a_{2j}\boldsymbol{A}_{2j}+\cdots+a_{nj}\boldsymbol{A}_{nj}$$

$$=\sum_{i=1}^{n}a_{ij}\boldsymbol{A}_{ij}\quad\text{（對第 } j \text{ 行展開）。}$$

如果以子行列式表示，則為

$$\det(A)=\sum_{j=1}^{n}(-1)^{i+j}a_{ij}|\boldsymbol{M}_{ij}| \quad (2\text{-}1\text{-}1)$$

或

$$\det(A)=\sum_{i=1}^{n}(-1)^{i+j}a_{ij}|\boldsymbol{M}_{ij}|。 \quad (2\text{-}1\text{-}2)$$

例題 2

已知行列式 $\det(A)=\begin{vmatrix} a & b & c & d \\ e & f & g & h \\ i & j & k & l \\ m & n & o & p \end{vmatrix}$，對第一列展開，可得

$$\det(A)=a\begin{vmatrix} f & g & h \\ j & k & l \\ n & o & p \end{vmatrix}-b\begin{vmatrix} e & g & h \\ i & k & l \\ m & o & p \end{vmatrix}+c\begin{vmatrix} e & f & h \\ i & j & l \\ m & n & p \end{vmatrix}-d\begin{vmatrix} e & f & g \\ i & j & k \\ m & n & o \end{vmatrix}$$

亦可對第二列展開，則

$$\det(A)=-e\begin{vmatrix} b & c & d \\ j & k & l \\ n & o & p \end{vmatrix}+f\begin{vmatrix} a & c & d \\ i & k & l \\ m & o & p \end{vmatrix}-g\begin{vmatrix} a & b & d \\ i & j & l \\ m & n & p \end{vmatrix}+h\begin{vmatrix} a & b & c \\ i & j & k \\ m & n & o \end{vmatrix}$$

同時亦可分別對第三列、第四列、第一行、第二行、第三行、第四行展開，所得的行列式值皆相同。

例題 3

若 $\boldsymbol{A}=\begin{bmatrix} 1 & 0 & 1 & 1 \\ 2 & 1 & 0 & -1 \\ 3 & -1 & 1 & 1 \\ 0 & 1 & 0 & 1 \end{bmatrix}$，求 $\det(\boldsymbol{A})$。

解 由於第四列含有兩個 0 及兩個 1，我們考慮對第四列各元素展開，可得

$$\det(A) = (1)(-1)^{4+2}\begin{vmatrix} 1 & 1 & 1 \\ 2 & 0 & -1 \\ 3 & 1 & 1 \end{vmatrix} + (1)(-1)^{4+4}\begin{vmatrix} 1 & 0 & 1 \\ 2 & 1 & 0 \\ 3 & -1 & 1 \end{vmatrix}$$

$$= (1)(-1)^{1+2}\begin{vmatrix} 2 & -1 \\ 3 & 1 \end{vmatrix} + (1)(-1)^{3+2}\begin{vmatrix} 1 & 1 \\ 2 & -1 \end{vmatrix}$$

$$+ (1)(-1)^{2+2}\begin{vmatrix} 1 & 1 \\ 3 & 1 \end{vmatrix} + (-1)(-1)^{3+2}\begin{vmatrix} 1 & 1 \\ 2 & 0 \end{vmatrix}$$

$$= -(2+3) - (-1-2) + (1-3) + (0-2)$$

$$= -6$$

★

當方陣 A 的階數很大時，行列式的計算工作相當複雜。但若能善加利用行列式的特性，往往可將計算工作予以簡化。茲列舉一些行列式的性質如下：

性質 1

設方陣 A 任何一列（或行）的元素全為零，則 $\det(A) = 0$。

性質 2

A 中某一列（或行）乘以常數 k 後的行列式為原行列式乘上 k。

性質 3

若 B 為方陣 A 中某兩列或某兩行互相對調後所得的方陣，則 $\det(B) = -\det(A)$。

性質 4

設 $A = \begin{bmatrix} a_{11} & a_{12} & \cdots & a_{1j} & \cdots & a_{1n} \\ a_{21} & a_{22} & \cdots & a_{2j} & \cdots & a_{2n} \\ \vdots & \vdots & & \vdots & & \vdots \\ a_{n1} & a_{n2} & \cdots & a_{nj} & \cdots & a_{nn} \end{bmatrix}$，$B = \begin{bmatrix} a_{11} & a_{12} & \cdots & \alpha_{1j} & \cdots & a_{1n} \\ a_{21} & a_{22} & \cdots & \alpha_{2j} & \cdots & a_{2n} \\ \vdots & \vdots & & \vdots & & \vdots \\ a_{n1} & a_{n2} & \cdots & \alpha_{nj} & \cdots & a_{nn} \end{bmatrix}$，

$$C = \begin{bmatrix} a_{11} & a_{12} & \cdots & a_{1j}+\alpha_{1j} & \cdots & a_{1n} \\ a_{21} & a_{22} & \cdots & a_{2j}+\alpha_{2j} & \cdots & a_{2n} \\ \vdots & \vdots & & \vdots & & \vdots \\ a_{n1} & a_{n2} & \cdots & a_{nj}+\alpha_{nj} & \cdots & a_{nn} \end{bmatrix}$$

則

$$\det(C) = \det(A) + \det(B)。 \quad (2\text{-}1\text{-}3)$$

例題 4

設
$$A=\begin{bmatrix}1 & -1 & 2\\ 3 & 1 & 4\\ 0 & -2 & 5\end{bmatrix},\quad B=\begin{bmatrix}1 & -6 & 2\\ 3 & 2 & 4\\ 0 & 4 & 5\end{bmatrix},$$
$$C=\begin{bmatrix}1 & -1-6 & 2\\ 3 & 1+2 & 4\\ 0 & -2+4 & 5\end{bmatrix}=\begin{bmatrix}1 & -7 & 2\\ 3 & 3 & 4\\ 0 & 2 & 5\end{bmatrix}$$

則
$$\det(\boldsymbol{A})=16,\quad \det(\boldsymbol{B})=108$$

且
$$\det(\boldsymbol{C})=124=\det(\boldsymbol{A})+\det(\boldsymbol{B})。$$

性質 5

若方陣 $\boldsymbol{A}$ 中有兩行或兩列相同，則 $\det(\boldsymbol{A})=0$。

性質 6

若 $\boldsymbol{B}$ 為方陣 $\boldsymbol{A}$ 中某一列（或行）乘上常數 k 後加在另一列（或行）上所得的矩陣，則

$$\det(\boldsymbol{B})=\det(\boldsymbol{A})。$$

例題 5

設 $A=\begin{bmatrix}1 & -1 & 2\\ 3 & 1 & 4\\ 0 & -2 & 5\end{bmatrix}$，則 $\det(\boldsymbol{A})=16$，如果我們將第三列各元素乘以 4 後加到第二列，我們求得一新矩陣 $\boldsymbol{B}$ 為

$$B=\begin{bmatrix}1 & -1 & 2\\ 3+4(0) & 1+4(-2) & 4+5(4)\\ 0 & -2 & 5\end{bmatrix}=\begin{bmatrix}1 & -1 & 2\\ 3 & -7 & 24\\ 0 & -2 & 5\end{bmatrix}$$

且
$$\det(\boldsymbol{B})=16=\det(\boldsymbol{A})。$$

性質 7

若一方陣 $\boldsymbol{A}$ 中的某一列（或行）為另外一列（或行）的常數倍，則 $\det(\boldsymbol{A})=0$。

例題 6

已知 $\boldsymbol{A}=\begin{bmatrix} 2 & 4 & 1 & 12 \\ -1 & 1 & 0 & 3 \\ 0 & -1 & 9 & -3 \\ 7 & 3 & 6 & 9 \end{bmatrix}$，因第四行各元素為第二行各元素的三倍，故 $\det(\boldsymbol{A})=0$。

性質 8

若 $\boldsymbol{A}$ 與 $\boldsymbol{B}$ 均為 n 階方陣，則

$$\det(\boldsymbol{AB})=\det(\boldsymbol{A})\det(\boldsymbol{B})。\tag{2-1-4}$$

例題 7

令 $\boldsymbol{A}=\begin{bmatrix} 1 & -1 & 2 \\ 3 & 1 & 4 \\ 0 & -2 & 5 \end{bmatrix}$, $\boldsymbol{B}=\begin{bmatrix} 1 & -2 & 3 \\ 0 & -1 & 4 \\ 2 & 0 & -2 \end{bmatrix}$

則 $\det(\boldsymbol{A})=\begin{vmatrix} 1 & -1 & 2 \\ 3 & 1 & 4 \\ 0 & -2 & 5 \end{vmatrix}=16$, $\det(\boldsymbol{B})=\begin{vmatrix} 1 & -2 & 3 \\ 0 & -1 & 4 \\ 2 & 0 & -2 \end{vmatrix}=-8$

而 $\boldsymbol{AB}=\begin{bmatrix} 1 & -1 & 2 \\ 3 & 1 & 4 \\ 0 & -2 & 5 \end{bmatrix}\begin{bmatrix} 1 & -2 & 3 \\ 0 & -1 & 4 \\ 2 & 0 & -2 \end{bmatrix}=\begin{bmatrix} 5 & -1 & -5 \\ 11 & -7 & 5 \\ 10 & 2 & -18 \end{bmatrix}$

故 $\det(\boldsymbol{AB})=\begin{vmatrix} 5 & -1 & -5 \\ 11 & -7 & 5 \\ 10 & 2 & -18 \end{vmatrix}=-128=(16)(-8)$

$=\det(\boldsymbol{A})\det(\boldsymbol{B})$。

性質 9

若 $A=[a_{ij}]_{n\times n}$ 為一上（下）三角矩陣，則其行列式為其對角線上各元素的乘積，即 $\det(A)=a_{11}a_{22}a_{33}\cdots a_{nn}$。此一性質可推廣為"若 $A=\text{diag}(a_{11},a_{22},\cdots,a_{nn})$ 為一對角線方陣，則 $\det(A)=a_{11}a_{22}\cdots a_{nn}$。"

例題 8

求行列式 $\begin{vmatrix} 4 & 3 & 2 \\ 3 & -2 & 5 \\ 2 & 4 & 6 \end{vmatrix}$ 的值。

解

$$\begin{vmatrix} 4 & 3 & 2 \\ 3 & -2 & 5 \\ 2 & 4 & 6 \end{vmatrix} = 2\begin{vmatrix} 4 & 3 & 2 \\ 3 & -2 & 5 \\ 1 & 2 & 3 \end{vmatrix} = -2\begin{vmatrix} 1 & 2 & 3 \\ 3 & -2 & 5 \\ 4 & 3 & 2 \end{vmatrix} \times(-3)$$

$$= -2\begin{vmatrix} 1 & 2 & 3 \\ 0 & -8 & -4 \\ 4 & 3 & 2 \end{vmatrix} \times(-4) = -2\begin{vmatrix} 1 & 2 & 3 \\ 0 & -8 & -4 \\ 0 & -5 & -10 \end{vmatrix}$$

$$= (-2)(4)\begin{vmatrix} 1 & 2 & 3 \\ 0 & -2 & -1 \\ 0 & -5 & -10 \end{vmatrix}$$

$$= (-2)(4)(5) = \begin{vmatrix} 1 & 2 & 3 \\ 0 & -2 & -1 \\ 0 & -1 & -2 \end{vmatrix} \times(\frac{1}{2})$$

$$= (-2)(4)(5)\begin{vmatrix} 1 & 2 & 3 \\ 0 & -2 & -1 \\ 0 & 0 & -\frac{3}{2} \end{vmatrix}$$

$$= (-2)(4)(5)(1)(-2)(-\frac{3}{2}) = -120$$

★

性質 10

若 A 為 n 階可逆方陣，A^{-1} 為其逆方陣，且 $\det(A)\neq 0$，則

$$\det(A^{-1}) = \frac{1}{\det(A)}。 \quad (2\text{-}1\text{-}5)$$

例題 9

令 $A=\begin{bmatrix}1&2\\4&6\end{bmatrix}$，則 $A^{-1}=\dfrac{1}{6-8}\begin{bmatrix}6&-2\\-4&1\end{bmatrix}=\begin{bmatrix}-3&1\\2&-\dfrac{1}{2}\end{bmatrix}$

而

$$\det(A^{-1})=\begin{vmatrix}-3&1\\2&-\dfrac{1}{2}\end{vmatrix}=\frac{3}{2}-2=-\frac{1}{2}$$

$$\det(A)=\begin{vmatrix}1&2\\4&6\end{vmatrix}=6-8=-2$$

故

$$\det(A^{-1})=\frac{1}{\det(A)}\text{。}$$

性質 11

設 A 為方陣，則

$$\det(A)=\det(A^T)\text{。}$$

例題 10

令 $A=\begin{bmatrix}1&0&-2&-1\\2&4&1&3\\5&-2&3&-1\\1&-4&3&-5\end{bmatrix}$，試證 $\det(A)=\det(A^T)$。

解

因為

$$A^T=\begin{bmatrix}1&2&5&1\\0&4&-2&-4\\-2&1&3&3\\-1&3&-1&-5\end{bmatrix}$$

$$\det(A)=(1)(-1)^{1+1}\begin{vmatrix}4&1&3\\-2&3&-1\\-4&3&-5\end{vmatrix}+(-2)(-1)^{1+3}\begin{vmatrix}2&4&3\\5&-2&-1\\1&-4&-5\end{vmatrix}$$

$$+(-1)(-1)^{1+4}\begin{vmatrix} 2 & 4 & 1 \\ 5 & -2 & 3 \\ 1 & -4 & 3 \end{vmatrix}$$

$$= 1(-60+4-18+36-10+12) - 2(20-4-60+6+100-8)$$
$$+ 1(-12+12-20+2-60+24)$$
$$= (-36) - 2(54) + (-54)$$
$$= -198$$

$$\det(A^T) = (1)(-1)^{1+1}\begin{vmatrix} 4 & -2 & -4 \\ 1 & 3 & 3 \\ 3 & -1 & -5 \end{vmatrix} + (2)(-1)^{1+2}\begin{vmatrix} 0 & -2 & -4 \\ -2 & 3 & 3 \\ -1 & -1 & -5 \end{vmatrix}$$

$$+ 5(-1)^{1+3}\begin{vmatrix} 0 & 4 & -4 \\ -2 & 1 & 3 \\ -1 & 3 & -5 \end{vmatrix} + (1)(-1)^{1+4}\begin{vmatrix} 0 & 4 & -2 \\ -2 & 1 & 3 \\ -1 & 3 & -1 \end{vmatrix}$$

$$= 1(-60-18+4+36-10+12) - 2(0+6-8-12+20+0)$$
$$+ 5(0-12+24-4-40+0) - 1(0-12+12-2-8+0)$$
$$= (-36) - 2(6) + 5(-32) - (-10)$$
$$= -198$$

故 $$\det(A) = \det(A^T) = -198。$$ ★

例題 11

試證明 $\det(\boldsymbol{A}^T\boldsymbol{B}^T) = (\det(\boldsymbol{A}))(\det(\boldsymbol{B}^T)) = (\det(\boldsymbol{A}^T))(\det(\boldsymbol{B}))$。

解 （i）$\det(\boldsymbol{A}^T\boldsymbol{B}^T) = (\det(\boldsymbol{A}^T))(\det(\boldsymbol{B}^T)) = (\det(\boldsymbol{A}))\cdot(\det(\boldsymbol{B}^T))$

（因 $\det(\boldsymbol{A}) = \det(\boldsymbol{A}^T)$）

（ii）$\det(\boldsymbol{A}^T\boldsymbol{B}^T) = (\det(\boldsymbol{A}^T))(\det(\boldsymbol{B}^T)) = (\det(\boldsymbol{A}^T))\cdot(\det(\boldsymbol{B}))$

（因 $\det(\boldsymbol{B}) = \det(\boldsymbol{B}^T)$）

故由（i）、（ii），得

$$\det(\boldsymbol{A}^T\boldsymbol{B}^T) = (\det(\boldsymbol{A}))\cdot(\det(\boldsymbol{B}^T)) = (\det(\boldsymbol{A}^T))\cdot(\det(\boldsymbol{B}))。$$ ★

習題 2-1

1. 在下列各題中，選定一行或列，以餘因子展開求行列式的值。

(1) $A=\begin{bmatrix}-3&0&7\\2&5&1\\-1&0&5\end{bmatrix}$ (2) $A=\begin{bmatrix}3&3&1\\1&0&-4\\1&-3&5\end{bmatrix}$ (3) $A=\begin{bmatrix}3&3&0&5\\2&2&0&-2\\4&1&-3&0\\2&10&3&2\end{bmatrix}$

2. 利用行列式的性質求下列各行列式的值。

(1) $\begin{vmatrix}5&2&10&-3\\1&-4&-9&6\\-7&14&6&-21\\9&8&15&-12\end{vmatrix}$ (2) $\begin{vmatrix}-4&-10&8&5\\-5&-9&9&4\\-3&-11&7&6\\8&7&6&5\end{vmatrix}$

(3) $\begin{vmatrix}2&-1&5&8\\3&3&3&10\\2&3&1&6\\5&7&4&2\end{vmatrix}$ (4) $\begin{vmatrix}2&-3&2&5&3\\-3&4&-2&-5&-4\\2&-2&6&2&-5\\5&-5&2&8&-6\\3&-4&-5&6&10\end{vmatrix}$

3. 若 $A=\begin{bmatrix}-2&1&0&4\\3&-1&5&2\\-2&7&3&1\\3&-7&2&5\end{bmatrix}$，求 $\det(A)$。

4. 設 $A=\begin{bmatrix}1&0&3&0\\2&1&4&-1\\3&2&4&0\\0&3&-1&0\end{bmatrix}$，計算第三行的元素的所有餘因子。

5. 求所有 λ 值滿足 $\begin{vmatrix}\lambda+2&-1&3\\2&\lambda-1&2\\0&0&\lambda+4\end{vmatrix}=0$。

6. 若 $A=\begin{bmatrix}1+x&2&3&4\\1&2+x&3&4\\1&2&3+x&4\\1&2&3&4+x\end{bmatrix}$，試證 $\det(A)=(10+x)^3$。

7. 設 P 為可逆方陣，試證：若 $B=PAP^{-1}$，則 $\det(B)=\det(A)$。

2-2 餘因子展開式與克雷莫法則

我們在 1-4 節中曾經利用矩陣的基本列運算去求一可逆方陣的反方陣，但是當方陣的階數不太大時（一般為三階），可以利用行列式的方法求反方陣。首先考慮一個三階方陣

$$A=\begin{bmatrix} 1 & 2 & -1 \\ 5 & 3 & 4 \\ -2 & 0 & 1 \end{bmatrix}$$

並發現

$$\begin{aligned} a_{21}A_{21}+a_{22}A_{22}+a_{23}A_{23} &= (5)(-2)+(3)(-1)+(4)(-4) \\ &= -29 \\ &= \det(A) \end{aligned}$$

與

$$\begin{aligned} a_{31}A_{21}+a_{32}A_{22}+a_{33}A_{23} &= (-2)(-2)+(0)(-1)+(1)(-4) \\ &= 0 \end{aligned}$$

以及

$$\begin{aligned} a_{11}A_{11}+a_{21}A_{21}+a_{31}A_{31} &= (1)(3)+(5)(-2)+(-2)(11) \\ &= -29 \\ &= \det(A) \end{aligned}$$

與

$$\begin{aligned} a_{11}A_{12}+a_{21}A_{22}+a_{31}A_{32} &= (1)(-13)+(5)(-1)+(-2)(-9) \\ &= 0 \end{aligned}$$

綜合以上的結果可得下面之重要結論。

定理 2-2-1

若 $A=[a_{ij}]_{n\times n}$ 為 $n\times n$ 方陣，則下列兩式成立：

(1) $a_{i1}A_{k1}+a_{i2}A_{k2}+\cdots+a_{in}A_{kn}=\begin{cases}\det(A), & 若\ i=k \\ 0, & 若\ i\neq k\end{cases}$

(2) $a_{1j}A_{1k}+a_{2j}A_{2k}+\cdots+a_{nj}A_{nk}=\begin{cases}\det(A), & 若\ j=k \\ 0, & 若\ j\neq k\end{cases}$

定義 2-2-1

已知方陣 $A=[a_{ij}]_{n\times n}$，且 A_{ij} 為 a_{ij} 的餘因子，則方陣 $\operatorname{adj} A=[A_{ij}]^T$ 稱為 A 的**伴隨矩陣**（adjoint of A）。

例題 1

設 $A=\begin{bmatrix}3 & -2 & 1\\ 5 & 6 & 2\\ 1 & 0 & -3\end{bmatrix}$，計算 adj A。

解 A 的餘因子如下

$$A_{11}=(-1)^{1+1}\begin{vmatrix}6 & 2\\ 0 & -3\end{vmatrix}=-18,\qquad A_{12}=(-1)^{1+2}\begin{vmatrix}5 & 2\\ 1 & -3\end{vmatrix}=17$$

$$A_{13}=(-1)^{1+3}\begin{vmatrix}5 & 6\\ 1 & 0\end{vmatrix}=-6,\qquad A_{21}=(-1)^{2+1}\begin{vmatrix}-2 & 1\\ 0 & -3\end{vmatrix}=-6$$

$$A_{22}=(-1)^{2+2}\begin{vmatrix}3 & 1\\ 1 & -3\end{vmatrix}=-10,\qquad A_{23}=(-1)^{2+3}\begin{vmatrix}3 & -2\\ 1 & 0\end{vmatrix}=-2$$

$$A_{31}=(-1)^{3+1}\begin{vmatrix}-2 & 1\\ 6 & 2\end{vmatrix}=-10,\qquad A_{32}=(-1)^{3+2}\begin{vmatrix}3 & 1\\ 5 & 2\end{vmatrix}=-1$$

$$A_{33}=(-1)^{3+3}\begin{vmatrix}3 & -2\\ 5 & 6\end{vmatrix}=28$$

則
$$\operatorname{adj} A=\begin{bmatrix}A_{11} & A_{21} & A_{31}\\ A_{12} & A_{22} & A_{32}\\ A_{13} & A_{23} & A_{33}\end{bmatrix}=\begin{bmatrix}-18 & -6 & -10\\ 17 & -10 & -1\\ -6 & -2 & 28\end{bmatrix}。$$ ★

定理 2-2-2

已知 $A=[a_{ij}]_{n\times n}$，則

$$A(\operatorname{adj} A)=(\operatorname{adj} A)(A)=\det(A)\,I_n。$$

證

$$A(\operatorname{adj} A)=\begin{bmatrix} a_{11} & a_{12} & a_{13} & \cdots & a_{1n} \\ a_{21} & a_{22} & a_{23} & \cdots & a_{2n} \\ \vdots & \vdots & \vdots & & \vdots \\ a_{i1} & a_{i2} & a_{i3} & \cdots & a_{in} \\ \vdots & \vdots & \vdots & & \vdots \\ a_{n1} & a_{n2} & a_{n3} & \cdots & a_{nn} \end{bmatrix}\begin{bmatrix} \boldsymbol{A}_{11} & \boldsymbol{A}_{21} & \cdots & \boldsymbol{A}_{j1} & \cdots & \boldsymbol{A}_{n1} \\ \boldsymbol{A}_{12} & \boldsymbol{A}_{22} & \cdots & \boldsymbol{A}_{j2} & \cdots & \boldsymbol{A}_{n2} \\ \boldsymbol{A}_{13} & \boldsymbol{A}_{23} & \cdots & \boldsymbol{A}_{j3} & \cdots & \boldsymbol{A}_{n3} \\ \vdots & \vdots & & \vdots & & \vdots \\ \boldsymbol{A}_{1n} & \boldsymbol{A}_{2n} & \cdots & \boldsymbol{A}_{jn} & \cdots & \boldsymbol{A}_{nn} \end{bmatrix}$$

由定理 2-2-1 (1) 知，矩陣乘積 $\boldsymbol{A}(\operatorname{adj} \boldsymbol{A})$ 中第 i 列第 j 行之元素為

$$a_{i1}\boldsymbol{A}_{j1}+a_{i2}\boldsymbol{A}_{j2}+a_{i3}\boldsymbol{A}_{j3}+\cdots+a_{in}\boldsymbol{A}_{jn}=\begin{cases} \det(\boldsymbol{A}), & 若\ i=j \\ 0, & 若\ i\neq j \end{cases}$$

亦即

$$\boldsymbol{A}(\operatorname{adj} \boldsymbol{A})=\begin{bmatrix} \det(\boldsymbol{A}) & 0 & 0 & \cdots & 0 \\ 0 & \det(\boldsymbol{A}) & 0 & \cdots & 0 \\ 0 & 0 & \det(\boldsymbol{A}) & \cdots & 0 \\ \vdots & \vdots & \vdots & & \vdots \\ 0 & 0 & 0 & \cdots & \det(\boldsymbol{A}) \end{bmatrix}=\det(\boldsymbol{A})\,\boldsymbol{I}_n$$

由定理 2-2-1 (2) 知，矩陣乘積 $(\operatorname{adj} \boldsymbol{A})\,\boldsymbol{A}$ 中第 i 列第 j 行之元素為

$$\boldsymbol{A}_{1i}a_{1j}+\boldsymbol{A}_{2i}a_{2j}+\cdots+\boldsymbol{A}_{ni}a_{nj}=\begin{cases} \det(\boldsymbol{A}), & 若\ i=j \\ 0, & 若\ i\neq j \end{cases}$$

可得 $$(\operatorname{adj} \boldsymbol{A})\,\boldsymbol{A}=\det(\boldsymbol{A})\,\boldsymbol{I}_n$$

因此， $$\boldsymbol{A}\,(\operatorname{adj} \boldsymbol{A})=(\operatorname{adj} \boldsymbol{A})\,\boldsymbol{A}=\det(\boldsymbol{A})\,\boldsymbol{I}_n。$$

定理 2-2-3

若 $\boldsymbol{A}$ 為一可逆方陣，則

$$\boldsymbol{A}^{-1}=\frac{1}{\det(\boldsymbol{A})}\operatorname{adj}(\boldsymbol{A})。$$

證 由定理 2-2-2 知，$\boldsymbol{A}\,(\operatorname{adj} \boldsymbol{A})=\det(\boldsymbol{A})\,\boldsymbol{I}_n$，所以，若 $\det(\boldsymbol{A})\neq 0$，則

$$A\frac{1}{\det(A)}(\text{adj}\,A)=\frac{1}{\det(A)}[A(\text{adj}\,A)]$$

$$=\frac{1}{\det(A)}(\det(A)\,I_n)=I_n$$

所以，矩陣 $\left(\frac{1}{\det(A)}\right)(\text{adj}\,A)$ 為 A 的逆方陣。

因此，$$A^{-1}=\frac{1}{\det(A)}(\text{adj}\,A)。$$

推論 1: 方陣 A 為可逆方陣的充要條件為 $\det(A)\neq 0$。

推論 2: 若 A 為方陣，則齊次方程組 $AX=0$ 有一組**非明顯解**的充要條件為 $\det(A)=0$。

例題 2

求 $A=\begin{bmatrix}3&-2&1\\5&6&2\\1&0&-3\end{bmatrix}$ 的逆方陣，並驗證 $AA^{-1}=I_3$。

解 利用例題 1 所求得的 adj A，

$$\text{adj}\,A=\begin{bmatrix}-18&-6&-10\\17&-10&-1\\-6&-2&28\end{bmatrix}$$

且 $$\det(A)=\begin{vmatrix}3&-2&1\\5&6&2\\1&0&-3\end{vmatrix}=3\begin{vmatrix}6&2\\0&-3\end{vmatrix}-(-2)\begin{vmatrix}5&2\\1&-3\end{vmatrix}+1\begin{vmatrix}5&6\\1&0\end{vmatrix}$$

$$=3(-18)-(-2)(-15-2)+(-6)=-94$$

故 $$A^{-1}=\frac{1}{\det(A)}\text{adj}\,A=-\frac{1}{94}\begin{bmatrix}-18&-6&-10\\17&-10&-1\\-6&-2&28\end{bmatrix}$$

$$=\begin{bmatrix}\frac{9}{47}&\frac{3}{47}&\frac{5}{47}\\-\frac{17}{94}&\frac{5}{47}&\frac{1}{94}\\\frac{3}{47}&\frac{1}{47}&-\frac{14}{47}\end{bmatrix}$$

$$AA^{-1}=\begin{bmatrix}3&-2&1\\5&6&2\\1&0&-3\end{bmatrix}\begin{bmatrix}\frac{9}{47}&\frac{3}{47}&\frac{5}{47}\\-\frac{17}{94}&\frac{5}{47}&\frac{1}{94}\\\frac{3}{47}&\frac{1}{47}&-\frac{14}{47}\end{bmatrix}$$

$$=\begin{bmatrix}\frac{27}{47}+\frac{34}{94}+\frac{3}{47}&\frac{9}{47}-\frac{10}{47}+\frac{1}{47}&\frac{15}{47}-\frac{2}{94}-\frac{14}{47}\\\frac{45}{47}-\frac{102}{94}+\frac{6}{47}&\frac{15}{47}+\frac{30}{47}+\frac{2}{47}&\frac{25}{47}+\frac{6}{94}-\frac{28}{47}\\\frac{9}{47}+0-\frac{9}{47}&\frac{3}{47}+0-\frac{3}{47}&\frac{5}{47}+0+\frac{42}{47}\end{bmatrix}$$

$$=\begin{bmatrix}1&0&0\\0&1&0\\0&0&1\end{bmatrix}。$$

★

例題 3

已知下列之線性方程組

$$\begin{cases}x_1-x_2+x_3=1\\2x_1+x_2-3x_3=0\\x_1+3x_2-2x_3=2\end{cases}$$

試利用 $A^{-1}=\frac{1}{\det(A)}\operatorname{adj}(A)$ 解此方程組。

解 線性方程組所對應之係數矩陣為

$$A=\begin{bmatrix}1&-1&1\\2&1&-3\\1&3&-2\end{bmatrix}$$

且 $\det(A)=\begin{vmatrix}1&-1&1\\2&1&-3\\1&3&-2\end{vmatrix}=1\begin{vmatrix}1&-3\\3&-2\end{vmatrix}-(-1)\begin{vmatrix}2&-3\\1&-2\end{vmatrix}+1\begin{vmatrix}2&1\\1&3\end{vmatrix}$

$$=1(-2+9)+1(-4+3)+1(6-1)$$

$$=7-1+5=11$$

$\boldsymbol{A}$ 的餘因子如下:

$$A_{11}=(-1)^{1+1}\begin{vmatrix}1 & -3\\ 3 & -2\end{vmatrix}=7,\qquad A_{12}=(-1)^{1+2}\begin{vmatrix}2 & -3\\ 1 & -2\end{vmatrix}=1$$

$$A_{13}=(-1)^{1+3}\begin{vmatrix}2 & 1\\ 1 & 3\end{vmatrix}=5,\qquad A_{21}=(-1)^{2+1}\begin{vmatrix}-1 & 1\\ 3 & -2\end{vmatrix}=1$$

$$A_{22}=(-1)^{2+2}\begin{vmatrix}1 & 1\\ 1 & -2\end{vmatrix}=-3,\qquad A_{23}=(-1)^{2+3}\begin{vmatrix}1 & -1\\ 1 & 3\end{vmatrix}=-4$$

$$A_{31}=(-1)^{3+1}\begin{vmatrix}-1 & 1\\ 1 & -3\end{vmatrix}=2,\qquad A_{32}=(-1)^{3+2}\begin{vmatrix}1 & 1\\ 2 & -3\end{vmatrix}=5$$

$$A_{33}=(-1)^{3+3}\begin{vmatrix}1 & -1\\ 2 & 1\end{vmatrix}=3$$

所以

$$\text{adj}\,\boldsymbol{A}=\begin{bmatrix}A_{11} & A_{21} & A_{31}\\ A_{12} & A_{22} & A_{32}\\ A_{13} & A_{23} & A_{33}\end{bmatrix}=\begin{bmatrix}7 & 1 & 2\\ 1 & -3 & 5\\ 5 & -4 & 3\end{bmatrix}$$

故

$$\boldsymbol{A}^{-1}=\frac{1}{\det(\boldsymbol{A})}\text{adj}\,\boldsymbol{A}=\frac{1}{11}\begin{bmatrix}7 & 1 & 2\\ 1 & -3 & 5\\ 5 & -4 & 3\end{bmatrix}=\begin{bmatrix}\frac{7}{11} & \frac{1}{11} & \frac{2}{11}\\ \frac{1}{11} & \frac{-3}{11} & \frac{5}{11}\\ \frac{5}{11} & \frac{-4}{11} & \frac{3}{11}\end{bmatrix}$$

若令 $\boldsymbol{X}=\begin{bmatrix}x_1\\ x_2\\ x_3\end{bmatrix}$, 則 $\boldsymbol{X}=\boldsymbol{A}^{-1}\boldsymbol{B}$, 此處 $\boldsymbol{B}=\begin{bmatrix}1\\ 0\\ 2\end{bmatrix}$。

$$\boldsymbol{X}=\begin{bmatrix}\frac{7}{11} & \frac{1}{11} & \frac{2}{11}\\ \frac{1}{11} & \frac{-3}{11} & \frac{5}{11}\\ \frac{5}{11} & \frac{-4}{11} & \frac{3}{11}\end{bmatrix}\begin{bmatrix}1\\ 0\\ 2\end{bmatrix}=\begin{bmatrix}\frac{11}{11}\\ \frac{11}{11}\\ \frac{11}{11}\end{bmatrix}=\begin{bmatrix}1\\ 1\\ 1\end{bmatrix}。$$

★

例題 4

設 $\boldsymbol{AB}=\boldsymbol{AC}$，試證若 $\det(A)\neq 0$，則 $\boldsymbol{B}=\boldsymbol{C}$。

解 因 $\det(A)\neq 0$，則 A^{-1} 存在，故

$$A^{-1}.\ \boldsymbol{AB}=A^{-1}.\ \boldsymbol{AC}\ \Rightarrow\ (A^{-1}.\ A)\boldsymbol{B}=(A^{-1}.\ A)\boldsymbol{C}\ \Rightarrow\ \boldsymbol{B}=\boldsymbol{C}。$$

★

例題 5

若 $\boldsymbol{A}$ 為 $n\times n$ 的奇異方陣，試證明 $\boldsymbol{A}\,(\text{adj}\,\boldsymbol{A})=0$。

解 由定理 2-2-2 得知

$$\boldsymbol{A}\,(\text{adj}\,\boldsymbol{A})=(\text{adj}\,\boldsymbol{A})\,\boldsymbol{A}=\det(A)\,\boldsymbol{I}_n$$

因 $\boldsymbol{A}$ 為奇異方陣，則 $\det(A)=0$，故 $\boldsymbol{A}\,(\text{adj}\,\boldsymbol{A})=0$。

★

定理 2-2-4　克雷莫法則

設

$$\begin{cases} a_{11}x_1+a_{12}x_2+\cdots+a_{1n}x_n=b_1 \\ a_{21}x_1+a_{22}x_2+\cdots+a_{2n}x_n=b_2 \\ \ \vdots \qquad\quad \vdots \qquad\quad \vdots \qquad\quad \vdots \qquad \vdots \\ a_{n1}x_1+a_{n2}x_2+\cdots+a_{nn}x_n=b_n \end{cases}$$

我們可將此方程組寫成 $\boldsymbol{AX}=\boldsymbol{B}$，其中係數矩陣為

$$\boldsymbol{A}=[a_{ij}]_{n\times n}\,,\quad \boldsymbol{B}=[b_1\quad b_2\quad \cdots\quad b_n]^T$$

若 $\det(A)\neq 0$，則此方程組有一組唯一解

$$x_1=\frac{\det(A_1)}{\det(A)},\quad x_2=\frac{\det(A_2)}{\det(A)},\quad \cdots,\quad x_n=\frac{\det(A_n)}{\det(A)}$$

其中 $\boldsymbol{A}_i$ 是以 $\boldsymbol{B}$ 取代 $\boldsymbol{A}$ 的第 i 行而得。

證 若 $\det(\boldsymbol{A}) \neq 0$，則 $\boldsymbol{A}^{-1}$ 存在，且線性方程組的解為

$$\boldsymbol{X} = \begin{bmatrix} x_1 \\ x_2 \\ \vdots \\ x_n \end{bmatrix} = \boldsymbol{A}^{-1}\boldsymbol{B} = \left(\frac{1}{\det(\boldsymbol{A})}\operatorname{adj}\boldsymbol{A}\right)\boldsymbol{B}$$

$$= \begin{bmatrix} \frac{\boldsymbol{A}_{11}}{\det(\boldsymbol{A})} & \frac{\boldsymbol{A}_{21}}{\det(\boldsymbol{A})} & \cdots & \frac{\boldsymbol{A}_{n1}}{\det(\boldsymbol{A})} \\ \frac{\boldsymbol{A}_{12}}{\det(\boldsymbol{A})} & \frac{\boldsymbol{A}_{22}}{\det(\boldsymbol{A})} & \cdots & \frac{\boldsymbol{A}_{n2}}{\det(\boldsymbol{A})} \\ \vdots & \vdots & & \vdots \\ \frac{\boldsymbol{A}_{1i}}{\det(\boldsymbol{A})} & \frac{\boldsymbol{A}_{2i}}{\det(\boldsymbol{A})} & \cdots & \frac{\boldsymbol{A}_{ni}}{\det(\boldsymbol{A})} \\ \vdots & \vdots & & \vdots \\ \frac{\boldsymbol{A}_{1n}}{\det(\boldsymbol{A})} & \frac{\boldsymbol{A}_{2n}}{\det(\boldsymbol{A})} & \cdots & \frac{\boldsymbol{A}_{nn}}{\det(\boldsymbol{A})} \end{bmatrix} \begin{bmatrix} b_1 \\ b_2 \\ \vdots \\ b_i \\ \vdots \\ b_n \end{bmatrix}$$

即 $x_i = \dfrac{1}{\det(\boldsymbol{A})}(b_1\boldsymbol{A}_{1i} + b_2\boldsymbol{A}_{2i} + b_3\boldsymbol{A}_{3i} + \cdots + b_n\boldsymbol{A}_{ni})$；$i = 1, 2, \cdots, n$

假設

$$\boldsymbol{A}_i = \begin{bmatrix} a_{11} & a_{12} & a_{13} & \cdots & a_{1i-1} & b_1 & a_{1i+1} & \cdots & a_{1n} \\ a_{21} & a_{22} & a_{23} & \cdots & a_{2i-1} & b_2 & a_{2i+1} & \cdots & a_{2n} \\ \vdots & \vdots & \vdots & & \vdots & \vdots & \vdots & & \vdots \\ a_{n1} & a_{n2} & a_{n3} & \cdots & a_{ni-1} & b_n & a_{ni+1} & \cdots & a_{nn} \end{bmatrix}$$

若我們對第 i 行各元素展開以求 $\det(\boldsymbol{A}_i)$ 的值，則可得

$$\det(\boldsymbol{A}_i) = b_1\boldsymbol{A}_{1i} + b_2\boldsymbol{A}_{2i} + b_3\boldsymbol{A}_{3i} + \cdots + b_n\boldsymbol{A}_{ni}$$

故 $$x_i = \frac{\det(\boldsymbol{A}_i)}{\det(\boldsymbol{A})};\ i = 1, 2, \cdots, n。$$

例題 6

解方程組

$$\begin{cases} 2x_1 + x_2 + x_3 = 0 \\ 4x_1 + 3x_2 + 2x_3 = 2 \\ 2x_1 - x_2 - 3x_3 = 0 \end{cases}。$$

解

$$\det(A) = \begin{vmatrix} 2 & 1 & 1 \\ 4 & 3 & 2 \\ 2 & -1 & -3 \end{vmatrix} = -18 + 4 - 4 - 6 - (-4) - (-12) = -8 \neq 0$$

故方程組有唯一解，其解為

$$x_1 = \frac{1}{-8}\begin{vmatrix} 0 & 1 & 1 \\ 2 & 3 & 2 \\ 0 & -1 & -3 \end{vmatrix} = -\frac{1}{8}\,(0 + 0 - 2 - 0 - 0 - (-6)) = -\frac{1}{2}$$

$$x_2 = \frac{1}{-8}\begin{vmatrix} 2 & 0 & 1 \\ 4 & 2 & 2 \\ 2 & 0 & -3 \end{vmatrix} = \frac{-16}{-8} = 2$$

$$x_3 = \frac{1}{-8}\begin{vmatrix} 2 & 1 & 0 \\ 4 & 3 & 2 \\ 2 & -1 & 0 \end{vmatrix} = \frac{8}{-8} = -1。$$

★

計算行列式是件相當複雜的工作，故當 n 很小時（例如 $n \leq 4$），**克雷莫法則**尚可使用，但當 $n > 4$ 時，我們利用矩陣列運算的方法來解方程組。讀者應注意，利用克雷莫法則求解一次方程組時，

1. 若 $\det(A) \neq 0$，則 n 元一次方程組為相容方程組，其唯一解為

$$x_1 = \frac{\det(A_1)}{\det(A)},\quad x_2 = \frac{\det(A_2)}{\det(A)},\quad \cdots,\quad x_n = \frac{\det(A_n)}{\det(A)}。$$

2. 若 $\det(A) = \det(A_1) = \det(A_2) = \cdots = \det(A_n) = 0$，則 n 元一次方程組為相依方程組，它有無限多組解。
3. 若 $\det(A) = 0$，而 $\det(A_1) \neq 0$，或 $\det(A_2) \neq 0$，$\cdots$，或 $\det(A_n) \neq 0$，則 n 元一次方程組為矛盾方程組，其為無解。

例題 7

解一次方程組

$$\begin{cases} x_1 - \ x_2 + 2x_3 = 4 \\ 2x_1 - \ x_2 + 2x_3 = 1 \\ 5x_1 - 3x_2 + 6x_3 = 6 \end{cases}$$

。

解 方程組的係數矩陣為

$$A = \begin{bmatrix} 1 & -1 & 2 \\ 2 & -1 & 2 \\ 5 & -3 & 6 \end{bmatrix}$$

而 $$\det(A) = \begin{vmatrix} 1 & -1 & 2 \\ 2 & -1 & 2 \\ 5 & -3 & 6 \end{vmatrix} = -2 \begin{vmatrix} 1 & 1 & 1 \\ 2 & 1 & 1 \\ 5 & 3 & 3 \end{vmatrix} = 0$$

又 $$\det(A_1) = \begin{vmatrix} 4 & -1 & 2 \\ 1 & -1 & 2 \\ 6 & -3 & 6 \end{vmatrix} = -2 \begin{vmatrix} 4 & 1 & 1 \\ 1 & 1 & 1 \\ 6 & 3 & 3 \end{vmatrix} = 0$$

$$\det(A_2) = \begin{vmatrix} 1 & 4 & 2 \\ 2 & 1 & 2 \\ 5 & 6 & 6 \end{vmatrix} = 6 + 40 + 24 - 10 - 12 - 48 = 0$$

$$\det(A_3) = \begin{vmatrix} 1 & -1 & 4 \\ 2 & -1 & 1 \\ 5 & -3 & 6 \end{vmatrix} = -6 - 24 - 5 + 20 + 12 + 3 = 0$$

所以，此方程組有無限多組解。 ★

習題 2-2

1. 設 $A = \begin{bmatrix} 3 & -1 & 2 \\ 0 & 4 & 5 \\ 1 & 3 & 2 \end{bmatrix}$

(1) 求 adj A。

(2) 計算 $\det(A)$。

(3) 證明 $A\,(\text{adj}\,A) = (\det(A))\,I_3$ 。

2. 設 $A=\begin{bmatrix}-3 & -1 & -3\\ 0 & 3 & 0\\ -2 & -1 & -2\end{bmatrix}$，若 $\det(\lambda I_3-A)=0$，求 λ 的值。

3. λ 為何值時，可使得齊次方程組

$$\begin{cases}(\lambda-2)x+2y=0\\ 2x+(\lambda-2)y=0\end{cases}$$

有一組非明顯解。

4. 試利用 $X=A^{-1}B$ 解下列之線性方程組

$$\begin{cases}3x_1-x_2+2x_3=1\\ 4x_2+5x_3=-1\\ x_1+3x_2+2x_3=0\end{cases}$$

5. 若 A 為 $n\times n$ 矩陣，試證 $\det(AA^T)\geq 0$。

6. 若 A 為 $n\times n$ 之奇異矩陣，試證對任何 $n\times n$ 矩陣 B，AB 為奇異矩陣。

7. 下列的齊次方程組是否有非明顯解？

(1) $\begin{cases}x_1-2x_2+x_3=0\\ 2x_1+3x_2+x_3=0\\ 3x_1+x_2+2x_3=0\end{cases}$

(2) $\begin{cases}x_1+2x_2+x_4=0\\ x_1+2x_2+3x_3=0\\ x_3+2x_4=0\\ x_2+2x_3-x_4=0\end{cases}$

8. 利用克雷莫法則解下列各方程組。

(1) $\begin{cases}x_1-2x_2+x_3=7\\ 2x_1-5x_2+2x_3=6\\ 3x_1+x_2-x_3=1\end{cases}$

(2) $\begin{cases}x_1+x_2+x_3+x_4=4\\ x_1-2x_3+x_4=3\\ x_2+3x_3-x_4=-1\\ 2x_1+x_2+x_4=6\end{cases}$

9. (1)若將平面直角坐標系的坐標軸旋轉 θ 角，試證舊平面上 P 點的原始坐標 (x,y) 與新坐標 (x',y') 的關係式為

$$\begin{bmatrix}x\\ y\end{bmatrix}=\begin{bmatrix}\cos\theta & -\sin\theta\\ \sin\theta & \cos\theta\end{bmatrix}\begin{bmatrix}x'\\ y'\end{bmatrix}$$

(2)若令

$$A_\theta=\begin{bmatrix}\cos\theta & -\sin\theta\\ \sin\theta & \cos\theta\end{bmatrix},$$

試證明 $A_\alpha A_\beta=A_{\alpha+\beta}$ 且 $\begin{bmatrix}x'\\ y'\end{bmatrix}=\begin{bmatrix}\cos\theta & \sin\theta\\ -\sin\theta & \cos\theta\end{bmatrix}\begin{bmatrix}x\\ y\end{bmatrix}$。

2-3 最小平方法

設 $\begin{array}{c|ccccc} x & x_1 & x_2 & x_3 & \cdots & x_m \\ \hline y & y_1 & y_2 & y_3 & \cdots & y_m \end{array}$ 為 m 組數據，我們可以在平面上用 m 個點來表示，現欲求一直線 $y_c = a + bx$，使得各點與此直線之距離的平方和為最小。此直線稱為**迴歸直線**（regression line）。迴歸直線常用來做預測，如圖 2-3-1 所示。

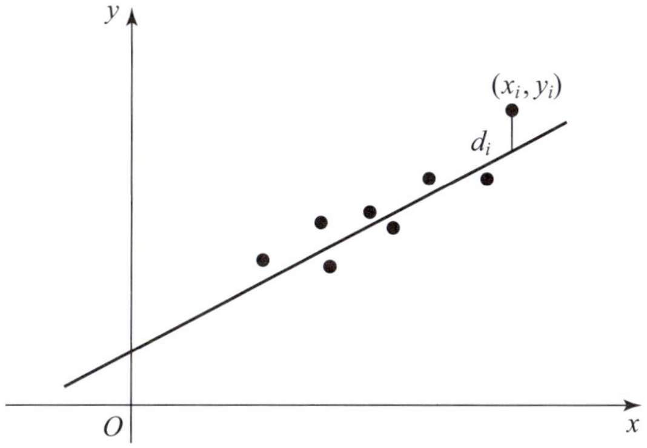

圖 **2-3-1**

如果所給的 m 組數據為 m 個學生的智商及學期成績之數據，其中 x_i 表示智商，y_i 表示學期成績。利用此 m 組數據，我們可求出一直線，此直線即為迴歸直線 $y_c = a + bx$；以後，若有新來的學生，把其智商數代入迴歸直線中的 x，就能預測其學期成績之大概分數 y_c。當然，y_c 不見得是該生的正確學期分數，但卻是該生學期分數之近似值，這即為利用迴歸直線來做預測的例子。求迴歸直線可用求極值之方法求得，步驟如下:

令
$$d_i = y_i - y_{c_i} = y_i - (a + bx_i)$$

及
$$S = \sum_{i=1}^{m} d_i^2 = \sum_{i=1}^{m} (y_i - a - bx_i)^2$$

欲求 S 之極小值，必須令 S 對 a 及 b 的偏導函數皆為 0。

即
$$\begin{cases} \dfrac{\partial S}{\partial a} = -2\sum\limits_{i=1}^{m} (y_i - a - bx_i) = 0 \\ \dfrac{\partial S}{\partial b} = -2\sum\limits_{i=1}^{m} x_i (y_i - a - bx_i) = 0 \end{cases}$$

化簡成下列方程組

$$\begin{cases} ma+(\sum_{i=1}^{m} x_i)b=\sum_{i=1}^{m} y_i \\ (\sum_{i=1}^{m} x_i)a+(\sum_{i=1}^{m} x_i^2)b=\sum_{i=1}^{m} x_i y_i \end{cases} \quad (2\text{-}3\text{-}1)$$

統計上稱此聯立方程式（2-3-1）為**正規方程式**（normal equations）。利用克雷莫法則解上式中之 a 及 b，可得:

$$a=\frac{\begin{vmatrix} \sum_{i=1}^{m} y_i & \sum_{i=1}^{m} x_i \\ \sum_{i=1}^{m} (x_i y_i) & \sum_{i=1}^{m} x_i^2 \end{vmatrix}}{\begin{vmatrix} m & \sum_{i=1}^{m} x_i \\ \sum_{i=1}^{m} x_i & \sum_{i=1}^{m} x_i^2 \end{vmatrix}}=\frac{(\sum_{i=1}^{m} y_i)(\sum_{i=1}^{m} x_i^2)-(\sum_{i=1}^{m} x_i y_i)(\sum_{i=1}^{m} x_i)}{m\sum_{i=1}^{m} x_i^2-(\sum_{i=1}^{m} x_i)^2} \quad (2\text{-}3\text{-}2)$$

$$b=\frac{\begin{vmatrix} m & \sum_{i=1}^{m} y_i \\ \sum_{i=1}^{m} x_i & \sum_{i=1}^{m} x_i y_i \end{vmatrix}}{\begin{vmatrix} m & \sum_{i=1}^{m} x_i \\ \sum_{i=1}^{m} x_i & \sum_{i=1}^{m} x_i^2 \end{vmatrix}}=\frac{m(\sum_{i=1}^{m} x_i y_i)-(\sum_{i=1}^{m} x_i)(\sum_{i=1}^{m} y_i)}{m\sum_{i=1}^{m} x_i^2-(\sum_{i=1}^{m} x_i)^2} \quad (2\text{-}3\text{-}3)$$

其中 a、b 稱為**迴歸係數**（regression coefficients）。

例題 1

已知一組數據

x	1	3	6	9	15
y	5.12	3	2.48	2.34	2.18

利用此組數據求出迴歸直線 $y_c=a+bx$。

解 因 $m=5$，故

$$\sum_{i=1}^{5} x_i = 34,\quad \sum_{i=1}^{5} x_i^2 = 352,\quad \sum_{i=1}^{5} y_i = 15.12,\quad \sum_{i=1}^{5} x_i y_i = 82.76$$

代入（2-3-2）式與（2-3-3）式中，求得

$$a = \frac{(15.12)(352) - (82.76)(34)}{(5)(352) - (34)^2} \approx 4.153$$

$$b = \frac{(5)(82.76) - (34)(15.12)}{(5)(352) - (34)^2} \approx -0.1660$$

故所求迴歸直線為 $y_c = 4.153 - 0.166x$。 ★

習題 2-3

1. 已知一組數據

x	1	2	3	4	5
y	1	3	4	5	6

利用此組數據求出迴歸直線 $y_c = a + bx$。

2. 某藥廠的老闆蒐集該公司每年的利潤金額與年度的廣告支出金額（兩者皆以千元為單位），如下所示:

年度廣告支出（x）	12	14	17	21	26	30
年度利潤（y）	20	35	40	50	50	60

⑴ 試決定對這些資料之迴歸直線。

⑵ 利用 ⑴ 中所得之結果，預測該公司在年度廣告預算為 20,000 元時的年度利潤數額。

3. 某錄影帶出租公司之企劃部門曾做一項市場調查，發現該公司每月之錄影帶銷售額 x（以千元為單位）與其企劃中的批發單價 p（元），如下所示:

p	38	36	34.5	30	28.5
x	2.2	5.4	7.0	11.2	14.6

⑴ 若其需求曲線為這些資料的迴歸直線，試求其需求方程式。

⑵ 假設生產並配銷這些錄影帶的每月總成本函數為

$$C(x) = 4x + 25$$

其中 x 表生產與銷售的數量（以千卷為單位）且 $C(x)$ 以千元為單位。試決定使該錄影帶出租公司每月利潤為最大之批發單價。

03

三維空間與 n 維空間上的向量

◎ 向量代數與幾何
◎ 三維空間向量的內積
◎ 三維空間向量的叉積
◎ n 維空間的向量

CHAPTER

3-1 向量代數與幾何

一般在科學中所用之量，皆表示其數值的大小與單位。如長度、質量、時間、面積、體積、功等，這樣的量稱為**純量**（scalar）。如果一個量除了大小之外，尚需考慮其方向，則稱此量為**向量**（vector）。如速度、加速度、電場強度、力均屬此類。

在幾何學中，向量可以用自某點為始點至另一點為終點的帶有箭頭之有向線段來表示，此線段之長度稱為向量的**長度**（length）或**大小**（magnitude），而箭頭則表示向量的**方向**（direction）。但習慣上，向量常用粗體的英文字母 **A**，**B**，**C**，…，**a**，**b**，**c**，…，**i**，**j**，**k**，…等表示。

設 $P(a_1, b_1, c_1)$ 與 $Q(a_2, b_2, c_2)$ 為三維空間 $\mathbb{R}^3$ 中任意兩點，則從 P 到 Q 所形成的**向量** $\overrightarrow{PQ}$ 為

$$\overrightarrow{PQ} = \langle a_2 - a_1,\ b_2 - b_1,\ c_2 - c_1 \rangle$$

其中 P 與 Q 分別稱為向量 $\overrightarrow{PQ}$ 的**始點**與**終點**，而 $a_2 - a_1$、$b_2 - b_1$、$c_2 - c_1$ 分別稱為向量 $\overrightarrow{PQ}$ 的 **x-分量**、**y-分量**、**z-分量**，向量 $\overrightarrow{PQ}$ 的**範數**（norm）、長度或大小定義為

$$\| \overrightarrow{PQ} \| = \sqrt{(a_2 - a_1)^2 + (b_2 - b_1)^2 + (c_2 - c_1)^2} \tag{3-1-1}$$

於空間 $\mathbb{R}^3$ 中，以原點 $O(0, 0, 0)$ 為有向線段的始點，$P(a_1, a_2, a_3)$ 為有向線段的終點，則 $\overrightarrow{PQ}$ 稱為對應於

$$\mathbf{a} = \langle a_1,\ a_2,\ a_3 \rangle$$

或

$$\mathbf{a} = \begin{bmatrix} a_1 \\ a_2 \\ a_3 \end{bmatrix} \quad \text{（此係以矩陣記法表向量）}$$

的**位置向量**，如圖 3-1-1 所示。

以箭號代表向量的唯一例外是**零向量**（zero vector）(0, 0, 0)，此向量無法以任何箭號表示。雖然此向量並未具有特定方向，但是零向量很有用，例如在力學中的各種力可能互相抵銷，而具有零向量合力。零向量是以 $\mathbf{0} = (0, 0, 0)$ 表示。

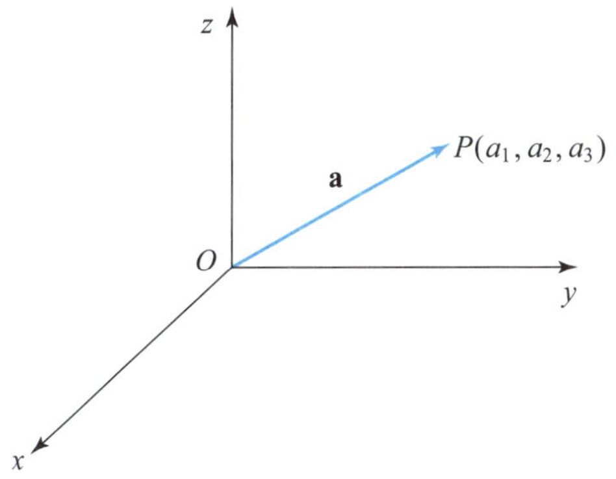

圖 3-1-1

定義 3-1-1 單位向量

設一向量 $\mathbf{a} = \langle a_1, a_2, a_3 \rangle$，若 $\|\mathbf{a}\| = 1$，則稱 $\mathbf{a}$ 為**單位向量**（unit vector）。

任一向量 $\mathbf{a}$ 皆可以 $\mathbf{a}$ 同方向的單位向量 $\mathbf{u}$ 表示，即

$$\mathbf{u} = \frac{\mathbf{a}}{\|\mathbf{a}\|}。$$

定義 3-1-2 向量相等

兩向量 $\mathbf{a} = \langle a_1, a_2, a_3 \rangle$ 與 $\mathbf{b} = \langle b_1, b_2, b_3 \rangle$ 相等，若且唯若

$$a_1 = b_1,\quad a_2 = b_2,\quad a_3 = b_3。$$

定義 3-1-3 向量平行

兩向量 $\mathbf{a} = \langle a_1, a_2, a_3 \rangle$ 與 $\mathbf{b} = \langle b_1, b_2, b_3 \rangle$ 平行，若且唯若存在一實數 α，使得

$$a_1 = \alpha b_1,\quad a_2 = \alpha b_2,\quad a_3 = \alpha b_3。$$

定義 3-1-4 向量和

兩向量 $\mathbf{a}=\langle a_1, a_2, a_3\rangle$ 與 $\mathbf{b}=\langle b_1, b_2, b_3\rangle$ 之**和**為以個別分量相加所形成的向量，即

$$\mathbf{a}+\mathbf{b}=\langle a_1+b_1, a_2+b_2, a_3+b_3\rangle。$$

定義 3-1-5 逆向量

一向量 $\mathbf{a}$ 的**逆向量** $-\mathbf{a}$ 為

$$-\mathbf{a}=\langle -a_1, -a_2, -a_3\rangle。$$

定義 3-1-6 向量差

兩向量 $\mathbf{a}=\langle a_1, a_2, a_3\rangle$ 與 $\mathbf{b}=\langle b_1, b_2, b_3\rangle$ 之**差**定義為

$$\mathbf{a}-\mathbf{b}=\mathbf{a}+(-\mathbf{b})=\langle a_1-b_1, a_2-b_2, a_3-b_3\rangle。$$

定義 3-1-7 純量與向量的乘積

一向量 $\mathbf{a}=\langle a_1, a_2, a_3\rangle$ 與一純量 α 之**積**為以 $\alpha\mathbf{a}$ 表示的向量，其定義為

$$\alpha\mathbf{a}=\langle \alpha a_1, \alpha a_2, \alpha a_3\rangle。$$

$\mathbf{i}=\langle 1, 0, 0\rangle$、$\mathbf{j}=\langle 0, 1, 0\rangle$、$\mathbf{k}=\langle 0, 0, 1\rangle$ 稱為空間 $\mathbb{R}^3$ 中的三個基本**單位向量**。這三個向量的始點皆在原點，且其長度皆為 1。

空間 $\mathbb{R}^3$ 中之任何向量 $\mathbf{v}$ 可以用 $\mathbf{i}$、$\mathbf{j}$、$\mathbf{k}$ 的**線性組合**形式表示，

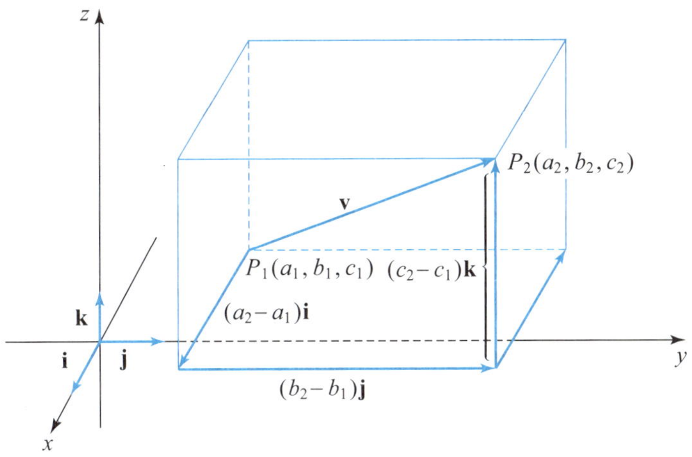

圖 3-1-2

$$\mathbf{v}=\overrightarrow{P_1P_2}=\langle a_2-a_1,\ b_2-b_1,\ c_2-c_1\rangle$$
$$=(a_2-a_1)\mathbf{i}+(b_2-b_1)\mathbf{j}+(c_2-c_1)\mathbf{k} \quad (3\text{-}1\text{-}2)$$

如圖 3-1-2 所示。

例題 1

設 $P(-1, 4, 5)$ 與 $Q(2, 2, 2)$ 為空間 $\mathbb{R}^3$ 中兩點，試求 $\overrightarrow{PQ}$ 及其長度。

解 $\overrightarrow{PQ}=\langle 2-(-1),\ 2-4,\ 2-5\rangle=\langle 3,\ -2,\ -3\rangle=3\mathbf{i}-2\mathbf{j}-3\mathbf{k}$

$\|\overrightarrow{PQ}\|=\sqrt{(3)^2+(-2)^2+(-3)^2}=\sqrt{9+4+9}=\sqrt{22}$ ★

定理 3-1-1 向量代數

若 **u**、**v** 及 **w** 為空間 $\mathbb{R}^3$ 中的向量，而 α、β 為實數，則下列性質成立

(1) $\mathbf{u}+\mathbf{v}=\mathbf{v}+\mathbf{u}$

(2) $(\mathbf{u}+\mathbf{v})+\mathbf{w}=\mathbf{u}+(\mathbf{v}+\mathbf{w})$

(3) $\mathbf{u}+\mathbf{0}=\mathbf{0}+\mathbf{u}=\mathbf{u}$, $\mathbf{0}$ 為零向量

(4) 存在 $-\mathbf{u}$ 使得 $\mathbf{u}+(-\mathbf{u})=(-\mathbf{u})+\mathbf{u}=\mathbf{0}$

(5) $\alpha(\mathbf{u}+\mathbf{v})=\alpha\mathbf{u}+\alpha\mathbf{v}$

(6) $(\alpha+\beta)\mathbf{u}=\alpha\mathbf{u}+\beta\mathbf{u}$

(7) $(\alpha\beta)\mathbf{u}=\alpha(\beta\mathbf{u})=\beta(\alpha\mathbf{u})$

(8) $1\mathbf{u}=\mathbf{u}$

或
$$\begin{bmatrix} x-x_0 \\ y-y_0 \\ z-z_0 \end{bmatrix} = t\begin{vmatrix} u_1 \\ u_2 \\ u_3 \end{vmatrix}, \quad -\infty < t < \infty \tag{3-1-6}$$

因（3-1-5）式或（3-1-6）式含有參數 t，故也可用分量表成下列的形式

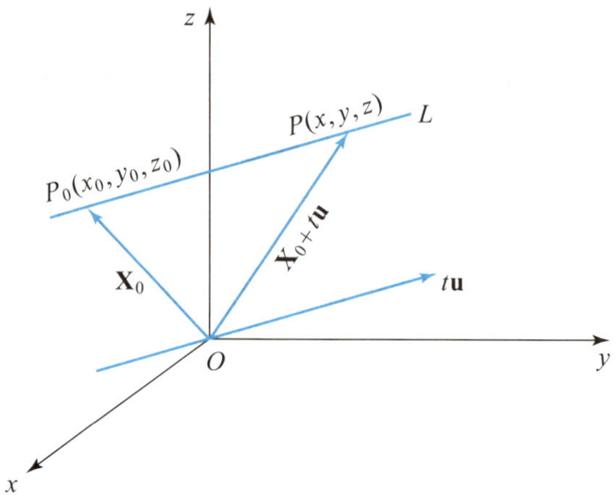

圖 3-1-4

$$\begin{aligned} x &= x_0 + tu_1 \\ y &= y_0 + tu_2, \quad -\infty < t < \infty \\ z &= z_0 + tu_3 \end{aligned} \tag{3-1-7}$$

其中各式稱為 L 之**參數方程式**（parametric equations）。若（3-1-7）式中 u_1、u_2 與 u_3 全不為 0，則可解 t 之每一方程式並令其相等，如此我們可得到通過 P_0 且平行於 $\mathbf{u}$ 之直線的**對稱方程式**（symmetric equations）如下

$$\frac{x-x_0}{u_1} = \frac{y-y_0}{u_2} = \frac{z-z_0}{u_3}。 \tag{3-1-8}$$

例題 3

試求通過點 $P_0(2, 3, -4)$ 與 $P_1(3, -2, 5)$ 之直線 L，其參數方程式為何？

解

直線 L 必平行於向量 $\mathbf{u} = \overrightarrow{P_0P_1} = \begin{bmatrix} 3-2 \\ -2-3 \\ 5-(-4) \end{bmatrix} = \begin{bmatrix} 1 \\ -5 \\ 9 \end{bmatrix}$

因 P_0 位於該直線上，故直線 L 之參數方程式如下

$$x = 2 + t$$
$$y = 3 - 5t, \quad -\infty < t < \infty。$$
$$z = -4 + 9t$$

★

例題 4

試求通過點 $P(2, -1, 6)$ 與 $Q(3, 1, -2)$ 之直線 L 的向量方程式、參數方程式與對稱方程式。

解 首先我們求得向量 $\mathbf{u} = (3-2)\mathbf{i} + [1-(-1)]\mathbf{j} + (-2-6)\mathbf{k} = \mathbf{i} + 2\mathbf{j} - 8\mathbf{k}$，且令 $Z = x\mathbf{i} + y\mathbf{j} + z\mathbf{k}$，則由（3-1-5）式，若 $R(x, y, z)$ 位於直線上，我們得到

$$\begin{aligned} Z = x\mathbf{i} + y\mathbf{j} + z\mathbf{k} &= Z_0 + t\mathbf{u} \\ &= 2\mathbf{i} - \mathbf{j} + 6\mathbf{k} + t(\mathbf{i} + 2\mathbf{j} - 8\mathbf{k}) \\ &= (2+t)\mathbf{i} + (-1+2t)\mathbf{j} + (6-8t)\mathbf{k} \end{aligned}$$

或

$$x = 2 + t, \quad y = -1 + 2t, \quad z = 6 - 8t, \quad t \in R$$

最後由（3-1-8）式，得直線的對稱方程式為

$$\frac{x-2}{1} = \frac{y+1}{2} = \frac{z-6}{-8}。$$

★

習題 3-1

1. 試求空間中之一向量，它可表示由 $(2, -1, 4)$ 至 $(5, 1, -3)$ 之有向線段。
2. 已知 $\mathbf{a} = 2\mathbf{i} - 5\mathbf{j} + \mathbf{k}$，$\mathbf{b} = -3\mathbf{i} + 3\mathbf{j} + 2\mathbf{k}$，$\mathbf{c} = 5\mathbf{i} + 3\mathbf{j}$，求

   (1) $2\mathbf{a} + 3\mathbf{b} - \mathbf{c}$　　(2) $\|2\mathbf{a} + 3\mathbf{b} - \mathbf{c}\|$
3. 試求與向量 $\mathbf{v} = \langle 2, 4, -3 \rangle$ 同方向之單位向量。
4. 求與向量 $\mathbf{a} = 3\mathbf{i} + \mathbf{j} - 7\mathbf{k}$ 同方向的單位向量，並求與 $\mathbf{a}$ 方向相反且長度為 5 的向量。
5. 設 a 為實數，$\mathbf{v}$ 為空間 $\mathbb{R}^3$ 中的向量，試證 $\|a\mathbf{v}\| = |a|\|\mathbf{v}\|$。
6. 試求向量 $\mathbf{v} = \langle 4, -1, 6 \rangle$ 之方向餘弦。
7. 試求一長度為 7 且其方向餘弦為 $\frac{1}{\sqrt{6}}$、$\frac{1}{\sqrt{3}}$ 與 $\frac{1}{\sqrt{2}}$ 之向量 $\mathbf{v}$。

8. 設 $\triangle ABC$ 的頂點坐標為 $A(1, 3, 1)$、$B(0, -1, 3)$、$C(3, 1, 0)$，試求此三角形重心的坐標。

9. 已知 $\mathbf{a}_1 = 2\mathbf{i} - \mathbf{j} + \mathbf{k}$，$\mathbf{a}_2 = \mathbf{i} + 3\mathbf{j} - 2\mathbf{k}$，$\mathbf{a}_3 = -2\mathbf{i} + \mathbf{j} - 3\mathbf{k}$，$\mathbf{a}_4 = 3\mathbf{i} + 2\mathbf{j} + 5\mathbf{k}$，求純量 a、b、c 使得 $\mathbf{a}_4 = a\mathbf{a}_1 + b\mathbf{a}_2 + c\mathbf{a}_3$。

10. 求通過點 $P_0(2, -3, 1)$ 與 $P_1(4, 2, 5)$ 之直線 L 的參數方程式。

11. 試證明恆等式 $\|\mathbf{u} + \mathbf{v}\|^2 + \|\mathbf{u} - \mathbf{v}\|^2 = 2\|\mathbf{u}\|^2 + 2\|\mathbf{v}\|^2$。

3-2 三維空間向量的內積

我們定義空間 $\mathbb{R}^3$ 中兩向量 $\mathbf{a}$ 與 $\mathbf{b}$ 的**內積**（inner product）〔或稱**點積**（dot product）或稱**純量積**（scalar product）〕如下：

定義 3-2-1 內 積

設 $\mathbf{a} = a_1\mathbf{i} + a_2\mathbf{j} + a_3\mathbf{k}$ 與 $\mathbf{b} = b_1\mathbf{i} + b_2\mathbf{j} + b_3\mathbf{k}$ 為空間 $\mathbb{R}^3$ 中任意兩向量，而 θ 為其夾角，則 $\mathbf{a}$ 與 $\mathbf{b}$ 的**內積**定義為

$$\mathbf{a} \cdot \mathbf{b} = \begin{cases} \|\mathbf{a}\|\|\mathbf{b}\|\cos\theta, & \text{若 } \mathbf{a} \neq \mathbf{0} \text{ 且 } \mathbf{b} \neq \mathbf{0} \\ 0, & \text{若 } \mathbf{a} = \mathbf{0} \text{ 或 } \mathbf{b} = \mathbf{0} \text{。} \end{cases} \tag{3-2-1}$$

例題 1

若兩向量 $\mathbf{a} = 2\mathbf{i} - \mathbf{j} + \mathbf{k}$ 與 $\mathbf{b} = \mathbf{i} + \mathbf{j} + 2\mathbf{k}$ 之夾角為 $\frac{\pi}{3}$，求 $\mathbf{a} \cdot \mathbf{b}$。

解 $\|\mathbf{a}\| = \sqrt{(2)^2 + (-1)^2 + (1)^2} = \sqrt{6}$

$\|\mathbf{b}\| = \sqrt{(1)^2 + (1)^2 + (2)^2} = \sqrt{6}$

故 $$\mathbf{a} \cdot \mathbf{b} = \|\mathbf{a}\|\|\mathbf{b}\|\cos\frac{\pi}{3} = (\sqrt{6})(\sqrt{6})(\frac{1}{2}) = 3 \text{。}$$ ★

若利用定義求兩向量的內積，則必先知道此兩向量之夾角或夾角的餘弦，但往往其夾角或夾角之餘弦均不易求得。我們可以利用**餘弦定律**（law of cosine）導出內積的另一公式。

定理 3-2-1

設 $\mathbf{a}=a_1\mathbf{i}+a_2\mathbf{j}+a_3\mathbf{k}$ 與 $\mathbf{b}=b_1\mathbf{i}+b_2\mathbf{j}+b_3\mathbf{k}$ 為空間 $\mathbb{R}^3$ 中之兩非零向量，則

$$\mathbf{a}\cdot\mathbf{b}=a_1b_1+a_2b_2+a_3b_3\text{。}\quad (3\text{-}2\text{-}2)$$

證 於空間 $\mathbb{R}^3$ 中，取兩點 P_1 與 P_2，使 $\overrightarrow{OP_1}=\mathbf{a}$，$\overrightarrow{OP_2}=\mathbf{b}$，其中 O 為原點，如圖 3-2-1 所示，則

$$\overrightarrow{P_1P_2}=\mathbf{b}-\mathbf{a}=(b_1-a_1)\mathbf{i}+(b_2-a_2)\mathbf{j}+(b_3-a_3)\mathbf{k}$$

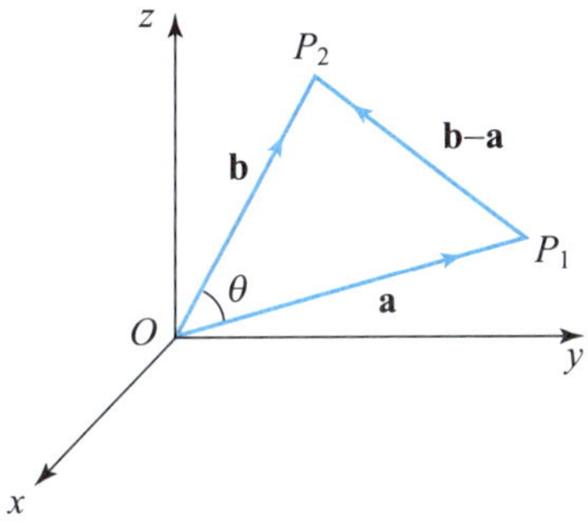

圖 3-2-1

考慮 $\triangle OP_1P_2$，由餘弦定律得知

$$\|\overrightarrow{P_1P_2}\|^2=\|\overrightarrow{OP_1}\|^2+\|\overrightarrow{OP_2}\|^2-2\|\overrightarrow{OP_1}\|\,\|\overrightarrow{OP_2}\|\cos\theta$$

其中 θ 為 $\mathbf{a}$ 與 $\mathbf{b}$ 之夾角，故得

$$\|\mathbf{b}-\mathbf{a}\|^2=\|\mathbf{a}\|^2+\|\mathbf{b}\|^2-2\|\mathbf{a}\|\,\|\mathbf{b}\|\cos\theta$$

或

$$\mathbf{a}\cdot\mathbf{b}=\frac{1}{2}\left(\|\mathbf{a}\|^2+\|\mathbf{b}\|^2-\|\mathbf{b}-\mathbf{a}\|^2\right)$$

因此，

$$\mathbf{a}\cdot\mathbf{b}=\frac{1}{2}\{a_1^2+a_2^2+a_3^2+b_1^2+b_2^2+b_3^3-[(b_1-a_1)^2+(b_2-a_2)^2+(b_3-a_3)^2]\}$$

$$=a_1b_1+a_2b_2+a_3b_3\text{。}$$

例題 2

已知兩點 $P_1(2, 1, 0)$ 與 $P_2(1, 2, 3)$，試求 $\overrightarrow{OP_1}$ 與 $\overrightarrow{OP_2}$ 的夾角 θ。

解 由定義知

$$\overrightarrow{OP_1} \cdot \overrightarrow{OP_2} = \| \overrightarrow{OP_1} \| \, \| \overrightarrow{OP_2} \| \cos\theta$$

故
$$\cos\theta = \frac{\overrightarrow{OP_1} \cdot \overrightarrow{OP_2}}{\| \overrightarrow{OP_1} \| \, \| \overrightarrow{OP_2} \|} = \frac{2 \cdot 1 + 1 \cdot 2 + 0 \cdot 3}{\sqrt{2^2 + 1^2 + 0^2}\ \sqrt{1^2 + 2^2 + 3^2}} = \frac{4}{\sqrt{70}}$$

因此，
$$\theta = \cos^{-1}\frac{4}{\sqrt{70}} \approx 61°26'。$$

★

例題 3

試證明二維空間上非零向量 $\boldsymbol{n} = \langle a, b \rangle$ 和直線 $ax + by + c = 0$ 垂直。

證 令 $P_1(x_1, y_1)$ 及 $P_2(x_2, y_2)$ 為直線上之相異兩點，所以

$$ax_1 + by_1 + c = 0 \cdots\cdots (1)$$
$$ax_2 + by_2 + c = 0 \cdots\cdots (2)$$

因此向量 $\overrightarrow{P_1P_2} = \langle x_2 - x_1, y_2 - y_1 \rangle$ 沿著直線方向，如圖 3-2-2 所示。我們僅需證明 $\boldsymbol{n}$ 與 $\overrightarrow{P_1P_2}$ 垂直即可。將 (1) 式減 (2) 式可得

$$a(x_2 - x_1) + b(y_2 - y_1) = 0 \cdots\cdots (3)$$

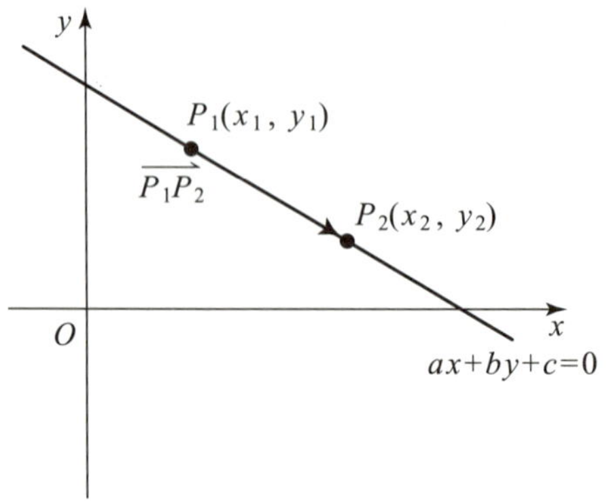

圖 3-2-2

利用內積，(3) 式可表為

$$\langle a, b\rangle \cdot \langle x_2 - x_1, y_2 - y_1\rangle = 0$$

或

$$\boldsymbol{n} \cdot \overrightarrow{P_1P_2} = 0$$

所以 $\boldsymbol{n}$ 和 $\overrightarrow{P_1P_2}$ 互相垂直。 ★

定理 3-2-2 內積的性質

若 **u**、**v** 及 **w** 皆為空間 $\mathbb{R}^3$ 中的向量，α 為一定數，則

(1) $\|\mathbf{u}\| \geq 0$

(2) $\mathbf{u} \cdot \mathbf{u} = \|\mathbf{u}\|^2 \geq 0$，即 $\|\mathbf{u}\| = (\mathbf{u} \cdot \mathbf{u})^{1/2} \geq 0$，若且唯若 $\mathbf{u} = \mathbf{0}$，則等號成立。

(3) $\mathbf{u} \cdot \mathbf{v} = \mathbf{v} \cdot \mathbf{u}$

(4) $\mathbf{u} \cdot (\mathbf{v} + \mathbf{w}) = \mathbf{u} \cdot \mathbf{v} + \mathbf{u} \cdot \mathbf{w}$ 及 $(\mathbf{u} + \mathbf{v}) \cdot \mathbf{w} = \mathbf{u} \cdot \mathbf{w} + \mathbf{v} \cdot \mathbf{w}$。

(5) $\alpha(\mathbf{u} \cdot \mathbf{v}) = (\alpha\mathbf{u}) \cdot \mathbf{v} = \mathbf{u} \cdot (\alpha\mathbf{v})$

(6) $\mathbf{v} \cdot \mathbf{v} > 0$ 若 $\mathbf{v} \neq \mathbf{0}$；且 $\mathbf{v} \cdot \mathbf{v} = \mathbf{0}$ 若 $\mathbf{v} = \mathbf{0}$。

證 今證明 (4)，其餘請讀者自行證明。

令 $\mathbf{u} = \langle u_1, u_2, u_3\rangle$、$\mathbf{v} = \langle v_1, v_2, v_3\rangle$、$\mathbf{w} = \langle w_1, w_2, w_3\rangle$，則

$$\begin{aligned}
\mathbf{u} \cdot (\mathbf{v} + \mathbf{w}) &= \langle u_1, u_2, u_3\rangle \cdot \langle v_1 + w_1, v_2 + w_2, v_3 + w_3\rangle \\
&= u_1(v_1 + w_1) + u_2(v_2 + w_2) + u_3(v_3 + w_3) \\
&= (u_1v_1 + u_1w_1) + (u_2v_2 + u_2w_2) + (u_3v_3 + u_3w_3) \\
&= (u_1v_1 + u_2v_2 + u_3v_3) + (u_1w_1 + u_2w_2 + u_3w_3) \\
&= \langle u_1, u_2, u_3\rangle \cdot \langle v_1, v_2, v_3\rangle + \langle u_1, u_2, u_3\rangle \cdot \langle w_1, w_2, w_3\rangle \\
&= \mathbf{u} \cdot \mathbf{v} + \mathbf{u} \cdot \mathbf{w}
\end{aligned}$$

同理可證得

$$(\mathbf{u} + \mathbf{v}) \cdot \mathbf{w} = \mathbf{u} \cdot \mathbf{w} + \mathbf{v} \cdot \mathbf{w}。$$

在物理中，功可以用向量的內積來表示。當我們施一定力 F 經過一段距離 d，其所作的功為 $W = Fd$，此公式相當嚴謹，因為它只能應用於當力是沿著運動之直線。一般先設向量 $\overrightarrow{PQ}$ 代表一力，它的施力點沿著向量 $\overrightarrow{PR}$ 移動，如圖 3-2-3 所示，其中力 $\overrightarrow{PQ}$ 被用來沿著由 P 到 R 的水平路線去牽引一物體，而向量 $\overrightarrow{PQ}$ 是向量 $\overrightarrow{PS}$ 與 $\overrightarrow{SQ}$ 的和。由於 $\overrightarrow{SQ}$ 對水平的位移沒有作用，我們可以假設由 P 到

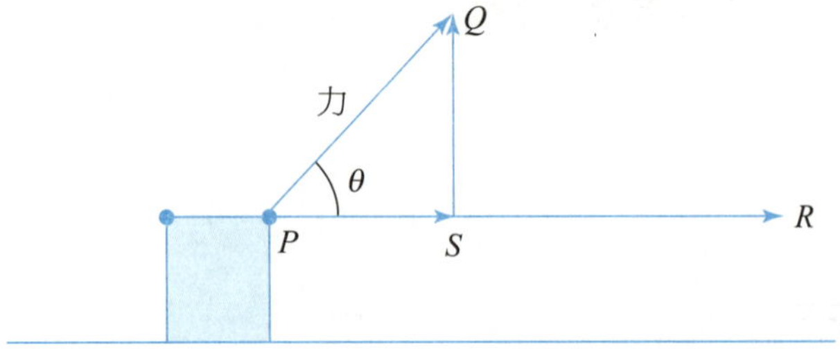

圖 3-2-3

R的運動僅為 $\overrightarrow{PS}$ 所致。故依公式 $W = Fd$，功 W 是由 $\overrightarrow{PQ}$ 在 $\overrightarrow{PR}$ 方向的分量乘以距離 $\|\overrightarrow{PR}\|$ 而求得，即

$$W = (\|\overrightarrow{PQ}\| \cos\theta)\|\overrightarrow{PR}\| = \overrightarrow{PQ} \cdot \overrightarrow{PR}$$

這導出下面的定義

當施力點沿著向量 $\overrightarrow{PR}$ 移動時，定力 $\overrightarrow{PQ}$ 所作的功為 $W = \overrightarrow{PQ} \cdot \overrightarrow{PR}$。

例題 4

設某定力為 $\mathbf{a} = 5\mathbf{i} + 2\mathbf{j} + 6\mathbf{k}$，試求當此力的施力點由 $P(1, -1, 2)$ 移到 $R(4, 3, -1)$ 時所作的功。

解 在空間 $\mathbb{R}^3$ 中對應於 $\overrightarrow{PR}$ 的向量是

$$\mathbf{b} = \langle 4-1,\ 3-(-1),\ -1-2 \rangle = \langle 3, 4, -3 \rangle$$

若 $\overrightarrow{PQ}$ 是 $\mathbf{a}$ 的幾何表示，則功為

$$W = \overrightarrow{PQ} \cdot \overrightarrow{PR} = \mathbf{a} \cdot \mathbf{b} = 15 + 8 - 18 = 5$$

例如，若長度的單位為呎且力的大小以磅計，則功為 5 呎-磅。若長度以米計而力以牛頓計，則所作的功為 5 **焦耳**。 ★

定義 3-2-2 兩向量之平行與正交

設 $\mathbf{u}$ 與 $\mathbf{v}$ 為空間 $\mathbb{R}^3$ 中兩非零向量，則

(1) $\mathbf{u}$ 與 $\mathbf{v}$ 之間的夾角為 0 或 π $\Leftrightarrow$ $\mathbf{u}$ 與 $\mathbf{v}$ 平行以 $\mathbf{u} /\!/ \mathbf{v}$ 表示。

(2) $\mathbf{u}$ 與 $\mathbf{v}$ 之間的夾角為 $\dfrac{\pi}{2}$ $\Leftrightarrow$ $\mathbf{u}$ 與 $\mathbf{v}$ 垂直以 $\mathbf{u} \perp \mathbf{v}$ 表示。

定理 3-2-3

設 $\mathbf{u}$ 與 $\mathbf{v}$ 為空間 $\mathbb{R}^3$ 中兩非零向量，則

(1) $\mathbf{u}$ 與 $\mathbf{v}$ 互相垂直 $\Leftrightarrow$ $\mathbf{u}\cdot\mathbf{v}=0$，即 $\cos\theta=0$。

(2) $\mathbf{u}$ 與 $\mathbf{v}$ 平行且同方向 $\Leftrightarrow$ $\mathbf{u}\cdot\mathbf{v}=\|\mathbf{u}\|\|\mathbf{v}\|$，即 $\cos\theta=1$。

(3) $\mathbf{u}$ 與 $\mathbf{v}$ 平行但方向相反 $\Leftrightarrow$ $\mathbf{u}\cdot\mathbf{v}=-\|\mathbf{u}\|\|\mathbf{v}\|$，即 $\cos\theta=-1$。

例題 5

設 $\mathbf{u}=\mathbf{i}+2\mathbf{j}-3\mathbf{k}$，$\mathbf{v}=2\mathbf{i}+2\mathbf{j}+2\mathbf{k}$，試證 $\mathbf{u}$ 與 $\mathbf{v}$ 互相垂直。

解 因 $\mathbf{u}\cdot\mathbf{v}=(1)(2)+(2)(2)+(-3)(2)=0$，故 $\mathbf{u}$ 與 $\mathbf{v}$ 互相垂直。 ★

例題 6

設 $\mathbf{u}=-2\mathbf{i}+\mathbf{j}+3\mathbf{k}$，$\mathbf{v}=2\sqrt{3}\mathbf{i}-\sqrt{3}\mathbf{j}-3\sqrt{3}\mathbf{k}$，試證 $\mathbf{u}$ 與 $\mathbf{v}$ 平行但方向相反。

解

$$\|\mathbf{u}\|=\sqrt{(-2)^2+1^2+3^2}=\sqrt{14}$$

$$\|\mathbf{v}\|=\sqrt{(2\sqrt{3})^2+(-\sqrt{3})^2+(-3\sqrt{3})^2}=\sqrt{42}$$

可得 $\|\mathbf{u}\|\|\mathbf{v}\|=14\sqrt{3}$。

但

$$\begin{aligned}\mathbf{u}\cdot\mathbf{v}&=(-2)(2\sqrt{3})+(1)(-\sqrt{3})+(3)(-3\sqrt{3})\\&=-14\sqrt{3}=-\|\mathbf{u}\|\|\mathbf{v}\|\end{aligned}$$

故 $\mathbf{u}$ 與 $\mathbf{v}$ 平行但方向相反。 ★

利用向量內積的定義可求得一向量在另一向量上之投影長度，但須先證明下面的定理。

定理 3-2-4

令 $\mathbf{v}$ 為空間 $\mathbb{R}^3$ 中之一非零向量，則對任何其他向量 $\mathbf{u}$，向量

$$\mathbf{w}=\mathbf{u}-\left[\frac{(\mathbf{u}\cdot\mathbf{v})}{\|\mathbf{v}\|^2}\right]\mathbf{v}$$ 與 $\mathbf{v}$ 正交。

證

$$\mathbf{w}\cdot\mathbf{v}=\left(\mathbf{u}-\frac{(\mathbf{u}\cdot\mathbf{v})\mathbf{v}}{\|\mathbf{v}\|^2}\right)\cdot\mathbf{v}=\mathbf{u}\cdot\mathbf{v}-\frac{(\mathbf{u}\cdot\mathbf{v})(\mathbf{v}\cdot\mathbf{v})}{\|\mathbf{v}\|^2}$$

$$=\mathbf{u}\cdot\mathbf{v}-\frac{(\mathbf{u}\cdot\mathbf{v})\|\mathbf{v}\|^2}{\|\mathbf{v}\|^2}$$

$$=\mathbf{u}\cdot\mathbf{v}-\mathbf{u}\cdot\mathbf{v}=0$$

向量 $\mathbf{u}$、$\mathbf{v}$ 與 $\mathbf{w}$ 位於空間 $\mathbb{R}^3$ 中，如圖 3-2-4 所示。

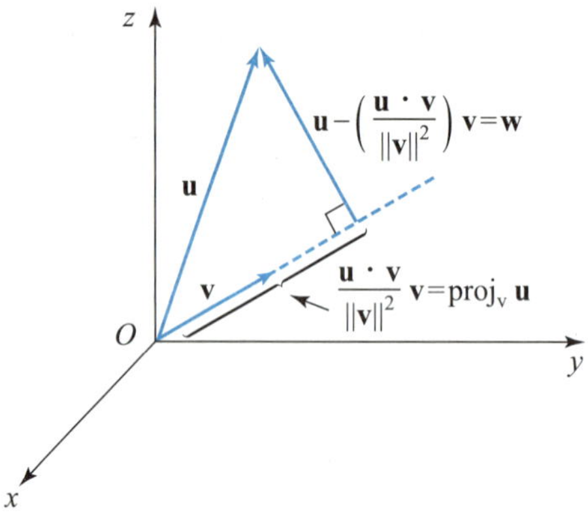

圖 3-2-4

定義 3-2-3

令 $\mathbf{u}$ 與 $\mathbf{v}$ 為空間 $\mathbb{R}^3$ 中之非零向量，則 $\mathbf{u}$ 在 $\mathbf{v}$ 上的投影為一向量，記作 $\text{proj}_{\mathbf{v}}\,\mathbf{u}$，定義為

$$\text{proj}_{\mathbf{v}}\,\mathbf{u}=\frac{\mathbf{u}\cdot\mathbf{v}}{\|\mathbf{v}\|^2}\mathbf{v}=\left(\frac{\mathbf{u}\cdot\mathbf{v}}{\|\mathbf{v}\|}\right)\frac{\mathbf{v}}{\|\mathbf{v}\|}。\qquad (3\text{-}2\text{-}3)$$

依（3-2-3）式知，在 $\mathbf{v}$ 方向上，$\mathbf{u}$ 的**分量**（component）為

$$\frac{\mathbf{u}\cdot\mathbf{v}}{\|\mathbf{v}\|}$$

此一分量即 $\mathbf{u}$ 在 $\mathbf{v}$ 方向上的投影長度。

又由圖 3-2-4 及 $\cos\theta=\dfrac{\mathbf{u}\cdot\mathbf{v}}{\|\mathbf{u}\|\|\mathbf{v}\|}$，得知

1. 若 $\mathbf{u}\cdot\mathbf{v}>0$，則 $\mathbf{v}$ 與 $\text{proj}_{\mathbf{v}}\,\mathbf{u}$ 的方向相同。

2. 若 $\mathbf{u}\cdot\mathbf{v}<0$，則 $\mathbf{v}$ 與 $\text{proj}_{\mathbf{v}}\,\mathbf{u}$ 的方向相反。

如圖 3-2-5 所示。

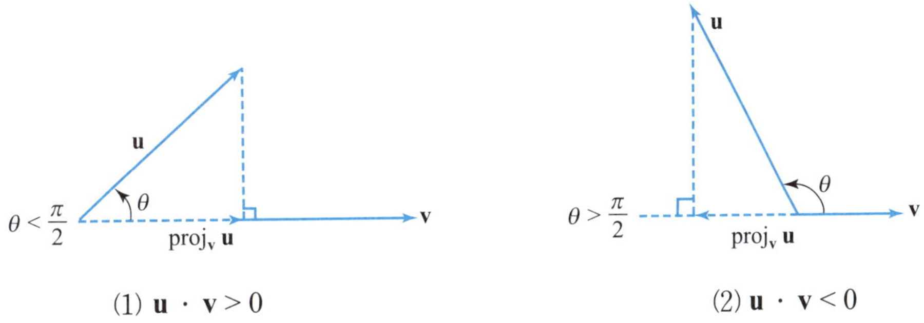

圖 3-2-5

若 $\mathbf{u}$ 與 $\mathbf{v}$ 為空間 $\mathbb{R}^3$ 中之非零向量，則 $\text{proj}_{\mathbf{v}}\,\mathbf{u}$ 為唯一具有下列性質的向量:

1. $\text{proj}_{\mathbf{v}}\,\mathbf{u}\,/\!/\,\mathbf{v}$，且

2. $\mathbf{u}-\text{proj}_{\mathbf{v}}\,\mathbf{u}\perp\mathbf{v}$。

例題 7

令 $\mathbf{u}=2\mathbf{i}+3\mathbf{j}+\mathbf{k}$，$\mathbf{v}=\mathbf{i}+2\mathbf{j}-6\mathbf{k}$，求 $\text{proj}_{\mathbf{v}}\,\mathbf{u}$ 與 $\mathbf{u}$ 在 $\mathbf{v}$ 方向之投影長度。

解 $\mathbf{u}\cdot\mathbf{v}=(2)(1)+(3)(2)+(1)(-6)=2$

$$\|\mathbf{v}\|=\sqrt{1^2+2^2+(-6)^2}=\sqrt{41}$$

故

$$\text{proj}_{\mathbf{v}}\,\mathbf{u}=\left(\frac{\mathbf{u}\cdot\mathbf{v}}{\|\mathbf{v}\|}\right)\frac{\mathbf{v}}{\|\mathbf{v}\|}=\frac{2}{\sqrt{41}}\left(\frac{1}{\sqrt{41}}\mathbf{i}+\frac{2}{\sqrt{41}}\mathbf{j}-\frac{6}{\sqrt{41}}\mathbf{k}\right)$$

$$=\frac{2}{41}\mathbf{i}+\frac{4}{41}\mathbf{j}-\frac{12}{41}\mathbf{k}$$

投影長度

$$\frac{\mathbf{u}\cdot\mathbf{v}}{\|\mathbf{v}\|}=\frac{2}{\sqrt{41}}。$$ ★

例題 8

令 $\mathbf{u}=2\mathbf{i}-\mathbf{j}+3\mathbf{k}$, $\mathbf{v}=4\mathbf{i}-\mathbf{j}+2\mathbf{k}$, 求 $\mathbf{u}$ 在 $\mathbf{v}$ 方向上的垂直分向量。

解 $\mathbf{u}\cdot\mathbf{v}=(2)(4)+(-1)(-1)+(3)(2)=15$

$$\|\mathbf{v}\|=\sqrt{4^2+(-1)^2+2^2}=\sqrt{21}$$

故

$$\text{proj}_{\mathbf{v}}\,\mathbf{u}=\left(\frac{\mathbf{u}\cdot\mathbf{v}}{\|\mathbf{v}\|}\right)\frac{\mathbf{v}}{\|\mathbf{v}\|}=\frac{15}{\sqrt{21}}\left(\frac{4}{\sqrt{21}}\mathbf{i}-\frac{1}{\sqrt{21}}\mathbf{j}+\frac{2}{\sqrt{21}}\mathbf{k}\right)$$

$$=\frac{20}{7}\mathbf{i}-\frac{5}{7}\mathbf{j}+\frac{10}{7}\mathbf{k}=\left\langle\frac{20}{7},-\frac{5}{7},\frac{10}{7}\right\rangle$$

$\mathbf{u}$ 在 $\mathbf{v}$ 方向上的垂直分向量為

$$\mathbf{u}-\text{proj}_{\mathbf{v}}\,\mathbf{u}=\langle 2,-1,3\rangle-\left\langle\frac{20}{7},-\frac{5}{7},\frac{10}{7}\right\rangle$$

$$=\left\langle-\frac{6}{7},-\frac{2}{7},\frac{11}{7}\right\rangle。$$ ★

習題 3-2

1. 設 $\mathbf{u}=\langle 2,3\rangle$, $\mathbf{v}=\langle 5,-7\rangle$, θ 為 $\mathbf{u}$ 與 $\mathbf{v}$ 之夾角。試求 $\mathbf{u}$ 與 $\mathbf{v}$ 夾角的餘弦值。
2. 設 $\mathbf{u}=\langle 1,-5,4\rangle$, $\mathbf{v}=\langle 3,3,3\rangle$, θ 為 $\mathbf{u}$ 與 $\mathbf{v}$ 之夾角。試求 $\mathbf{u}$ 與 $\mathbf{v}$ 夾角的餘弦值。
3. 試求下列 $\mathbf{u}$、$\mathbf{v}$ 向量的夾角 θ 為鈍角、銳角或 $\mathbf{u}$ 與 $\mathbf{v}$ 正交。
   (1) $\mathbf{u}=\langle 6,1,4\rangle$, $\mathbf{v}=\langle 2,0,-3\rangle$
   (2) $\mathbf{u}=\langle 2,4,-8\rangle$, $\mathbf{v}=\langle 5,3,7\rangle$
4. 試解釋下列各算式為什麼是無意義。
   (1) $(\mathbf{w}\cdot\mathbf{v})\cdot\mathbf{u}$
   (2) $(\mathbf{v}\cdot\mathbf{u})+\mathbf{w}$
   (3) $\|\mathbf{u}\cdot\mathbf{v}\|$
   (4) $c\cdot(\mathbf{u}+\mathbf{v})$
5. 設 $\mathbf{u}=\langle 3,4,1\rangle$, $\mathbf{v}=\langle 5,-1,1\rangle$, $\mathbf{w}=\langle 7,1,0\rangle$, 試求 $(\|\mathbf{u}\|\mathbf{v})\cdot\mathbf{w}$。
6. 設 $\mathbf{u}=\langle 2,k\rangle$, $\mathbf{v}=\langle 3,5\rangle$, 試求 k 值使得

(1) **u** 與 **v** 平行。

(2) **u** 與 **v** 垂直。

(3) **u** 與 **v** 之夾角為 $\frac{\pi}{4}$。

7. 利用方向餘弦之觀念，試證明在三維空間中 $\mathbf{v}_1$ 與 $\mathbf{v}_2$ 為垂直向量之充要條件為

$$\cos\alpha_1\cos\alpha_2+\cos\beta_1\cos\beta_2+\cos\gamma_1\cos\gamma_2=0。$$

8. 試證明若 **u** 向量正交於 $\mathbf{v}_1$、$\mathbf{v}_2$，則 **u** 亦正交於 $k_1\mathbf{v}_1+k_2\mathbf{v}_2$，對所有純量 k_1 和 k_2。

9. 試求 **u** 在 **v** 的正交投影:

(1) $\mathbf{u}=\langle -1,-2\rangle$， $\mathbf{v}=\langle -2,3\rangle$

(2) $\mathbf{u}=\langle 1,0,0\rangle$， $\mathbf{v}=\langle 4,3,8\rangle$

10. 試求 $\|\text{proj}_{\mathbf{v}}\mathbf{u}\|$。

(1) $\mathbf{u}=\langle 1,-2\rangle$， $\mathbf{v}=\langle -4,-3\rangle$

(2) $\mathbf{u}=\langle 3,0,4\rangle$， $\mathbf{v}=\langle 2,3,3\rangle$

11. 設空間 $\mathbb{R}^3$ 中的三點分別為 $A(2,-3,4)$、$B(-2,6,1)$ 與 $C(2,0,2)$，求 $\angle ABC$。

12. 求長度為 10 的兩個向量，使其同時垂直於向量 $\mathbf{a}=\langle 4,3,6\rangle$ 與 $\mathbf{b}=\langle -2,-3,-2\rangle$。

13. 求 $\mathbf{u}=-4\mathbf{i}+\mathbf{j}-2\mathbf{k}$ 在 $\mathbf{v}=\mathbf{i}+3\mathbf{j}-3\mathbf{k}$ 方向上的向量投影及投影長度。

14. 設 $\mathbf{u}=\langle -3,1,-\sqrt{5}\rangle$， $\mathbf{v}=\langle 2,4,-\sqrt{5}\rangle$，試將 **u** 表示成一個平行於 **v** 的向量 **a** 與垂直於 **v** 的向量 **b** 之和向量。

15. 試證：平面上點 $P_0(x_0,y_0)$ 到直線 $ax+by+c=0$ 的距離為

$$D=\frac{|ax_0+by_0+c|}{\sqrt{a^2+b^2}}。$$

16. 求空間上點 $P(3,-1,2)$ 到平面 $2x-y+z=4$ 的距離。

17. 若有一固定的力 $\mathbf{F}=3\mathbf{i}-6\mathbf{j}+7\mathbf{k}$（以磅計）作用於一物體，使其由 $P(2,1,3)$ 移到 $Q(9,4,6)$，而距離單位為呎，求所作的功。

18. 試利用內積證明 $\|\mathbf{a}+\mathbf{b}\|^2+\|\mathbf{a}-\mathbf{b}\|^2=2\|\mathbf{a}\|^2+2\|\mathbf{b}\|^2$。

19. 試利用內積證明 $\mathbf{a}\cdot\mathbf{b}=\frac{1}{4}\|\mathbf{a}+\mathbf{b}\|^2-\frac{1}{4}\|\mathbf{a}-\mathbf{b}\|^2$。

3-3 三維空間向量的叉積

在本節中，我們將介紹兩向量 **u** 與 **v** 的**叉積**（cross product）（或稱**向量積**或稱**外積**）$\mathbf{u}\times\mathbf{v}$，此新的運算產生另一向量。

定義 3-3-1

向量 **u** 與 **v** 之**叉積**定義為

$$\mathbf{u}\times\mathbf{v}=\|\mathbf{u}\|\|\mathbf{v}\|\sin\theta\,\mathbf{n},\quad 0\le\theta\le\pi \qquad (3\text{-}3\text{-}1)$$

其中 θ 為兩向量 **u** 與 **v** 的夾角，**n** 為垂直於 **u**、**v** 所在平面之單位向量。

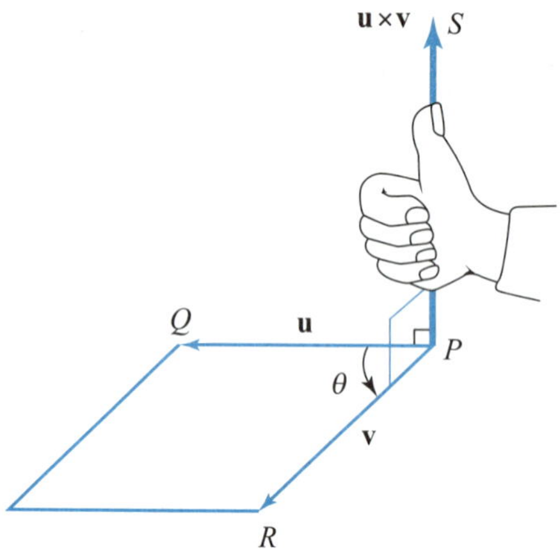

圖 3-3-1

若 **u** 及 **v** 以始點同為 P 的向量 $\overrightarrow{PQ}$ 及 $\overrightarrow{PR}$ 表示，則 $\mathbf{u}\times\mathbf{v}$ 可表為向量 $\overrightarrow{PS}$，它與由 P、Q 及 R 所決定的平行四邊形垂直。$\overrightarrow{PS}$ 的方向可依右手定則決定，即伸出右手除拇指外，其餘四指併攏伸直，以其所指的方向為 **u** 的方向，接著除拇指不動外，四指自然旋捲後握拳，以四指所掃過的方向當作由 **u** 到 **v** 之夾角 θ 的方向，握拳後的拇指方向即為 $\mathbf{u}\times\mathbf{v}$ 的方向，而 $\mathbf{u}\times\mathbf{v}$ 之大小為 **u**、**v** 兩向量所圍成之平行四邊形的面積，即

$$\|\mathbf{u}\times\mathbf{v}\|=\|\mathbf{u}\|\|\mathbf{v}\|\sin\theta$$

為了要求 $\mathbf{u}\times\mathbf{v}$ 以及 $\|\mathbf{u}\times\mathbf{v}\|$，我們可依下列之定義計算。

定義 3-3-2

設 $\mathbf{u}=u_1\mathbf{i}+u_2\mathbf{j}+u_3\mathbf{k}$、$\mathbf{v}=v_1\mathbf{i}+v_2\mathbf{j}+v_3\mathbf{k}$ 為空間 $\mathbb{R}^3$ 中任意兩非零向量，則 $\mathbf{u}\times\mathbf{v}$ 定義為

$$\mathbf{u}\times\mathbf{v}=\left\langle \begin{vmatrix} u_2 & u_3 \\ v_2 & v_3 \end{vmatrix}, -\begin{vmatrix} u_1 & u_3 \\ v_1 & v_3 \end{vmatrix}, \begin{vmatrix} u_1 & u_2 \\ v_1 & v_2 \end{vmatrix} \right\rangle$$

$$=\langle u_2v_3-u_3v_2,\ u_3v_1-u_1v_3,\ u_1v_2-u_2v_1\rangle$$

$$=\begin{vmatrix} u_2 & u_3 \\ v_2 & v_3 \end{vmatrix}\mathbf{i}-\begin{vmatrix} u_1 & u_3 \\ v_1 & v_3 \end{vmatrix}\mathbf{j}+\begin{vmatrix} u_1 & u_2 \\ v_1 & v_2 \end{vmatrix}\mathbf{k}$$

$$=\begin{vmatrix} \mathbf{i} & \mathbf{j} & \mathbf{k} \\ u_1 & u_2 & u_3 \\ v_1 & v_2 & v_3 \end{vmatrix}。 \qquad (3\text{-}3\text{-}2)$$

（3-3-2）式的右邊並非真正的行列式，這只是有助於記憶的設計，但化簡時，可按行列式的規則去處理而已。又由向量叉積之定義可得

$$\begin{cases} \mathbf{i}\times\mathbf{j}=\mathbf{k} \\ \mathbf{j}\times\mathbf{i}=-\mathbf{k} \end{cases} \qquad \begin{cases} \mathbf{j}\times\mathbf{k}=\mathbf{i} \\ \mathbf{k}\times\mathbf{j}=-\mathbf{i} \end{cases} \qquad \begin{cases} \mathbf{k}\times\mathbf{i}=\mathbf{j} \\ \mathbf{i}\times\mathbf{k}=-\mathbf{j} \end{cases}。$$

例題 1

設 $\mathbf{u}=2\mathbf{i}-\mathbf{j}+\mathbf{k}$，$\mathbf{v}=4\mathbf{i}+2\mathbf{j}-\mathbf{k}$，求 (1) $\mathbf{u}\times\mathbf{v}$，(2) $\mathbf{v}\times\mathbf{u}$，(3) $\mathbf{u}\times\mathbf{u}$。

解 (1) $\mathbf{u}\times\mathbf{v}=\begin{vmatrix} \mathbf{i} & \mathbf{j} & \mathbf{k} \\ 2 & -1 & 1 \\ 4 & 2 & -1 \end{vmatrix}=\begin{vmatrix} -1 & 1 \\ 2 & -1 \end{vmatrix}\mathbf{i}-\begin{vmatrix} 2 & 1 \\ 4 & -1 \end{vmatrix}\mathbf{j}-\begin{vmatrix} 2 & -1 \\ 4 & 2 \end{vmatrix}\mathbf{k}$

$=-\mathbf{i}+6\mathbf{j}+8\mathbf{k}$

(2) $\mathbf{v}\times\mathbf{u}=\begin{vmatrix} \mathbf{i} & \mathbf{j} & \mathbf{k} \\ 4 & 2 & -1 \\ 2 & -1 & 1 \end{vmatrix}=\begin{vmatrix} 2 & -1 \\ -1 & 1 \end{vmatrix}\mathbf{i}-\begin{vmatrix} 4 & -1 \\ 2 & 1 \end{vmatrix}\mathbf{j}+\begin{vmatrix} 4 & 2 \\ 2 & -1 \end{vmatrix}\mathbf{k}$

$=\mathbf{i}-6\mathbf{j}-8\mathbf{k}$

(3) $\mathbf{u} \times \mathbf{u} = \begin{vmatrix} \mathbf{i} & \mathbf{j} & \mathbf{k} \\ 2 & -1 & 1 \\ 2 & -1 & 1 \end{vmatrix} = \begin{vmatrix} -1 & 1 \\ -1 & 1 \end{vmatrix}\mathbf{i} - \begin{vmatrix} 2 & 1 \\ 2 & 1 \end{vmatrix}\mathbf{j} + \begin{vmatrix} 2 & -1 \\ 2 & -1 \end{vmatrix}\mathbf{k}$

$= (-1+1)\,\mathbf{i} - (2-2)\,\mathbf{j} + (-2+2)\,\mathbf{k}$

$= 0\mathbf{i} + 0\mathbf{j} + 0\mathbf{k} = \mathbf{0}$ ★

向量外積具有下列的代數性質。

定理 3-3-1

若 $\mathbf{u}$、$\mathbf{v}$、$\mathbf{w}$ 為空間 $\mathbb{R}^3$ 中的向量，α 為任意實數，則

(1) $\mathbf{u} \times \mathbf{0} = \mathbf{0} \times \mathbf{u} = \mathbf{0}$

(2) $\mathbf{u} \times \mathbf{v} = -\mathbf{v} \times \mathbf{u}$（外積不可交換）

(3) $\mathbf{u} \times \mathbf{u} = \mathbf{0}$

(4) $\alpha(\mathbf{u} \times \mathbf{v}) = (\alpha\mathbf{u}) \times \mathbf{v} = \mathbf{u} \times (\alpha\mathbf{v})$

(5) $\mathbf{u} \times (\mathbf{v} + \mathbf{w}) = (\mathbf{u} \times \mathbf{v}) + (\mathbf{u} \times \mathbf{w})$

(6) $(\mathbf{u} \times \mathbf{v}) \cdot \mathbf{w} = \mathbf{u} \cdot (\mathbf{v} \times \mathbf{w}) = \begin{vmatrix} u_1 & u_2 & u_3 \\ v_1 & v_2 & v_3 \\ w_1 & w_2 & w_3 \end{vmatrix}$

［此積為 $\mathbf{u}$、$\mathbf{v}$、$\mathbf{w}$ 的**純量三重積**（scalar triple product）］

(7) $\mathbf{u} \times (\mathbf{v} \times \mathbf{w}) = (\mathbf{u} \cdot \mathbf{w})\mathbf{v} - (\mathbf{u} \cdot \mathbf{v})\mathbf{w}$

(8) $(\mathbf{u} \times \mathbf{v}) \times \mathbf{w} = (\mathbf{w} \cdot \mathbf{u})\mathbf{v} - (\mathbf{w} \cdot \mathbf{v})\mathbf{u}$

［(7)、(8) 稱為 $\mathbf{u}$、$\mathbf{v}$、$\mathbf{w}$ 的**向量三重積**（vector triple product）］

(9) $\mathbf{u} \cdot (\mathbf{u} \times \mathbf{v}) = \mathbf{v} \cdot (\mathbf{u} \times \mathbf{v}) = 0$

(10) $\|\mathbf{u} \times \mathbf{v}\|^2 = \|\mathbf{u}\|^2 \|\mathbf{v}\|^2 - (\mathbf{u} \cdot \mathbf{v})^2$

證 (2) 設 $\mathbf{u} = \langle u_1, u_2, u_3 \rangle$，$\mathbf{v} = \langle v_1, v_2, v_3 \rangle$，$\mathbf{w} = \langle w_1, w_2, w_3 \rangle$。

$$\mathbf{u} \times \mathbf{v} = \begin{vmatrix} \mathbf{i} & \mathbf{j} & \mathbf{k} \\ u_1 & u_2 & u_3 \\ v_1 & v_2 & v_3 \end{vmatrix} = -\begin{vmatrix} \mathbf{i} & \mathbf{j} & \mathbf{k} \\ v_1 & v_2 & v_3 \\ u_1 & u_2 & u_3 \end{vmatrix} = -(\mathbf{v} \times \mathbf{u})$$

(5) $\mathbf{u} \times (\mathbf{v} + \mathbf{w}) = \begin{vmatrix} \mathbf{i} & \mathbf{j} & \mathbf{k} \\ u_1 & u_2 & u_3 \\ v_1 + w_1 & v_2 + w_2 & v_3 + w_3 \end{vmatrix}$

$$= \begin{vmatrix} \mathbf{i} & \mathbf{j} & \mathbf{k} \\ u_1 & u_2 & u_3 \\ v_1 & v_2 & v_3 \end{vmatrix} + \begin{vmatrix} \mathbf{i} & \mathbf{j} & \mathbf{k} \\ u_1 & u_2 & u_3 \\ w_1 & w_2 & w_3 \end{vmatrix} = \mathbf{u}\times\mathbf{v} + \mathbf{u}\times\mathbf{w}$$

(6) 因 $\mathbf{u}\times\mathbf{v} = (u_2v_3 - u_3v_2)\mathbf{i} - (u_1v_3 - u_3v_1)\mathbf{j} + (u_1v_2 - u_2v_1)\mathbf{k}$, 可得

$$\begin{aligned}(\mathbf{u}\times\mathbf{v})\cdot\mathbf{w} &= [(u_2v_3 - u_3v_2)\mathbf{i} - (u_1v_3 - u_3v_1)\mathbf{j} + (u_1v_2 - u_2v_1)\mathbf{k}]\cdot(w_1\mathbf{i} + w_2\mathbf{j} + w_3\mathbf{k}) \\ &= (u_2v_3 - u_3v_2)w_1 - (u_1v_3 - u_3v_1)w_2 + (u_1v_2 - u_2v_1)w_3 \\ &= u_2v_3w_1 - u_3v_2w_1 - u_1v_3w_2 + u_3v_1w_2 + u_1v_2w_3 - u_2v_1w_3 \\ &= u_1(v_2w_3 - v_3w_2) - u_2(v_1w_3 - v_3w_1) + u_3(v_1w_2 - v_2w_1)\end{aligned}$$

又 $\mathbf{v}\times\mathbf{w} = (v_2w_3 - v_3w_2)\mathbf{i} - (v_1w_3 - v_3w_1)\mathbf{j} + (v_1w_2 - v_2w_1)\mathbf{k}$

可得,

$$\begin{aligned}\mathbf{u}\cdot(\mathbf{v}\times\mathbf{w}) &= (u_1\mathbf{i} + u_2\mathbf{j} + u_3\mathbf{k})\cdot[(v_2w_3 - v_3w_2)\mathbf{i} - (v_1w_3 - v_3w_1)\mathbf{j} + (v_1w_2 - v_2w_1)\mathbf{k}] \\ &= u_1(v_2w_3 - v_3w_2) - u_2(v_1w_3 - v_3w_1) + u_3(v_1w_2 - v_2w_1) \\ &= \begin{vmatrix} v_2 & v_3 \\ w_2 & w_3 \end{vmatrix} u_1 - \begin{vmatrix} v_1 & v_3 \\ w_1 & w_3 \end{vmatrix} u_2 + \begin{vmatrix} v_1 & v_2 \\ w_1 & w_2 \end{vmatrix} u_3\end{aligned}$$

故 $$(\mathbf{u}\times\mathbf{v})\cdot\mathbf{w} = \mathbf{u}\cdot(\mathbf{v}\times\mathbf{w}) = \begin{vmatrix} u_1 & u_2 & u_3 \\ v_1 & v_2 & v_3 \\ w_1 & w_2 & w_3 \end{vmatrix}。$$

(10) 因 $\mathbf{u}\times\mathbf{v} = \langle u_2v_3 - u_3v_2, -(u_1v_3 - u_3v_1), u_1v_2 - u_2v_1 \rangle$

故 $$\begin{aligned}\|\mathbf{u}\times\mathbf{v}\|^2 &= (u_2v_3 - u_3v_2)^2 + (u_1v_3 - u_3v_1)^2 + (u_1v_2 - u_2v_1)^2 \\ &= (u_2v_3)^2 - 2u_2u_3v_2v_3 + (u_3v_2)^2 + (u_1v_3)^2 - 2u_1u_3v_3v_1 \\ &\quad + (u_3v_1)^2 + (u_1v_2)^2 - 2u_1u_2v_1v_2 + (u_2v_1)^2 \\ &= (u_1v_2)^2 + (u_1v_3)^2 + (u_2v_1)^2 + (u_2v_3)^2 + (u_3v_1)^2 + (u_3v_2)^2 \\ &\quad - 2u_1v_1u_2v_2 - 2u_2v_2u_3v_3 - 2u_3v_3u_1v_1\end{aligned}$$

而 $$\begin{aligned}\|\mathbf{u}\|^2\|\mathbf{v}\|^2 - (\mathbf{u}\cdot\mathbf{v})^2 &= (u_1^2 + u_2^2 + u_3^2)(v_1^2 + v_2^2 + v_3^2) - (u_1v_1 + u_2v_2 + u_3v_3)^2 \\ &= (u_1v_2)^2 + (u_1v_3)^2 + (u_2v_1)^2 + (u_2v_3)^2 + (u_3v_1)^2 + (u_3v_2)^2 \\ &\quad - 2u_1v_1u_2v_2 - 2u_2v_2u_3v_3 - 2u_3v_3u_1v_1 \\ &= \|\mathbf{u}\times\mathbf{v}\|^2\end{aligned}$$

故 $$\|\mathbf{u}\times\mathbf{v}\|^2 = \|\mathbf{u}\|^2\|\mathbf{v}\|^2 - (\mathbf{u}\cdot\mathbf{v})^2。$$

例題 2

已知二向量 $\mathbf{u}=\langle 2,-3,4\rangle$、$\mathbf{v}=\langle 3,-1,2\rangle$，求同時與 $\mathbf{u}$ 及 $\mathbf{v}$ 垂直之正交單位向量。

解 因 $(\mathbf{u}\times\mathbf{v})\perp\mathbf{u}$ 且 $(\mathbf{u}\times\mathbf{v})\perp\mathbf{v}$，故所求之正交向量 $\mathbf{n}$，取 $\mathbf{u}\times\mathbf{v}$ 即可，

$$\mathbf{n}=\mathbf{u}\times\mathbf{v}=\begin{vmatrix}\mathbf{i} & \mathbf{j} & \mathbf{k}\\ 2 & -3 & 4\\ 3 & -1 & 2\end{vmatrix}=-6\mathbf{i}+12\mathbf{j}-2\mathbf{k}+9\mathbf{k}-4\mathbf{j}+4\mathbf{i}=-2\mathbf{i}+8\mathbf{j}+7\mathbf{k}$$

所以，正交單位向量為

$$\frac{\mathbf{n}}{\|\mathbf{n}\|}=\frac{-2\mathbf{i}+8\mathbf{j}+7\mathbf{k}}{\sqrt{(-2)^2+(8)^2+(7)^2}}=-\frac{2}{\sqrt{117}}\mathbf{i}+\frac{8}{\sqrt{117}}\mathbf{j}+\frac{7}{\sqrt{117}}\mathbf{k}。$$ ★

例題 3

計算 $\mathbf{a}=3\mathbf{i}-2\mathbf{j}-5\mathbf{k}$，$\mathbf{b}=\mathbf{i}+4\mathbf{j}-4\mathbf{k}$，$\mathbf{c}=3\mathbf{j}+2\mathbf{k}$ 的純量三重積。

解 由定理 3-3-1(6) 可得

$$\mathbf{a}\cdot(\mathbf{b}\times\mathbf{c})=\begin{vmatrix}3 & -2 & -5\\ 1 & 4 & -4\\ 0 & 3 & 2\end{vmatrix}=3\begin{vmatrix}4 & -4\\ 3 & 2\end{vmatrix}-(-2)\begin{vmatrix}1 & -4\\ 0 & 2\end{vmatrix}+(-5)\begin{vmatrix}1 & 4\\ 0 & 3\end{vmatrix}$$

$$=60+4-15=49$$ ★

有關向量外積的幾何性質如下。

定理 3-3-2

設 $\mathbf{u}$、$\mathbf{v}$ 與 $\mathbf{w}$ 為空間 $\mathbb{R}^3$ 中的向量，則

(1) $\mathbf{u}\times\mathbf{v}$ 不僅垂直於 $\mathbf{u}$，亦垂直於 $\mathbf{v}$。

(2) $\mathbf{u}\times\mathbf{v}=0 \Leftrightarrow \mathbf{u}\,/\!/\,\mathbf{v}$。

(3) $\|\mathbf{u}\times\mathbf{v}\|=\|\mathbf{u}\|\|\mathbf{v}\|\sin\theta$，其中 $\mathbf{u}\neq\mathbf{0}$，$\mathbf{v}\neq\mathbf{0}$，θ 為 $\mathbf{u}$、$\mathbf{v}$ 間的夾角，且 $0\leq\theta\leq\pi$。

(4) 若 $\mathbf{u}\neq\mathbf{0}$，$\mathbf{v}\neq\mathbf{0}$，則 $\|\mathbf{u}\times\mathbf{v}\|$ 表示以 $\mathbf{u}$、$\mathbf{v}$ 為二鄰邊所決定之平行四邊形的面積。

(5) 以 $\mathbf{u}$、$\mathbf{v}$、$\mathbf{w}$ 為三鄰邊所決定之平行六面體的體積 V 為

$$V=|\mathbf{u}\cdot(\mathbf{v}\times\mathbf{w})|。$$

證 (1) 設 $\mathbf{u} = \langle u_1, u_2, u_3 \rangle$， $\mathbf{v} = \langle v_1, v_2, v_3 \rangle$， 則

$$\mathbf{u} \times \mathbf{v} = \langle u_2v_3 - u_3v_2, -(u_1v_3 - u_3v_1), u_1v_2 - u_2v_1 \rangle$$

而
$$\begin{aligned}\mathbf{u} \cdot (\mathbf{u} \times \mathbf{v}) &= u_1(u_2v_3 - u_3v_2) - u_2(u_1v_3 - u_3v_1) + u_3(u_1v_2 - u_2v_1) \\ &= u_1u_2v_3 - u_1u_3v_2 - u_2u_1v_3 + u_2u_3v_1 + u_3u_1v_2 - u_3u_2v_1 \\ &= 0\end{aligned}$$

故 $(\mathbf{u} \times \mathbf{v})$ 垂直於 $\mathbf{u}$。同理可證 $(\mathbf{u} \times \mathbf{v})$ 垂直於 $\mathbf{v}$。

(3) 由定理 3-3-1 (10) 可知

$$\|\mathbf{u} \times \mathbf{v}\|^2 = \|\mathbf{u}\|^2 \|\mathbf{v}\|^2 - (\mathbf{u} \cdot \mathbf{v})^2$$

因
$$\mathbf{u} \cdot \mathbf{v} = \|\mathbf{u}\| \|\mathbf{v}\| \cos\theta$$

故

$$\begin{aligned}\|\mathbf{u} \times \mathbf{v}\|^2 &= \|\mathbf{u}\|^2 \|\mathbf{v}\|^2 - \|\mathbf{u}\|^2 \|\mathbf{v}\|^2 \cos^2\theta \\ &= \|\mathbf{u}\|^2 \|\mathbf{v}\|^2 (1 - \cos^2\theta) \\ &= \|\mathbf{u}\|^2 \|\mathbf{v}\|^2 \sin^2\theta\end{aligned}$$

兩邊開方可得

$$\|\mathbf{u} \times \mathbf{v}\| = \|\mathbf{u}\| \|\mathbf{v}\| \sin\theta$$

由圖 3-3-2 可知平行四邊形之面積為

$$A = 底 \times 高 = \|\mathbf{u}\| \|\mathbf{v}\| \sin\theta = \|\mathbf{u} \times \mathbf{v}\|$$

由圖 3-3-3 可知平行六面體的底面積為 $A = \|\mathbf{v} \times \mathbf{w}\|$， 高為

$$h = \|\mathrm{proj}_{\mathbf{v} \times \mathbf{w}}\, \mathbf{u}\| = \frac{|\mathbf{u} \cdot (\mathbf{v} \times \mathbf{w})|}{\|\mathbf{v} \times \mathbf{w}\|}$$

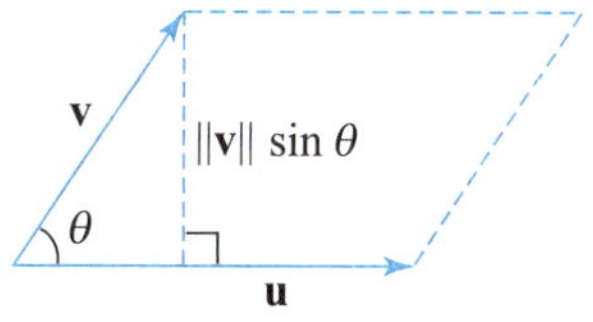

圖 3-3-2

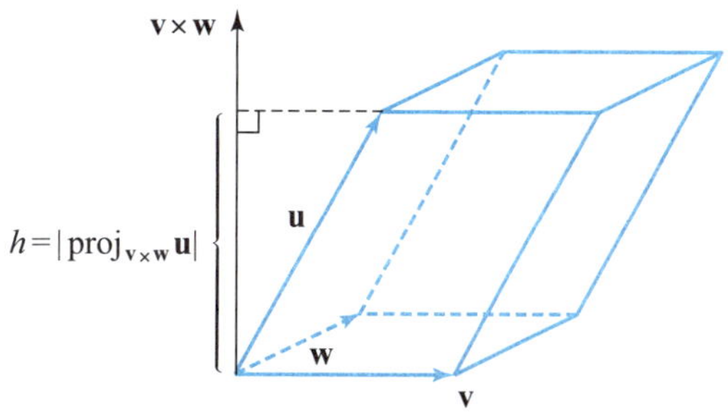

圖 3-3-3

故平行六面體的體積 V 為

$$V = \text{底面積} \times \text{高} = \|\mathbf{v}\times\mathbf{w}\| \frac{|\mathbf{u}\cdot(\mathbf{v}\times\mathbf{w})|}{\|\mathbf{v}\times\mathbf{w}\|} = |\mathbf{u}\cdot(\mathbf{v}\times\mathbf{w})|。 \qquad (3\text{-}3\text{-}3)$$

註: $\mathbf{u}\cdot(\mathbf{v}\times\mathbf{w}) = \pm V$, 其中 + 或 − 取決於 $\mathbf{u}$ 與 $\mathbf{v}\times\mathbf{w}$ 所成的夾角為銳角或鈍角。

例題 4

已知四點 $A(2, 1, -1)$、$B(3, 0, 2)$、$C(4, -2, 1)$ 及 $D(5, -3, 0)$, 求以 $\overrightarrow{AB}$、$\overrightarrow{AC}$ 及 $\overrightarrow{AD}$ 為三鄰邊的平行六面體的體積。

解 令 $\mathbf{u} = \overrightarrow{AB} = \langle 3-2, 0-1, 2-(-1)\rangle = \langle 1, -1, 3\rangle$

$\mathbf{v} = \overrightarrow{AC} = \langle 4-2, -2-1, 1-(-1)\rangle = \langle 2, -3, 2\rangle$

$\mathbf{w} = \overrightarrow{AD} = \langle 5-2, -3-1, 0-(-1)\rangle = \langle 3, -4, 1\rangle$

因 $$\mathbf{u}\cdot(\mathbf{v}\times\mathbf{w}) = \begin{vmatrix} 1 & -1 & 3 \\ 2 & -3 & 2 \\ 3 & -4 & 1 \end{vmatrix}$$

$$= |(-3+8) - (-1)(2-6) + 3(-8+9)|$$

$$= 4$$

故所求體積為 $V = |\mathbf{u}\cdot(\mathbf{v}\times\mathbf{w})| = |4| = 4$。 ★

例題 5

若 $\mathbf{u} = \mathbf{i}+\mathbf{j}+2\mathbf{k}$, $\mathbf{v} = 2\mathbf{i}+3\mathbf{k}$, $\mathbf{w} = \mathbf{i}+\mathbf{j}-2\mathbf{k}$, 試求以 $\mathbf{u}$、$\mathbf{v}$、$\mathbf{w}$ 為邊之平行六面體。三角柱及三角錐(四面體)之體積。

解 (1)平行六面體之體積 $= |\mathbf{u}\cdot(\mathbf{v}\times\mathbf{w})| = \left\|\begin{matrix} 1 & 1 & 2 \\ 2 & 0 & 3 \\ 1 & -1 & -2 \end{matrix}\right\|$

$= |6| = 6$

(2)三角柱之體積 $= \dfrac{1}{2}$ 平行六面體之體積 $= 3$

(3)三角錐之體積 $= \dfrac{1}{3}$ 三角柱之體積

$= \dfrac{1}{6}$ 平行六面體之體積

$= 1$ ★

空間 $I\!R^3$ 中之平面

在空間 $I\!R^3$ 中，我們知道通過一已知點 $P_1(x_1, y_1, z_1)$ 有無數個平面，如圖 3-3-4 所示。

又空間 $I\!R^3$ 中之一平面可由平面上一點與垂直於該平面之一向量決定之，此一向量稱為該平面之**法向量**（normal vector）。

又如圖 3-3-5 所示，若一點 $P_1(x_1, y_1, z_1)$ 與一向量 $\mathbf{N} = \langle a, b, c\rangle$ 已確定，則僅能決定一平面 Γ，它包含 P_1 且具有一非零之**法向量** $\mathbf{N}$，此處 $\mathbf{N}$ 垂直於平面 Γ。

令 $P(x, y, z)$ 為平面上任意點，且點 P_1 與 P 的**位置向量**分別表為 $\mathbf{r}_1$ 與 $\mathbf{r}$，利用兩非零向量垂直的充要條件得知 P 在 Γ 上，若且唯若 $(\mathbf{r} - \mathbf{r}_1) \cdot \mathbf{N} = 0$。因此，包含點 P_1 且垂直於向量 $\mathbf{N}$ 之平面的向量方程式為

$$(\mathbf{r} - \mathbf{r}_1) \cdot \mathbf{N} = 0 \qquad (3\text{-}3\text{-}4)$$

故 $$[(x - x_1)\mathbf{i} + (y - y_1)\mathbf{j} + (z - z_1)\mathbf{k}] \cdot (a\mathbf{i} + b\mathbf{j} + c\mathbf{k}) = 0$$

則 $$a(x - x_1) + b(y - y_1) + c(z - z_1) = 0 \qquad (3\text{-}3\text{-}5)$$

或 $$ax + by + cz = d \qquad (3\text{-}3\text{-}6)$$

此處 $$d = ax_1 + by_1 + cz_1$$

（3-3-6）式稱為平面的一般方程式。讀者應注意平面之一般方程式中的 x、y 與 z 的係數為法向量 $\mathbf{N}$ 的分量。反之，任何形如 $ax + by + cz = d$ 的方程式 $(a^2 + b^2 + c^2 \neq 0)$ 為平面的方程式，且向量 $a\mathbf{i} + b\mathbf{j} + c\mathbf{k}$ 垂直於此平面。

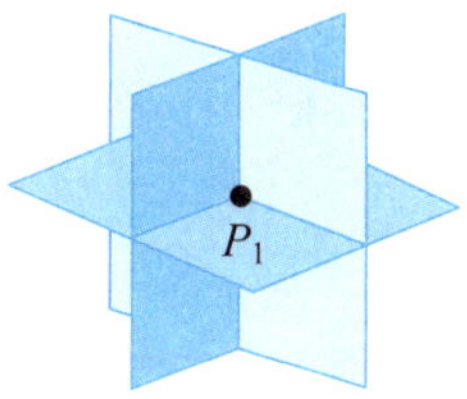

圖 3-3-4

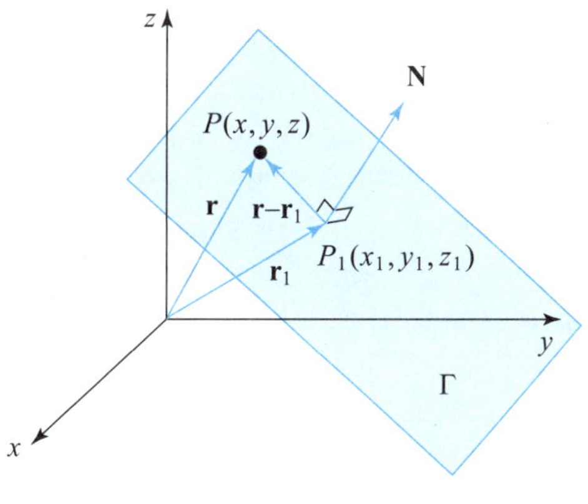

圖 3-3-5

例題 6

求通過三點 $A(1, -1, 2)$、$B(3, 0, 0)$ 與 $C(4, 2, 1)$ 之平面的方程式。

解 兩向量 $\overrightarrow{AB} = 2\mathbf{i} + \mathbf{j} - 2\mathbf{k}$ 與 $\overrightarrow{AC} = 3\mathbf{i} + 3\mathbf{j} - \mathbf{k}$ 應在所求的平面上，因而

$$\mathbf{N} = \overrightarrow{AB} \times \overrightarrow{AC} = \begin{vmatrix} \mathbf{i} & \mathbf{j} & \mathbf{k} \\ 2 & 1 & -2 \\ 3 & 3 & -1 \end{vmatrix} = -\mathbf{i} - 6\mathbf{j} + 6\mathbf{k} - 3\mathbf{k} + 2\mathbf{j} + 6\mathbf{i}$$

$$= 5\mathbf{i} - 4\mathbf{j} + 3\mathbf{k}$$

又它同時垂直於 $\overrightarrow{AB}$ 與 $\overrightarrow{AC}$，故可視其為法線上的一個向量，利用此向量及點 A，可得平面方程式

$$5(x-1) - 4(y+1) + 3(z-2) = 0$$

或

$$5x - 4y + 3z = 15。$$

★

例題 7

求通過點 $(-2, 1, 5)$ 且同時垂直於兩平面 $4x - 2y + 2z = -1$ 與 $3x + 3y - 6z = 5$ 之平面的方程式。

解 因所求平面垂直於平面 $4x - 2y + 2z = -1$ 與 $3x + 3y - 6z = 5$，故所求平面的法向量 $\mathbf{N}$ 垂直於 $\mathbf{N}_1 = \langle 4, -2, 2 \rangle$ 與 $\mathbf{N}_2 = \langle 3, 3, -6 \rangle$。

$$\mathbf{N} = \begin{vmatrix} \mathbf{i} & \mathbf{j} & \mathbf{k} \\ 4 & -2 & 2 \\ 3 & 3 & -6 \end{vmatrix} = 6\mathbf{i} + 30\mathbf{j} + 18\mathbf{k}$$

故所求平面的方程式為

$$6(x+2) + 30(y-1) + 18(z-5) = 0$$

即

$$x + 5y + 3z = 18。$$

★

定理 3-3-3

若三向量 $\mathbf{u} = \langle u_1, u_2, u_3 \rangle$、$\mathbf{v} = \langle v_1, v_2, v_3 \rangle$ 與 $\mathbf{w} = \langle w_1, w_2, w_3 \rangle$ 具有共同的始點，則此三向量共平面的充要條件為

$$\mathbf{u} \cdot (\mathbf{v} \times \mathbf{w}) = \begin{vmatrix} u_1 & u_2 & u_3 \\ v_1 & v_2 & v_3 \\ w_1 & w_2 & w_3 \end{vmatrix} = 0 \text{。} \qquad (3\text{-}3\text{-}7)$$

例題 8

試證空間 $\mathbb{R}^3$ 中四點 $A(1, 0, 1)$、$B(2, 2, 4)$、$C(5, 5, 7)$ 與 $D(8, 8, 10)$ 共平面。

解 我們考慮以 $\overrightarrow{AB}$、$\overrightarrow{AC}$、$\overrightarrow{AD}$ 為三鄰邊的平行六面體，若證得其體積為 0，則 $\overrightarrow{AB}$、$\overrightarrow{AC}$ 與 $\overrightarrow{AD}$ 共平面，故 A、B、C 與 D 在同一平面上，即共平面。

令

$$\mathbf{a} = \overrightarrow{AB} = \langle 2-1, 2-0, 4-1 \rangle = \langle 1, 2, 3 \rangle$$

$$\mathbf{b} = \overrightarrow{AC} = \langle 5-1, 5-0, 7-1 \rangle = \langle 4, 5, 6 \rangle$$

$$\mathbf{c} = \overrightarrow{AD} = \langle 8-1, 8-0, 10-1 \rangle = \langle 7, 8, 9 \rangle$$

$$\mathbf{a} \cdot (\mathbf{b} \times \mathbf{c}) = \begin{vmatrix} 1 & 2 & 3 \\ 4 & 5 & 6 \\ 7 & 8 & 9 \end{vmatrix}$$

$$= 1(45-48) - 2(36-42) + 3(32-35)$$

$$= 45 - 48 - 2(-6) + 3(-3) = 0$$

所以，A、B、C 與 D 共平面。 ★

例題 9

已知三向量 $\mathbf{u} = \langle 1, a, 2 \rangle$、$\mathbf{v} = \langle b, 1, 3 \rangle$、$\mathbf{w} = \langle b, 1, 1 \rangle$ 及 $\mathbf{u} \perp \mathbf{v}$，而且 $\mathbf{u}$、$\mathbf{v}$、$\mathbf{w}$ 共平面，試求 a、b 之值。

解 已知 $\mathbf{u} \perp \mathbf{v}$，得

$$\mathbf{u} \cdot \mathbf{v} = \langle 1, a, 2 \rangle \cdot \langle b, 1, 3 \rangle = b + a + 6 = 0 \cdots\cdots ①$$

又因，**u**、**v**、**w** 共平面，亦即

$$\mathbf{u}\cdot\mathbf{v}\times\mathbf{w}=\begin{vmatrix}1 & a & 2\\ b & 1 & 3\\ b & 1 & 1\end{vmatrix}=2ab-2=0 \cdots\cdots ②$$

解聯立方程式，
$$\begin{cases}a+b=-6\\ ab-1=0\end{cases}$$

得
$$a=-3\pm\sqrt{8},\quad b=\frac{1}{-3\pm\sqrt{8}}。$$
★

例題 10

一三角形之三頂點坐標分別為 $A(0, 0, 0)$，$B(1, 2, 1)$，$C(2, 3, 2)$，試求此三角形之面積。

解 $\overrightarrow{AB}=\langle 1-0, 2-0, 1-0\rangle=\langle 1, 2, 1\rangle$

$\overrightarrow{AC}=\langle 2-0, 3-0, 2-0\rangle=\langle 2, 3, 2\rangle$

$\triangle ABC$ 之面積 $=\frac{1}{2}$ 平行四邊形面積

$$=\frac{1}{2}\|\overrightarrow{AB}\times\overrightarrow{AC}\|$$

又 $\overrightarrow{AB}\times\overrightarrow{AC}=\begin{vmatrix}\mathbf{i} & \mathbf{j} & \mathbf{k}\\ 1 & 2 & 1\\ 2 & 3 & 2\end{vmatrix}=\mathbf{i}-\mathbf{k}=\langle 1, 0, -1\rangle$

故 $\triangle ABC$ 之面積 $=\frac{1}{2}\|\langle 1, 0, -1\rangle\|=\frac{1}{2}\sqrt{1^2+(-1)^2}=\frac{\sqrt{2}}{2}$。 ★

習題 3-3

1. 試求兩個單位向量使它們垂直於 $\mathbf{v}_1=3\mathbf{i}+4\mathbf{j}-2\mathbf{k}$。
2. 已知平面上三點 $P(2, 6, -1)$、$Q(1, 1, 1)$、$R(4, 6, 2)$，試求 P、Q、R 三點所成三角形面積。
3. 求以 $\mathbf{a}=-2\mathbf{i}+\mathbf{j}+4\mathbf{k}$ 與 $\mathbf{b}=4\mathbf{i}-2\mathbf{j}-5\mathbf{k}$ 為二鄰邊所決定之平行四邊形的面積。
4. 求頂點為 $A(2, 3, 4)$、$B(-1, 3, 2)$、$C(1, -4, 3)$ 與 $D(4, -4, 5)$ 之平行四邊形的面積。
5. 求頂點為 $A(0, 0, 0)$、$B(-1, 2, 4)$ 與 $C(2, -1, 4)$ 之三角形的面積。

6. 求以 $\mathbf{u}=2\mathbf{i}+3\mathbf{i}+4\mathbf{k}$、$\mathbf{v}=4\mathbf{j}-\mathbf{k}$ 與 $\mathbf{w}=5\mathbf{i}+\mathbf{j}+3\mathbf{k}$ 為三鄰邊所決定平行六面體的體積。
7. 令 K 為由 $\mathbf{u}=3\mathbf{i}+2\mathbf{j}+\mathbf{k}$、$\mathbf{v}=\mathbf{i}+\mathbf{j}+2\mathbf{k}$ 與 $\mathbf{w}=\mathbf{i}+3\mathbf{j}+3\mathbf{k}$ 為三鄰邊所決定之平行六面體。
   (1) 求 K 的體積。
   (2) 求 $\mathbf{u}$ 與 $\mathbf{v}$ 所決定平行四邊形的面積。
   (3) 求 $\mathbf{u}$ 與由 $\mathbf{v}$ 及 $\mathbf{w}$ 所決定平面之間的夾角。
8. 四面體的體積等於 $\frac{1}{3}$ 底面積乘以高，試證以 $\mathbf{a}$、$\mathbf{b}$ 與 $\mathbf{c}$ 所決定四面體的體積為 $\frac{1}{6}|\mathbf{a}\cdot(\mathbf{b}\times\mathbf{c})|$。
9. 求以 $(-1, 2, 3)$、$(4, -1, 2)$、$(5, 6, 3)$ 與 $(1, 1, -2)$ 為頂點之四面體的體積。
10. 求通過點 $(-1, 2, 3)$ 且平行於兩平面 $3x+2y-4z-6=0$ 與 $x+2y-z-3=0$ 之交線的直線方程式。
11. 求通過三點 $(-1, -2, -3)$、$(4, -2, 1)$ 與 $(5, 1, 6)$ 之平面的方程式。
12. 試證明 $(-1, -2, -3)$、$(-2, 0, 1)$、$(-4, -1, -1)$、$(2, 0, 1)$ 共平面。
13. 試求通過點 $(-2, 5, 0)$ 且平行平面 Γ_1： $2x+y-4z=0$ 及平面 Γ_2： $-x+2y+3z+1=0$ 的直線參數式。
14. 試求通過點 $(2, -1, 4)$ 且垂直 $4x+2y+2z+1=0$ 及 $3x+6y+3z-7=0$ 之交線的平面方程式。

3-4 n 維空間的向量

在本節中，我們將較為具體的空間推廣到更為抽象的 n 維空間。首先我們先定義 n 維歐氏空間，再來討論 n 維空間中向量之性質。

定義 3-4-1

令 n 為正整數，則實數有序 n 元組 $(x_1, x_2, \cdots, x_{n-1}, x_n)$ 所成的集合稱為 n 維歐氏空間，以 $\mathbb{R}^n$ 表示之。

有序 n 元組$(x_1, x_2, \cdots, x_{n-1}, x_n)$ 為空間 $\mathbb{R}^n$ 中的一點，若欲表示此點的位置向量，則以 $\langle x_1, x_2, \cdots, x_n\rangle$ 表示之。若 $n=1$，則 $\mathbb{R}^1$ 即為實數 $\mathbb{R}$；若 $n=2$，則 $\mathbb{R}^2$ 即為坐標平面（二維空間）；若 $n=3$，則 $\mathbb{R}^3$ 即為三維空間。

定義 3-4-2

令 $\mathbf{u}=\langle u_1, u_2, \cdots, u_n\rangle$ 與 $\mathbf{v}=\langle v_1, v_2, \cdots, v_n\rangle$ 為 $\mathbb{R}^n$ 中任意向量，則 $\mathbf{u}=\mathbf{v} \Leftrightarrow u_1=v_1,\ u_2=v_2,\ \cdots,\ u_n=v_n$。

定義 3-4-3

若 $\mathbf{u}=\langle u_1, u_2, \cdots, u_n\rangle$ 與 $\mathbf{v}=\langle v_1, v_2, \cdots, v_n\rangle$ 為 $\mathbb{R}^n$ 中的向量，則它們的**內積**或**歐氏內積**定義為

$$\mathbf{u}\cdot\mathbf{v}=u_1v_1+u_2v_2+\cdots+u_nv_n \tag{3-4-1}$$

此恰如我們在空間 $\mathbb{R}^3$ 中所定義的內積。

定義 3-4-4

若 $\mathbf{u}=\langle u_1, u_2, \cdots, u_n\rangle$ 與 $\mathbf{v}=\langle v_1, v_2, \cdots, v_n\rangle$ 為 $\mathbb{R}^n$ 中的向量，我們定義

$$\|\mathbf{u}\|=(\mathbf{u}\cdot\mathbf{u})^{1/2}=\sqrt{u_1^2+u_2^2+\cdots+u_n^2} \tag{3-4-2}$$

此稱為**歐氏範數**或**歐氏長度**。

$$d(\mathbf{u},\mathbf{v})=\|\mathbf{u}-\mathbf{v}\|=\sqrt{(u_1-v_1)^2+(u_2-v_2)^2+\cdots+(u_n-v_n)^2} \tag{3-4-3}$$

此稱為向量 $\mathbf{u}$ 與 $\mathbf{v}$ 之距離。

定理 3-4-1

若 $\mathbf{u}=\langle u_1, u_2, \cdots, u_n\rangle$、$\mathbf{v}=\langle v_1, v_2, \cdots, v_n\rangle$ 與 $\mathbf{w}=\langle w_1, w_2, \cdots, w_n\rangle$ 為 $\mathbb{R}^n$ 中的三向量，且 k 與 l 為實數，則

(1) $\mathbf{u}+\mathbf{v}=\mathbf{v}+\mathbf{u}$

(2) $\mathbf{u}+(\mathbf{v}+\mathbf{w})=(\mathbf{u}+\mathbf{v})+\mathbf{w}$

(3) 存在一零向量 $\mathbf{0}=(0, 0, 0, \cdots, 0)\in\mathbb{R}^n$，使得 $\mathbf{u}+\mathbf{0}=\mathbf{0}+\mathbf{u}=\mathbf{u}$

(4) $\mathbf{u}+(-\mathbf{u})=\mathbf{0}$，亦即，$\mathbf{u}-\mathbf{u}=\mathbf{0}$

(5) $k(l\mathbf{u})=(kl)\mathbf{u}$

(6) $k(\mathbf{u}+\mathbf{v})=k\mathbf{u}+k\mathbf{v}$

(7) $(k+l)\mathbf{u}=k\mathbf{u}+l\mathbf{u}$

(8) $1\mathbf{u}=\mathbf{u}$

定理 3-4-2 內積的性質

若 $\mathbf{u}$、$\mathbf{v}$ 與 $\mathbf{w}$ 為 $\mathbb{R}^n$ 中的任意向量，且 α 為實數，則

(1) $\|\mathbf{u}\| \geq 0$

(2) $\mathbf{u}\cdot\mathbf{u} = \|\mathbf{u}\|^2 \geq 0$，即 $\|\mathbf{u}\| = (\mathbf{u}\cdot\mathbf{u})^{1/2} \geq 0$

(3) $\|\mathbf{u}\| = 0$ 若且唯若 $\mathbf{u} = \mathbf{0}$

(4) $\|\alpha\mathbf{u}\| = |\alpha|\,\|\mathbf{u}\|$

(5) $\mathbf{u}\cdot\mathbf{v} = \mathbf{v}\cdot\mathbf{u}$

(6) $(\mathbf{u}+\mathbf{v})\cdot\mathbf{w} = \mathbf{u}\cdot\mathbf{w} + \mathbf{v}\cdot\mathbf{w}$

(7) $(\alpha\mathbf{u})\cdot\mathbf{v} = \alpha(\mathbf{u}\cdot\mathbf{v}) = \mathbf{u}\cdot(\alpha\mathbf{v})$

(8) $\mathbf{u}\cdot\mathbf{u} \geq 0$ 且 $\mathbf{u}\cdot\mathbf{u} = 0$ 若且唯若 $\mathbf{u} = \mathbf{0}$

例題 1

若 $\mathbf{u} = \langle -1, 3, 2, -1, 1\rangle$、$\mathbf{v} = \langle -3, 2, 4, -3, 2\rangle$、$\mathbf{w} = \langle -1, 2, 0, 3, 4\rangle$，求：

(1) $\mathbf{u}\cdot\mathbf{v}$

(2) $(\mathbf{u}+\mathbf{v})\cdot\mathbf{w}$

(3) $d(\mathbf{u}, \mathbf{v})$

解 (1)
$$\begin{aligned}\mathbf{u}\cdot\mathbf{v} &= \langle -1, 3, 2, -1, 1\rangle\cdot\langle -3, 2, 4, -3, 2\rangle \\ &= (-1)(-3) + (3)(2) + (2)(4) + (-1)(-3) + (1)(2) \\ &= 22\end{aligned}$$

(2)
$$\begin{aligned}(\mathbf{u}+\mathbf{v})\cdot\mathbf{w} &= (\langle -1, 3, 2, -1, 1\rangle + \langle -3, 2, 4, -3, 2\rangle)\cdot\langle -1, 2, 0, 3, 4\rangle \\ &= \langle -4, 5, 6, -4, 3\rangle\cdot\langle -1, 2, 0, 3, 4\rangle \\ &= (-4)(-1) + (5)(2) + (6)(0) + (-4)(3) + (3)(4) \\ &= 14\end{aligned}$$

(3)
$$\begin{aligned}d(\mathbf{u}, \mathbf{v}) = \|\mathbf{u}-\mathbf{v}\| &= \sqrt{(-1+3)^2 + (3-2)^2 + (2-4)^2 + (-1+3)^2 + (1-2)^2} \\ &= \sqrt{14}\end{aligned}$$

★

定理 3-4-3 柯西-希瓦茲不等式

若 $\mathbf{u}$ 與 $\mathbf{v}$ 為 $\mathbb{R}^n$ 中的任意向量，則

$$|\mathbf{u}\cdot\mathbf{v}| \le \|\mathbf{u}\|\,\|\mathbf{v}\| \qquad (3\text{-}4\text{-}4)$$

或以向量之分量表示如下：

$$(u_1v_1 + u_2v_2 + \cdots + u_nv_n) \le (u_1^2 + u_2^2 + \cdots + u_n^n)^{1/2}\,(v_1^2 + v_2^2 + \cdots + v_n^2)^{1/2}。 \qquad (3\text{-}4\text{-}5)$$

註：（3-4-4）式左式的 | | 代表實數的絕對值，右式的 ‖ ‖ 表示向量的長度。

例題 2

設 $\mathbf{u} = \langle -1, 2, 4, 2\rangle$ 與 $\mathbf{v} = \langle 2, 0, 1, 2\rangle$，試驗證柯西-希瓦茲不等式。

解

$$\|\mathbf{u}\| = \sqrt{(-1)^2 + (2)^2 + (4)^2 + (2)^2} = 5$$

$$\|\mathbf{v}\| = \sqrt{2^2 + 0^2 + 1^2 + 2^2} = 3$$

$$\mathbf{u}\cdot\mathbf{v} = (-1)\cdot 2 + 2\cdot 0 + 4\cdot 1 + 2\cdot 2 = 6$$

所以

$$|\mathbf{u}\cdot\mathbf{v}| = 6 \le \|\mathbf{u}\|\,\|\mathbf{v}\| = 5\cdot 3$$

★

定義 3-4-5 兩向量間之夾角

空間 $\mathbb{R}^n$ 中二個非零向量 $\mathbf{u}$ 與 $\mathbf{v}$ 間之夾角定義為 θ，$0\le\theta\le\pi$，使得

$$\cos\theta = \frac{\mathbf{u}\cdot\mathbf{v}}{\|\mathbf{u}\|\,\|\mathbf{v}\|} \qquad (3\text{-}4\text{-}6)$$

根據**柯西-希瓦茲不等式**可得

$$\left|\frac{\mathbf{u}\cdot\mathbf{v}}{\|\mathbf{u}\|\,\|\mathbf{v}\|}\right| \le 1 \qquad (3\text{-}4\text{-}7)$$

所以（3-4-6）式右邊的式子是介於 -1 與 1 之間，此乃因 $|\cos\theta| \le 1$ 之故。

例題 3

試求空間 $\mathbb{R}^4$ 中二向量 $\mathbf{u} = \langle 1, 0, 0, 1 \rangle$ 與 $\mathbf{v} = \langle 0, 1, 0, 1 \rangle$ 之間的夾角。

解 設 $\mathbf{u}$ 與 $\mathbf{v}$ 之間的夾角為 θ, 而

$$\|\mathbf{u}\| = \sqrt{2}, \quad \|\mathbf{v}\| = \sqrt{2}, \quad \mathbf{u} \cdot \mathbf{v} = 1$$

則
$$\cos\theta = \frac{\mathbf{u} \cdot \mathbf{v}}{\|\mathbf{u}\| \|\mathbf{v}\|} = \frac{1}{\sqrt{2} \cdot \sqrt{2}} = \frac{1}{2}$$

故
$$\theta = \frac{\pi}{3}。$$

★

在空間 $\mathbb{R}^n$ 中討論二向量之正交與平行是非常重要的, 因此我們將下列定義公式化。

定義 3-4-6

空間 $\mathbb{R}^n$ 中二個非零向量 $\mathbf{u}$ 與 $\mathbf{v}$, 若 $\mathbf{u} \cdot \mathbf{v} = 0$, 則稱為二向量相互正交。若其中有一為零向量, 則我們仍稱此二向量相互正交。若 $|\mathbf{u} \cdot \mathbf{v}| = \|\mathbf{u}\| \|\mathbf{v}\|$, 則稱二向量平行。若 $\mathbf{u} \cdot \mathbf{v} = \|\mathbf{u}\| \|\mathbf{v}\|$, 則二向量同方向。這也就是說, 若 $\cos\theta = 0$, 則此二向量相互正交, 若 $\cos\theta = 1$ 則為同方向, 而 $\cos\theta = -1$ 則為相反方向。

例題 4

令 $\mathbf{u} = \langle -1, 2, 3, -1, 2 \rangle$ 與 $\mathbf{v} = \langle \frac{1}{2}, -1, -\frac{3}{2}, \frac{1}{2}, -1 \rangle$ 為空間 $\mathbb{R}^5$ 上之向量, 試證 $\mathbf{u} /\!/ \mathbf{v}$。

解 $$\mathbf{u} \cdot \mathbf{v} = (-1) \times \frac{1}{2} + 2 \times (-1) + 3 \times (-\frac{3}{2}) + (-1) \times \frac{1}{2} + 2 \times (-1) = -9\frac{1}{2}$$

而
$$\|\mathbf{u}\| = \sqrt{(-1)^2 + (2)^2 + (3)^2 + (-1)^2 + (2)^2} = \sqrt{19}$$

$$\|\mathbf{v}\| = \sqrt{(\frac{1}{2})^2 + (-1)^2 + (-\frac{3}{2})^2 + (\frac{1}{2})^2 + (-1)^2} = \frac{\sqrt{19}}{2}$$

故 $$\|\mathbf{u}\|\|\mathbf{v}\|=\sqrt{19}\cdot\frac{\sqrt{19}}{2}=\frac{19}{2}=9\frac{1}{2}=-\mathbf{u}\cdot\mathbf{v}$$

因此 $\mathbf{u}/\!/\mathbf{v}$，但方向相反。 ★

定理 3-4-4 三角不等式

若 $\mathbf{u}$ 與 $\mathbf{v}$ 為空間 $\mathbb{R}^n$ 中的二向量，則

$$\|\mathbf{u}+\mathbf{v}\|\leq\|\mathbf{u}\|+\|\mathbf{v}\|。\quad (3\text{-}4\text{-}8)$$

證 依據定理 3-4-2(2)，我們可得

$$\begin{aligned}\|\mathbf{u}+\mathbf{v}\|^2&=(\mathbf{u}+\mathbf{v})\cdot(\mathbf{u}+\mathbf{v})\\&=\mathbf{u}\cdot\mathbf{u}+2(\mathbf{u}\cdot\mathbf{v})+\mathbf{v}\cdot\mathbf{v}\\&=\|\mathbf{u}\|^2+2(\mathbf{u}\cdot\mathbf{v})+\|\mathbf{v}\|^2\end{aligned}$$

由柯西-希瓦茲不等式可得

$$\|\mathbf{u}\|^2+2(\mathbf{u}\cdot\mathbf{v})+\|\mathbf{v}\|^2\leq\|\mathbf{u}\|^2+2\|\mathbf{u}\|\|\mathbf{v}\|+\|\mathbf{v}\|^2=(\|\mathbf{u}\|+\|\mathbf{v}\|)^2$$

將上式兩邊取平方根，則得

$$\|\mathbf{u}+\mathbf{v}\|\leq\|\mathbf{u}\|+\|\mathbf{v}\|。$$

例題 5

設 $\mathbf{u}=\langle 1,2,3,-1\rangle$ 與 $\mathbf{v}=\langle 1,0,-2,3\rangle$ 為空間 $\mathbb{R}^4$ 中之二向量，試驗證三角不等式。

解 $$\begin{aligned}\|\mathbf{u}+\mathbf{v}\|&=\|\langle 1,2,3,-1\rangle+\langle 1,0,-2,3\rangle\|=\|\langle 2,2,1,2\rangle\|\\&=\sqrt{4+4+1+4}=\sqrt{13}\end{aligned}$$

$$\|\mathbf{u}\|=\|\langle 1,2,3,-1\rangle\|=\sqrt{1+4+9+1}=\sqrt{15}$$

$$\|\mathbf{v}\|=\|\langle 1,0,-2,3\rangle\|=\sqrt{1+4+9}=\sqrt{14}$$

所以 $$\|\mathbf{u}+\mathbf{v}\|=\sqrt{13}\leq\sqrt{15}+\sqrt{14}=\|\mathbf{u}\|+\|\mathbf{v}\|。$$ ★

習題 3-4

1. 設 $\mathbf{x}=\langle 4, -1, -2, 3\rangle$，$\mathbf{y}=\langle 3, -2, -4, 1\rangle$，$\mathbf{z}=\langle x, -3, -6, y\rangle$ 與 $\mathbf{u}=\langle 2, u, v, 4\rangle$。若 $\mathbf{z}+\mathbf{u}=\mathbf{z}$，試求 x、y、u、v。

2. 試求出與 $\mathbf{x}=\langle 0, -1, 2, -1\rangle$ 同方向之單位向量。

3. 若 $\mathbf{w}=\langle 3, 1, 2, 2\rangle$，試計算 (1) $\dfrac{1}{\|\mathbf{w}\|}\mathbf{w}$，(2) $\left\|\dfrac{1}{\|\mathbf{w}\|}\mathbf{w}\right\|$。

4. 若 $\mathbf{u}=\langle 3, 4, 0, 1\rangle$ 與 $\mathbf{v}=\langle 2, 2, 1, -1\rangle$，試求 $\|\mathbf{u}-\mathbf{v}\|$。

5. 若 $\mathbf{u}=\langle -2, 3, 0, 6\rangle$，試求所有使 $\|k\mathbf{u}\|=5$ 的 k 值。

6. 若 $\mathbf{x}=\langle 2, 0, -1, 3\rangle$，$\mathbf{y}=\langle -3, -5, 2, -1\rangle$，試求 $\mathbf{x}\cdot\mathbf{y}$。

7. 試證明 $\mathbf{x}=\langle 0, 4, 2, 3\rangle$ 與 $\mathbf{y}=\langle 0, -1, 2, 0\rangle$ 正交。

8. 試求兩向量 $\mathbf{x}=\langle 2, 0, -1, 3\rangle$ 與 $\mathbf{y}=\langle -3, -5, 2, -1\rangle$ 夾角 θ 之餘弦。

9. 設 $\mathbf{x}=\langle 1, 2, 3, 1\rangle$，$\mathbf{y}=\langle 1, 1, 2, 3\rangle$，試驗證三角不等式。

10. 試證若 $\mathbf{v}$ 為一在 $\mathbb{R}^n$ 中之非零向量，則 $\left(\dfrac{1}{\|\mathbf{v}\|}\right)\mathbf{v}$ 的範數為 1。

11. 試求下列向量之歐氏長度。

 (1) $\mathbf{u}=\langle 0, -2, -1, 1\rangle$，$\mathbf{v}=\langle -3, 2, 4, 4\rangle$

 (2) $\mathbf{u}=\langle 3, -3, -2, 0, -3\rangle$，$\mathbf{v}=\langle -4, 1, -1, 5, 0\rangle$

04

向量空間

◎ 向量空間

◎ 基底，維數

◎ 列空間、行空間與零核空間

CHAPTER

4-1 向量空間

在 n 維歐氏空間中有關向量之性質定理 3-4-1，正好是我們討論抽象向量空間之基礎。我們給向量空間一個較抽象之定義。

定義 4-1-1

令 V 為一非空集合，在 V 上面定義二個運算，一個是加法（addition）運算，另一個是純量乘法（scalar multiplication）運算。若 V 中所有元素 $\mathbf{u}$、$\mathbf{v}$、$\mathbf{w}$ 與所有純量 cd 皆滿足下列的性質，則我們稱 V 為一向量空間（vector space），而 V 的元素稱為向量。

(I) 對於加法運算

若 $\mathbf{u}$、$\mathbf{v} \in V$，則 $\mathbf{u}+\mathbf{v} \in V$（亦即 V 在加法運算之下具有封閉性），$\mathbf{u}+\mathbf{v}$ 稱為 $\mathbf{u}$ 與 $\mathbf{v}$ 的向量和（vector sum），且

(1) $\mathbf{u}+\mathbf{v}=\mathbf{v}+\mathbf{u}$, $\forall$ $\mathbf{u}$、$\mathbf{v} \in V$

(2) $(\mathbf{u}+\mathbf{v})+\mathbf{w}=\mathbf{u}+(\mathbf{v}+\mathbf{w})$, $\forall$ $\mathbf{u}$、$\mathbf{v}$、$\mathbf{w} \in V$

(3) 存在一向量 $\mathbf{0} \in V$，使得 $\mathbf{0}+\mathbf{v}=\mathbf{v}+\mathbf{0}$，$\forall$ $\mathbf{v} \in V$，$\mathbf{0}$ 稱為加法單位元素

(4) 若 $\mathbf{v} \in V$，存在一向量 $-\mathbf{v} \in V$，使得 $\mathbf{v}+(-\mathbf{v})=(-\mathbf{v})+\mathbf{v}=\mathbf{0}$，$-\mathbf{v}$ 稱為 $\mathbf{v}$ 的加法反元素（additive inverst）。

(II) 對於乘法運算

若 $c \in \mathbb{R}$，$\mathbf{v} \in V$，則 $c\mathbf{v} \in V$（亦即 V 在乘法運算之下具有封閉性），且

(5) 若 $\mathbf{u}$、$\mathbf{v} \in V$ 且 $c \in \mathbb{R}$，則 $c(\mathbf{u}+\mathbf{v})=c\mathbf{u}+c\mathbf{v}$。

(6) 若 $\mathbf{u} \in V$ 且 c、$d \in \mathbb{R}$，則 $(c+d)\mathbf{u}=c\mathbf{u}+d\mathbf{u}$。

(7) 若 $\mathbf{u} \in V$ 且 c、$d \in \mathbb{R}$，則 $c(d\mathbf{u})=(cd)\mathbf{u}$。

(8) 對每一個向量 $\mathbf{u} \in V$，則 $1\mathbf{u}=\mathbf{u}$。

註：1. 定義 4-1-1 中的純量可以是實數或複數，完全視需要而定。若純量是實數，向量空間稱為實向量空間（real vector space）；若純量是複數，則向量空間稱為複向量空間（complex vector space）。在往後幾節裡所涉及的向量空間是實向量空間。

2. 定義 4-1-1 中的運算符號是為了方便而作為一般性的代表，它們與 $\mathbb{R}^n$ 的標準運算可以沒有任何關係。

例題 1

集合 $\mathbb{R}^n$ 具有定義 4-1-1 所述兩個標準運算：加法運算與純量乘法運算，所以 $\mathbb{R}^n$ 是一個向量空間。

例題 2

令 M_{mn} 表所有 $m \times n$ 實數矩陣所成的集合，具有兩個運算：加法運算與純量乘法運算，則 M_{mn} 是一個向量空間。

例題 3

令 $P_n = \{a_n x^n + a_{n-1}x^{n-1} + \cdots + a_1 x + a_0 \mid a_n, a_{n-1}, \cdots, a_1, a_0 \in \mathbb{R}\}$，若對所有 $\mathbf{p} = p(x)$，$\mathbf{q} = q(x) \in P_n$ 與任意實數 c，定義

$$(\mathbf{p} + \mathbf{q})(x) = p(x) + q(x)$$

$$(c\mathbf{p})(x) = cp(x)$$

則 P_n 是一個向量空間。

例題 4

令 $F(-\infty, \infty)$ 為定義在區間 $(-\infty, \infty)$ 的所有實值函數所成的集合，若對所有這種函數 $\mathbf{f} = f(x)$、$\mathbf{g} = g(x)$ 與任意實數 c，定義

$$(\mathbf{f} + \mathbf{g})(x) = f(x) + g(x)$$

$$(c\mathbf{f})(x) = cf(x)$$

則 $F(-\infty, \infty)$ 為一向量空間。

例題 5

令 $V=\{\langle x, y, z\rangle \mid x, y, z \in R\}$，並定義如下：

$$\langle x, y, z\rangle + \langle x', y', z'\rangle = \langle x+x', y+y', z+z'\rangle$$

$$c\langle x, y, z\rangle = \langle cx, y, z\rangle$$

試證 V 不是一個向量空間。

解 我們很容易地可以證明 V 不能滿足向量空間定義 4-1-1(6)，其他性質可以滿足，故 V 非向量空間。

(1) $\langle x, y, z\rangle + \langle x', y', z'\rangle = \langle x+x', y+y', z+z'\rangle$
$= \langle x'+x, y'+y, z'+z\rangle$
$= \langle x', y', z'\rangle + \langle x, y, z\rangle$

(2) $\langle t, u, v\rangle + (\langle x, y, z\rangle + \langle x', y', z'\rangle)$
$= \langle t, u, v\rangle + \langle x+x', y+y', z+z'\rangle$
$= \langle t+x+x', u+y+y', v+z+z'\rangle$
$= \langle t+x, u+y, v+z\rangle + \langle x', y', z'\rangle$
$= (\langle t, u, v\rangle + \langle x, y, z\rangle) + \langle x', y', z'\rangle$

(3) 令 $\langle 0, 0, 0\rangle \in V$，則

$$\langle x, y, z\rangle + \langle 0, 0, 0\rangle = \langle x+0, y+0, z+0\rangle = \langle 0+x, 0+y, 0+z\rangle$$
$$= \langle 0, 0, 0\rangle + \langle x, y, z\rangle = \langle x, y, z\rangle$$

(4) 令 $\langle -x, -y, -z\rangle \in V$，則

$$\langle x, y, z\rangle + \langle -x, -y, -z\rangle = \langle x-x, y-y, z-z\rangle = \langle 0, 0, 0\rangle$$

(5) $c(\langle x, y, z\rangle + \langle x', y', z'\rangle) = c\langle x+x', y+y', z+z'\rangle$
$= \langle c(x+x'), y+y', z+z'\rangle$

且 $c\langle x, y, z\rangle + c\langle x', y', z'\rangle = \langle cx, y, z\rangle + \langle cx', y', z'\rangle$
$= \langle c(x+x'), y+y', z+z'\rangle$

故 $c(\langle x, y, z\rangle + \langle x', y', z'\rangle) = \langle c(x+x'), y+y', z+z'\rangle$
$= c\langle x, y, z\rangle + c\langle x', y', z'\rangle$

(6) $(c+d)\langle x, y, z\rangle = \langle (c+d)x, y, z\rangle$

$c\langle x, y, z\rangle + d\langle x, y, z\rangle = \langle cx, y, z\rangle + \langle dx, y, z\rangle = \langle (c+d)x, 2y, 2z\rangle$

所以，$(c+d)\langle x, y, z\rangle \neq c\langle x, y, z\rangle + d\langle x, y, z\rangle$

(7) $c(d\langle x, y, z\rangle) = c\langle dx, y, z\rangle = \langle cdx, y, z\rangle$

又 $cd\langle x, y, z\rangle = \langle cdx, y, z\rangle$

故 $c(d\langle x, y, z\rangle) = cd\langle x, y, z\rangle$

(8) $1\langle x, y, z\rangle = \langle 1x, y, z\rangle = \langle x, y, z\rangle$ ★

定理 4-1-1

令 V 為向量空間，$\mathbf{u} \in V$，且 c 為純量，則

(1) $0\mathbf{u} = \mathbf{0}$

(2) $c\mathbf{0} = \mathbf{0}$

(3) $(-1)\mathbf{u} = -\mathbf{u}$

(4) 若 $c\mathbf{u} = \mathbf{0}$，則 $c = 0$ 或 $\mathbf{u} = \mathbf{0}$。

此定理的證明留給讀者練習。

定義 4-1-2

若 W 為向量空間 V 的非空子集合，若 W 具有定義在 V 上的加法與純量乘法運算，且本身構成一向量空間，則稱 W 為 V 的一個**子空間**（subspace）。

例題 6

令 V 為向量空間，則集合 $\{0\}$ 與 V 皆為 V 的子空間。

定理 4-1-2

令 W 為向量空間 V 的非空子集合，則 W 為 V 的子空間，若且唯若下列的條件皆成立。

(1) 若 $\mathbf{u}$、$\mathbf{v} \in W$，則 $\mathbf{u} + \mathbf{v} \in W$。

(2) 若 c 為純量，$\mathbf{u} \in W$，則 $c\mathbf{u} \in W$。

例題 7

(1) 在 $\mathbb{R}^3$ 中，通過原點的直線皆為 $\mathbb{R}^3$ 的子空間。

(2) 在 $\mathbb{R}^3$ 中，通過原點的平面皆為 $\mathbb{R}^3$ 的子空間。

(3) 令 M_n 表所有 n 階實數方陣所成的向量空間，則所有 n 階實數對稱方陣的集合為 M_n 的子空間。同理，所有 n 階實數上（或下）三角方陣的集合及 n 階實數對角線方陣的集合，皆構成 M_n 的子空間。

(4) 令 W 為次數小於或等於 n（n 為某固定正整數）的實係數多項式的集合，則 W 為 P_n 的子空間。

(5) 令 $C(-\infty, \infty)$ 表定義在區間 $(-\infty, \infty)$ 的實值連續函數的集合，則 $C(-\infty, \infty)$ 為 $F(-\infty, \infty)$ 的子空間。

例題 8

若 W_1 與 W_2 皆為向量空間 V 的子空間，試證 $W_1 \cap W_2$ 亦為 V 的子空間。

解 令 $\mathbf{u}$、$\mathbf{v} \in W_1 \cap W_2$，則 $\mathbf{u}$、$\mathbf{v} \in W_1$ 且 $\mathbf{u}$、$\mathbf{v} \in W_2$。因 W_1 與 W_2 皆為子空間，可知 $\mathbf{u}+\mathbf{v} \in W_1$ 且 $\mathbf{u}+\mathbf{v} \in W_2$，故 $\mathbf{u}+\mathbf{v} \in W_1 \cap W_2$。又 $c\mathbf{u} \in W_1$ 且 $c\mathbf{u} \in W_2$（c 為任意純量），可知 $c\mathbf{u} \in W_1 \cap W_2$。所以，$W_1 \cap W_2$ 是 V 的子空間。 ★

例題 9

設 W 為所有具 $\langle a, b, 1\rangle$ 形式的向量所成的空間 $\mathbb{R}^3$ 之子集合，其中 a、b 為任意實數。試證明 W 不為 $\mathbb{R}^3$ 的子空間。

解 我們設 $\mathbf{x} = \langle a_1, b_1, 1\rangle$ 與 $\mathbf{y} = \langle a_2, b_2, 1\rangle$ 皆為 W 的向量，則 $\mathbf{x}+\mathbf{y} = \langle a_1, b_1, 1\rangle + \langle a_2, b_2, 1\rangle = \langle a_1+a_2, b_1+b_2, 2\rangle$ 不屬於 W，因為向量第三個元素為 2 而不是 1。因此定理 4-1-2 的 (1) 並不成立，故 W 不為 $\mathbb{R}^3$ 的子空間。 ★

例題 10

任意 $m \times n$ 的矩陣所成的集合可為一向量空間 V（由定理 1-2-1 與定理 1-2-2 知）。今考慮所有 2×3 矩陣其形式如下:

$$\begin{bmatrix} a & b & 0 \\ 0 & c & d \end{bmatrix}$$

所成的集合 W, 其中 a、b、c 與 d 為任意的實數, 試證明 W 為 V 的子空間。

解 設

$$\boldsymbol{A} = \begin{bmatrix} a_1 & b_1 & 0 \\ 0 & c_1 & d_1 \end{bmatrix} \text{與 } \boldsymbol{B} = \begin{bmatrix} a_2 & b_2 & 0 \\ 0 & c_2 & d_2 \end{bmatrix} \text{屬於 } W$$

則

$$\boldsymbol{A} + \boldsymbol{B} = \begin{bmatrix} a_1 + a_2 & b_1 + b_2 & 0 \\ 0 & c_1 + c_2 & d_1 + d_2 \end{bmatrix} \text{屬於 } W$$

故滿足定理 4-1-2 (1)。

又若 $k \in \mathbb{R}$, 則 $k\boldsymbol{A} = \begin{bmatrix} ka_1 & kb_1 & 0 \\ 0 & kc_1 & kd_1 \end{bmatrix}$ 屬於 W

所以滿足定理 4-1-2 (2)。因此 W 為 V 的子空間。 ★

習題 4-1

1. 於下列各題中, 指出何者為一向量空間; 若它不為向量空間, 則列出向量空間定義中哪些條件無法成立。

(1) $V = \{\langle x, y \rangle \mid x, y \in \mathbb{R}\}$, 定義運算如下:

$\langle x, y \rangle + \langle x', y' \rangle = \langle x + x', y + y' \rangle$

$c\langle x, y \rangle = \langle 0, 0 \rangle$, $c \in \mathbb{R}$

(2) $V = \{\langle x, y, z \rangle \mid x, y, z \in \mathbb{R}\}$, 定義運算如下:

$\langle x, y, z \rangle + \langle x', y', z' \rangle = \langle x', y + y', z' \rangle$

$c\langle x, y, z \rangle = \langle cx, cy, cz \rangle$, $c \in \mathbb{R}$

(3) $V = \{\langle 0, 0, z \rangle \mid z \in \mathbb{R}\}$, 定義運算如下:

$\langle 0, 0, z \rangle + \langle 0, 0, z' \rangle = \langle 0, 0, z + z' \rangle$

$c\langle 0, 0, z \rangle = \langle 0, 0, cz \rangle$, $c \in \mathbb{R}$

2. 下列何者為 $\mathbb{R}^4$ 的子空間？

(1) $W=\{\langle a,b,c,d\rangle \mid a-b=2\}$

(2) $W=\{\langle a,b,c,d\rangle \mid c=a+2b,\ \ d=a-3b\}$

(3) $W=\{\langle a,b,c,d\rangle \mid a=0,\ \ b=-d\}$

3. 設 $\mathbf{u}=\langle 1,2,-3\rangle$ 與 $\mathbf{v}=\langle -2,3,0\rangle$ 為 $\mathbb{R}^3$ 中的二個向量，且設 W 為形如 $a\mathbf{u}+b\mathbf{v}$ 之所有向量所形成的集合，其中 a、b 為任意實數，試驗證 W 為 $\mathbb{R}^3$ 之一子空間。

4. 試證：若 $\boldsymbol{A}$ 為 $m\times n$ 矩陣，則滿足 $\boldsymbol{A}\mathbf{x}=\mathbf{0}$ 的解集合為 $\mathbb{R}^n$ 的子空間。

5. 試證：若 $\boldsymbol{A}$ 為 $m\times n$ 矩陣，則滿足 $\boldsymbol{A}\mathbf{x}=\boldsymbol{B}\neq\mathbf{0}$ 的解集合並不為 $\mathbb{R}^n$ 的子空間。

6. 令 $W=\{\langle x,y,z\rangle \mid x=at,\ y=bt,\ z=ct;\ a、b、c、t\in\mathbb{R}\}$，證明 W 為 $\mathbb{R}^3$ 的子空間。

7. 試證：令 f 為自 $\mathbb{R}$ 映至 $\mathbb{R}$ 的函數，則集合 $W=\{f \mid f(-x)=-f(x)\}$ 為 $F(-\infty,\infty)$ 的子空間。

8. 試證： $W=\{\boldsymbol{A} \mid \boldsymbol{AT}=\boldsymbol{TA},\ \boldsymbol{A},\ \boldsymbol{T}\in M_{22}\}$ 為 M_{22} 的子空間。

9. 說明下列各集合不是 M_{22} 的子空間。

(1) $W=\{\boldsymbol{A} \mid \det(\boldsymbol{A})=0,\ \boldsymbol{A}\in M_{22}\}$

(2) $W=\{\boldsymbol{A} \mid \boldsymbol{A}^2=\boldsymbol{A},\ \boldsymbol{A}\in M_{22}\}$

10. 集合 $\{\langle a,b,c\rangle \mid a^2+b^2+c^2\leq 1\}$ 是否為 $\mathbb{R}^3$ 的子空間？

4-2 基底，維數

在 4-1 節中，我們討論到空間 $\mathbb{R}^3$ 中任意向量 $\mathbf{v}=\langle a_1,a_2,a_3\rangle$ 可表示成單位向量 $\mathbf{i}$、$\mathbf{j}$ 與 $\mathbf{k}$ 的線性組合，寫成

$$\mathbf{v}=a_1\mathbf{i}+a_2\mathbf{j}+a_3\mathbf{k}$$

我們現在將此觀念推廣。

定義 4-2-1

向量空間 V 中的一個向量 $\mathbf{w}$ 為 V 中向量 $\mathbf{u}_1,\mathbf{u}_2,\cdots,\mathbf{u}_k$ 的**線性組合**（linear combination），定義為

$$\mathbf{w}=c_1\mathbf{u}_1+c_2\mathbf{u}_2+\cdots+c_k\mathbf{u}_k$$

其中 $c_1,c_2,\cdots,c_k$ 為純量。

例題 1

在 $\mathbb{R}^3$ 中，設 $\mathbf{u} = \langle 1, 2, -1 \rangle$ 與 $\mathbf{v} = \langle 6, 4, 2 \rangle$，試證 $\mathbf{w} = \langle 9, 2, 7 \rangle$ 為 $\mathbf{u}$ 與 $\mathbf{v}$ 的**線性組合**。

解 為了使 $\mathbf{w}$ 為 $\mathbf{u}$ 與 $\mathbf{v}$ 的線性組合，我們必須求出 c_1、c_2，使得 $\mathbf{w} = c_1\mathbf{u} + c_2\mathbf{v}$，亦即

$$\langle 9, 2, 7 \rangle = c_1 \langle 1, 2, -1 \rangle + c_2 \langle 6, 4, 2 \rangle$$

或

$$\langle 9, 2, 7 \rangle = \langle c_1 + 6c_2, 2c_1 + 4c_2, -c_1 + 2c_2 \rangle$$

依據向量對應分量相等的原則，可導出方程組

$$\begin{cases} c_1 + 6c_2 = 9 \\ 2c_1 + 4c_2 = 2 \\ -c_1 + 2c_2 = 7 \end{cases}$$

解此方程組得 $c_1 = -3$、$c_2 = 2$。因此，

$$\mathbf{w} = -3\mathbf{u} + 2\mathbf{v}。$$

★

例題 2

在 $\mathbb{R}^3$ 中，設 $\mathbf{u}_1 = \langle 1, 2, -1 \rangle$ 與 $\mathbf{u}_2 = \langle 1, 0, -1 \rangle$，則向量 $\mathbf{u} = \langle 1, 0, 2 \rangle$ 是否為 $\mathbf{u}_1$ 與 $\mathbf{u}_2$ 的線性組合？

解 若 $\mathbf{u}$ 為 $\mathbf{u}_1$ 與 $\mathbf{u}_2$ 之線性組合，則我們必可求出純量 c_1 與 c_2，使得

$$\mathbf{u} = c_1\mathbf{u}_1 + c_2\mathbf{u}_2$$

將 $\mathbf{u}$、$\mathbf{u}_1$、$\mathbf{u}_2$ 之值代入上式，可得

$$\langle 1, 0, 2 \rangle = c_1 \langle 1, 2, -1 \rangle + c_2 \langle 1, 0, -1 \rangle$$

由此可導出方程組

$$\begin{cases} c_1 + c_2 = 1 \\ 2c_1 = 0 \\ -c_1 - c_2 = 2 \end{cases}$$

此方程組並沒有解，因此 $\mathbf{u}$ 並不為 $\mathbf{u}_1$ 與 $\mathbf{u}_2$ 的線性組合。 ★

例題 3

試決定向量 $\mathbf{u}=\begin{bmatrix} 5 & 1 \\ -1 & 9 \end{bmatrix}$ 是否為 $A_1=\begin{bmatrix} 1 & -1 \\ 0 & 3 \end{bmatrix}$, $A_2=\begin{bmatrix} 1 & 1 \\ 0 & 2 \end{bmatrix}$, $A_3=\begin{bmatrix} 2 & 2 \\ -1 & 1 \end{bmatrix}$ 的線性組合？

解 設 $\begin{bmatrix} 5 & 1 \\ -1 & 9 \end{bmatrix}=c_1A_1+c_2A_2+c_3A_3$

$$=c_1\begin{bmatrix} 1 & -1 \\ 0 & 3 \end{bmatrix}+c_2\begin{bmatrix} 1 & 1 \\ 0 & 2 \end{bmatrix}+c_3\begin{bmatrix} 2 & 2 \\ -1 & 1 \end{bmatrix}$$

$$=\begin{bmatrix} c_1+c_2+2c_3 & -c_1+c_2+2c_3 \\ -c_3 & 3c_1+2c_2+c_3 \end{bmatrix}$$

$$\Rightarrow\begin{cases} c_1+c_2+2c_3=5 \\ -c_1+c_2+2c_3=1 \\ -c_3=-1 \\ 3c_1+2c_2+c_3=9 \end{cases}$$

此方程組之增廣矩陣為

$$\left[\begin{array}{ccc:c} 1 & 1 & 2 & 5 \\ -1 & 1 & 2 & 1 \\ 0 & 0 & -1 & -1 \\ 3 & 2 & 1 & 9 \end{array}\right]\underset{\widetilde{}}{\substack{1R_1+R_2 \\ -3R_1+R_4}}\left[\begin{array}{ccc:c} 1 & 1 & 2 & 5 \\ 0 & 2 & 4 & 6 \\ 0 & 0 & -1 & -1 \\ 0 & -1 & -5 & -6 \end{array}\right]$$

$$\underset{\widetilde{}}{\substack{1R_4+R_1 \\ 2R_4+R_2 \\ -1R_3}}\left[\begin{array}{ccc:c} 1 & 0 & -3 & -1 \\ 0 & 0 & -6 & -6 \\ 0 & 0 & 1 & 1 \\ 0 & -1 & -5 & -6 \end{array}\right]\underset{\widetilde{}}{\substack{6R_3+R_2 \\ -1R_4}}\left[\begin{array}{ccc:c} 1 & 0 & -3 & -1 \\ 0 & 0 & 0 & 0 \\ 0 & 0 & 1 & 1 \\ 0 & 1 & 5 & 6 \end{array}\right]$$

$$\underset{\widetilde{}}{R_4\leftrightarrow R_2}\left[\begin{array}{ccc:c} 1 & 0 & -3 & -1 \\ 0 & 1 & 5 & 6 \\ 0 & 0 & 1 & 1 \\ 0 & 0 & 0 & 0 \end{array}\right]\underset{\widetilde{}}{\substack{3R_3+R_1 \\ -5R_3+R_2}}\left[\begin{array}{ccc:c} 1 & 0 & 0 & 2 \\ 0 & 1 & 0 & 1 \\ 0 & 0 & 1 & 1 \\ 0 & 0 & 0 & 0 \end{array}\right]$$

上述增廣矩陣所對應之方程組為

$$\begin{aligned} c_1 \quad\quad &=2 \\ c_2 \quad &=1 \\ c_3 &=1 \end{aligned}$$

亦即

$$\begin{bmatrix} 5 & 1 \\ -1 & 9 \end{bmatrix} = 2 \cdot \begin{bmatrix} 1 & -1 \\ 0 & 3 \end{bmatrix} + 1 \cdot \begin{bmatrix} 1 & 1 \\ 0 & 2 \end{bmatrix} + 1 \cdot \begin{bmatrix} 2 & 2 \\ -1 & 1 \end{bmatrix}$$

$$= 2A_1 + A_2 + A_3$$

所以，向量 **u** 為 A_1、A_2、A_3 之線性組合。★

例題 4

試決定向量 $2t^2+2t+3$ 是否為 $q_1(t)=t^2+2t+1$、$q_2(t)=t^2+3$ 與 $q_3(t)=t-1$ 的線性組合？

解 設 $2t^2+2t+3 = c_1q_1(t)+c_2q_2(t)+c_3q_3(t)$

$$= c_1(t^2+2t+1)+c_2(t^2+3)+c_3(t-1)$$

$$= (c_1+c_2)t^2+(2c_1+c_3)t+(c_1+3c_2-c_3)$$

$$\Rightarrow \begin{cases} c_1 + c_2 = 2 \\ 2c_1 + c_3 = 2 \\ c_1 + 3c_2 - c_3 = 3 \end{cases}$$

上述方程組之增廣矩陣如下:

$$\left[\begin{array}{ccc:c} 1 & 1 & 0 & 2 \\ 2 & 0 & 1 & 2 \\ 1 & 3 & -1 & 3 \end{array}\right]$$

利用矩陣之基本列運算得

$$\left[\begin{array}{ccc:c} 1 & 1 & 0 & 2 \\ 2 & 0 & 1 & 2 \\ 1 & 3 & -1 & 3 \end{array}\right] \xrightarrow[-1R_1+R_3]{-2R_1+R_2} \left[\begin{array}{ccc:c} 1 & 1 & 0 & 2 \\ 0 & -2 & 1 & -2 \\ 0 & 2 & -1 & 1 \end{array}\right]$$

$$\xrightarrow{1R_3+R_2} \left[\begin{array}{ccc:c} 1 & 1 & 0 & 2 \\ 0 & 0 & 0 & -1 \\ 0 & 2 & -1 & 1 \end{array}\right] \xrightarrow{R_2 \leftrightarrow R_3} \left[\begin{array}{ccc:c} 1 & 1 & 0 & 2 \\ 0 & 2 & -1 & 1 \\ 0 & 0 & 0 & -1 \end{array}\right]$$

此方程組無解。
亦即 $2t^2+2t+3$ 不為 $q_1(t)$、$q_2(t)$、$q_3(t)$ 的線性組合。★

定義 4-2-2

若 $\mathbf{v}_1, \mathbf{v}_2, \cdots, \mathbf{v}_n$ 為向量空間 V 中的向量，且在 V 中的每一個向量可表成這些向量的**線性組合**，則稱向量 $\mathbf{v}_1, \mathbf{v}_2, \cdots, \mathbf{v}_n$ **生成**（span）V。

例題 5

單位向量 $\mathbf{i}=\langle 1, 0, 0\rangle$、$\mathbf{j}=\langle 0, 1, 0\rangle$ 與 $\mathbf{k}=\langle 0, 0, 1\rangle$ 生成向量空間 $\mathbb{R}^3$，因為 $\mathbb{R}^3$ 中的每一個向量 $\langle a, b, c\rangle$ 可寫成

$$\langle a, b, c\rangle = a\mathbf{i} + b\mathbf{j} + c\mathbf{k}$$

此為 $\mathbf{i}$、$\mathbf{j}$ 與 $\mathbf{k}$ 的線性組合。

例題 6

試判斷下列向量是否可生成 $\mathbb{R}^3$？

$$\langle 1, 2, -1\rangle、\langle 6, 3, 0\rangle、\langle 4, -1, 2\rangle、\langle 2, -5, 4\rangle$$

解 設 $\mathbf{x}=\langle a, b, c\rangle \in \mathbb{R}^3$，$a$、$b$、$c \in \mathbb{R}$

且 $\mathbf{x}=c_1\langle 1, 2, -1\rangle + c_2\langle 6, 3, 0\rangle + c_3\langle 4, -1, 2\rangle + c_4\langle 2, -5, 4\rangle$

$= \langle c_1+6c_2+4c_3+2c_4, 2c_1+3c_2-c_3-5c_4, -c_1+0c_2+2c_3+4c_4\rangle$

$$\Rightarrow \begin{cases} c_1 + 6c_2 + 4c_3 + 2c_4 = a \\ 2c_1 + 3c_2 - c_3 - 5c_4 = b \\ -c_1 + 0c_2 + 2c_3 + 4c_4 = c \end{cases}$$

上述方程組之增廣矩陣為

$$\begin{bmatrix} 1 & 6 & 4 & 2 & \vdots & a \\ 2 & 3 & -1 & -5 & \vdots & b \\ -1 & 0 & 2 & 4 & \vdots & c \end{bmatrix}$$

利用矩陣之基本列運算得：

$$\begin{bmatrix} 1 & 6 & 4 & 2 & \vdots & a \\ 2 & 3 & -1 & -5 & \vdots & b \\ -1 & 0 & 2 & 4 & \vdots & c \end{bmatrix} \underset{\sim}{\overset{-2R_1+R_2}{1R_1+R_3}} \begin{bmatrix} 1 & 6 & 4 & 2 & \vdots & a \\ 0 & -9 & -9 & -9 & \vdots & -2a+b \\ 0 & 6 & 6 & 6 & \vdots & a+c \end{bmatrix}$$

$$\overset{\frac{1}{6}R_3}{\sim}\begin{bmatrix}1 & 6 & 4 & 2 & : & a\\ 0 & -9 & -9 & -9 & : & -2a+b\\ 0 & 1 & 1 & 1 & : & \frac{a+c}{6}\end{bmatrix}\overset{9R_3+R_2}{\sim}\begin{bmatrix}1 & 6 & 4 & 2 & : & a\\ 0 & 0 & 0 & 0 & : & \frac{(-a+2b+3c)}{2}\\ 0 & 1 & 1 & 1 & : & \frac{a+c}{6}\end{bmatrix}$$

若 $\frac{-a+2b+3c}{2}\neq 0$，則此方程組無解，亦即

$\langle 1, 2, -1\rangle$、$\langle 6, 3, 0\rangle$、$\langle 4, -1, 2\rangle$、$\langle 2, -5, 4\rangle$ 不可生成 $\mathbb{R}^3$。 ★

例題 7

試判斷下列多項式可否生成向量空間 P_2？

$$t^2+1、t^2+t、t+1$$

解 設 $P_2(t)=at^2+bt+c\in P_2$，a、b、$c\in\mathbb{R}$

且設 $P_2(t)=c_1(t^2+1)+c_2(t^2+t)+c_3(t+1)$

$$=(c_1+c_2)t^2+(c_2+c_3)t+(c_1+c_3)$$

$$\Rightarrow\begin{cases}c_1+c_2 = a\\ c_2+c_3=b\\ c_1+c_3=c\end{cases}$$

上述方程組之增廣矩陣為

$$\begin{bmatrix}1 & 1 & 0 & : & a\\ 0 & 1 & 1 & : & b\\ 1 & 0 & 1 & : & c\end{bmatrix}$$

利用矩陣之基本列運算得:

$$\begin{bmatrix}1 & 1 & 0 & : & a\\ 0 & 1 & 1 & : & b\\ 1 & 0 & 1 & : & c\end{bmatrix}\overset{-1R_1+R_3}{\sim}$$

$$\begin{bmatrix}1 & 1 & 0 & : & a\\ 0 & 1 & 1 & : & b\\ 0 & -1 & 1 & : & c-a\end{bmatrix}\overset{\substack{-1R_2+R_1\\ 1R_2+R_3}}{\sim}\begin{bmatrix}1 & 0 & -1 & : & a-b\\ 0 & 1 & 1 & : & b\\ 0 & 0 & 2 & : & b+c-a\end{bmatrix}$$

$$\overset{\frac{1}{2}R_3}{\sim}\left[\begin{array}{ccc:c} 1 & 0 & -1 & a-b \\ 0 & 1 & 1 & b \\ 0 & 0 & 1 & \dfrac{b+c-a}{2} \end{array}\right] \underset{-1R_3+R_2}{\overset{1R_3+R_1}{\sim}} \left[\begin{array}{ccc:c} 1 & 0 & 0 & \dfrac{a+c-b}{2} \\ 0 & 1 & 0 & \dfrac{a+b-c}{2} \\ 0 & 0 & 1 & \dfrac{b+c-a}{2} \end{array}\right]$$

所以 $\begin{cases} c_1=\dfrac{a+c-b}{2} \\ c_2=\dfrac{a+b-c}{2}, \\ c_3=\dfrac{b+c-a}{2} \end{cases}$ 故方程組有解。

亦即，t^2+1、t^2+t、$t+1$ 可生成實向量空間 P_2。 ★

例題 8

集合 $V=\{1, x, x^2, \cdots, x^n\}$ 生成 P_n，此處 P_n 為實向量空間，其中每一個多項式的形式如下

$$a_0x^n+a_1x^{n-1}+a_2x^{n-2}+\cdots+a_{n-1}x+a_n$$

上式皆為 V 中元素的線性組合。

若 $\mathbf{x}_1, \mathbf{x}_2, \cdots, \mathbf{x}_n$ 為向量空間 V 中 n 個向量，且當 $c_1=c_2=\cdots=c_n=0$ 時，則線性組合 $c_1\mathbf{x}_1+c_2\mathbf{x}_2+\cdots+c_n\mathbf{x}_n=\mathbf{0}$。但是否會存在不全為零的係數 $c_1, c_2, \cdots, c_n$，而使得線性組合 $c_1\mathbf{x}_1+c_2\mathbf{x}_2+\cdots+c_n\mathbf{x}_n$ 為**零向量**呢？我們看看下面的定義。

定義 4-2-3

$\mathbf{x}_1, \mathbf{x}_2, \cdots, \mathbf{x}_n$ 為向量空間 V 中的向量，若存在不全為零的常數 $c_1, c_2, \cdots, c_n$，使得

$$c_1\mathbf{x}_1+c_2\mathbf{x}_2+\cdots+c_n\mathbf{x}_n=\mathbf{0}$$

則稱向量 $\mathbf{x}_1, \mathbf{x}_2, \cdots, \mathbf{x}_n$ 為**線性相依**（linearly dependent）。
若僅有 $c_1=c_2=\cdots=c_n=0$ 使上式成立，則稱 $\mathbf{x}_1, \mathbf{x}_2, \cdots, \mathbf{x}_n$ 為**線性獨立**（linerarly independent）。

例題 9

若 $\mathbf{x}_1 = \langle 2, -1, 0, 3 \rangle$，$\mathbf{x}_2 = \langle 1, 2, 5, -1 \rangle$，$\mathbf{x}_3 = \langle 7, -1, 5, 8 \rangle$，則向量 $\mathbf{x}_1$、$\mathbf{x}_2$ 與 $\mathbf{x}_3$ 為線性相依，因為 $3\mathbf{x}_1 + \mathbf{x}_2 - \mathbf{x}_3 = \mathbf{0}$。

例題 10

$\mathbb{R}^3$ 中的單位向量 $\mathbf{i} = \langle 1, 0, 0 \rangle$、$\mathbf{j} = \langle 0, 1, 0 \rangle$ 與 $\mathbf{k} = \langle 0, 0, 1 \rangle$ 為線性獨立。

例題 11

試判斷向量 $\begin{bmatrix} 1 \\ -2 \\ 3 \end{bmatrix}$、$\begin{bmatrix} 2 \\ -2 \\ 0 \end{bmatrix}$ 與 $\begin{bmatrix} 0 \\ 1 \\ 7 \end{bmatrix}$ 是線性相依抑或線性獨立？

解 設

$$c_1\begin{bmatrix} 1 \\ -2 \\ 3 \end{bmatrix} + c_2\begin{bmatrix} 2 \\ -2 \\ 0 \end{bmatrix} + c_3\begin{bmatrix} 0 \\ 1 \\ 7 \end{bmatrix} = \begin{bmatrix} 0 \\ 0 \\ 0 \end{bmatrix}$$

則

$$\begin{bmatrix} c_1 + 2c_2 \\ -2c_1 - 2c_2 + c_3 \\ 3c_1 + 7c_3 \end{bmatrix} = \begin{bmatrix} 0 \\ 0 \\ 0 \end{bmatrix}$$

這產生三個未知數 c_1、c_2 與 c_3 的齊次方程組

$$\begin{cases} c_1 + 2c_2 = 0 \\ -2c_1 - 2c_2 + c_3 = 0 \\ 3c_1 + 7c_3 = 0 \end{cases}$$

於是，此三個向量若為線性相依，則上述之方程組應有非零（或非明顯解）解。我們將上述之方程組寫成擴增矩陣，以矩陣之基本列運算解 c_1、c_2 與 c_3。

$$\left[\begin{array}{ccc:c} 1 & 2 & 0 & 0 \\ -2 & -2 & 1 & 0 \\ 3 & 0 & 7 & 0 \end{array}\right] \xrightarrow[-3R_1+R_3]{2R_1+R_2} \left[\begin{array}{ccc:c} 1 & 2 & 0 & 0 \\ 0 & 2 & 1 & 0 \\ 0 & -6 & 7 & 0 \end{array}\right] \xrightarrow{\frac{1}{2}R_2}$$

$$\left[\begin{array}{ccc:c} 1 & 2 & 0 & 0 \\ 0 & 1 & \frac{1}{2} & 0 \\ 0 & -6 & 7 & 0 \end{array}\right] \xrightarrow[6R_2+R_3]{-2R_2+R_1} \left[\begin{array}{ccc:c} 1 & 0 & -1 & 0 \\ 0 & 1 & \frac{1}{2} & 0 \\ 0 & 0 & 10 & 0 \end{array}\right] \xrightarrow{\frac{1}{10}R_3}$$

$$\left[\begin{array}{ccc:c} 1 & 0 & -1 & 0 \\ 0 & 1 & \frac{1}{2} & 0 \\ 0 & 0 & 1 & 0 \end{array}\right] \xrightarrow[-\frac{1}{2}R_3+R_2]{1R_3+R_1} \left[\begin{array}{ccc:c} 1 & 0 & 0 & 0 \\ 0 & 1 & 0 & 0 \\ 0 & 0 & 1 & 0 \end{array}\right]$$

此最後之方程組導致 $c_1=0$, $c_2=0$, $c_3=0$。故方程組沒有非零解。因此所給予向量為線性獨立。 ★

定理 4-2-1

設 V 為一向量空間，$\mathbf{x}_1, \mathbf{x}_2, \cdots, \mathbf{x}_n \in V$，則 $\mathbf{x}_1, \mathbf{x}_2, \cdots, \mathbf{x}_n$ 為線性相依的充要條件為其中有一向量可表為其餘的 $n-1$ 個向量的線性組合。

證 首先我們假設 $\mathbf{x}_1, \mathbf{x}_2, \cdots, \mathbf{x}_n$ 為線性相依，則存在不全為 0 的常數 $c_1, c_2, \cdots, c_n$，使得

$$c_1\mathbf{x}_1 + c_2\mathbf{x}_2 + \cdots + c_n\mathbf{x}_n = \mathbf{0}$$

由於 $c_1, c_2, \cdots, c_n$ 不全為 0，故有一 $c_i \neq 0$，而由上式可得

$$\mathbf{x}_i = \left(-\frac{c_1}{c_i}\right)\mathbf{x}_1 + \left(-\frac{c_2}{c_i}\right)\mathbf{x}_2 + \cdots + \left(-\frac{c_{i-1}}{c_i}\right)\mathbf{x}_{i-1} + \left(-\frac{c_{i+1}}{c_i}\right)\mathbf{x}_{i+1} + \cdots + \left(-\frac{c_n}{c_i}\right)\mathbf{x}_n$$

故 $\mathbf{x}_i$ 為 $\mathbf{x}_1, \mathbf{x}_2, \cdots, \mathbf{x}_{i-1}, \mathbf{x}_{i+1}, \cdots, \mathbf{x}_n$ 的線性組合。

反之，若其中有一向量 $\mathbf{x}_i$ 為其餘 $n-1$ 個向量的線性組合，即存在 $k_1, k_2, \cdots, k_{i-1}, k_{i+1}, \cdots, k_n$，使得

$$\mathbf{x}_i = k_1\mathbf{x}_1 + k_2\mathbf{x}_2 + \cdots + k_{i-1}\mathbf{x}_{i-1} + k_{i+1}\mathbf{x}_{i+1} + \cdots + k_n\mathbf{x}_n$$

或 $$k_1\mathbf{x}_1 + k_2\mathbf{x}_2 + \cdots + k_{i-1}\mathbf{x}_{i-1} + (-1)\mathbf{x}_i + k_{i+1}\mathbf{x}_{i+1} + \cdots + k_n\mathbf{x}_n = \mathbf{0}$$

令 $c_j = k_j$, $j = 1, 2, \cdots, n$，但 $j \neq i$，而 $c_i = -1$，得 $c_1\mathbf{x}_1 + c_2\mathbf{x}_2 + \cdots + c_n\mathbf{x}_n = \mathbf{0}$。因 $c_1, c_2, \cdots, c_n$ 不全為 0，$\mathbf{x}_1, \mathbf{x}_2, \cdots, \mathbf{x}_n$ 為線性相依，故定理得證。

定義 4-2-4

已知在向量空間 V 中有一組向量 $\{\mathbf{x}_1, \mathbf{x}_2, \cdots, \mathbf{x}_n\}$，若

(1) $\{\mathbf{x}_1, \mathbf{x}_2, \cdots, \mathbf{x}_n\}$ 生成向量空間 V，

(2) $\{\mathbf{x}_1, \mathbf{x}_2, \cdots, \mathbf{x}_n\}$ 為線性獨立，

則 $\{\mathbf{x}_1, \mathbf{x}_2, \cdots, \mathbf{x}_n\}$ 構成向量空間 V 的**基底**（basis）。

例題 12

於空間 $\mathbb{R}^n$ 中，我們定義

$$\mathbf{e}_1 = \langle 1, 0, 0, \cdots, 0 \rangle, \quad \mathbf{e}_2 = \langle 0, 1, 0, \cdots, 0 \rangle,$$

$$\mathbf{e}_3 = \langle 0, 0, 1, \cdots, 0 \rangle, \quad \cdots, \quad \mathbf{e}_n = \langle 0, 0, 0, \cdots, 1 \rangle$$

若

$$\langle 0, 0, 0, \cdots, 0 \rangle = \mathbf{0} = c_1\mathbf{e}_1 + c_2\mathbf{e}_2 + c_3\mathbf{e}_3 + \cdots + c_n\mathbf{e}_n$$

$$= \langle c_1, c_2, c_3, \cdots, c_n \rangle$$

則 $c_1 = c_2 = \cdots = c_n = 0$，故向量 $\mathbf{e}_1, \mathbf{e}_2, \cdots, \mathbf{e}_n$ 為線性獨立。再者，若 $\mathbf{x} = \langle \mathbf{x}_1, \mathbf{x}_2, \cdots, \mathbf{x}_n \rangle \in \mathbb{R}^n$，則 $\mathbf{x} = x_1\mathbf{e}_1 + x_2\mathbf{e}_2 + \cdots + x_n\mathbf{e}_n$，所以向量 $\mathbf{e}_1, \mathbf{e}_2, \cdots, \mathbf{e}_n$ 生成 $\mathbb{R}^n$。我們得知 $\{\mathbf{e}_1, \mathbf{e}_2, \cdots, \mathbf{e}_n\}$ 為 $\mathbb{R}^n$ 的基底，此基底稱為 $\mathbb{R}^n$ 的**標準基底**。

例題 13

試證 $S = \left\{\begin{bmatrix} 1 & 0 \\ 0 & 0 \end{bmatrix}, \begin{bmatrix} 0 & 1 \\ 0 & 0 \end{bmatrix}, \begin{bmatrix} 0 & 0 \\ 1 & 0 \end{bmatrix}, \begin{bmatrix} 0 & 0 \\ 0 & 1 \end{bmatrix}\right\}$ 為所有 2×2 矩陣所成之向量空間 V 的一基底。

解 我們首先考慮方程式

$$c_1\begin{bmatrix} 1 & 0 \\ 0 & 0 \end{bmatrix} + c_2\begin{bmatrix} 0 & 1 \\ 0 & 0 \end{bmatrix} + c_3\begin{bmatrix} 0 & 0 \\ 1 & 0 \end{bmatrix} + c_4\begin{bmatrix} 0 & 0 \\ 0 & 1 \end{bmatrix} = \begin{bmatrix} 0 & 0 \\ 0 & 0 \end{bmatrix}$$

可得

$$\begin{bmatrix} c_1 & c_2 \\ c_3 & c_4 \end{bmatrix} = \begin{bmatrix} 0 & 0 \\ 0 & 0 \end{bmatrix}$$

此蘊涵著 $c_1 = c_2 = c_3 = c_4 = 0$，因此 S 為線性獨立。我們再證明 S 生成 V，我們取 V 中任意 2×2 矩陣 $\begin{bmatrix} a & b \\ c & d \end{bmatrix}$，必須求出純量 c_1、c_2、c_3 與 c_4，使得

$$\begin{bmatrix} a & b \\ c & d \end{bmatrix} = c_1\begin{bmatrix} 1 & 0 \\ 0 & 0 \end{bmatrix} + c_2\begin{bmatrix} 0 & 1 \\ 0 & 0 \end{bmatrix} + c_3\begin{bmatrix} 0 & 0 \\ 1 & 0 \end{bmatrix} + c_4\begin{bmatrix} 0 & 0 \\ 0 & 1 \end{bmatrix}$$

由上式可求出 $c_1 = a$，$c_2 = b$，$c_3 = c$，$c_4 = d$，所以 S 生成 V，因而 S 為向量空間 V 的基底。 ★

例題 14

令 $\mathbf{x}_1 = \langle 1, 2, 1 \rangle$， $\mathbf{x}_2 = \langle 2, 9, 0 \rangle$， $\mathbf{x}_3 = \langle 3, 3, 4 \rangle$， 試證 $S = \{\mathbf{x}_1, \mathbf{x}_2, \mathbf{x}_3\}$ 為向量空間 $\mathbb{R}^3$ 的基底。

解 首先我們必須證明 S 生成 $\mathbb{R}^3$，故只要證明對 $\mathbb{R}^3$ 中之任一向量 $\mathbf{b} = \langle b_1, b_2, b_3 \rangle$ 可表示成

$$\mathbf{b} = c_1\mathbf{x}_1 + c_2\mathbf{x}_2 + c_3\mathbf{x}_3$$

或 $$\langle b_1, b_2, b_3 \rangle = \langle c_1 + 2c_2 + 3c_3,\ 2c_1 + 9c_2 + 3c_3,\ c_1 + 4c_3 \rangle$$

由上式可得方程組

$$\begin{cases} c_1 + 2c_2 + 3c_3 = b_1 \\ 2c_1 + 9c_2 + 3c_3 = b_2 \\ c_1 \qquad\quad + 4c_3 = b_3 \end{cases}$$

由於此方程組之係數矩陣所對應的行列式

$$\det(\boldsymbol{A}) = \begin{vmatrix} 1 & 2 & 3 \\ 2 & 9 & 3 \\ 1 & 0 & 4 \end{vmatrix} = -1 \neq 0$$

可知係數矩陣 $\boldsymbol{A}$ 為可逆，因此該方程組對每一個 $\mathbf{b} = \langle b_1, b_2, b_3 \rangle$ 有唯一解，所以 S 生成向量空間 $\mathbb{R}^3$。

其次，證明 S 為線性獨立，我們必須證明方程式

$$c_1\mathbf{x}_1 + c_2\mathbf{x}_2 + c_3\mathbf{x}_3 = \mathbf{0}$$

的唯一解為 $c_1 = c_2 = c_3 = 0$。將 $\mathbf{x}_1$、$\mathbf{x}_2$、$\mathbf{x}_3$ 之值代入上式，得

$$c_1\langle 1, 2, 1 \rangle + c_2\langle 2, 9, 0 \rangle + c_3\langle 3, 3, 4 \rangle = \langle 0, 0, 0 \rangle$$

或 $$\langle c_1 + 2c_2 + 3c_3,\ 2c_1 + 9c_2 + 3c_3,\ c_1 + 4c_3 \rangle = \langle 0, 0, 0 \rangle$$

得齊次方程組

$$\begin{cases} c_1 + 2c_2 + 3c_3 = 0 \\ 2c_1 + 9c_2 + 3c_3 = 0 \\ c_1 \qquad\quad + 4c_3 = 0 \end{cases}$$

由於此方程組之係數矩陣所對應的行列式 $\det(\boldsymbol{A}) \neq 0$，可知齊次方程組有零解（或明顯解）$c_1 = c_2 = c_3 = 0$。故 S 為線性獨立。綜合以上證明，S 為 $\mathbb{R}^3$ 的基底。 ★

定義 4-2-5

一非零向量空間 V 的**維數**（dimension）等於 V 的基底之向量個數，一般將 V 的維數寫成 dim V。零向量空間的維數定義為零。

例題 15

$\mathbb{R}^2$ 的維數是 2，$\mathbb{R}^3$ 的維數是 3，而且一般而言，$\mathbb{R}^n$ 的維數是 n。

例題 16

若 $\langle a, b, c, d\rangle \in \mathbb{R}^4$，其中 $a=b$，求 $\mathbb{R}^4$ 之子空間的維數。

解 設 $W=\{\langle a, b, c, d\rangle \mid a=b\}$ 為 $\mathbb{R}^4$ 之子空間。

(1) $\forall \langle a, b, c, d\rangle \in W$，則

$$\begin{aligned}\langle a, b, c, d\rangle &= \langle a, a, c, d\rangle \\ &= \langle a, a, 0, 0\rangle + \langle 0, 0, c, 0\rangle + \langle 0, 0, 0, d\rangle \\ &= a\langle 1, 1, 0, 0\rangle + c\langle 0, 0, 1, 0\rangle + d\langle 0, 0, 0, 1\rangle\end{aligned}$$

亦即 $\{\langle 1, 1, 0, 0\rangle, \langle 0, 0, 1, 0\rangle, \langle 0, 0, 0, 1\rangle\}$ 生成 W。

(2) 設 $c_1\langle 1, 1, 0, 0\rangle + c_2\langle 0, 0, 1, 0\rangle + c_3\langle 0, 0, 0, 1\rangle = \langle 0, 0, 0, 0\rangle$，則

$$\begin{cases} c_1 = 0 \\ c_1 = 0 \\ c_2 = 0 \\ c_3 = 0 \end{cases} \Rightarrow c_1 = c_2 = c_3 = 0$$

亦即 $\{\langle 1, 1, 0, 0\rangle, \langle 0, 0, 1, 0\rangle, \langle 0, 0, 0, 1\rangle\}$ 為線性獨立。

故由 (1)、(2) 知 $\{\langle 1, 1, 0, 0\rangle, \langle 0, 0, 1, 0\rangle, \langle 0, 0, 0, 1\rangle\}$ 為 W 的基底。所以，dim $W=3$。★

例題 17

試決定向量 t^2+t+2 是否為 $q_1(t)=t^2+2t+1$、$q_2(t)=t^2+3$ 與 $q_3(t)=t-1$ 的線性組合？

解 設 $t^2+t+2=c_1q_1(t)+c_2q_2(t)+c_3q_3(t)$

$$=c_1(t^2+2t+1)+c_2(t^2+3)+c_3(t-1)$$

$$=(c_1+c_2)t^2+(2c_1+c_3)t+(c_1+3c_2-c_3)$$

$$\Rightarrow\begin{cases} c_1 + c_2 = 1 \\ 2c_1 + c_3 = 1 \\ c_1 + 3c_2 - c_3 = 2 \end{cases}$$

增廣矩陣如下:

$$\left[\begin{array}{ccc:c} 1 & 1 & 0 & 1 \\ 2 & 0 & 1 & 1 \\ 1 & 3 & -1 & 2 \end{array}\right]$$

利用矩陣之基本列運算得

$$\left[\begin{array}{ccc:c} 1 & 1 & 0 & 1 \\ 2 & 0 & 1 & 1 \\ 1 & 3 & -1 & 2 \end{array}\right] \underset{\sim}{\overset{-2R_1+R_2}{-1R_1+R_3}} \left[\begin{array}{ccc:c} 1 & 1 & 0 & 1 \\ 0 & -2 & 1 & -1 \\ 0 & 2 & -1 & 1 \end{array}\right] \underset{\sim}{1R_3+R_2} \left[\begin{array}{ccc:c} 1 & 1 & 0 & 1 \\ 0 & 0 & 0 & 0 \\ 0 & 2 & -1 & 1 \end{array}\right]$$

所以，$\begin{cases} c_1 + c_2 = 1 \\ 2c_2 - c_3 = 1 \end{cases} \Rightarrow \begin{cases} c_1 = 1-r \\ c_2 = r \\ c_3 = 2r-1 \end{cases}, \quad r \in R_e$

亦即，$t^2+t+2=(1-r)\,q_1(t)+rq_2(t)+(2r-1)\,q_3(t),\quad r\in R_e$

故，t^2+t+2 為 $q_1(t)$、$q_2(t)$、$q_3(t)$ 之線性組合。 ★

習題 4-2

1. 下列各向量中，何者為 $\mathbf{x}_1=\langle 4, 2, -3\rangle$，$\mathbf{x}_2=\langle 2, 1, -2\rangle$ 與 $\mathbf{x}_3=\langle -2, -1, 0\rangle$ 的線性組合？

(1) $\langle 1, 1, 1\rangle$

(2) $\langle -2, -1, 1\rangle$

2. 試決定向量 $\mathbf{u}=\begin{bmatrix}-3 & -1\\ 3 & 2\end{bmatrix}$ 是否為 $A_1=\begin{bmatrix}1 & -1\\ 0 & 3\end{bmatrix}$、$A_2=\begin{bmatrix}1 & 1\\ 0 & 2\end{bmatrix}$、$A_3=\begin{bmatrix}2 & 2\\ -1 & 1\end{bmatrix}$ 的線性組合？

3. 下列哪一組 $\mathbb{R}^3$ 的向量為線性相依？若是的話，試將其中一向量表示為其他向量的線性組合。

(1) $\langle 4, 2, 1\rangle$、$\langle 2, 6, -5\rangle$、$\langle 1, -2, 3\rangle$

(2) $\langle 1, 1, 0\rangle$、$\langle 0, 2, 3\rangle$、$\langle 1, 2, 3\rangle$、$\langle 3, 6, 6\rangle$

(3) $\langle 1, 2, 3\rangle$、$\langle 1, 1, 1\rangle$、$\langle 1, 0, 1\rangle$

4. 多項式 t^3+2t+1、t^2-t+2、t^3+2、$-t^3+t^2-5t+2$ 可生成向量空間 P_3 嗎？

5. 下列向量是否為 $\mathbb{R}^3$ 的基底？

(1) $\langle 1, 2, 0\rangle$、$\langle 0, 1, -1\rangle$

(2) $\langle 1, 1, -1\rangle$、$\langle 2, 3, 4\rangle$、$\langle 4, 1, -1\rangle$、$\langle 0, 1, -1\rangle$

(3) $\langle 3, 2, 2\rangle$、$\langle -1, 2, 1\rangle$、$\langle 0, 1, 0\rangle$

6. 設 $\mathbf{w}=\{\langle a, b, c\rangle \mid b=a+c\}$ 為 $\mathbb{R}^3$ 的子空間，試求 $\mathbf{w}$ 的基底。

7. 設 $\mathbf{w}=\{\langle a, b, c, d\rangle \mid d=a+b\}$ 為 $\mathbb{R}^4$ 的子空間，試求 $\mathbb{R}^4$ 的維數。

8. 試求出下列齊次方程組之解空間的一基底。

$$\begin{bmatrix}1 & 0 & 2\\ 2 & 1 & 3\\ 3 & 1 & 2\end{bmatrix}\begin{bmatrix}x_1\\ x_2\\ x_3\end{bmatrix}=\begin{bmatrix}0\\ 0\\ 0\end{bmatrix}$$

9. 求下列齊次方程組之解空間的基底及解空間的維數。

$$\begin{cases} x_1+2x_2+3x_4+x_5=0\\ 2x_1+3x_2+3x_4+x_5=0\\ x_1+x_2+2x_3+2x_4+x_5=0\\ 3x_1+5x_2+6x_4+2x_5=0\\ 2x_1+3x_2+2x_3+5x_4+2x_5=0\end{cases}$$

10. 已知三階方陣 $A=\begin{bmatrix}1 & 1 & -2\\ -1 & 2 & 1\\ 0 & 1 & -1\end{bmatrix}$，$\lambda=3$：試求齊次方程組 $(\lambda I_3-A)\mathbf{x}=0$ 之解空間之一基底。

4-3 列空間、行空間與零核空間

定義 4-3-1

設

$$A=\begin{bmatrix} a_{11} & a_{12} & \cdots & a_{1n} \\ a_{21} & a_{22} & \cdots & a_{2n} \\ \vdots & \vdots & & \vdots \\ a_{m1} & a_{m2} & \cdots & a_{mn} \end{bmatrix}$$

為一 $m \times n$ 矩陣，$\boldsymbol{A}$ 的列

$$\begin{aligned} \mathbf{x}_1 &= [a_{11} \quad a_{12} \quad \cdots \quad a_{1n}] \\ \mathbf{x}_2 &= [a_{21} \quad a_{22} \quad \cdots \quad a_{2n}] \\ &\vdots \\ \mathbf{x}_m &= [a_{m1} \quad a_{m2} \quad \cdots \quad a_{mn}] \end{aligned}$$

可視為 $\mathbb{R}^n$ 的向量，且這些向量所生成 $\mathbb{R}^n$ 的一子空間，則稱為 $\boldsymbol{A}$ 的**列空間**（row space）。同理，$\boldsymbol{A}$ 的行

$$\mathbf{y}_1=\begin{bmatrix} a_{11} \\ a_{21} \\ \vdots \\ a_{m1} \end{bmatrix},\quad \mathbf{y}_2=\begin{bmatrix} a_{12} \\ a_{22} \\ \vdots \\ a_{m2} \end{bmatrix},\quad \cdots,\quad \mathbf{y}_n=\begin{bmatrix} a_{1n} \\ a_{2n} \\ \vdots \\ a_{mn} \end{bmatrix}$$

可視為 $\mathbb{R}^m$ 的向量，且這些向量所生成 $\mathbb{R}^m$ 的一子空間，則稱為 $\boldsymbol{A}$ 的**行空間**（column space）。

定義 4-3-2

齊次方程組 $\boldsymbol{A}\mathbf{x}=\mathbf{0}$ 的解空間為 $\mathbb{R}^n$ 的子空間，我們稱之為**零核空間**（null space），即 $\mathbf{N}(A)=\{x \in \mathbb{R}^n \mid \boldsymbol{A}\mathbf{x}=\mathbf{0}\}$。

例題 1

求 $\boldsymbol{A}=\begin{bmatrix}1 & -1 & 3\\ 5 & -4 & -4\\ 7 & -6 & 2\end{bmatrix}$ 的零核空間之一基底。

解 $\boldsymbol{A}$ 的零核空間即為齊次方程組

$$\begin{cases}x_1-\ \ x_2+3x_3=0\\ 5x_1-4x_2-4x_3=0\\ 7x_1-6x_2+2x_3=0\end{cases}$$

的解空間。

$$\left[\begin{array}{ccc:c}1 & -1 & 3 & 0\\ 5 & -4 & -4 & 0\\ 7 & -6 & 2 & 0\end{array}\right]\xrightarrow{-5R_1+R_2}\left[\begin{array}{ccc:c}1 & -1 & 3 & 0\\ 0 & 1 & -19 & 0\\ 7 & -6 & 2 & 0\end{array}\right]\xrightarrow{-7R_1+R_3}$$

$$\left[\begin{array}{ccc:c}1 & -1 & 3 & 0\\ 0 & 1 & -19 & 0\\ 0 & 1 & -19 & 0\end{array}\right]\xrightarrow{-1R_2+R_3}\left[\begin{array}{ccc:c}1 & -1 & 3 & 0\\ 0 & 1 & -19 & 0\\ 0 & 0 & 0 & 0\end{array}\right]\xrightarrow{1R_2+R_1}$$

$$\left[\begin{array}{ccc:c}1 & 0 & -16 & 0\\ 0 & 1 & -19 & 0\\ 0 & 0 & 0 & 0\end{array}\right]$$

此方程組之解為 $x_1=16t,\ \ x_2=19t,\ \ x_3=t\ ;\ \ t\in\mathbb{R}$

因此其解向量為

$$\begin{bmatrix}x_1\\ x_2\\ x_3\end{bmatrix}=\begin{bmatrix}16t\\ 19t\\ t\end{bmatrix}=\begin{bmatrix}16\\ 19\\ 1\end{bmatrix}t,\quad t\in\mathbb{R}$$

故向量 $\mathbf{v}=\begin{bmatrix}16\\ 19\\ 1\end{bmatrix}$ 為零核空間之一基底。 ★

下面定理將幫助我們找出向量空間的基底。

定理 4-3-1

矩陣之基本列運算將不改變任一矩陣的列空間或零核空間。

定理 4-3-2

矩陣 A 的列梯陣中所有非零的列向量構成 A 的列空間的一基底。

例題 2

求由向量 $\mathbf{v}_1 = \langle 1, -1, 3 \rangle$、$\mathbf{v}_2 = \langle 5, -4, -4 \rangle$、$\mathbf{v}_3 = \langle 7, -6, 2 \rangle$ 所生成的向量空間之一基底。

解 由向量 $\mathbf{v}_1$、$\mathbf{v}_2$、$\mathbf{v}_3$ 所生成的向量空間即為矩陣

$$\begin{bmatrix} 1 & -1 & 3 \\ 5 & -4 & -4 \\ 7 & -6 & 2 \end{bmatrix}$$

的列空間。將此矩陣化為列梯形矩陣，我們得

$$\begin{bmatrix} 1 & -1 & 3 \\ 0 & 1 & -19 \\ 0 & 0 & 0 \end{bmatrix}$$

此矩陣中非零的列向量為

$$\mathbf{w}_1 = \langle 1, -1, 3 \rangle, \quad \mathbf{w}_2 = \langle 0, 1, -19 \rangle$$

就形成了列空間的一基底，且成為由 $\mathbf{v}_1$、$\mathbf{v}_2$ 及 $\mathbf{v}_3$ 所生成的向量空間的一基底。★

上例中所得的基底向量不完全為原矩陣的列向量。但如何獲得由矩陣的列向量所組成的矩陣列空間之一基底呢？其方法建立在下面的二個定理上。

定理 4-3-3

假設 A 與 B 為兩列同義矩陣，則

(1) A 的某一行向量有限集為**線性獨立** $\Leftrightarrow$ B 的相對應行向量有限集為線性獨立。

(2) A 的某一行向量有限集為 A 的行空間之基底 $\Leftrightarrow$ B 的相對應行向量有限集為 B 的行空間之基底。

例題 3

求 $A=\begin{bmatrix}1&-1&3\\5&-4&-4\\7&-6&2\end{bmatrix}$ 之行空間的一基底。

解 利用矩陣之基本列變換得一簡約列梯陣為

$$R=\begin{bmatrix}1&0&-16\\0&1&-19\\0&0&0\end{bmatrix}$$

讀者可以證明行向量

$$\mathbf{v}'_1=\begin{bmatrix}1\\0\\0\end{bmatrix},\quad \mathbf{v}'_2=\begin{bmatrix}0\\1\\0\end{bmatrix}$$

為 R 的行空間之一基底；因此，A 相對應的行向量

$$\mathbf{v}_1=\begin{bmatrix}1\\5\\7\end{bmatrix},\quad \mathbf{v}_2=\begin{bmatrix}-1\\-4\\-6\end{bmatrix}$$

為 A 的行空間之一基底。 ★

下面的定理，我們很容易用來找到一矩陣的行空間之一基底。

定理 4-3-4

假設一矩陣已為列梯陣，則其包含首項為 1 的所有行向量形成該矩陣的行空間之一基底。

例題 4

求矩陣 $A=\begin{bmatrix}1&4&5&2\\2&1&3&0\\-1&3&2&2\end{bmatrix}$ 的行空間之一基底。

解 簡化此矩陣為列梯陣，我們得

$$R=\begin{bmatrix}1 & 4 & 5 & 2\\ 0 & 1 & 1 & \frac{4}{7}\\ 0 & 0 & 0 & 0\end{bmatrix}$$

$\boldsymbol{R}$ 的前二行含首項 1，所以這些向量形成 $\boldsymbol{R}$ 的行空間之一基底，矩陣 $\boldsymbol{A}$ 中相對應的行向量形成 $\boldsymbol{A}$ 的行空間之一基底，這些基底為

$$\mathbf{v}_1=\begin{bmatrix}1\\ 2\\ -1\end{bmatrix},\quad \mathbf{v}_2=\begin{bmatrix}4\\ 1\\ 3\end{bmatrix}$$

★

上例中，我們得一完全由 $\boldsymbol{A}$ 的行向量所組成矩陣 $\boldsymbol{A}$ 之行空間的基底。

例題 5

求矩陣

$$A=\begin{bmatrix}1 & -1 & 3\\ 5 & -4 & -4\\ 7 & -6 & 2\end{bmatrix}$$

的列空間之一基底，且該基底完全由 $\boldsymbol{A}$ 的列向量所組成。

解 首先我們將 $\boldsymbol{A}$ 轉置，因而，$\boldsymbol{A}$ 的列空間變成 $\boldsymbol{A}^T$ 的行空間，我們使用例題 3 之方法求得 $\boldsymbol{A}^T$ 之行空間的一基底，再將行向量轉置為列向量。

$$A^T=\begin{bmatrix}1 & 5 & 7\\ -1 & -4 & -6\\ 3 & -4 & 2\end{bmatrix}$$

將 $\boldsymbol{A}^T$ 化為簡約列梯陣，得 $\begin{bmatrix}1 & 0 & 2\\ 0 & 1 & 1\\ 0 & 0 & 0\end{bmatrix}$

第一行及第二行含首項 1，所以 $\boldsymbol{A}^T$ 的相對應行形成 $\boldsymbol{A}^T$ 的行空間之一基底，應為

$$\mathbf{v}_1=\begin{bmatrix}1\\ -1\\ 3\end{bmatrix},\quad \mathbf{v}_2=\begin{bmatrix}5\\ -4\\ -4\end{bmatrix}$$

將 $\mathbf{v}_1$ 及 $\mathbf{v}_2$ 轉置，得 A 的列空間的基底向量為

$$\mathbf{w}_1 = \langle 1, -1, 3 \rangle, \qquad \mathbf{w}_2 = \langle 5, -4, -4 \rangle。$$ ★

定義 4-3-3

A 的列空間之維數稱為 A 的**列秩**（row rank），且 A 的行空間之維數稱為 A 的**行秩**（column rank）。A 的零核空間的維數稱為 A 的**核維數**（nullity），記為 nullity (A)。

例題 6

求 $A = \begin{bmatrix} 1 & -1 & 3 \\ 5 & -4 & -4 \\ 7 & -6 & 2 \end{bmatrix}$ 之核維數、列秩、行秩之值。

解 由例題 1 得知，nullity $(A) = 1$，由例題 5 與例題 3，得知

$$A \text{ 的列秩} = A \text{ 的行秩} = 2。$$ ★

定理 4-3-5

假設矩陣 $A = [a_{ij}]_{m\times n}$，則其列秩與行秩是相等的。

證 設 $\mathbf{x}_1, \mathbf{x}_2, \cdots, \mathbf{x}_m$ 為 A 之列向量，其中

$$\mathbf{x}_i = \langle a_{i1}, a_{i2}, \cdots, a_{in} \rangle, \qquad 1 \le i \le m$$

設 A 的列秩為 k 且設一組向量 $\{\mathbf{v}_1, \mathbf{v}_2, \cdots, \mathbf{v}_k\}$ 構成 A 的列空間之一基底，其中 $\mathbf{v}_i = \langle b_{i1}, b_{i2}, \cdots, b_{in} \rangle$（$i = 1, 2, \cdots, k$）。現在每一列向量皆為 $\mathbf{v}_1, \mathbf{v}_2, \cdots, \mathbf{v}_k$ 的線性組合

$$\begin{aligned}
\mathbf{x}_1 &= \alpha_{11}\mathbf{v}_1 + \alpha_{12}\mathbf{v}_2 + \cdots + \alpha_{1k}\mathbf{v}_k \\
\mathbf{x}_2 &= \alpha_{21}\mathbf{v}_1 + \alpha_{22}\mathbf{v}_2 + \cdots + \alpha_{2k}\mathbf{v}_k \\
\vdots &= \vdots \qquad \vdots \qquad\qquad \vdots \\
\mathbf{x}_m &= \alpha_{m1}\mathbf{v}_1 + \alpha_{m2}\mathbf{v}_2 + \cdots + \alpha_{mk}\mathbf{v}_k
\end{aligned}$$

其中 α_{ij} 為唯一確定的實數。利用矩陣相等的定義，由上面各等式可得

$$a_{1j}=\alpha_{11}b_{1j}+\alpha_{12}b_{2j}+\cdots+\alpha_{1k}b_{kj}$$
$$a_{2j}=\alpha_{21}b_{1j}+\alpha_{22}b_{2j}+\cdots+\alpha_{2k}b_{kj}$$
$$\vdots \qquad \vdots \qquad \vdots \qquad \vdots$$
$$a_{mj}=\alpha_{m1}b_{1j}+\alpha_{m2}b_{2j}+\cdots+\alpha_{mk}b_{kj}$$

或

$$\begin{bmatrix} a_{1j} \\ a_{2j} \\ \vdots \\ a_{mj} \end{bmatrix} = b_{1j}\begin{bmatrix} \alpha_{11} \\ \alpha_{21} \\ \vdots \\ \alpha_{m1} \end{bmatrix} + b_{2j}\begin{bmatrix} \alpha_{12} \\ \alpha_{22} \\ \vdots \\ \alpha_{m2} \end{bmatrix} + \cdots + b_{kj}\begin{bmatrix} \alpha_{1k} \\ \alpha_{2k} \\ \vdots \\ \alpha_{mk} \end{bmatrix}$$

其中 $j=1, 2, \cdots, n$。

因為 $\boldsymbol{A}$ 的每一行皆為 k 個向量的線性組合，因此，$\boldsymbol{A}$ 的行空間之維數至多為 k，亦即，$\boldsymbol{A}$ 的行秩 $\leq k=\boldsymbol{A}$ 的列秩。同理，我們可得出 $\boldsymbol{A}$ 的列秩 $\leq \boldsymbol{A}$ 的行秩，因此可知 $\boldsymbol{A}$ 的列秩與 $\boldsymbol{A}$ 的行秩相等。

定義 4-3-4

矩陣 $\boldsymbol{A}$ 的列空間及行空間的相同維數稱為 $\boldsymbol{A}$ 之**秩**（rank），且將它表為 rank (A)。

計算一矩陣 $\boldsymbol{A}$ 的**秩**之步驟如下:

1. 利用矩陣之基本列變換將 $\boldsymbol{A}$ 變換為一簡約列梯陣 $\boldsymbol{B}$。
2. rank $\boldsymbol{A}=\boldsymbol{B}$ 的非零列之個數。

例題 7

試求矩陣 $\boldsymbol{A}=\begin{bmatrix} 1 & -2 & -1 \\ 2 & -1 & 3 \\ 7 & -8 & 3 \\ 5 & -7 & 0 \end{bmatrix}$ 之秩。

解 利用矩陣之基本列變換，將矩陣 $\boldsymbol{A}$ 化為簡約列梯陣

$$R=\begin{bmatrix}1 & 0 & \frac{7}{3}\\ 0 & 1 & \frac{5}{3}\\ 0 & 0 & 0\\ 0 & 0 & 0\end{bmatrix}$$

矩陣 $\boldsymbol{R}$ 有 2 列為非零列，故 rank $(A)=2$。 ★

定理 4-3-6

假設 $\boldsymbol{A}$ 為一 $m\times n$ 的矩陣，則

$$\text{rank}(A)+\text{nullity}(A)=n。$$

例題 8

矩陣 $\boldsymbol{A}=\begin{bmatrix}1 & -1 & 3\\ 5 & -4 & -4\\ 7 & -6 & 2\end{bmatrix}$ 有 3 行，所以

$$\text{rank}(A)+\text{nullity}(A)=3$$

此結論與例題 6 相同；在例題 6 中，我們得 $\text{rank}(A)=2$ 及 $\text{nullity}(A)=1$。

下面的定理整理出矩陣、線性方程組、行列式、向量空間、秩及核維數之間的等價關係。

定理 4-3-7

假設 $\boldsymbol{A}$ 為一 $n\times n$ 階矩陣，則下列之敘述等價。

(1) $\boldsymbol{A}$ 為可逆矩陣。

(2) $\boldsymbol{A}\mathbf{x}=0$ 僅有明顯解（即零解）。

(3) $\boldsymbol{A}$ 和 $\boldsymbol{I}_n$ 為列等價。

(4) 對每一 $n\times 1$ 階之矩陣 $\mathbf{b}$，$\boldsymbol{A}\mathbf{x}=\mathbf{b}$ 為相容的。

(5) $\det(A)\neq 0$

(6) $\text{nullity}(A)=0$

(7) $\text{rank}(A)=n$

(8) $\boldsymbol{A}$ 的所有列向量為線性獨立。

(9) $\boldsymbol{A}$ 的所有行向量為線性獨立。

習題 4-3

1. 試求下列矩陣 $\boldsymbol{A}$ 之零核空間的一基底。

(1) $\boldsymbol{A}=\begin{bmatrix}2&0&-1\\4&0&-2\\0&0&0\end{bmatrix}$　　(2) $\boldsymbol{A}=\begin{bmatrix}1&4&5&2\\2&1&3&0\\-1&3&2&2\end{bmatrix}$

2. 試求下列矩陣 $\boldsymbol{A}$ 之列空間的一基底。

(1) $\boldsymbol{A}=\begin{bmatrix}2&0&-1\\4&0&-2\\0&0&0\end{bmatrix}$　　(2) $\boldsymbol{A}=\begin{bmatrix}1&4&5&2\\2&1&3&0\\-1&3&2&2\end{bmatrix}$

3. 試求下列矩陣 $\boldsymbol{A}$ 之行空間的一基底。

(1) $\boldsymbol{A}=\begin{bmatrix}1&4&5&2\\2&1&3&0\\-1&3&2&2\end{bmatrix}$　　(2) $\boldsymbol{A}=\begin{bmatrix}1&-2&0&0&3\\2&-5&-3&-2&6\\0&5&15&10&0\\2&6&18&8&6\end{bmatrix}$

4. 試求矩陣 $\boldsymbol{A}=\begin{bmatrix}1&4&5&6&9\\3&-2&1&4&-1\\-1&0&-1&-2&-1\\2&3&5&7&8\end{bmatrix}$ 之列空間的一基底，使其完全由 $\boldsymbol{A}$ 的列向量組成。

5. 試求下列矩陣的核維數。

(1) $\boldsymbol{A}=\begin{bmatrix}1&4&5&2\\2&1&3&0\\-1&3&2&2\end{bmatrix}$　　(2) $\boldsymbol{A}=\begin{bmatrix}1&2&-1&1\\2&4&-3&0\\1&2&1&5\end{bmatrix}$

CHAPTER 05

內積空間

◎ 內　積

◎ 連續函數的近似；傅立葉級數

5-1 內 積

內積空間的定義及性質

在 3-4 節中，我們曾經討論到 n 維歐氏空間中的內積；而在本節中，我們將該內積一般化，並進一步定義內積空間。

定義 5-1-1

令 V 為一實向量空間。假若 $\mathbf{u}=\langle u_1, u_2, \cdots, u_n\rangle$ 及 $\mathbf{v}=\langle v_1, v_2, \cdots, v_n\rangle$ 為 V 中之向量，則下式

$$\langle \mathbf{u} \mid \mathbf{v}\rangle=\mathbf{u}\cdot\mathbf{v}=u_1v_1+u_2v_2+\cdots+u_nv_n$$

定義 $\langle \mathbf{u} \mid \mathbf{v}\rangle$ 為實向量空間 V 上的**內積**，並滿足下列四條件：

(1) $\langle \mathbf{u}+\mathbf{v} \mid \mathbf{w}\rangle=\langle \mathbf{u} \mid \mathbf{w}\rangle+\langle \mathbf{v} \mid \mathbf{w}\rangle$

(2) $\langle k\mathbf{u} \mid \mathbf{v}\rangle=k\langle \mathbf{u} \mid \mathbf{v}\rangle$，$k\in\mathbb{R}$

(3) $\langle \mathbf{u} \mid \mathbf{v}\rangle=\langle \mathbf{v} \mid \mathbf{u}\rangle$

(4) $\langle \mathbf{u} \mid \mathbf{u}\rangle\geq 0$，且 $\langle \mathbf{u} \mid \mathbf{u}\rangle=0$，若且唯若 $\mathbf{u}=\mathbf{0}$。

註：實數 $\langle \mathbf{u} \mid \mathbf{v}\rangle$ 稱 $\mathbf{u}$ 與 $\mathbf{v}$ 的內積，也可記為 $(\mathbf{u} \mid \mathbf{v})$ 或 $\langle \mathbf{u}, \mathbf{v}\rangle$。

若實向量空間 V 上能定義出一內積，則稱 V 為一**內積空間**（inner product space）。

例題 1

若 $A=\begin{bmatrix} a_1 & a_2 \\ a_3 & a_4 \end{bmatrix}$ 與 $B=\begin{bmatrix} b_1 & b_2 \\ b_3 & b_4 \end{bmatrix}$ 為任意二個 2×2 矩陣，在 M_{22} 上定義一內積

$$\langle A \mid B\rangle=a_1b_1+a_2b_2+a_3b_3+a_4b_4$$

試利用上式計算 $\langle A \mid B\rangle$，其中 $A=\begin{bmatrix} 3 & -2 \\ 4 & 8 \end{bmatrix}$，$B=\begin{bmatrix} -1 & 3 \\ 1 & 1 \end{bmatrix}$。

解 $\langle A \mid B\rangle=(3)(-1)+(-2)(3)+(4)(1)+(8)(1)=3$ ★

例題 2

令 $C[a, b]$ 表示所有定義在區間 $[a, b]$ 上的連續實值函數所成的向量空間，試證

$$\langle \mathbf{p} \mid \mathbf{q} \rangle = \int_a^b p(x)\, q(x)\, dx$$

為 $C[a, b]$ 上的內積。

解 (i) 令 $r = r(x)$ 為 $C[a, b]$ 中的任意函數，則

$$\langle \mathbf{p} + \mathbf{q} \mid \mathbf{r} \rangle = \int_a^b (p(x) + q(x))\, r(x)\, dx = \int_a^b p(x)\, r(x)\, dx + \int_a^b q(x)\, r(x)\, dx$$
$$= \langle \mathbf{p} \mid \mathbf{r} \rangle + \langle \mathbf{q} \mid \mathbf{r} \rangle$$

(ii) $\langle k\mathbf{p} \mid \mathbf{q} \rangle = \int_a^b kp(x)\, q(x)\, dx = k\int_a^b p(x)\, q(x)\, dx = k\langle \mathbf{p} \mid \mathbf{q} \rangle$

(iii) $\langle \mathbf{p} \mid \mathbf{q} \rangle = \int_a^b p(x)\, q(x)\, dx = \int_a^b q(x)\, p(x)\, dx = \langle \mathbf{q} \mid \mathbf{p} \rangle$

(iv) 若 $\mathbf{p} = p(x)$ 為 $C[a, b]$ 中的任意函數，則 $p^2(x) \ge 0$, $\forall\, x \in [a, b]$。所以，

$$\langle \mathbf{p} \mid \mathbf{p} \rangle = \int_a^b p^2(x)\, dx \ge 0$$

再者，由於 $p^2(x) \ge 0$ 且 $\mathbf{p} = p(x)$ 於 $[a, b]$ 中為連續函數，則 $\int_a^b p^2(x)\, dx = 0$ 若且唯若 $p(x) = 0$, $\forall\, x \in [a, b]$。所以，$\langle \mathbf{p} \mid \mathbf{p} \rangle = \int_a^b p^2(x)\, dx = 0$ 若且唯若 $\mathbf{p} = 0$。

依內積的定義，我們證得 $\langle \mathbf{p} \mid \mathbf{q} \rangle = \int_a^b p(x)\, q(x)\, dx$ 為 $C[a, b]$上的一內積。 ★

定理 5-1-1 柯西-希瓦茲不等式

若 $\mathbf{u}$ 與 $\mathbf{v}$ 為內積空間 V 中的任意兩向量，則

$$|\langle \mathbf{u} \mid \mathbf{v} \rangle| \le \|\mathbf{u}\|\,\|\mathbf{v}\|。$$

證 若 $\mathbf{u} = 0$，則 $\langle \mathbf{u} \mid \mathbf{v} \rangle = 0$，$\langle \mathbf{u} \mid \mathbf{u} \rangle = 0$，故定理顯然成立。

假設 $\mathbf{u}\neq\mathbf{0}$, 令 $t\in\mathbb{R}$, 則

$$0\leq\langle\mathbf{u}-t\mathbf{v}\,|\,\mathbf{u}-t\mathbf{v}\rangle\cdots\cdots\cdots\cdots\text{①}$$

$$=\langle\mathbf{u}\,|\,\mathbf{u}\rangle-2t\langle\mathbf{u}\,|\,\mathbf{v}\rangle+t^2(\mathbf{v}\,|\,\mathbf{v})$$

$$=\|\mathbf{u}\|^2-2t\langle\mathbf{u}\,|\,\mathbf{v}\rangle+t^2\|\mathbf{v}\|^2$$

令 $a=\|\mathbf{v}\|^2$, $b=-2\langle\mathbf{u}\,|\,\mathbf{v}\rangle$, 且 $c=\|\mathbf{u}\|^2$, 則不等式 ① 可視為一個二次不等式

$$at^2+bt+c\geq 0$$

此一不等式成立, 必須判別式小於或等於 0, 即

$$b^2-4ac\leq 0$$

於是,
$$4\langle\mathbf{u}\,|\,\mathbf{v}\rangle^2-4\|\mathbf{v}\|^2\|\mathbf{u}\|^2\leq 0$$

$$\langle\mathbf{u}\,|\,\mathbf{v}\rangle^2\leq\|\mathbf{u}\|^2\|\mathbf{v}\|^2$$

因此,
$$|\langle\mathbf{u}\,|\,\mathbf{v}\rangle|\leq\|\mathbf{u}\|\,\|\mathbf{v}\|。$$

定理 5-1-2

若 V 為一內積空間, 則對於其向量長度有下列性質

(1) $\|\mathbf{u}\|\geq 0$, $\forall\,\mathbf{u}\in V$

(2) $\|\mathbf{u}\|=0\Leftrightarrow\mathbf{u}=0$

(3) $\|\alpha\mathbf{u}\|=|\alpha|\,\|\mathbf{u}\|$, $\forall\,\alpha\in\mathbb{R}$, $\mathbf{u}\in V$

(4) $\|\mathbf{u}+\mathbf{v}\|\leq\|\mathbf{u}\|+\|\mathbf{v}\|$, $\forall\,\mathbf{u}$、$\mathbf{v}\in V$, 此即為**三角不等式**。

證 (1)、(2)與 (3) 的證明非常容易, 留給讀者自行證明。

(4) 的證明要利用柯西-希瓦茲不等式, 證明如下

$$\|\mathbf{u}+\mathbf{v}\|^2=\langle\mathbf{u}+\mathbf{v}\,|\,\mathbf{u}+\mathbf{v}\rangle=\langle\mathbf{u}\,|\,\mathbf{u}\rangle+2\langle\mathbf{u}\,|\,\mathbf{v}\rangle+\langle\mathbf{v}\,|\,\mathbf{v}\rangle$$

$$\leq\langle\mathbf{u}\,|\,\mathbf{u}\rangle+2\,|\langle\mathbf{u}\,|\,\mathbf{v}\rangle|+\langle\mathbf{v}\,|\,\mathbf{v}\rangle$$

$$\leq\langle\mathbf{u}\,|\,\mathbf{u}\rangle+2\|\mathbf{u}\|\,\|\mathbf{v}\|+\langle\mathbf{v}\,|\,\mathbf{v}\rangle$$

$$=\|\mathbf{u}\|^2+2\|\mathbf{u}\|\,\|\mathbf{v}\|+\|\mathbf{v}\|^2$$

$$=(\|\mathbf{u}\|+\|\mathbf{v}\|)^2$$

兩邊開方, 得 $\|\mathbf{u}+\mathbf{v}\|\leq\|\mathbf{u}\|+\|\mathbf{v}\|$。

定義 5-1-2

令 $\mathbf{M}=\mathbf{M}_{m\times n}$ 為所有 $m\times n$ 階實數矩陣所成之向量空間，在 $\mathbf{M}$ 上定義內積如下：

$$<A\mid B>=\text{tr}(B^TA)$$

此處，tr( ) 稱之為**跡數**，係方陣對角線元素之和。

若 $A=[\,a_{ij}\,]_{m\times n}$，$B=[\,b_{ij}\,]_{m\times n}$，則

$$<A\mid B>=\text{tr}(B^TA)=\sum_{i=1}^{m}\sum_{j=1}^{n}a_{ij}b_{ij}$$

為矩陣對應元素乘積之和。

又
$$\|A\|^2=<A\mid A>=\sum_{i=1}^{m}\sum_{j=1}^{n}a_{ij}^2$$

為 A 矩陣所有元素之平方和。

例題 3

已知 $A=\begin{bmatrix}9 & 8 & 7\\ 6 & 5 & 4\end{bmatrix}$ 與 $B=\begin{bmatrix}1 & 2 & 3\\ 4 & 5 & 6\end{bmatrix}$，試利用 $<A\mid B>=\text{tr}(B^TA)$ 求 $<A\mid B>=?$

解

$$<A\mid B>=\text{tr}(B^TA)=\sum_{i=1}^{m}\sum_{j=1}^{n}a_{ij}b_{ij}$$

$$=9+16+21+24+25+24=119$$

★

定義 5-1-3

設 V 為一**內積空間**，而 $\langle\ \mid\ \rangle$ 為其內積。

(1) 若 $\mathbf{u}\in V$，則定義其**範數**（norm）（或長度）為

$$\|\mathbf{u}\|=\langle\mathbf{u}\mid\mathbf{u}\rangle^{1/2}$$

(2) 若 $\mathbf{u}$、$\mathbf{v}\in V$，則定義其距離為

$$d(\mathbf{u},\mathbf{v})=\|\mathbf{u}-\mathbf{v}\|。$$

例題 4

若 $A=\begin{bmatrix} a_1 & a_2 \\ a_3 & a_4 \end{bmatrix}$ 與 $B=\begin{bmatrix} b_1 & b_2 \\ b_3 & b_4 \end{bmatrix}$ 為任意二個 2×2 方陣，在 M_{22} 上定義一內積

$$\langle A \mid B \rangle = a_1b_1 + a_2b_2 + a_3b_3 + a_4b_4$$

試求 $d(A, B)$，其中 $A=\begin{bmatrix} 3 & -2 \\ 4 & 8 \end{bmatrix}$，$B=\begin{bmatrix} -1 & 3 \\ 1 & 1 \end{bmatrix}$。

解 因

$$A-B=\begin{bmatrix} 4 & -5 \\ 3 & 7 \end{bmatrix}$$

故

$$\begin{aligned} d(A, B) &= \| A-B \| = \langle A-B \mid A-B \rangle^{1/2} \\ &= \sqrt{(4)^2+(-5)^2+(3)^2+(7)^2} \\ &= \sqrt{99} = 3\sqrt{11}\text{。} \end{aligned}$$

★

例題 5

於 P_5 中藉由 $\langle \mathbf{p} \mid \mathbf{q} \rangle = \sum_{i=1}^{n} p(x_i)\, q(x_i)$ 定義一內積，且 $x_i = \dfrac{i-1}{4}$，$i = 1, 2, \cdots, 5$，求函數 $\mathbf{p}(x) = x$ 的長度。

解 $\| \mathbf{p} \| = (\langle x \mid x \rangle)^{1/2} = \left(\sum_{i=1}^{5} x_i^2 \right)^{1/2} = \left[\sum_{i=1}^{5} \left(\dfrac{i-1}{4} \right)^2 \right]^{1/2} = \dfrac{\sqrt{30}}{4}$ ★

例題 6

令向量空間 P_2 具有內積

$$\langle \mathbf{p} \mid \mathbf{q} \rangle = \int_{-1}^{1} p(x)\, q(x)\, dx$$

若 $\mathbf{p} = x + 1$，試求 $\mathbf{p}$ 的長度。

解 $\| \mathbf{p} \| = \sqrt{\langle \mathbf{p} \mid \mathbf{p} \rangle} = \left(\int_{-1}^{1} (x+1)^2\, dx \right)^{1/2} = \left(\dfrac{(x+1)^3}{3} \Bigg|_{-1}^{1} \right)^{1/2} = \sqrt{\dfrac{8}{3}}$ ★

例題 7

在 $C[0, 1]$ 上定義內積為 $\langle \mathbf{f} | \mathbf{g} \rangle = \int_0^1 f(x)\,g(x)\,dx$。若 $f(x) = 1$，$g(x) = x$，試驗證

$$\| f(x) + g(x) \| \le \| f(x) \| + \| g(x) \|。$$

解 $\| f(x) + g(x) \| = \langle f(x) + g(x) | f(x) + g(x) \rangle^{1/2} = \langle 1 + x | 1 + x \rangle^{1/2}$

$$= \left[\int_0^1 (1 + x)^2\,dx \right]^{1/2} = \left[\frac{1}{3}(1 + x)^3 \Big|_0^1 \right]^{1/2} = \sqrt{\frac{7}{3}}$$

$\| f(x) \| = \langle f(x) | f(x) \rangle^{1/2} = \langle 1 | 1 \rangle^{1/2}$

$$= \left[\int_0^1 1^2\,dx \right]^{1/2} = \left(\int_0^1 dx \right)^{1/2} = \left[x \Big|_0^1 \right]^{1/2} = 1$$

$\| g(x) \| = \langle g(x) | g(x) \rangle^{1/2} = \langle x | x \rangle^{1/2}$

$$= \left[\int_0^1 x^2\,dx \right]^{1/2} = \left[\frac{x^3}{3} \Big|_0^1 \right]^{1/2} = \sqrt{\frac{1}{3}}$$

因此，
$$\sqrt{\frac{7}{3}} \le 1 + \sqrt{\frac{1}{3}}$$

此即表示
$$\| f(x) + g(x) \| \le \| f(x) \| + \| g(x) \|。$$
★

對於向量之間的距離我們也有類似於定理 5-1-2 之結果，留給讀者利用定理 5-1-2 自行證明下述定理。

定理 5-1-3

設 V 為一內積空間，則對於向量之間的距離具有下列性質：

(1) $d(\mathbf{u}, \mathbf{v}) \ge 0$，$\forall\ \mathbf{u}$、$\mathbf{v} \in V$

(2) $d(\mathbf{u}, \mathbf{v}) = 0$ 若且唯若 $\mathbf{u} = \mathbf{v}$

(3) $d(\mathbf{u}, \mathbf{v}) = d(\mathbf{v}, \mathbf{u})$

(4) $d(a\mathbf{u}, a\mathbf{v}) = |a|\, d(\mathbf{u}, \mathbf{v})$

(5) $d(\mathbf{u}, \mathbf{v}) \le d(\mathbf{u}, \mathbf{w}) + d(\mathbf{w}, \mathbf{v})$ （三角不等式）

例題 8

在 $C[-1, 1]$ 上定義內積為 $\langle \mathbf{f} | \mathbf{g} \rangle = \int_{-1}^{1} f(x)\, g(x)\, dx$。若 $f(x) = 1$, $g(x) = x$, $w(x) = x^2$, 試驗證

$$d(f(x), w(x)) \le d(f(x), g(x)) + d(g(x), w(x)) \text{。}$$

解 $d(f(x), w(x)) = \| f(x) - w(x) \| = \left[\int_{-1}^{1} (x^2 - 1)^2\, dx \right]^{1/2} = \left[\int_{-1}^{1} (x^4 - 2x^2 + 1)\, dx \right]^{1/2}$

$$= \left[\frac{x^5}{5} - \frac{2x^3}{3} + x \Big|_{-1}^{1} \right]^{1/2} = \frac{4}{\sqrt{15}}$$

$$d(f(x), g(x)) = \| f(x) - g(x) \| = \left[\int_{-1}^{1} (x - 1)^2\, dx \right]^{1/2} = \left[\frac{1}{3}(x-1)^3 \Big|_{-1}^{1} \right]^{1/2} = \sqrt{\frac{8}{3}}$$

$$d(g(x), w(x)) = \| g(x) - w(x) \| = \left[\int_{-1}^{1} (x - x)^2\, dx \right]^{1/2} = \left[\int_{-1}^{1} (x^4 - 2x^3 + x^2)\, dx \right]^{1/2}$$

$$= \left[\frac{x^5}{5} - \frac{x^4}{2} + \frac{x^3}{3} \Big|_{-1}^{1} \right]^{1/2}$$

$$= \frac{4}{\sqrt{15}}$$

因此 $$\frac{4}{\sqrt{15}} \le \sqrt{\frac{8}{3}} + \frac{4}{\sqrt{15}}$$

此即表示 $d(f(x), w(x)) \le d(f(x), g(x)) + d(g(x), w(x))$。 ★

內積空間之正交性

定義 5-1-4

設 V 為內積空間，$\langle \, | \, \rangle$ 為其內積，$\mathbf{u}$、$\mathbf{v} \in V$，若 $\langle \mathbf{u} | \mathbf{v} \rangle = 0$，則稱 $\mathbf{u}$ 與 $\mathbf{v}$ **正交**（orthogonal），以 $\mathbf{u} \perp \mathbf{v}$ 或 $\mathbf{v} \perp \mathbf{u}$ 表示之。若 $\mathbf{u}$ 正交於集合 W 中每一向量，則稱 $\mathbf{u}$ 正交於 W。

利用柯西-希瓦茲不等式

$$\langle \mathbf{u} \mid \mathbf{v} \rangle^2 \leq \|\mathbf{u}\|^2 \|\mathbf{v}\|^2$$

可導出

$$-1 \leq \frac{\langle \mathbf{u} \mid \mathbf{v} \rangle}{\|\mathbf{u}\| \|\mathbf{v}\|} \leq 1$$

由上式知，可存在唯一的角 θ，使得

$$\cos\theta = \frac{\langle \mathbf{u} \mid \mathbf{v} \rangle}{\|\mathbf{u}\| \|\mathbf{v}\|}\ ,\quad 0 \leq \theta \leq \pi$$

我們定義 θ 為 $\mathbf{u}$ 與 $\mathbf{v}$ 之間的**夾角**。

例題 9

若 $A = \begin{bmatrix} 1 & 0 \\ 1 & 1 \end{bmatrix}$ 與 $B = \begin{bmatrix} 0 & 2 \\ 0 & 0 \end{bmatrix}$ 為任意二個 2×2 方陣，在 M_{22} 上定義一內積

$$\langle A \mid B \rangle = a_1b_1 + a_2b_2 + a_3b_3 + a_4b_4$$

試證 A 與 B 正交。

解 因 $\cos\theta = \dfrac{\langle A \mid B \rangle}{\|A\| \|B\|} = \dfrac{1(0) + 0(2) + 1(0) + 1(0)}{\|A\| \|B\|} = 0,\quad 0 \leq \theta \leq \pi$

故 $\theta = \dfrac{\pi}{2}$，因此 A 與 B 正交。 ★

例題 10

於 $C[a, b]$ 中定義內積

$$\langle \mathbf{f} \mid \mathbf{g} \rangle = \int_a^b f(x)\, g(x)\, dx$$

試證函數 $f(x) = \cos x$ 與 $g(x) = \sin x$ 於 $C[-\pi, \pi]$ 中正交。

解 因

$$\langle \cos x \mid \sin x \rangle = \int_{-\pi}^{\pi} \cos x \sin x\, dx = \int_{-\pi}^{\pi} \sin x\, d \sin x$$

$$= \frac{\sin^2 x}{2}\bigg|_{-\pi}^{\pi} = \frac{\sin^2 \pi}{2} - \frac{\sin^2(-\pi)}{2} = 0$$

故 $\cos x$ 與 $\sin x$ 於 $C[-\pi, \pi]$ 中正交。 ★

定理 5-1-4 一般畢氏定理

若 V 為一內積空間，$\mathbf{u}$、$\mathbf{v}$ 為 V 上的兩**正交向量**，則

$$\|\mathbf{u}+\mathbf{v}\|^2 = \|\mathbf{u}\|^2 + \|\mathbf{v}\|^2 。$$

證
$$\|\mathbf{u}+\mathbf{v}\|^2 = \langle \mathbf{u}+\mathbf{v} \mid \mathbf{u}+\mathbf{v} \rangle = \|\mathbf{u}\|^2 + 2\langle \mathbf{u} \mid \mathbf{v} \rangle + \|\mathbf{v}\|^2$$
$$= \|\mathbf{u}\|^2 + \|\mathbf{v}\|^2$$

例題 11

若向量空間 P_2 具有內積 $\langle \mathbf{p} \mid \mathbf{q} \rangle = \int_{-1}^{1} p(x)\,q(x)\,dx$，且令 $\mathbf{p} = x$，$\mathbf{q} = x^2$，試證明 $\|\mathbf{p}+\mathbf{q}\|^2 = \|\mathbf{p}\|^2 + \|\mathbf{q}\|^2$。

解
$$\|\mathbf{p}\| = \langle \mathbf{p} \mid \mathbf{p} \rangle^{1/2} = \left[\int_{-1}^{1} x^2\,dx\right]^{1/2} = \left[\frac{x^3}{3}\bigg|_{-1}^{1}\right]^{1/2} = \sqrt{\frac{2}{3}}$$

$$\|\mathbf{q}\| = \langle \mathbf{q} \mid \mathbf{q} \rangle^{1/2} = \left[\int_{-1}^{1} x^4\,dx\right]^{1/2} = \left[\frac{x^5}{5}\bigg|_{-1}^{1}\right]^{1/2} = \sqrt{\frac{2}{5}}$$

$$\|\mathbf{p}+\mathbf{q}\| = \langle \mathbf{p}+\mathbf{q} \mid \mathbf{p}+\mathbf{q} \rangle = \left[\int_{-1}^{1} (x+x^2)^2\,dx\right]^{1/2}$$

$$= \left[\int_{-1}^{1} (x^2+2x^3+x^4)\,dx\right]^{1/2} = \left[\frac{x^3}{3} + \frac{x^4}{2} + \frac{x^5}{5}\bigg|_{-1}^{1}\right]^{1/2} = \sqrt{\frac{16}{15}}$$

故
$$\|\mathbf{p}\|^2 = \frac{2}{3},\quad \|\mathbf{q}\|^2 = \frac{5}{2},\quad \|\mathbf{p}+\mathbf{q}\|^2 = \frac{16}{15}$$

所以
$$\|\mathbf{p}+\mathbf{q}\|^2 = \|\mathbf{p}\|^2 + \|\mathbf{q}\|^2。$$
★

於空間 $\mathbb{R}^n$ 中，$\{\mathbf{e}_1, \mathbf{e}_2, \mathbf{e}_3, \cdots, \mathbf{e}_n\}$ 為 $\mathbb{R}^n$ 的標準基底，而且此基底中的任何兩個向量互相正交，因此我們就稱此基底為**正交基底**，推廣如下。

定義 5-1-5

設 V 為 n 維內積空間，$S=\{\mathbf{v}_1, \mathbf{v}_2, \cdots, \mathbf{v}_n\}$ 為其一基底。若 $\langle \mathbf{v}_i | \mathbf{v}_j \rangle = 0$, $\forall\, i$、$j=1, 2, \cdots, n$ 且 $i \neq j$，則稱 S 為一**正交基底**（orthogonal basis）。

例題 12

$S=\{\langle 1, 1, 1\rangle, \langle 2, 1, -3\rangle, \langle 4, -5, 1\rangle\}$ 為空間 $\mathbb{R}^3$ 中的一組正交基底，因為

$(\langle 1, 1, 1\rangle | \langle 2, 1, -3\rangle) = \langle 1, 1, 1\rangle \cdot \langle 2, 1, -3\rangle = (1)(2)+(1)(1)+(1)(-3)=0$

$(\langle 1, 1, 1\rangle | \langle 4, -5, 1\rangle) = \langle 1, 1, 1\rangle \cdot \langle 4, -5, 1\rangle = (1)(4)+(1)(-5)+(1)(1)=0$

$(\langle 2, 1, -3\rangle | \langle 4, -5, 1\rangle) = \langle 2, 1, -3\rangle \cdot \langle 4, -5, 1\rangle = (2)(4)+(1)(-5)+(-3)(1)=0$

定義 5-1-6

實值連續函數的集合 $\{\phi_0(x), \phi_1(x), \phi_2(x), \cdots\}$ 稱之為在區間 $[a, b]$ 上互為**正交**，若下列之關係成立，

$$\langle \phi_m | \phi_n \rangle = \int_a^b \phi_m(x)\, \phi_n(x)\, dx = 0, \quad m \neq n。$$

例題 13

於 $C[-\pi, \pi]$ 中定義內積

$$\langle \mathbf{f} | \mathbf{g} \rangle = \int_{-\pi}^{\pi} f(x)\, g(x)\, dx$$

試證 $\{1, \cos x, \sin x\}$ 為正交基底。

解 因為 $\langle 1 | \cos x \rangle = \int_{-\pi}^{\pi} \cos x\, dx = \sin x \Big|_{-\pi}^{\pi} = \sin \pi - \sin(-\pi) = 0$

$$\langle 1 | \sin x \rangle = \int_{-\pi}^{\pi} \sin x\, dx = -\cos x \Big|_{-\pi}^{\pi} = -(\cos \pi - \cos(-\pi)) = 0$$

$$\langle \cos x \mid \sin x \rangle = \int_{-\pi}^{\pi} \cos x \sin x \, dx = -\int_{-\pi}^{\pi} \cos x \, d(\cos x)$$

$$= -\frac{1}{2}\cos^2 x \Big|_{-\pi}^{\pi} = 0$$

故 $\{1, \cos x, \sin x\}$ 為正交基底。 ★

定義 5-1-7

一組**正規正交基底**（orthonormal basis）的向量乃是一組正交的**單位向量**，即 $S = \{\mathbf{v}_1, \mathbf{v}_2, \cdots, \mathbf{v}_n\}$ 為**正規正交基底**，若且唯若

$$\langle \mathbf{v}_i \mid \mathbf{v}_j \rangle = \delta_{ij}$$

其中

$$\delta_{ij} = \begin{cases} 1, & 若\ i = j \\ 0, & 若\ i \neq j \end{cases}$$

且 S 中的每一個向量之範數皆為 1。

給予一組非零向量的正交基底 $\{\mathbf{v}_1, \mathbf{v}_2, \cdots, \mathbf{v}_n\}$，我們只要定義

$$\mathbf{u}_i = \left(\frac{1}{\|\mathbf{v}_i\|}\right)\mathbf{v}_i, \quad i = 1, 2, \cdots, n$$

就可將它化成正規正交基底。

例題 14

在例題 12 中，$S = \{\mathbf{v}_1 = \langle 1, 1, 1 \rangle, \mathbf{v}_2 = \langle 2, 1, -3 \rangle, \mathbf{v}_3 = \langle 4, -5, 1 \rangle\}$ 為空間 $I\!R^3$ 中的一組正交基底，只要令

$$\mathbf{u}_1 = \left(\frac{1}{\|\mathbf{v}_1\|}\right)\mathbf{v}_1 = \frac{1}{\sqrt{3}}\langle 1, 1, 1 \rangle = \langle \frac{1}{\sqrt{3}}, \frac{1}{\sqrt{3}}, \frac{1}{\sqrt{3}} \rangle$$

$$\mathbf{u}_2 = \left(\frac{1}{\|\mathbf{v}_2\|}\right)\mathbf{v}_2 = \frac{1}{\sqrt{14}}\langle 2, 1, -3 \rangle = \langle \frac{2}{\sqrt{14}}, \frac{1}{\sqrt{14}}, -\frac{3}{\sqrt{14}} \rangle$$

$$\mathbf{u}_3 = \left(\frac{1}{\|\mathbf{v}_3\|}\right)\mathbf{v}_3 = \frac{1}{\sqrt{42}}\langle 4, -5, 1 \rangle = \langle \frac{4}{\sqrt{42}}, \frac{-5}{\sqrt{42}}, \frac{1}{\sqrt{42}} \rangle$$

則 $\{\mathbf{u}_1, \mathbf{u}_2, \mathbf{u}_3\}$ 為正規正交基底。因為 $\|\mathbf{u}_1\| = 1$，$\|\mathbf{u}_2\| = 1$，$\|\mathbf{u}_3\| = 1$。

例題 15

試證明集合 $\{1,\ \cos x,\ \cos 2x, \cdots\}$ 在區間 $[-\pi,\ \pi]$ 上正交。

解 若我們指定 $\phi_0(x)=1$，且 $\phi_n(x)=\cos nx$，我們必須證明

$$\int_{-\pi}^{\pi} \phi_0(x)\,\phi_n(x)\,dx=0,\quad n\neq 0 \text{ 與 } \int_{-\pi}^{\pi} \phi_m(x)\,\phi_n(x)\,dx=0,\quad m\neq n$$

(i) $$\langle \phi_0 \mid \phi_n \rangle=\int_{-\pi}^{\pi} \phi_0(x)\,\phi_n(x)\,dx=\int_{-\pi}^{\pi} \cos nx\,dx=\frac{1}{n}\sin nx\Big|_{-\pi}^{\pi}$$

$$=\frac{1}{n}[\sin n\pi-\sin(-n\pi)]=0,\quad n\neq 0$$

(ii) $$\langle \phi_m \mid \phi_n \rangle=\int_{-\pi}^{\pi} \phi_m(x)\,\phi_n(x)\,dx=\int_{-\pi}^{\pi} \cos mx\cos nx\,dx$$

$$=\frac{1}{2}\int_{-\pi}^{\pi}[\cos(m+n)x+\cos(m-n)x]\,dx$$

$$=\frac{1}{2}\left[\frac{\sin(m+n)x}{m+n}+\frac{\sin(m-n)x}{m-n}\Big|_{-\pi}^{\pi}\right]=0,\quad m\neq n。$$ ★

一般而言，一函數 ϕ_n 於正交集合 $\{\phi_n(x)\}$，$n=0,\ 1,\ 2, \cdots$，中之**範數平方**與**範數**分別為

$$\|\phi_n(x)\|^2=\int_a^b \phi_n^2(x)\,dx \text{ 與 } \|\phi_n(x)\|=\left(\int_a^b \phi_n^2(x)\,dx\right)^{1/2}$$

若 $\|\phi_n(x)\|=1$ 對 $n=0, 1, 2, 3, \cdots$，則 $\{\phi_n(x)\}$ 稱之為在區間 $[a, b]$ 中為**正規正交集合**（orthonormal set）。

例題 16

試求正交集合 $\{1, \cos x, \cos 2x, \cdots\}$ 中，每個函數之範數，並求正規正交集合。

解 令 $\phi_0(x)=1$，則 $\|\phi_0(x)\|^2=\int_{-\pi}^{\pi} dx=2\pi$

故 $\|\phi_0(x)\|=\sqrt{2\pi}$

令 $\phi_n(x)=\cos nx$，$n>0$，則

$$\| \phi_n(x) \|^2 = \int_{-\pi}^{\pi} \cos^2 nx \, dx = \frac{1}{2}\int_{-\pi}^{\pi} (1 + \cos 2nx) \, dx = \pi$$

於是對 $n > 0$, $\| \phi_n(x) \| = \sqrt{\pi}$

集合 $\left\{ \frac{1}{\sqrt{2\pi}}, \frac{\cos x}{\sqrt{\pi}}, \frac{\cos 2x}{\sqrt{\pi}}, \cdots \right\}$ 為在 $[-\pi, \pi]$ 中之正規正交集合。 ★

定理 5-1-5

若 $S = \{\mathbf{v}_1, \mathbf{v}_2, \cdots, \mathbf{v}_n\}$ 為內積空間中非零向量所成的正交集合，則 S 為線性獨立。

證 假設 $c_1\mathbf{v}_1 + c_2\mathbf{v}_2 + \cdots + c_n\mathbf{v}_n = \mathbf{0}$，則對任意 $i = 1, 2, \cdots, k$,

$$\langle c_1\mathbf{v}_1 + c_2\mathbf{v}_2 + \cdots + c_i\mathbf{v}_i + \cdots + c_n\mathbf{v}_n \mid \mathbf{v}_i \rangle = \langle \mathbf{0} \mid \mathbf{v}_i \rangle = 0$$

或

$$c_1 \langle \mathbf{v}_1 \mid \mathbf{v}_i \rangle + c_2 \langle \mathbf{v}_2 \mid \mathbf{v}_i \rangle + \cdots + c_i \langle \mathbf{v}_i \mid \mathbf{v}_i \rangle + \cdots + c_n \langle \mathbf{v}_n \mid \mathbf{v}_i \rangle = 0$$

由於 S 為正交基底，所以 $\langle \mathbf{v}_j \mid \mathbf{v}_i \rangle = 0$，對 $j \neq i$。於是,

$$c_i \langle \mathbf{v}_i \mid \mathbf{v}_i \rangle = 0$$

或

$$c_i \| \mathbf{v}_i \|^2 = 0$$

由於 $\mathbf{v}_i \neq \mathbf{0}$，故 $\| \mathbf{v}_i \|^2 > 0$，可得 $c_i = 0$，又 i 是任意的，所以 $c_1 = c_2 = \cdots = c_n = 0$。於是，$S$ 為線性獨立。

現在，我們要討論如何將內積空間中的一組基底化成正規正交基底。

定理 5-1-6 格蘭姆-史密特正規正交法

若 W 為一個 n 維內積空間，$S = \{\mathbf{x}_1, \mathbf{x}_2, \cdots, \mathbf{x}_m\}$ 為一基底，則可利用 S 找出 W 的一組**正規正交基底**。

證 我們先利用 S 求出 W 的一組正交基底 $\{\mathbf{y}_1, \mathbf{y}_2, \cdots, \mathbf{y}_m\}$。在 S 內任選一向量，例如 $\mathbf{x}_1$，並設 $\mathbf{y}_1 = \mathbf{x}_1$。現在希望由 $\{\mathbf{x}_1, \mathbf{x}_2\}$ 所生成的子空間 W_1 內，求出一個與 $\mathbf{y}_1$ 正交的向量 $\mathbf{y}_2$，亦即在求 c_1、c_2，使得

$$\mathbf{y}_2 = c_1\mathbf{y}_1 + c_2\mathbf{x}_2,\quad \langle \mathbf{y}_2 \mid \mathbf{y}_1 \rangle = 0$$

因此，$\langle \mathbf{y}_2 \mid \mathbf{y}_1 \rangle = \langle c_1\mathbf{y}_1 + c_2\mathbf{x}_2 \mid \mathbf{y}_1 \rangle = c_1 \langle \mathbf{y}_1 \mid \mathbf{y}_1 \rangle + c_2 \langle \mathbf{x}_2 \mid \mathbf{y}_1 \rangle$

因為 $\mathbf{y}_1 \neq \mathbf{0}$，所以 $\langle \mathbf{y}_1 \mid \mathbf{y}_1 \rangle \neq 0$，故得

$$c_1 = -c_2 \frac{\langle \mathbf{x}_2 \mid \mathbf{y}_1 \rangle}{\langle \mathbf{y}_1 \mid \mathbf{y}_1 \rangle}$$

我們若取 $c_2 = 1$，則得 $c_1 = -\dfrac{\langle \mathbf{x}_2 \mid \mathbf{y}_1 \rangle}{\langle \mathbf{y}_1 \mid \mathbf{y}_1 \rangle}$

即 $$\mathbf{y}_2 = \mathbf{x}_2 - \left(\frac{\langle \mathbf{x}_2 \mid \mathbf{y}_1 \rangle}{\langle \mathbf{y}_1 \mid \mathbf{y}_1 \rangle} \right) \mathbf{y}_1$$

此時，$\langle \mathbf{y}_1 \mid \mathbf{y}_2 \rangle$ 為 W_1 的一組正交基底，如圖 5-1-1 所示。

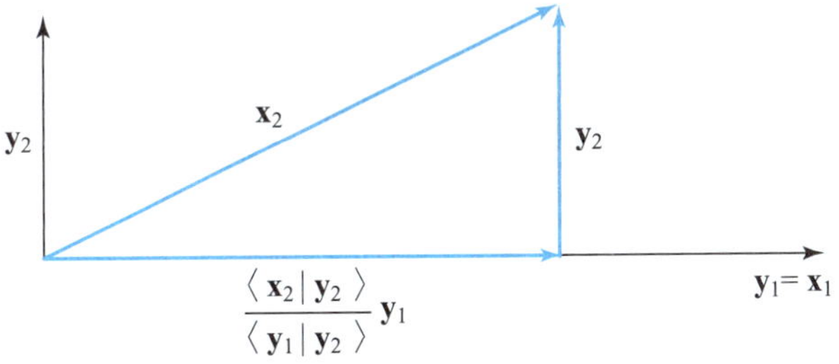

圖 5-1-1

其次，我們再由 $\{\mathbf{x}_1, \mathbf{x}_2, \mathbf{x}_3\}$ 所生成的子空間 W_2 內，找出一個與 $\mathbf{y}_1$、$\mathbf{y}_2$ 均成正交的向量 $\mathbf{y}_3$，亦即在求 d_1、d_2、d_3，使得

$$\mathbf{y}_3 = d_1\mathbf{y}_1 + d_2\mathbf{y}_2 + d_3\mathbf{x}_3,\quad \langle \mathbf{y}_1 \mid \mathbf{y}_3 \rangle = 0,\quad \langle \mathbf{y}_2 \mid \mathbf{y}_3 \rangle = 0$$

因為
$$0 = \langle \mathbf{y}_3 \mid \mathbf{y}_1 \rangle = d_1 \langle \mathbf{y}_1 \mid \mathbf{y}_1 \rangle + d_2 \langle \mathbf{y}_2 \mid \mathbf{y}_1 \rangle + d_3 \langle \mathbf{x}_3 \mid \mathbf{y}_1 \rangle$$
$$0 = \langle \mathbf{y}_3 \mid \mathbf{y}_2 \rangle = d_1 \langle \mathbf{y}_1 \mid \mathbf{y}_2 \rangle + d_2 \langle \mathbf{y}_2 \mid \mathbf{y}_2 \rangle + d_3 \langle \mathbf{x}_3 \mid \mathbf{y}_2 \rangle$$

又
$$\langle \mathbf{y}_2 \mid \mathbf{y}_1 \rangle = \langle \mathbf{y}_1 \mid \mathbf{y}_2 \rangle = 0$$

故
$$0 = d_1 \langle \mathbf{y}_1 \mid \mathbf{y}_1 \rangle + d_3 \langle \mathbf{x}_3 \mid \mathbf{y}_1 \rangle$$
$$0 = d_2 \langle \mathbf{y}_2 \mid \mathbf{y}_2 \rangle + d_3 \langle \mathbf{x}_3 \mid \mathbf{y}_2 \rangle$$

當 $d_3 = 1$ 時，$d_1 = -\dfrac{\langle \mathbf{x}_3 \mid \mathbf{y}_1 \rangle}{\langle \mathbf{y}_1 \mid \mathbf{y}_1 \rangle}$，$d_2 = -\dfrac{\langle \mathbf{x}_3 \mid \mathbf{y}_2 \rangle}{\langle \mathbf{y}_2 \mid \mathbf{y}_2 \rangle}$

因此，
$$\mathbf{y}_3=\mathbf{x}_3-\left(\frac{\langle \mathbf{x}_3\,|\,\mathbf{y}_1\rangle}{\langle \mathbf{y}_1\,|\,\mathbf{y}_1\rangle}\right)\mathbf{y}_1-\left(\frac{\langle \mathbf{x}_3\,|\,\mathbf{y}_2\rangle}{\langle \mathbf{y}_2\,|\,\mathbf{y}_2\rangle}\right)\mathbf{y}_2$$

此時，$\{\mathbf{y}_1,\mathbf{y}_2,\mathbf{y}_3\}$ 為 W_2 的正交基底。

依照相同的作法，我們可得一般式

$$\mathbf{y}_1=\mathbf{x}_1$$

$$\mathbf{y}_i=\mathbf{x}_i-\left(\frac{\langle \mathbf{x}_i\,|\,\mathbf{y}_1\rangle}{\langle \mathbf{y}_1\,|\,\mathbf{y}_1\rangle}\right)\mathbf{y}_1-\left(\frac{\langle \mathbf{x}_i\,|\,\mathbf{y}_2\rangle}{\langle \mathbf{y}_2\,|\,\mathbf{y}_2\rangle}\right)\mathbf{y}_2-\cdots-\left(\frac{\langle \mathbf{x}_i\,|\,\mathbf{y}_{i-1}\rangle}{\langle \mathbf{y}_{i-1}\,|\,\mathbf{y}_{i-1}\rangle}\right)\mathbf{y}_{i-1}$$

$$=\mathbf{x}_i-\sum_{k=1}^{i-1}\left(\frac{\langle \mathbf{x}_i\,|\,\mathbf{y}_k\rangle}{\langle \mathbf{y}_k\,|\,\mathbf{y}_k\rangle}\right)\mathbf{y}_k,\quad i=2,3,\cdots,n$$

因此 $\{\mathbf{y}_1,\mathbf{y}_2,\cdots,\mathbf{y}_m\}$ 為 W 的一組正交基底。若將此組正交基底向量化成單位向量，即所謂**正規化**（normalize），

$$\mathbf{z}_i=\frac{1}{\|\mathbf{y}_i\|}\mathbf{y}_i,\quad i=1,2,\cdots,m$$

則 $\{\mathbf{z}_1,\mathbf{z}_2,\cdots,\mathbf{z}_m\}$ 即為 W 的一組正規正交基底。 ★

例題 17

試將 $\mathbb{R}^3$ 的基底 $S=\{\mathbf{x}_1,\mathbf{x}_2,\mathbf{x}_3\}$，其中 $\mathbf{x}_1=\langle 1,1,1\rangle$，$\mathbf{x}_2=\langle 0,1,1\rangle$，$\mathbf{x}_3=\langle 1,2,3\rangle$，加以正交化及正規正交化。

解 (i) 令 $\mathbf{y}_1=\mathbf{x}_1=\langle 1,1,1\rangle$

$$\mathbf{y}_2=\mathbf{x}_2-\left(\frac{\langle \mathbf{x}_2\,|\,\mathbf{y}_1\rangle}{\langle \mathbf{y}_1\,|\,\mathbf{y}_1\rangle}\right)\mathbf{y}_1=\langle 0,1,1\rangle-\frac{2}{3}\langle 1,1,1\rangle$$

$$=\left\langle -\frac{2}{3},\frac{1}{3},\frac{1}{3}\right\rangle$$

$$\mathbf{y}_3=\mathbf{x}_3-\left(\frac{\langle \mathbf{x}_3\,|\,\mathbf{y}_1\rangle}{\langle \mathbf{y}_1\,|\,\mathbf{y}_1\rangle}\right)\mathbf{y}_1-\left(\frac{\langle \mathbf{x}_3\,|\,\mathbf{y}_2\rangle}{\langle \mathbf{y}_2\,|\,\mathbf{y}_2\rangle}\right)\mathbf{y}_2$$

$$=\langle 1,2,3\rangle-2\langle 1,1,1\rangle-\frac{3}{2}\left\langle -\frac{2}{3},\frac{1}{3},\frac{1}{3}\right\rangle$$

$$=\left\langle 0,-\frac{1}{2},\frac{1}{2}\right\rangle$$

故 $\left\{ \langle 1, 1, 1 \rangle, \langle -\frac{2}{3}, \frac{1}{3}, \frac{1}{3} \rangle, \langle 0, -\frac{1}{2}, \frac{1}{2} \rangle \right\}$ 為 $\mathbb{R}^3$ 的一組正交基底。

(ii) 令 $\mathbf{z}_1 = \frac{1}{\|\mathbf{y}_1\|}\mathbf{y}_1 = \frac{1}{\sqrt{3}}\langle 1, 1, 1 \rangle = \langle \frac{1}{\sqrt{3}}, \frac{1}{\sqrt{3}}, \frac{1}{\sqrt{3}} \rangle$

$$\mathbf{z}_2 = \frac{1}{\|\mathbf{y}_2\|}\mathbf{y}_2 = \frac{1}{\sqrt{\frac{2}{3}}}\langle -\frac{2}{3}, \frac{1}{3}, \frac{1}{3} \rangle = \langle -\frac{2}{\sqrt{6}}, \frac{1}{\sqrt{6}}, \frac{1}{\sqrt{6}} \rangle$$

$$\mathbf{z}_3 = \frac{1}{\|\mathbf{y}_3\|}\mathbf{y}_3 = \frac{1}{\sqrt{\frac{1}{2}}}\langle 0, -\frac{1}{2}, \frac{1}{2} \rangle = \langle 0, -\frac{1}{\sqrt{2}}, \frac{1}{\sqrt{2}} \rangle$$

故 $\left\{ \langle \frac{1}{\sqrt{3}}, \frac{1}{\sqrt{3}}, \frac{1}{\sqrt{3}} \rangle, \langle -\frac{2}{\sqrt{6}}, \frac{1}{\sqrt{6}}, \frac{1}{\sqrt{6}} \rangle, \langle 0, -\frac{1}{\sqrt{2}}, \frac{1}{\sqrt{2}} \rangle \right\}$

為 $\mathbb{R}^3$ 的一組正規正交基底。 ★

例題 18

令向量空間 P_2 具有內積

$$\langle \mathbf{p} \mid \mathbf{q} \rangle = \int_{-1}^{1} p(x)\, q(x)\, dx$$

試利用格蘭姆-史密特正交化方法將標準基底 $S = \{1, x, x^2\}$ 化成正規正交基底。

解 令 $\mathbf{y}_1 = 1$

$$\mathbf{y}_2 = x - \frac{\langle x \mid 1 \rangle}{\langle 1 \mid 1 \rangle} = x - \frac{\int_{-1}^{1} x\, dx}{\int_{-1}^{1} dx} = x$$

$$\mathbf{y}_3 = x^2 - \frac{\langle x^2 \mid 1 \rangle}{\langle 1 \mid 1 \rangle} - \frac{\langle x^2 \mid x \rangle}{\langle x \mid x \rangle}x = x^2 - \frac{\int_{-1}^{1} x^2\, dx}{2} - \frac{\int_{-1}^{1} x^3\, dx}{\int_{-1}^{1} x^2\, dx}x$$

$$= x^2 - \frac{\frac{2}{3}}{2} - \frac{0}{\frac{2}{3}}x = x^2 - \frac{1}{3}$$

再令 $\mathbf{z}_1=\dfrac{1}{\|\mathbf{y}_1\|}\mathbf{y}_1=\dfrac{1}{\sqrt{\langle\mathbf{y}_1|\mathbf{y}_1\rangle}}=\dfrac{1}{\sqrt{\int_{-1}^{1}dx}}=\dfrac{1}{\sqrt{2}}$

$$\mathbf{z}_2=\frac{1}{\|\mathbf{y}_2\|}\mathbf{y}_2=\frac{\mathbf{x}}{\sqrt{\langle\mathbf{y}_2|\mathbf{y}_2\rangle}}=\frac{\mathbf{x}}{\sqrt{\int_{-1}^{1}x^2\,dx}}=\sqrt{\frac{3}{2}}x$$

$$\mathbf{z}_3=\frac{1}{\|\mathbf{y}_3\|}\mathbf{y}_3=\frac{1}{\sqrt{\langle\mathbf{y}_3|\mathbf{y}_3\rangle}}\left(x^2-\frac{1}{3}\right)=\frac{1}{\sqrt{\int_{-1}^{1}\left(x^2-\frac{1}{3}\right)^2dx}}\left(x^2-\frac{1}{3}\right)$$

$$=\sqrt{\frac{45}{8}}\left(x^2-\frac{1}{3}\right)=\frac{\sqrt{5}}{2\sqrt{2}}(3x^2-1)$$

故 $\left\{\dfrac{1}{\sqrt{2}},\ \sqrt{\dfrac{3}{2}}x,\ \dfrac{\sqrt{5}}{2\sqrt{2}}(3x^2-1)\right\}$ 為向量空間 P_2 的正規正交基底。 ★

習題 5-1

1. 試求 k 值使得 $\mathbf{u}=\langle 1,2,k,3\rangle$ 與 $\mathbf{v}=\langle 3,k,7,-5\rangle$ 在 $\mathbb{R}^4$ 中正交。
2. 展開下列各式
   (1) $<3\mathbf{u}+5\mathbf{v}\,|\,4\mathbf{u}-6\mathbf{v}>$
   (2) $\|2\mathbf{u}-3\mathbf{v}\|^2$
3. 試求關於 $\mathbb{R}^3$ 子空間 $\mathbf{u}^2$ 之基底，此處 $\mathbf{u}=\langle 1,3,-4\rangle$。
4. 令 $\mathbf{u}=\langle 2,3,5\rangle$ 與 $\mathbf{v}=\langle 1,-4,3\rangle$ 為 $\mathbb{R}^3$ 中之向量，且 θ 為向量 $\mathbf{u}$、$\mathbf{v}$ 間之夾角，試求 $\cos\theta$ 之值。
5. 考慮 $f(t)=3t-5$ 與 $g(t)=t^2$ 在多項式空間 $p(t)$ 內，且具有內積如下：

$$<\mathbf{f}\,|\,\mathbf{g}>=\int_0^1 f(t)g(t)\,dt$$

   試求 (1) $<\mathbf{f}\,|\,\mathbf{g}>$
   (2) $\|\mathbf{f}\|$ 與 $\|\mathbf{g}\|$
6. 令 $f(t)=3t-5$ 與 $g(t)=t^2$ 在多項式空間 $p(t)$ 內，θ 為向量 $f(t)$ 與 $g(t)$ 之夾角，且具有內積如下：

$$<\mathbf{f}\,|\,\mathbf{g}>=\int_0^1 f(t)g(t)\,dt$$

   試求 $\cos\theta$ 之值。

7. 令 θ 為 $A=\begin{bmatrix}9 & 8 & 7\\ 6 & 5 & 4\end{bmatrix}$ 與 $B=\begin{bmatrix}1 & 2 & 3\\ 4 & 5 & 6\end{bmatrix}$ 之間的夾角，而 $<A\,|\,B>=\text{tr}(B^TA)$，試求 $\cos\theta$ 之值。

8. 若 $\mathbf{u}=\begin{bmatrix}u_1 & u_2\\ u_3 & u_4\end{bmatrix}$ 與 $\mathbf{v}=\begin{bmatrix}v_1 & v_2\\ v_3 & v_4\end{bmatrix}$ 在 M_{22} 上定義一內積如下:

$$\langle\,\mathbf{u}\,|\,\mathbf{v}\,\rangle=u_1v_1+u_2v_2+u_3v_3+u_4v_4$$

求介於矩陣 $\mathbf{u}=\begin{bmatrix}1 & 0\\ 1 & 1\end{bmatrix}$ 與 $\mathbf{v}=\begin{bmatrix}0 & 2\\ 0 & 0\end{bmatrix}$ 之間的夾角。

9. 假設在 $\mathbb{R}^2$ 上定義的內積為 $\langle\,\mathbf{u}\,|\,\mathbf{v}\,\rangle=2u_1v_1-u_2v_1-u_1v_2+u_2v_2$，若 $\mathbf{u}=\langle\,3,4\,\rangle$，$\mathbf{v}=\langle\,1,2\,\rangle$，求 $d(\mathbf{u},\mathbf{v})$。

10. 若 M_{22} 的內積如第 8 題所定義，設 $A=\begin{bmatrix}1 & 5\\ 8 & 3\end{bmatrix}$，$B=\begin{bmatrix}-5 & 0\\ 7 & -3\end{bmatrix}$，求 $d(A,B)$。

11. 已知 $p(x)=x+1$、$q(x)=x^2$，試求 $p(x)$ 與 $q(x)$ 在區間 $0\le x\le 1$ 之內積及範數。

12. 利用內積 $<\mathbf{p}\,|\,\mathbf{q}>=\int_0^1 p(x)\,q(x)\,dx$ 計算 $<\mathbf{p}\,|\,\mathbf{q}>$，對於 $c[\,0,1\,]$ 內之向量 $\mathbf{p}=p(x)$ $=x$、$\mathbf{q}=q(x)=e^x$。

13. 利用內積 $<\mathbf{f}\,|\,\mathbf{g}>=\int_0^1 f(x)\,g(x)\,dx$ 計算 $<\mathbf{f}\,|\,\mathbf{g}>$，對於 $c[\,0,1\,]$ 內之向量 $\mathbf{f}=\cos 2\pi x$、$\mathbf{g}=\sin 2\pi x$。

14. 試證下列向量恆等式在任何的內積空間成立。

$$\|\,\mathbf{u}+\mathbf{v}\,\|^2+\|\,\mathbf{u}-\mathbf{v}\,\|^2=2\|\,\mathbf{u}\,\|^2+2\|\,\mathbf{v}\,\|^2$$

15. 令向量空間 P_2 具有內積

$$\langle\,\mathbf{p}\,|\,\mathbf{q}\,\rangle=\int_{-1}^{1} p(x)\,q(x)\,dx$$

若 $\mathbf{p}=1$，$\mathbf{q}=\mathbf{x}$，求 $d(\mathbf{p},\mathbf{q})$。

16. 假設內積空間 $C\,[0,1]$ 具有內積定義如下:

$$\langle\,\mathbf{f}\,|\,\mathbf{g}\,\rangle=\int_0^1 f(x)\,g(x)\,dx$$

令 S 為向量 1 與 $2x-1$ 所生成之子空間，利用定理 5-1-4 證明 1 與 $2x-1$ 正交。

17. 設 $f(x)$ 與 $g(x)$ 為 $[0, 1]$ 中之連續函數，試證:

(1) $\left[\int_0^1 f(x)\,g(x)\,dx\right]^2 \leq \left[\int_0^1 f^2(x)\,dx\right]\left[\int_0^1 g^2(x)\,dx\right]$

(2) $\left[\int_0^1 (f(x)+g(x))^2\,dx\right]^{1/2} \leq \left[\int_0^1 f^2(x)\,dx\right]^{1/2} + \left[\int_0^1 g^2(x)\,dx\right]^{1/2}$

18. 利用**格蘭姆-史密特正交法**，求出具有基底 $\{\langle 1, -1, 0\rangle, \langle 2, 0, 1\rangle\}$ 之 $\mathbb{R}^3$ 中的子空間之正規正交基底。

19. 試將 $\mathbb{R}^3$ 的基底 $S = \{\mathbf{x}_1, \mathbf{x}_2, \mathbf{x}_3\}$，其中 $\mathbf{x}_1 = \langle 2, 1, 2\rangle$，$\mathbf{x}_2 = \langle 1, 0, 1\rangle$，$\mathbf{x}_3 = \langle -1, 2, 3\rangle$，加以正交化及正規正交化。

20. 試求在 $\mathbb{R}^3$ 中位於平面 $\pi = \left\{\begin{bmatrix} x \\ y \\ z \end{bmatrix} :\ 2x - y + 3z = 0\right\}$ 上之向量集合所成之正規正交基底。

21. 利用**格蘭姆-史密特**正交化方法求出具有基底 $\{\langle 1, 0, -1, 0\rangle, \langle 1, -1, 0, 0\rangle, \langle 3, 1, 0, 0\rangle\}$ 之 $\mathbb{R}^4$ 子空間的正規正交基底。

22. 令向量空間 P_2 具有內積

$$\langle \mathbf{p} \mid \mathbf{q} \rangle = \int_0^1 p(x)\,q(x)\,dx$$

試利用**格蘭姆-史密特**正交化方法將標準基底 $S = \{1, x, x^2\}$ 化成正規正交基底。

*5-2 連續函數的近似；傅立葉級數

正交投影

在具有歐幾里得內積空間的 $\mathbb{R}^2$ 或 $\mathbb{R}^3$ 上。假設 Γ 是通過原點之直線或平面，由圖 5-2-1 (1)(2) 所示，我們得知，空間上的每一個向量 $\mathbf{u}$ 可表示為

$$\mathbf{u} = \mathbf{p}_1 + \mathbf{p}_2$$

此處 $\mathbf{p}_1$ 在 Γ 上且 $\mathbf{p}_2$ 和 Γ 正交。此一事實為下列一般定理之特殊情形。

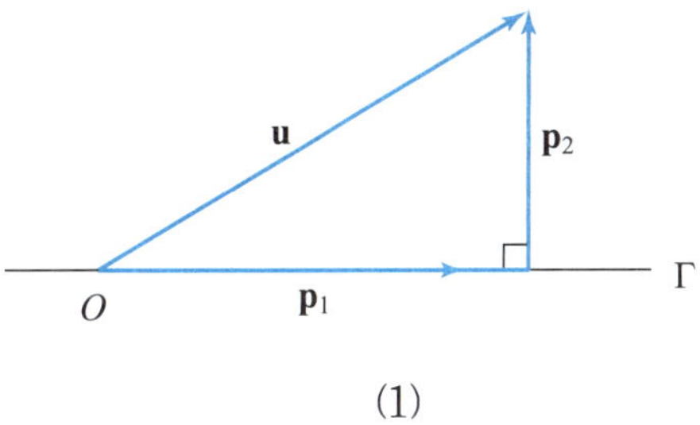

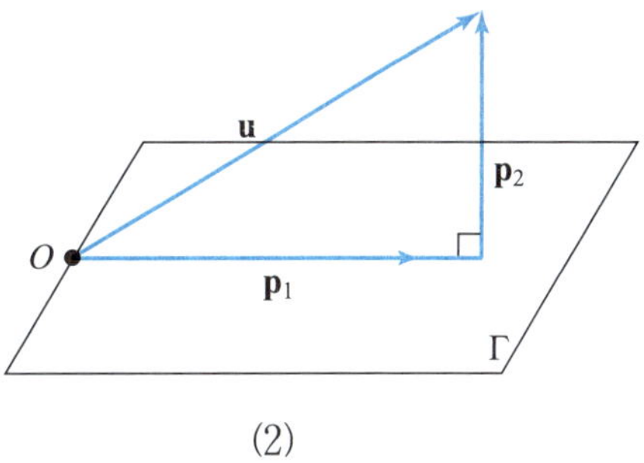

圖 5-2-1

定理 5-2-1 投影定理

假設 Γ 為內積空間 V 的一有限維子空間，則 V 上之每一向量 $\mathbf{u}$ 均可唯一表示為

$$\mathbf{u} = \mathbf{p}_1 + \mathbf{p}_2$$

此處 $\mathbf{p}_1$ 在 Γ 上且 $\mathbf{p}_2$ 正交於 Γ。

上述定理中 $\mathbf{p}_1$ 稱之為 $\mathbf{u}$ 在 Γ 上的**正交投影**，記為 $\text{proj}_\Gamma\,\mathbf{u}$；而 $\mathbf{p}_2 = \mathbf{u} - \text{proj}_\Gamma\,\mathbf{u}$，稱為 $\mathbf{u}$ 正交於 Γ 上的分量。

下述定理提供了計算正交投影之公式。

定理 5-2-2

令 W 為內積空間 V 的一有限維子空間。若 $\{\mathbf{e}_1, \mathbf{e}_2, \cdots, \mathbf{e}_r\}$ 為 W 的一正交基底，且 $\mathbf{u}$ 為 V 上之任意向量，則

$$\text{proj}_W\,\mathbf{u} = \frac{\langle \mathbf{u} \mid \mathbf{e}_1 \rangle}{\|\mathbf{e}_1\|^2}\mathbf{e}_1 + \frac{\langle \mathbf{u} \mid \mathbf{e}_2 \rangle}{\|\mathbf{e}_2\|^2}\mathbf{e}_2 + \cdots + \frac{\langle \mathbf{u} \mid \mathbf{e}_r \rangle}{\|\mathbf{e}_r\|^2}\mathbf{e}_r 。 \qquad (5\text{-}2\text{-}1)$$

例題 1

假設實值連續函數 f 在區間 $[-1, 1]$ 上的空間 $C[-1, 1]$ 中具有內積 $\langle \mathbf{f} \mid \mathbf{g} \rangle = \int_{-1}^{1} f(x)\,g(x)\,dx$。試求一最多為二次之多項式 $p = p(x)$ 與絕對值函數 $f(x) = |x|$ 做最佳逼近。

解 我們知子空間 $W=\mathbf{p}_2$ 中之向量 $\mathbf{p}$ 最接近於 f。我們利用**格蘭姆-史密特**之正交化過程，將 $\mathbf{p}_2$ 之標準基底 $\{1, x, x^2\}$ 正交化得 $\left\{\mathbf{e}_1=1, \mathbf{e}_2=x, \mathbf{e}_3=x^2-\dfrac{1}{3}\right\}$。

因此所求之多項式為

$$\mathbf{p}=\text{proj}_{\mathbf{p}_2}(f)=\frac{\langle \mathbf{f}\,|\,\mathbf{e}_1\rangle}{\|\mathbf{e}_1\|^2}\mathbf{e}_1+\frac{\langle \mathbf{f}\,|\,\mathbf{e}_2\rangle}{\|\mathbf{e}_2\|^2}\mathbf{e}_2+\frac{\langle \mathbf{f}\,|\,\mathbf{e}_3\rangle}{\|\mathbf{e}_3\|^2}\mathbf{e}_3$$

$$=\frac{\int_{-1}^{1}|x|\,dx}{\left(\int_{-1}^{1}1^2\,dx\right)}\mathbf{e}_1+\frac{\int_{-1}^{1}|x|\,x\,dx}{\left(\int_{-1}^{1}x^2\,dx\right)}\mathbf{e}_2+\frac{\int_{-1}^{1}|x|\left(x^2-\frac{1}{3}\right)dx}{\int_{-1}^{1}\left(x^2-\frac{1}{3}\right)^2dx}\mathbf{e}_3$$

$$=\frac{1}{2}\mathbf{e}_1+0\mathbf{e}_2+\frac{\frac{1}{6}}{\frac{8}{45}}\mathbf{e}_3=\frac{1}{2}+\frac{15}{16}\left(x^2-\frac{1}{3}\right)$$

$$=\frac{3}{16}(5x^2+1)$$

$p(x)$ 與 $f(x)$ 之圖形如圖 5-2-2 所示。 ★

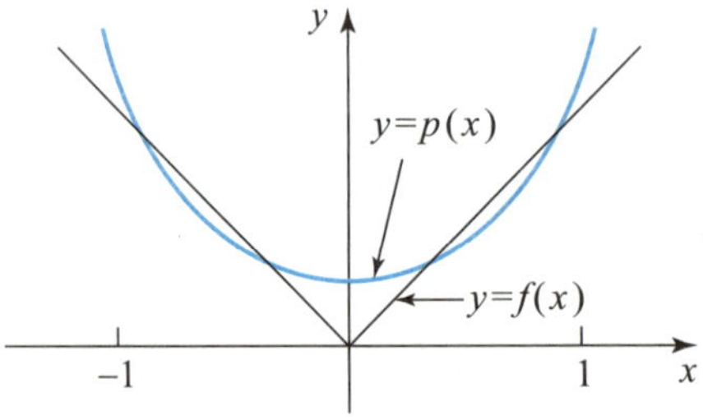

圖 5-2-2

定理 5-2-3 最佳逼近定理

假設 W 為一內積空間 V 的一有限維子空間，並假設 $\mathbf{u}$ 為 V 上之一向量，則 $\text{proj}_W\,\mathbf{u}$ 為 W 中之最佳逼近於 $\mathbf{u}$ 的向量，意即

$$\|\mathbf{u}-\mathbf{w}\|>\|\mathbf{u}-\text{proj}_W\,\mathbf{u}\|$$

對 W 上之每一異於 $\text{proj}_W\,\mathbf{u}$ 之向量 $\mathbf{w}$。

證 如圖 5-2-3 所示，對 W 上的任意向量 $\mathbf{w}$，我們可以表示為

$$\mathbf{u}-\mathbf{w}=(\mathbf{u}-\text{proj}_W\,\mathbf{u})+(\text{proj}_W\,\mathbf{u}-\mathbf{w}) \cdots\cdots ①$$

但 $\text{proj}_W\,\mathbf{u}-\mathbf{w}$ 為 W 上向量之差，故 $(\text{proj}_W\,\mathbf{u}-\mathbf{w})\in W$；且 $\mathbf{u}-\text{proj}_W\,\mathbf{u}$ 正交於 W，故 ① 式等號右端的兩項為正交的。

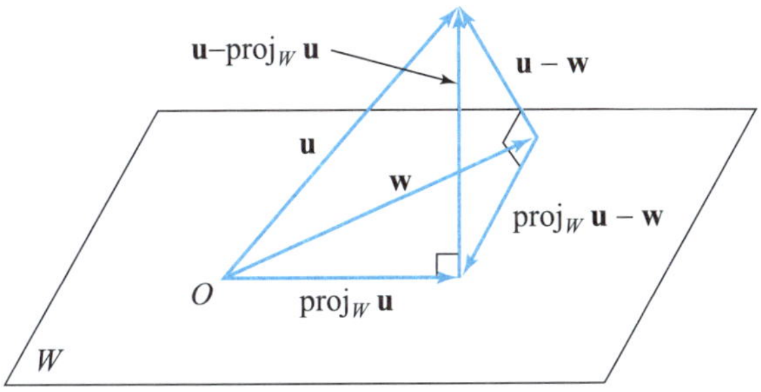

圖 5-2-3

因此，由定理 5-1-4 知

$$\|\mathbf{u}-\mathbf{w}\|^2=\|\mathbf{u}-\text{proj}_W\,\mathbf{u}\|^2+\|\text{proj}_W\,\mathbf{u}-\mathbf{w}\|^2$$

如果 $\mathbf{w}\neq\text{proj}_W\,\mathbf{u}$，則 $\|\text{proj}_W\,\mathbf{u}-\mathbf{w}\|^2>0$，所以

$$\|\mathbf{u}-\mathbf{w}\|^2>\|\mathbf{u}-\text{proj}_W\,\mathbf{u}\|^2$$

亦即 $\|\mathbf{u}-\mathbf{w}\|>\|\mathbf{u}-\text{proj}_W\,\mathbf{u}\|$。

最小平方近似

定義 5-2-1

令 $C[a,b]$ 為佈於區間 $[a,b]$ 之連續函數 f 的向量空間，f 為 $C[a,b]$ 中之元素，且 W 為 $C[a,b]$ 之一子空間，令 $C[a,b]$ 具有內積

$$\langle\mathbf{f}\,|\,\mathbf{g}\rangle=\int_a^b f(x)\,g(x)\,dx$$

若 W 中之函數 g 能使 $\int_a^b[f(x)-g(x)]^2\,dx$ 為極小，則稱 g 為**最小平方近似於 f**。

如圖 5-2-4 所示。得知，在子空間 W 中 $g=\text{proj}_W\,\mathbf{f}$ 為最小平方近似於 $\mathbf{f}$。因此，我們可以利用這個幾何上的事實去計算 $\text{proj}_W\,\mathbf{f}$。令 $\{\mathbf{g}_1, \mathbf{g}_2, \cdots, \mathbf{g}_n\}$ 為 W 中之正規正交基底，則得知

$$\text{proj}_W\,\mathbf{f} = \langle \mathbf{f} \,|\, \mathbf{g}_1 \rangle\, g_1 + \langle \mathbf{f} \,|\, \mathbf{g}_2 \rangle\, g_2 + \cdots + \langle \mathbf{f} \,|\, \mathbf{g}_n \rangle\, g_n \text{。} \tag{5-2-2}$$

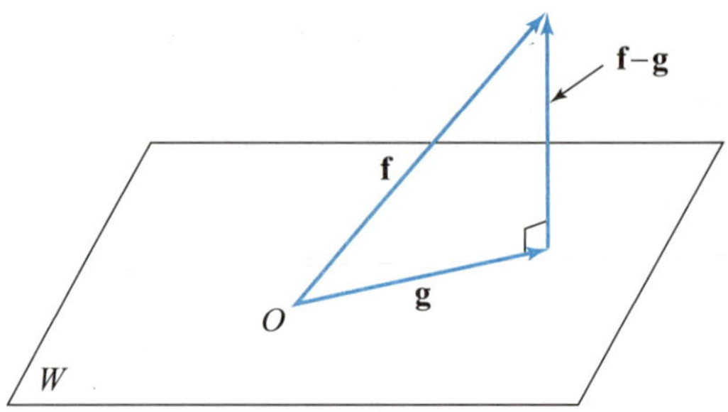

當 $g = \text{proj}_W\,\mathbf{f}$ 時，$\|\mathbf{f} - \mathbf{g}\|$有極小值

圖 5-2-4

例題 2

試求佈於區間 $[-1, 1]$ 中，$g(x)$ 為最小平方線性近似於 $f(x) = e^x$。

解 令線性近似為 $g(x) = a + bx$。$\mathbf{f}$ 為 $C[-1, 1]$ 中之一元素，且 $\mathbf{g}$ 為 $[-1, 1]$ 中多項式次數小於或等於 1 之子空間 $P_1[-1, 1]$ 的元素，集合 $\{\mathbf{1}, \mathbf{x}\}$ 為 $P_1[-1, 1]$ 中之基底，我們得

$$\langle \mathbf{1} \,|\, \mathbf{x} \rangle = \int_{-1}^{1} 1 \cdot x\,dx = 0$$

於是函數正交。這些向量之長度為

$$\|\mathbf{1}\|^2 = \int_{-1}^{1} (1 \cdot 1)\,dx = 2 \quad \text{且} \quad \|\mathbf{x}\|^2 = \int_{-1}^{1} (x \cdot x)\,dx = \frac{2}{3}$$

於是，集合 $\left\{\frac{1}{\sqrt{2}}, \sqrt{\frac{3}{2}}x\right\}$ 為 $P_1[-1, 1]$ 中之正規正交基底，我們可求得，

$$\begin{aligned}
\text{proj}_{P_1}\,\mathbf{f} &= \langle \mathbf{f} \,|\, \mathbf{g}_1 \rangle\, \mathbf{g}_1 + \langle \mathbf{f} \,|\, \mathbf{g}_2 \rangle\, \mathbf{g}_2 \\
&= \int_{-1}^{1} \left(e^x \sqrt{\frac{1}{2}}\right) dx \frac{1}{\sqrt{2}} + \int_{-1}^{1} \left(e^x \sqrt{\frac{3}{2}}x\right) dx \sqrt{\frac{3}{2}}x \\
&= \frac{1}{2}(e - e^{-1}) + 3e^{-1}x
\end{aligned}$$

於是，佈於區間 $[-1, 1]$ 中，$g(x) = \frac{1}{2}(e - e^{-1}) + 3e^{-1}x$ 為最小平方線性近似於

$f(x) = e^x$, $g(x) \approx 1.1x + 1.18$。如圖 5-2-5 所示。 ★

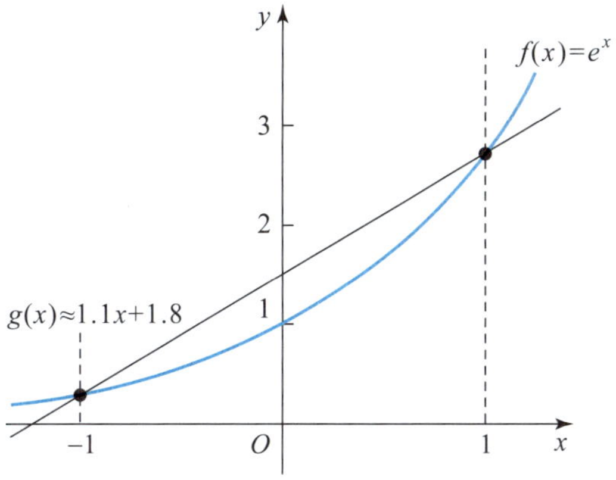

圖 5-2-5

傅立葉級數

一個形如

$$p(x) = c_0 + c_1 \cos x + c_2 \cos 2x + \cdots + c_n \cos nx + d_1 \sin x + d_2 \sin 2x + \cdots + d_n \sin nx \quad (5\text{-}2\text{-}3)$$

的函數稱之為**三角多項式**（trigonometric polynomial）；如果 c_n 及 d_n 不同時為零，則稱 $p(x)$ 之階數為 n。

假設在空間 $C[-\pi, \pi]$ 中之函數 f 具有內積

$$\langle \mathbf{f} \mid \mathbf{g} \rangle = \int_{-\pi}^{\pi} f(x)\, g(x)\, dx$$

我們應如何由集合 $\{1, \cos x, \sin x, \cos 2x, \sin 2x, \cdots, \cos nx, \sin nx\}$，$n$ 為正整數，在空間 $T[-\pi, \pi]$ 中所生成之三角多項式去求 f 的最小平方近似？即 f 的最小平方三角多項式近似。

讀者可以證明向量 $1, \cos x, \sin x, \cdots, \cos nx, \sin nx$ 在空間 $T[-\pi, \pi]$ 中彼此互相正交。這些向量的長度分別為

$$\|\mathbf{1}\|^2 = \int_{-\pi}^{\pi} (1 \cdot 1)\, dx = 2\pi$$

$$\|\mathbf{\cos} nx\|^2 = \int_{-\pi}^{\pi} (\cos nx \cdot \cos nx)\, dx = \pi$$

$$\|\mathbf{\sin} nx\|^2 = \int_{-\pi}^{\pi} (\sin nx \cdot \sin nx)\, dx = \pi$$

於是，我們求得下列集合為空間 $T[-\pi, \pi]$ 中之正規正交基底。

$$\{\mathbf{g}_0, \mathbf{g}_1, \cdots, \mathbf{g}_{2n}\} = \left\{\frac{1}{\sqrt{2\pi}}, \frac{1}{\sqrt{\pi}}\cos x, \frac{1}{\sqrt{\pi}}\sin x, \cdots, \frac{1}{\sqrt{\pi}}\cos nx, \frac{1}{\sqrt{\pi}}\sin nx\right\} \tag{5-2-4}$$

將這些正規正交基底，代入下式中，則求得 $\mathbf{f}$ 之最小平方近似 $\mathbf{g}$。

$$g(x) = \text{proj}_T\,\mathbf{f} = \langle \mathbf{f} \mid \mathbf{g}_0 \rangle\, \mathbf{g}_0 + \langle \mathbf{f} \mid \mathbf{g}_1 \rangle\, \mathbf{g}_1 + \cdots + \langle \mathbf{f} \mid \mathbf{g}_{2n} \rangle\, \mathbf{g}_{2n} \tag{5-2-5}$$

我們得

$$g(x) = \left\langle \mathbf{f} \,\middle|\, \frac{1}{\sqrt{2\pi}} \right\rangle \frac{1}{\sqrt{2\pi}} + \left\langle \mathbf{f} \,\middle|\, \frac{1}{\sqrt{\pi}}\cos x \right\rangle \frac{1}{\sqrt{\pi}}\cos x + \left\langle \mathbf{f} \,\middle|\, \frac{1}{\sqrt{\pi}}\sin x \right\rangle \frac{1}{\sqrt{\pi}}\sin x$$

$$+ \cdots + \left\langle \mathbf{f} \,\middle|\, \frac{1}{\sqrt{\pi}}\cos nx \right\rangle \frac{1}{\sqrt{\pi}}\cos nx + \left\langle \mathbf{f} \,\middle|\, \frac{1}{\sqrt{\pi}}\sin nx \right\rangle \frac{1}{\sqrt{\pi}}\sin nx \tag{5-2-6}$$

為了計算上的方便，我們引進下列之記法。

$$a_0 = \left\langle \mathbf{f} \,\middle|\, \frac{1}{\sqrt{2\pi}} \right\rangle \frac{1}{\sqrt{2\pi}} = \int_{-\pi}^{\pi} \left(f(x) \cdot \frac{1}{\sqrt{2\pi}}\right) dx\, \frac{1}{\sqrt{2\pi}} = \frac{1}{2\pi}\int_{-\pi}^{\pi} f(x)\, dx$$

即

$$a_0 = \frac{\langle f(x) \mid 1 \rangle}{\| 1 \|^2} = \frac{1}{2\pi}\int_{-\pi}^{\pi} f(x)\, dx$$

同理

$$a_k = \frac{\langle f(x) \mid \cos kx \rangle}{\| \cos kx \|^2} = \frac{1}{\pi}\int_{-\pi}^{\pi} f(x)\cos kx\, dx, \qquad k = 1, 2, \cdots$$

$$b_k = \frac{\langle f(x) \mid \sin kx \rangle}{\| \sin kx \|^2} = \frac{1}{\pi}\int_{-\pi}^{\pi} f(x)\sin kx\, dx, \qquad k = 1, 2, \cdots$$

此一 $f(x)$ 之最小平方三角多項式近似式，現在可以寫成

$$g(x) \sim a_0 + \sum_{k=1}^{n} (a_k \cos kx + b_k \sin kx) \tag{5-2-7}$$

$g(x)$ 稱之為 $f(x)$ 之 **n-階傅立葉近似式**。係數 $a_0, a_1, b_1, b_2, \cdots, a_n, b_n$ 稱之為**傅立葉係數**。

當 n 無限制遞增時，$g(x)$ 就愈接近於 $f(x)$，於是 $\|\mathbf{f} - \mathbf{g}\|$ 會變得愈來愈小。因此無窮級數

$$g(x) \sim a_0 + \sum_{k=1}^{\infty} (a_k \cos kx + b_k \sin kx) \tag{5-2-8}$$

稱之為 f 在區間 $[-\pi, \pi]$ 上之**傅立葉級數**，或以

$$f(x) \sim a_0 + \sum_{k=1}^{\infty} (a_k \cos kx + b_k \sin kx)$$

表之，此處 "～" 表示對應 $f(x)$ 的傅立葉級數。

例題 3

試求在區間 $[-\pi, \pi]$ 中 $f(x) = x$ 之四階傅立葉近似式。

解 利用傅立葉係數以及分部積分法，知

$$a_0 = \frac{1}{2\pi} \int_{-\pi}^{\pi} f(x)\, dx = \frac{1}{2\pi} \int_{-\pi}^{\pi} x\, dx = \frac{1}{2\pi} \left[\frac{x^2}{2} \right]_{-\pi}^{\pi} = 0$$

$$a_k = \frac{1}{\pi} \int_{-\pi}^{\pi} (f(x) \cdot \cos kx)\, dx = \frac{1}{\pi} \int_{-\pi}^{\pi} (x \cdot \cos kx)\, dx$$

$$= \frac{1}{\pi} \left[\frac{x}{k} \sin kx + \frac{1}{k^2} \cos kx \right]_{-\pi}^{\pi} = 0$$

$$b_k = \frac{1}{\pi} \int_{-\pi}^{\pi} (f(x) \cdot \sin kx)\, dx = \frac{1}{\pi} \int_{-\pi}^{\pi} (x \cdot \sin kx)\, dx$$

$$= \frac{1}{\pi} \left[-\frac{x}{k} \cos kx + \frac{1}{k^2} \sin kx \right]_{-\pi}^{\pi} = \frac{2(-1)^{k+1}}{k}$$

故 f 之傅立葉近似式為

$$g(x) \sim \sum_{k=1}^{n} \frac{2(-1)^{k+1}}{k} \sin kx$$

令 $k = 1, 2, 3, 4$，我們得 $f(x)$ 之四階傅立葉近似式為

$$g(x) \sim 2\left(\sin x - \frac{1}{2} \sin 2x + \frac{1}{3} \sin 3x - \frac{1}{4} \sin 4x \right)。$$

★

習題 5-2

1. 在下列各指定之函數及區間中，求最小平方線性近似 $g(x)=a+bx$ 於函數 $f(x)$。
   (1) $f(x)=x^2$, $[-1, 1]$
   (2) $f(x)=e^x$, $[0, 1]$
   (3) $f(x)=\cos x$, $[0, \pi]$
2. 試求佈於區間 $[-1, 1]$ 中， $g(x)=a+bx+cx^2$ 之最小平方二次近似於 $f(x)=e^x$。
3. 試求 $f(x)=x$ 在 $[-\pi, \pi]$ 中之二階傅立葉近似式。
4. 若函數 $f(x)$ 於 $[-\pi, \pi]$ 中定義如下

$$f(x)=\begin{cases}\pi+x, & \text{若 } -\pi\le x<0\\ \pi-x, & \text{若 } 0\le x\le\pi\end{cases}$$

   試求 $f(x)$ 之五階傅立葉近似式。

06 線性變換與矩陣的特徵值

◎ 線性變換的意義

◎ 矩陣的特徵值與特徵向量

◎ 相似矩陣與對角線化

◎ 正交對角線化

◎ 二次形

CHAPTER

特徵值及特徵向量在振動、電路系統、化學反應、機械應力等方面均有其重要的應用。

6-1 線性變換的意義

本節中，我們將討論單一向量變數的函數，即，函數的形式為 $\mathbf{w}=L(\mathbf{v})$，此處自變數 $\mathbf{v}$ 及因變數 $\mathbf{w}$ 皆為向量，函數 L 係將某一向量空間映至另一個向量空間。

定義 6-1-1

設 $L: V\to W$ 為自向量空間 V 映至向量空間 W 的函數，若

(1) 對所有 $\mathbf{u}$、$\mathbf{v}\in V$，$L(\mathbf{u}+\mathbf{v})=L(\mathbf{u})+L(\mathbf{v})$。

(2) 對所有 $\mathbf{u}\in V$ 及所有純量 k，$L(k\mathbf{u})=kL(\mathbf{u})$。

則稱 L 為一**線性變換**（linear transformation）。

由上面的定義看出：(1) $\mathbf{u}+\mathbf{v}$ 中的"＋"是 V 中的加法運算，而在 $L(\mathbf{u})+L(\mathbf{v})$ 中的"＋"是 W 中的加法運算。(2) $k\mathbf{u}$ 在 V 中，而 $kL(\mathbf{u})$ 在 W 中。若 $V=W$，則線性變換 $L: V\to V$ 稱為 V 上的**線性算子**（linear operator）。

例題 1

若 $L: I\!R^3\to I\!R^2$ 定義為 $L(\langle x, y, z\rangle)=\langle x, y\rangle$，則 L 是否為線性變換？

解 令 $\mathbf{x}=\langle x_1, y_1, z_1\rangle$，$\mathbf{y}=\langle x_2, y_2, z_2\rangle$，則

$$\begin{aligned}L(\mathbf{x}+\mathbf{y})&=L(\langle x_1, y_1, z_1\rangle+\langle x_2, y_2, z_2\rangle)\\&=L(\langle x_1+x_2, y_1+y_2, z_1+z_2\rangle)\\&=\langle x_1+x_2, y_1+y_2\rangle\\&=\langle x_1, y_1\rangle+\langle x_2, y_2\rangle\\&=L(\mathbf{x})+L(\mathbf{y})\end{aligned}$$

若 k 為實數，則

$$\begin{aligned}L(k\mathbf{x})&=L(k\langle x_1, y_1, z_1\rangle)=L(\langle kx_1, ky_1, kz_1\rangle)\\&=\langle kx_1, ky_1\rangle=k\langle x_1, y_1\rangle\\&=kL(\mathbf{x})。\end{aligned}$$

★

例題 2

若 $L: \mathbb{R}^3 \to \mathbb{R}^3$ 定義為

$$L\left(\begin{bmatrix} u \\ v \\ w \end{bmatrix}\right) = \begin{bmatrix} u+1 \\ 2v \\ w \end{bmatrix}$$

則 L 是否為線性變換？

解 令 $\mathbf{u} = \begin{bmatrix} u_1 \\ v_1 \\ w_1 \end{bmatrix}$, $\mathbf{v} = \begin{bmatrix} u_2 \\ v_2 \\ w_2 \end{bmatrix}$, 則

$$L(\mathbf{u}+\mathbf{v}) = L\left(\begin{bmatrix} u_1 \\ v_1 \\ w_1 \end{bmatrix} + \begin{bmatrix} u_2 \\ v_2 \\ w_2 \end{bmatrix}\right) = L\left(\begin{bmatrix} u_1+u_2 \\ v_1+v_2 \\ w_1+w_2 \end{bmatrix}\right) = \begin{bmatrix} u_1+u_2+1 \\ 2v_1+2v_2 \\ w_1+w_2 \end{bmatrix}$$

$$L(\mathbf{u})+L(\mathbf{v}) = L\left(\begin{bmatrix} u_1 \\ v_1 \\ w_1 \end{bmatrix}\right) + \left(\begin{bmatrix} u_2 \\ v_2 \\ w_2 \end{bmatrix}\right) = \begin{bmatrix} u_1+1 \\ 2v_1 \\ w_1 \end{bmatrix} + \begin{bmatrix} u_2+1 \\ 2v_2 \\ w_2 \end{bmatrix}$$

$$= \begin{bmatrix} u_1+u_2+2 \\ 2v_1+2v_2 \\ w_1+w_2 \end{bmatrix}$$

因 $L(\mathbf{u}+\mathbf{v}) \neq L(\mathbf{u})+L(\mathbf{v})$, 故 L 不為線性變換。 ★

例題 3

設 L: $P_2 \to P_3$ 為一線性變換, 且已知 $L(1)=1$、$L(t)=t^2$ 與 $L(t^2)=t^3+t$。試求 $L(at^2+bt+c)$。

解 $L(at^2+bt+c) = L(at^2)+L(bt)+L(c)$

$$\begin{aligned}
&= aL(t^2)+bL(t)+cL(1) \\
&= a(t^3+t)+b(t^2)+c \cdot 1 \\
&= at^3+at+bt^2+c \\
&= at^3+bt^2+at+c
\end{aligned}$$

★

例題 4

令 $V=C[0,1]$ 為定義在區間 $[0,1]$ 上之所有實值連續函數所成的向量空間，且令 $\mathbf{w}$ 為 $C[0,1]$ 的子空間，設 L: $W\to V$ 為一變換，且定義 $L(\mathbf{f})=\mathbf{f}'$，試證明 L 為一線性變換。

解 (1) $\forall \mathbf{f}, \mathbf{g}\in \mathbf{w}$，$L(\mathbf{f}+\mathbf{g})=(\mathbf{f}+\mathbf{g})'=\mathbf{f}'+\mathbf{g}'=L(\mathbf{f})+L(\mathbf{g})$。

(2) $\forall \mathbf{f}\in \mathbf{w}$，$C\in \mathbb{R}$，$L(C\mathbf{f})=(C\mathbf{f})'=C\mathbf{f}'=CL(\mathbf{f})$。

故由 (1)、(2) 知，L 為一線性變換。 ★

定理 6-1-1

若 L: $V\to W$ 為一線性變換，則下列性質成立。

(1) $L(\mathbf{0}_V)=\mathbf{0}_W$，其中 $\mathbf{0}_V$ 與 $\mathbf{0}_W$ 分別為 V 與 W 中的**零向量**。

(2) $L(k_1\mathbf{v}_1+k_2\mathbf{v}_2+\cdots+k_n\mathbf{v}_n)=k_1L(\mathbf{v}_1)+k_2L(\mathbf{v}_2)+\cdots+k_nL(\mathbf{v}_n)$

(3) $L(-\mathbf{v})=-L(\mathbf{v})$

(4) $L(\mathbf{u}-\mathbf{v})=L(\mathbf{u})-L(\mathbf{v})$

定理 6-1-2

設 L: $V\to W$ 為 n 維向量空間 V 到向量空間 W 的線性變換，且 $S=\{\mathbf{x}_1, \mathbf{x}_2, \cdots, \mathbf{x}_n\}$ 為 V 的一基底。若 $\mathbf{x}$ 為 V 中的任意向量，則 $L(\mathbf{x})$ 可完全由 $\{L(\mathbf{x}_1), L(\mathbf{x}_2), \cdots, L(\mathbf{x}_n)\}$ 所決定。

證 因 $\mathbf{x}\in V$，故 $\mathbf{x}=k_1\mathbf{x}_1+k_2\mathbf{x}_2+\cdots+k_n\mathbf{x}_n$，其中 $k_1, k_2, \cdots, k_n$ 為純量，由定理 6-1-1 (2)可知

$$\begin{aligned}L(\mathbf{x})&=L(k_1\mathbf{x}_1+k_2\mathbf{x}_2+\cdots+k_n\mathbf{x}_n)\\&=k_1L(\mathbf{x}_1)+k_2L(\mathbf{x}_2)+\cdots+k_nL(\mathbf{x}_n)\end{aligned}$$

因此，$L(\mathbf{x})$ 可完全由 $L(\mathbf{x}_1), L(\mathbf{x}_2), \cdots, L(\mathbf{x}_n)$ 所決定。

例題 5

若 $L: \mathbb{R}^3 \to \mathbb{R}^2$ 為一線性變換，且 $L(\langle 1,0,0\rangle)=\langle 2,-4\rangle$，$L(\langle 0,1,0\rangle)=\langle 3,-5\rangle$，$L(\langle 0,0,1\rangle)=\langle 2,3\rangle$，求 $L(\langle 1,-2,3\rangle)$。

解 $S=\{\langle 1,0,0\rangle,\langle 0,1,0\rangle,\langle 0,0,1\rangle\}$ 為 $\mathbb{R}^3$ 的一基底，且 $\langle 1,-2,3\rangle=\langle 1,0,0\rangle-2\langle 0,1,0\rangle+3\langle 0,0,1\rangle$

於是，由定理 6-1-2 可得

$$\begin{aligned}L(\langle 1,-2,3\rangle)&=L(\langle 1,0,0\rangle-2\langle 0,1,0\rangle+3\langle 0,0,1\rangle)\\&=L(\langle 1,0,0\rangle)-2L(\langle 0,1,0\rangle)+3L(\langle 0,0,1\rangle)\\&=\langle 2,-4\rangle-2\langle 3,-5\rangle+3\langle 2,3\rangle\\&=\langle 2,15\rangle\end{aligned}$$

若 $L: \mathbb{R}^2 \to \mathbb{R}^3$ 定義為

$$L\left(\begin{bmatrix}x_1\\x_2\end{bmatrix}\right)=\begin{bmatrix}x_2\\x_1\\x_1+x_2\end{bmatrix}$$

我們很容易證得 L 為一線性變換。如果我們給出矩陣 $\boldsymbol{A}$ 為

$$\boldsymbol{A}=\begin{bmatrix}0&1\\1&0\\1&1\end{bmatrix}$$

則

$$L\left(\begin{bmatrix}x_1\\x_2\end{bmatrix}\right)=\begin{bmatrix}x_2\\x_1\\x_1+x_2\end{bmatrix}=\begin{bmatrix}0&1\\1&0\\1&1\end{bmatrix}\begin{bmatrix}x_1\\x_2\end{bmatrix}$$

即，$L(\mathbf{x})=\boldsymbol{A}\mathbf{x}$，其中 $\mathbf{x}=\begin{bmatrix}x_1\\x_2\end{bmatrix}$。

一般而言，若 $\boldsymbol{A}$ 為任意 $m\times n$ 矩陣，我們可定義一線性變換 $L: \mathbb{R}^n \to \mathbb{R}^m$ 為

$$L(\mathbf{x})=\boldsymbol{A}\mathbf{x},\quad 其中\ \mathbf{x}\in\mathbb{R}^n$$

由於

$$\begin{aligned}L(a\mathbf{x}+b\mathbf{y})&=\boldsymbol{A}(a\mathbf{x}+b\mathbf{y})\\&=a\boldsymbol{A}\mathbf{x}+b\boldsymbol{A}\mathbf{y}\\&=aL(\mathbf{x})+bL(\mathbf{y})\end{aligned}$$

故 L 為線性變換。於是，我們可將每一個 $m\times n$ 的矩陣 $\boldsymbol{A}$ 視為 L 的**矩陣表示式**（matrix representation）。 ★

例題 6

設 L: $\mathbb{R}^2 \to \mathbb{R}^3$ 為一線性變換，定義為

$$L\left(\begin{bmatrix} x \\ y \end{bmatrix}\right) = \begin{bmatrix} x+y \\ x-y \\ 2x+3y \end{bmatrix}$$

若 $\mathbf{x} = \begin{bmatrix} x \\ y \end{bmatrix}$ 為 $\mathbb{R}^n$ 中的任意向量，求一矩陣 $\boldsymbol{A}$ 使得

$$L(\mathbf{x}) = \boldsymbol{A}\mathbf{x} = \begin{bmatrix} x+y \\ x-y \\ 2x+3y \end{bmatrix}。$$

解 令

$$\mathbf{x} = \begin{bmatrix} x \\ y \end{bmatrix} = x\begin{bmatrix} 1 \\ 0 \end{bmatrix} + y\begin{bmatrix} 0 \\ 1 \end{bmatrix}$$

則

$$L(\mathbf{x}) = L\left(x\begin{bmatrix} 1 \\ 0 \end{bmatrix} + y\begin{bmatrix} 0 \\ 1 \end{bmatrix}\right) = xL\left(\begin{bmatrix} 1 \\ 0 \end{bmatrix}\right) + yL\left(\begin{bmatrix} 0 \\ 1 \end{bmatrix}\right)$$

$$= x\begin{bmatrix} 1 \\ 1 \\ 2 \end{bmatrix} + y\begin{bmatrix} 1 \\ -1 \\ 3 \end{bmatrix} = \begin{bmatrix} 1 & 1 \\ 1 & -1 \\ 2 & 3 \end{bmatrix}\begin{bmatrix} x \\ y \end{bmatrix}$$

$$= \begin{bmatrix} x+y \\ x-y \\ 2x+3y \end{bmatrix}$$

因此，$L(\mathbf{x}) = \boldsymbol{A}\mathbf{x}$，其中

$$\boldsymbol{A} = \begin{bmatrix} 1 & 1 \\ 1 & -1 \\ 2 & 3 \end{bmatrix}。$$

★

定理 6-1-3

若 L: $\mathbb{R}^n \to \mathbb{R}^m$ 為一線性變換，則對每一個 $\mathbf{x} \in \mathbb{R}^n$，存在一 $m \times n$ 矩陣 $\boldsymbol{A}$ 使得

$$L(\mathbf{x}) = \boldsymbol{A}\mathbf{x}$$

成立。

證 對 $j=1,2,\cdots,n$，定義

$$\mathbf{a}_j=[a_{1j}\quad a_{2j}\quad\cdots\quad a_{mj}]^T=L(\mathbf{e}_j)$$

令
$$A=[a_{ij}]=[\mathbf{a}_1,\mathbf{a}_2,\cdots,\mathbf{a}_n]$$

若 $\mathbf{x}=x_1\mathbf{e}_1+x_2\mathbf{e}_2+\cdots+x_n\mathbf{e}_n$ 為 $\mathbb{R}^n$ 中的任意向量，則

$$\begin{aligned}L(\mathbf{x})&=x_1L(\mathbf{e}_1)+x_2L(\mathbf{e}_2)+\cdots+x_nL(\mathbf{e}_n)\\&=x_1\mathbf{a}_1+x_2\mathbf{a}_2+\cdots+x_n\mathbf{a}_n\\&=[\mathbf{a}_1,\mathbf{a}_2,\cdots,\mathbf{a}_n]\begin{bmatrix}x_1\\x_2\\\vdots\\x_n\end{bmatrix}=A\mathbf{x}\text{。}\end{aligned}$$

我們已證得由 $\mathbb{R}^n$ 到 $\mathbb{R}^m$ 的每一個線性變換可以藉 $m\times n$ 的矩陣表示。定理 6-1-3 的證明告訴我們對應於一特殊的線性變換，應如何去建立矩陣 A。我們得知矩陣 A 的第一行為 $\mathbb{R}^n$ 中第一個標準基底 $\mathbf{e}_1$ 在 L 下的像，令 $\mathbf{a}_1=L(\mathbf{e}_1)$。同理，矩陣 A 的第二行應為 $\mathbb{R}^n$ 中第二個標準基底 $\mathbf{e}_2$ 在 L 下的像，令 $\mathbf{a}_2=L(\mathbf{e}_2)$。依此類推，$\mathbf{a}_3=L(\mathbf{e}_3),\cdots,\mathbf{a}_n=L(\mathbf{e}_n)$。由於我們使用 $\mathbb{R}^n$ 中的標準基底向量 $\mathbf{e}_1,\mathbf{e}_2,\cdots,\mathbf{e}_n$，故稱矩陣 A 為 L 的**標準矩陣表示式**（standard matrix representation）。

例題 7

已知 $L:\mathbb{R}^3\to\mathbb{R}^2$，對每一個 $\mathbf{x}=[x_1\quad x_2\quad x_3]^T\in\mathbb{R}^3$，定義

$$L(\mathbf{x})=[x_1+x_2\quad x_2+x_3]^T$$

(1) 試證 L 為一線性變換。
(2) 求一矩陣 A 使得對每一個 $\mathbf{x}\in\mathbb{R}^3$，$L(\mathbf{x})=A\mathbf{x}$ 恆成立。

解 (1) 令 $\mathbf{y}=[y_1\quad y_2\quad y_3]^T\in\mathbb{R}^3$，則

$$\begin{aligned}L(\mathbf{x}+\mathbf{y})&=L([x_1\quad x_2\quad x_3]^T+[y_1\quad y_2\quad y_3]^T)\\&=L([x_1+y_1\quad x_2+y_2\quad x_3+y_3]^T)\\&=[x_1+y_1+x_2+y_2\quad x_2+y_2+x_3+y_3]^T\\&=[x_1+x_2+y_1+y_2\quad x_2+x_3+y_2+y_3]^T\\&=[x_1+x_2\quad x_2+x_3]^T+[y_1+y_2\quad y_2+y_3]^T\\&=L(\mathbf{x})+L(\mathbf{y})\end{aligned}$$

對任意純量 k,

$$\begin{aligned} L(k\mathbf{x}) &= L(k[x_1 \quad x_2 \quad x_3]^T) = L([kx_1 \quad kx_2 \quad kx_3]^T) \\ &= [kx_1 + kx_2 \quad kx_2 + kx_3]^T \\ &= k[x_1 + x_2 \quad x_2 + x_3]^T \\ &= kL(\mathbf{x}) \end{aligned}$$

故 L 為一線性變換。

(2) 欲求矩陣 $\boldsymbol{A}$, 我們必須先求 $L(\mathbf{e}_1)$、$L(\mathbf{e}_2)$、$L(\mathbf{e}_3)$。

$$L(\mathbf{e}_1) = L([1 \quad 0 \quad 0]^T) = [1 \quad 0]^T = \begin{bmatrix} 1 \\ 0 \end{bmatrix}$$

$$L(\mathbf{e}_2) = L([0 \quad 1 \quad 0]^T) = [1 \quad 1]^T = \begin{bmatrix} 1 \\ 1 \end{bmatrix}$$

$$L(\mathbf{e}_3) = L([0 \quad 0 \quad 1]^T) = [0 \quad 1]^T = \begin{bmatrix} 0 \\ 1 \end{bmatrix}$$

我們選擇這些向量為矩陣 $\boldsymbol{A}$ 的行, 可得

$$\boldsymbol{A} = \begin{bmatrix} 1 & 1 & 0 \\ 0 & 1 & 1 \end{bmatrix}$$

於是,

$$\begin{aligned} \boldsymbol{A}\mathbf{x} &= \begin{bmatrix} 1 & 1 & 0 \\ 0 & 1 & 1 \end{bmatrix} \begin{bmatrix} x_1 \\ x_2 \\ x_3 \end{bmatrix} = \begin{bmatrix} x_1 + x_2 \\ x_2 + x_3 \end{bmatrix} \\ &= [x_1 + x_2 \quad x_2 + x_3]^T \\ &= L(\mathbf{x}) \text{。} \end{aligned}$$

★

例題 8

令 θ 為一固定角且 $L: \mathbb{R}^2 \to \mathbb{R}^2$ 定義為 $L(\mathbf{v}) = \boldsymbol{A}\mathbf{x}$, 此處

$$\boldsymbol{A} = \begin{bmatrix} \cos\theta & -\sin\theta \\ \sin\theta & \cos\theta \end{bmatrix}$$

(1) 試說明 L 的幾何意義。

(2) 試證 L 為一線性變換。

解

(1) 假設向量 $\mathbf{v} = \begin{bmatrix} a \\ b \end{bmatrix}$ 在 xy-平面上依逆時鐘方向旋轉一角度 θ 得到向量 $\mathbf{v}' =$

$\begin{bmatrix} c \\ d \end{bmatrix}$，如圖 6-1-1 所示，令 ϕ 為 $\mathbf{v}$ 與 x-軸正方向的夾角，且 $r = \|\mathbf{v}\|$，則 $\mathbf{v}$ 與 $\mathbf{v}'$ 的分量 a、b 及 c、d 分別為

$$a = r\cos\phi,\quad b = r\sin\phi$$

$$c = r\cos(\theta+\phi),\quad d = r\sin(\theta+\phi)$$

但 $$r\cos(\theta+\phi) = r\cos\theta\cos\phi - r\sin\theta\sin\phi$$

故 $$c = a\cos\theta - b\sin\theta \cdots\cdots ①$$

同理，$$r\sin(\theta+\phi) = r\sin\theta\cos\phi + r\cos\theta\sin\phi$$

或 $$d = a\sin\theta + b\cos\theta \cdots\cdots ②$$

由 ① 與 ② 得知

$$\mathbf{v}' = \begin{bmatrix} c \\ d \end{bmatrix} = \begin{bmatrix} a\cos\theta - b\sin\theta \\ a\sin\theta + b\cos\theta \end{bmatrix} = \begin{bmatrix} \cos\theta & -\sin\theta \\ \sin\theta & \cos\theta \end{bmatrix}\begin{bmatrix} a \\ b \end{bmatrix}$$

即，$\mathbf{v}' = A\mathbf{v} = L(\mathbf{v})$，故矩陣 A 稱為一**旋轉變換**（rotation transformation），而 $L(\mathbf{v})$ 的幾何意義為 $\mathbf{v}$ 以逆時鐘方向旋轉一角 θ 之後的向量。

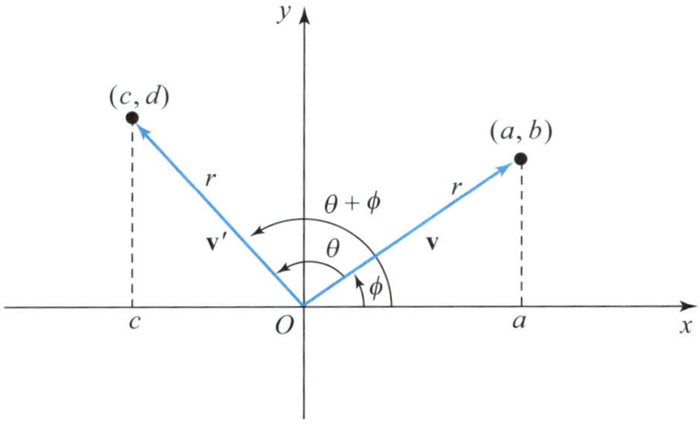

圖 6-1-1

(2) 於 $\mathbb{R}^2$ 中選擇任意兩向量 $\mathbf{u} = \begin{bmatrix} u_1 \\ u_2 \end{bmatrix}$ 與 $\mathbf{v} = \begin{bmatrix} v_1 \\ v_2 \end{bmatrix}$，$\alpha$ 為一實常數，則

$$A(\mathbf{u}+\mathbf{v}) = \begin{bmatrix} \cos\theta & -\sin\theta \\ \sin\theta & \cos\theta \end{bmatrix}\begin{bmatrix} u_1+v_1 \\ u_2+v_2 \end{bmatrix}$$

$$= \begin{bmatrix} \cos\theta & -\sin\theta \\ \sin\theta & \cos\theta \end{bmatrix}\begin{bmatrix} u_1 \\ u_2 \end{bmatrix} + \begin{bmatrix} \cos\theta & -\sin\theta \\ \sin\theta & \cos\theta \end{bmatrix}\begin{bmatrix} v_1 \\ v_2 \end{bmatrix}$$

$$= A\mathbf{u} + A\mathbf{v}$$

且
$$A(\alpha\mathbf{u})=\begin{bmatrix}\cos\theta & -\sin\theta\\ \sin\theta & \cos\theta\end{bmatrix}\begin{bmatrix}\alpha u_1\\ \alpha u_2\end{bmatrix}$$
$$=\alpha\begin{bmatrix}\cos\theta & -\sin\theta\\ \sin\theta & \cos\theta\end{bmatrix}\begin{bmatrix}u_1\\ u_2\end{bmatrix}$$
$$=\alpha A\mathbf{u}$$

故 L 為一線性變換。 ★

由前一例題之旋轉關係，得知平面上一點 Q 關於新坐標 (x', y') 與舊坐標 (x, y) 間的關係可藉圖 6-1-2 得知

$$\begin{bmatrix}x'\\ y'\end{bmatrix}=A^{-1}\begin{bmatrix}x\\ y\end{bmatrix} \qquad (6\text{-}1\text{-}1)$$

其中，A^{-1} 為**轉移矩陣**或（**旋轉變換**），

$$A=\begin{bmatrix}\cos\theta & -\sin\theta\\ \sin\theta & \cos\theta\end{bmatrix}, \quad 則\ A^{-1}=A^T=\begin{bmatrix}\cos\theta & \sin\theta\\ -\sin\theta & \cos\theta\end{bmatrix}$$

故 A 為**正交矩陣**，$\det(A)=1$。

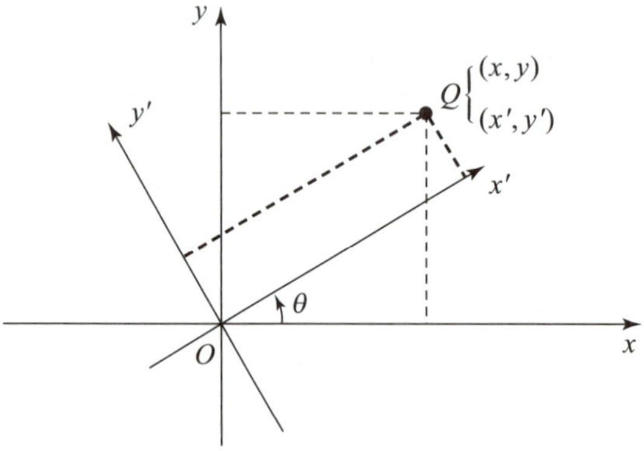

圖 6-1-2

定義 6-1-2

若一方陣 A 具有下列性質

$$A^{-1}=A^T$$

則稱 A 為**正交矩陣**。

例題 9

令一直角 $x'y'$ 坐標系為另一直角 xy 坐標系逆時針旋轉一個角度 $\theta=\frac{3}{4}\pi$ 後所得。

(1) 求 xy 坐標為 $Q(-2,6)$ 之點的 $x'y'$ 坐標。

(2) 求 $x'y'$ 坐標為 $Q'(5,2)$ 之點的 xy 坐標。

解 (1) 轉移矩陣為 $A=\begin{bmatrix}\cos\theta & -\sin\theta \\ \sin\theta & \cos\theta\end{bmatrix}$, $\theta=\frac{3}{4}\pi$

所以，
$$A=\begin{bmatrix}\cos\frac{3}{4}\pi & -\sin\frac{3}{4}\pi \\ \sin\frac{3}{4}\pi & \cos\frac{3}{4}\pi\end{bmatrix}=\begin{bmatrix}-\frac{1}{\sqrt{2}} & -\frac{1}{\sqrt{2}} \\ \frac{1}{\sqrt{2}} & -\frac{1}{\sqrt{2}}\end{bmatrix}$$

$$A^{-1}=\begin{bmatrix}-\frac{1}{\sqrt{2}} & \frac{1}{\sqrt{2}} \\ -\frac{1}{\sqrt{2}} & -\frac{1}{\sqrt{2}}\end{bmatrix}$$

故
$$\begin{bmatrix}x' \\ y'\end{bmatrix}=\begin{bmatrix}-\frac{1}{\sqrt{2}} & \frac{1}{\sqrt{2}} \\ -\frac{1}{\sqrt{2}} & -\frac{1}{\sqrt{2}}\end{bmatrix}\begin{bmatrix}-2 \\ 6\end{bmatrix}=\begin{bmatrix}4\sqrt{2} \\ -2\sqrt{2}\end{bmatrix}$$

Q 點的新坐標為 $(x',y')=(4\sqrt{2},-2\sqrt{2})$。

(2) 因
$$\begin{bmatrix}x \\ y\end{bmatrix}=A\begin{bmatrix}x' \\ y'\end{bmatrix}$$

故
$$\begin{bmatrix}x \\ y\end{bmatrix}=\begin{bmatrix}-\frac{1}{\sqrt{2}} & -\frac{1}{\sqrt{2}} \\ \frac{1}{\sqrt{2}} & -\frac{1}{\sqrt{2}}\end{bmatrix}\begin{bmatrix}5 \\ 2\end{bmatrix}=\begin{bmatrix}-\frac{7}{2}\sqrt{2} \\ \frac{3}{2}\sqrt{2}\end{bmatrix}$$

Q' 點的新坐標為 $(x,y)=(-\frac{7}{2}\sqrt{2},\frac{3}{2}\sqrt{2})$。 ★

定義 6-1-3

設 V 為 n 維向量空間，具有基底 $B=\{\mathbf{x}_1, \mathbf{x}_2, \cdots, \mathbf{x}_n\}$，若

$$\mathbf{x}=a_1\mathbf{x}_1+a_2\mathbf{x}_2+\cdots+a_n\mathbf{x}_n$$

為 V 中的任意向量，則

$$[\mathbf{x}]_B=\begin{bmatrix} a_1 \\ a_2 \\ \vdots \\ a_n \end{bmatrix}$$

稱為 $\mathbf{x}$ 相對於基底 B 的**坐標向量**（coordinate vector），$[\mathbf{x}]_B$ 的元素稱為 $\mathbf{x}$ 相對於 B 的坐標。

例題 10

設 $B=\left\{\begin{bmatrix} 1 \\ -1 \\ 0 \end{bmatrix}, \begin{bmatrix} 0 \\ 1 \\ 1 \end{bmatrix}, \begin{bmatrix} 1 \\ -1 \\ 1 \end{bmatrix}\right\}$ 為 $\mathbb{R}^3$ 的一基底，求向量 $\mathbf{x}=\begin{bmatrix} 1 \\ 2 \\ 2 \end{bmatrix}$ 相對於 B 的坐標向量。

解 為了求出 $[\mathbf{x}]_B$，我們必須求出 a_1、a_2 與 a_3，使得

$$\begin{bmatrix} 1 \\ 2 \\ 2 \end{bmatrix}=a_1\begin{bmatrix} 1 \\ -1 \\ 0 \end{bmatrix}+a_2\begin{bmatrix} 0 \\ 1 \\ 1 \end{bmatrix}+a_3\begin{bmatrix} 1 \\ -1 \\ 1 \end{bmatrix}$$

由此可導出

$$\begin{cases} a_1 + a_3 = 1 \\ -a_1 + a_2 - a_3 = 2 \\ a_2 + a_3 = 2 \end{cases}$$

解得 $a_1=2, \quad a_2=3, \quad a_3=-1$

因此，$[\mathbf{x}]_B=\begin{bmatrix} 2 \\ 3 \\ -1 \end{bmatrix}$。 ★

定理 6-1-4

令 $L: V \to W$ 為一個從 n 維向量空間 V 到 m 維向量空間 W 的線性變換，$B = \{\mathbf{x}_1, \mathbf{x}_2, \cdots, \mathbf{x}_n\}$ 與 $T = \{\mathbf{y}_1, \mathbf{y}_2, \cdots, \mathbf{y}_m\}$ 分別表 V 與 W 的基底，則 $m \times n$ 矩陣 $\boldsymbol{A}$ 的第 j 行為 $L(\mathbf{x}_j)$ 相對於 T 的坐標向量 $[L(\mathbf{x}_j)]_T$，$\boldsymbol{A}$ 與 L 有關且具有下列的性質：對某些 V 中的 $\mathbf{x}$ 而言，若 $\mathbf{y} = L(\mathbf{x})$，則

$$[\mathbf{y}]_T = \boldsymbol{A}[x]_B \qquad (6\text{-}1\text{-}2)$$

其中 $[\mathbf{x}]_B$ 與 $[\mathbf{y}]_T$ 分別為 $\mathbf{x}$ 與 $\mathbf{y}$ 相對於基底 B 與 T 的坐標向量。

在（6-1-2）式中的 $\boldsymbol{A}$ 是唯一的，為了方便記憶（6-1-2）式，可參考圖 6-1-3。

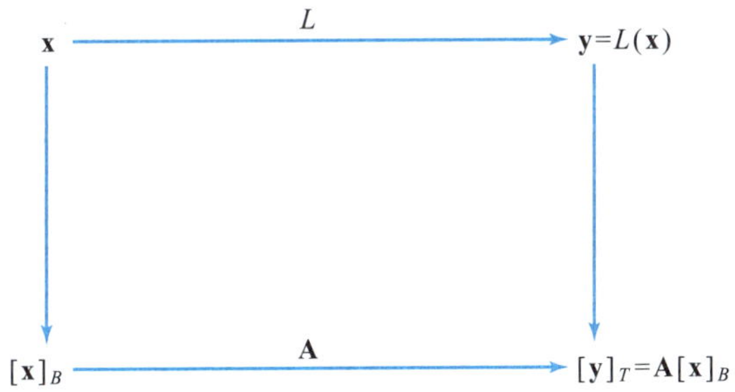

圖 6-1-3

例題 11

將 $L: \mathbb{R}^3 \to \mathbb{R}^2$ 定義為

$$L\left(\begin{bmatrix} x \\ y \\ z \end{bmatrix}\right) = \begin{bmatrix} x+2y \\ y+z \end{bmatrix}$$

設 $B = \{\mathbf{x}_1, \mathbf{x}_2, \mathbf{x}_3\}$ 與 $T = \{\mathbf{y}_1, \mathbf{y}_2\}$ 分別為 $\mathbb{R}^3$ 與 $\mathbb{R}^2$ 的基底，其中

$$\mathbf{x}_1 = \begin{bmatrix} 1 \\ 0 \\ 0 \end{bmatrix}, \quad \mathbf{x}_2 = \begin{bmatrix} 0 \\ 1 \\ 0 \end{bmatrix}, \quad \mathbf{x}_3 = \begin{bmatrix} 0 \\ 0 \\ 1 \end{bmatrix}$$

$$\mathbf{y}_1 = \begin{bmatrix} 1 \\ 0 \end{bmatrix}, \quad \mathbf{y}_2 = \begin{bmatrix} 0 \\ 1 \end{bmatrix}$$

試求 L 的矩陣表示式 $\boldsymbol{A}$。

解

$$L(\mathbf{x}_1)=\begin{bmatrix}1+0\\0+0\end{bmatrix}=\begin{bmatrix}1\\0\end{bmatrix}=1\mathbf{y}_1+0\mathbf{y}_2,\qquad [L(\mathbf{x}_1)]_T=\begin{bmatrix}1\\0\end{bmatrix}$$

$$L(\mathbf{x}_2)=\begin{bmatrix}0+2\\1+0\end{bmatrix}=\begin{bmatrix}2\\1\end{bmatrix}=2\mathbf{y}_1+1\mathbf{y}_2,\qquad [L(\mathbf{x}_2)]_T=\begin{bmatrix}2\\1\end{bmatrix}$$

$$L(\mathbf{x}_3)=\begin{bmatrix}0+0\\0+1\end{bmatrix}=\begin{bmatrix}0\\1\end{bmatrix}=0\mathbf{y}_1+1\mathbf{y}_2,\qquad [L(\mathbf{x}_3)]_T=\begin{bmatrix}0\\1\end{bmatrix}$$

故

$$\boldsymbol{A}=\begin{bmatrix}1&2&0\\0&1&1\end{bmatrix}。$$

★

例題 12

設 $L:\mathbb{R}^3\to\mathbb{R}^2$ 如例題 11 的定義，且 $B=\{\mathbf{x}_1,\ \mathbf{x}_2,\ \mathbf{x}_3\}$ 與 $T=\{\mathbf{y}_1,\ \mathbf{y}_2\}$ 分別為 $\mathbb{R}^3$ 與 $\mathbb{R}^2$ 的基底，其中

$$\mathbf{x}_1=\begin{bmatrix}1\\0\\1\end{bmatrix},\qquad \mathbf{x}_2=\begin{bmatrix}0\\1\\1\end{bmatrix},\qquad \mathbf{x}_3=\begin{bmatrix}1\\1\\1\end{bmatrix}。$$

$$\mathbf{y}_1=\begin{bmatrix}1\\2\end{bmatrix},\qquad \mathbf{y}_2=\begin{bmatrix}-1\\-1\end{bmatrix}$$

試求 L 的矩陣表示式，若 $\mathbf{x}=\begin{bmatrix}1\\2\\3\end{bmatrix}$，試利用例題 11 的 L 去驗證。

解

$$L(\mathbf{x}_1)=\begin{bmatrix}1+0\\0+1\end{bmatrix}=\begin{bmatrix}1\\1\end{bmatrix},\quad L(\mathbf{x}_2)=\begin{bmatrix}0+2\\1+1\end{bmatrix}=\begin{bmatrix}2\\2\end{bmatrix},\quad L(\mathbf{x}_3)=\begin{bmatrix}1+2\\1+1\end{bmatrix}=\begin{bmatrix}3\\2\end{bmatrix}$$

$$L(\mathbf{x}_1)=\begin{bmatrix}1\\1\end{bmatrix}=a_1\mathbf{y}_1+a_2\mathbf{y}_2=a_1\begin{bmatrix}1\\2\end{bmatrix}+a_2\begin{bmatrix}-1\\-1\end{bmatrix}$$

$$L(\mathbf{x}_2)=\begin{bmatrix}2\\2\end{bmatrix}=b_1\mathbf{y}_1+b_2\mathbf{y}_2=b_1\begin{bmatrix}1\\2\end{bmatrix}+b_2\begin{bmatrix}-1\\-1\end{bmatrix}$$

$$L(\mathbf{x}_3)=\begin{bmatrix}3\\2\end{bmatrix}=c_1\mathbf{y}_1+c_2\mathbf{y}_2=c_1\begin{bmatrix}1\\2\end{bmatrix}+c_2\begin{bmatrix}-1\\-1\end{bmatrix}$$

解得

$$a_1=0,\quad a_2=-1,\quad b_1=0,\quad b_2=-2,\quad c_1=-1,\quad c_2=-4$$

所以，$[L(\mathbf{x}_1)]_T=\begin{bmatrix}0\\-1\end{bmatrix},\quad [L(\mathbf{x}_2)]_T=\begin{bmatrix}0\\-2\end{bmatrix},\quad [L(\mathbf{x}_3)]_T=\begin{bmatrix}-1\\-4\end{bmatrix}$

因此，L 的矩陣表示式為

$$\boldsymbol{A}=\begin{bmatrix}0&0&-1\\-1&-2&-4\end{bmatrix}$$

若 $\mathbf{x}=\begin{bmatrix}1\\2\\3\end{bmatrix}$，則由例題 11 中的 L 可得

$$L(\mathbf{x})=\begin{bmatrix}1+4\\2+3\end{bmatrix}=\begin{bmatrix}5\\5\end{bmatrix}$$

又 $$[\mathbf{x}]_B=\begin{bmatrix}1\\2\\0\end{bmatrix}$$

故 $$[L(\mathbf{x})]_T=\begin{bmatrix}0&0&-1\\-1&-2&-4\end{bmatrix}\begin{bmatrix}1\\2\\0\end{bmatrix}=\begin{bmatrix}0\\-5\end{bmatrix}$$

因而，$$L(\mathbf{x})=0\begin{bmatrix}1\\2\end{bmatrix}-5\begin{bmatrix}-1\\-1\end{bmatrix}=\begin{bmatrix}5\\5\end{bmatrix}$$

此與前面 $L(\mathbf{x})$ 的值一致。 ★

習題 6-1

1. 下列何者為一線性變換？
   (1) $L(\langle x, y\rangle)=\langle x+1, y, x+y\rangle$
   (2) $L\left(\begin{bmatrix}x\\y\\z\end{bmatrix}\right)=\begin{bmatrix}x+y\\y\\x-z\end{bmatrix}$
   (3) $L(\langle x, y\rangle)=\langle x^2+x, y-y^2\rangle$
2. 若 $L: \mathbb{R}^3\to\mathbb{R}^2$ 定義為

$$L(\langle x, y, z\rangle)=\langle 2x+y-z, x+y+3z\rangle$$

試證 L 為一線性變換。

3. 描述下列線性變換的幾何意義。

(1) $L(\langle x, y\rangle) = \langle -x, y\rangle$

(2) $L(\langle x, y\rangle) = \langle -x, -y\rangle$

(3) $L(\langle x, y\rangle) = \langle -y, x\rangle$

4. 設 L: $\mathbb{R}^2\to\mathbb{R}^2$ 為一線性變換，且 $L\left(\begin{bmatrix}1\\1\end{bmatrix}\right) = \begin{bmatrix}2\\-3\end{bmatrix}$，$L\left(\begin{bmatrix}0\\1\end{bmatrix}\right) = \begin{bmatrix}1\\2\end{bmatrix}$，求 $L\left(\begin{bmatrix}3\\-2\end{bmatrix}\right)$。

5. 考慮 $\mathbb{R}^3$ 中的一基底 $S = \{\mathbf{v}_1, \mathbf{v}_2, \mathbf{v}_3\}$，其中 $\mathbf{v}_1 = \langle 1, 1, 1\rangle$，$\mathbf{v}_2 = \langle 1, 1, 0\rangle$，$\mathbf{v}_3 = \langle 1, 0, 0\rangle$，令 L: $\mathbb{R}^3\to\mathbb{R}^2$ 為線性變換且滿足

$$L(\mathbf{v}_1) = \langle 1, 0\rangle, \qquad L(\mathbf{v}_2) = \langle 2, -1\rangle, \qquad L(\mathbf{v}_3) = \langle 4, 3\rangle$$

求 $L(\langle x, y, z\rangle)$ 的表示式，然後利用此表示式求 $L(\langle 2, -3, 5\rangle)$。

6. 設 $V = C[a, b]$ 為在區間 $[a, b]$ 上連續之所有實值函數所成的向量空間，若 L: $V\to\mathbb{R}$ 定義為

$$L(f) = \int_a^b f(x)\,dx$$

試證 L 為一線性變換。

7. 下列線性變換 L 係將 $\mathbb{R}^3$ 映至 $\mathbb{R}^2$，對於 $\mathbb{R}^3$ 中每一個向量 $\mathbf{x}$，求一矩陣 $\boldsymbol{A}$ 使得 $L(\mathbf{x}) = \boldsymbol{A}\mathbf{x}$ 成立。

(1) $L\left(\begin{bmatrix}x_1\\x_2\\x_3\end{bmatrix}\right) = \begin{bmatrix}x_1 + x_2\\0\end{bmatrix}$　　(2) $L\left(\begin{bmatrix}x_1\\x_2\\x_3\end{bmatrix}\right) = \begin{bmatrix}x_2 - x_1\\x_3 - x_2\end{bmatrix}$

8. 下列線性變換 L 係將 $\mathbb{R}^3$ 映至 $\mathbb{R}^3$，對於 $\mathbb{R}^3$ 中每一個向量 $\mathbf{x}$，求一矩陣 $\boldsymbol{A}$ 使得 $L(\mathbf{x}) = \boldsymbol{A}\mathbf{x}$ 成立。

(1) $L\left(\begin{bmatrix}x_1\\x_2\\x_3\end{bmatrix}\right) = \begin{bmatrix}x_1\\x_1 + x_2\\x_1 + x_2 + x_3\end{bmatrix}$　　(2) $L\left(\begin{bmatrix}x_1\\x_2\\x_3\end{bmatrix}\right) = \begin{bmatrix}2x_3\\x_2 + 3x_1\\2x_1 - x_3\end{bmatrix}$

9. (1) 令 L: $\mathbb{R}^3\to\mathbb{R}^3$ 為一線性變換，定義為

$$L(\mathbf{x}) = [2x_1 - x_2 - x_3 \quad 2x_2 - x_1 - x_3 \quad 2x_3 - x_1 - x_2]^T$$

試決定 L 的矩陣表示式 $\boldsymbol{A}$。

(2) 對下列每一個向量，利用 (1) 中所求得的 $\boldsymbol{A}$ 去求 $L(\mathbf{x})$。

(a) $\mathbf{x}=\begin{bmatrix}2\\1\\1\end{bmatrix}$ (b) $\mathbf{x}=\begin{bmatrix}-5\\3\\2\end{bmatrix}$

10. 令 $\mathbf{a}_1=[1\quad 1\quad 0]^T$，$\mathbf{a}_2=[1\quad 0\quad 1]^T$，$\mathbf{a}_3=[0\quad 1\quad 1]^T$，且 L 係由 $\mathbb{R}^2$ 映到 $\mathbb{R}^3$ 的線性變換，定義為

$$L(\mathbf{x})=x_1\mathbf{a}_1+x_2\mathbf{a}_2+(x_1+x_2)\mathbf{a}_3$$

試求 L 對於基底 $\{\mathbf{e}_1, \mathbf{e}_2\}$ 與 $\{\mathbf{a}_1, \mathbf{a}_2, \mathbf{a}_3\}$ 的矩陣表示式 $\boldsymbol{A}$。

11. 令 L 係將 P_2 映至 $\mathbb{R}^2$ 的線性變換，定義為

$$L(p(x))=\begin{bmatrix}\int_0^2 p(x)\,dx\\ p(0)\end{bmatrix}$$

求一矩陣 $\boldsymbol{A}$ 使得

$$L(a+bx)=\boldsymbol{A}\begin{bmatrix}a\\b\end{bmatrix}。$$

12. (1) 令線性變換 $L: P_3 \to P_2$ 定義為

$$L(p(x))=p'(x)+p(0)$$

試求 L 相對於有序基底 $\{x^2, x, 1\}$ 與 $\{2, 1-x\}$ 的矩陣表示式。

(2) 試對 P_3 中每一向量 $p(x)$，求 $L(p(x))$ 相對於有序基底 $\{2, 1-x\}$ 的坐標向量。

13. 令 $L: \mathbb{R}^2\to\mathbb{R}^2$ 為一線性算子，其對平面上每一向量旋轉一角 $\theta=\frac{\pi}{4}$，求

$$L\left(\begin{bmatrix}x\\y\end{bmatrix}\right) \text{ 及 } L\left(\begin{bmatrix}-1\\2\end{bmatrix}\right)。$$

14. 設 $B=\{x^2+1, x-1, x\}$ 為 P_2 的一基底，試求 $p(x)=x^2+2$ 對於 B 的坐標向量。

15. 令 $L: \mathbb{R}^2\to\mathbb{R}^2$ 定義為

$$L\left(\begin{bmatrix}x\\y\end{bmatrix}\right)=\begin{bmatrix}x+2y\\2x-y\end{bmatrix}$$

設 B 為 IR^2 的標準基底且 $T=\left\{\begin{bmatrix}-1\\2\end{bmatrix}, \begin{bmatrix}2\\0\end{bmatrix}\right\}$ 為 $\mathbb{R}^2$ 的另一基底，試求 L 對於下列各基底的矩陣。

(1) B　(2) B 與 T　(3) T 與 B　(4) T

(5) 利用 L 的定義及由 (1)、(2)、(3)、(4) 所得的矩陣計算 $L\left(\begin{bmatrix} -1 \\ 2 \end{bmatrix}\right)$ 。

16. 令 $L: \mathbb{R}^3 \to \mathbb{R}^3$ 定義為

$$L\left(\begin{bmatrix} x \\ y \\ z \end{bmatrix}\right) = \begin{bmatrix} x + 2y + z \\ 2x - y \\ 2y + z \end{bmatrix}$$

設 B 為 $\mathbb{R}^3$ 的標準基底且 $T = \left\{\begin{bmatrix} 1 \\ 0 \\ 1 \end{bmatrix}, \begin{bmatrix} 0 \\ 1 \\ 1 \end{bmatrix}, \begin{bmatrix} 0 \\ 0 \\ 1 \end{bmatrix}\right\}$ 為 $\mathbb{R}^3$ 的另一基底。試求 L 對於下列各基底的矩陣。

(1) B

(2) B 與 T

(3) 利用 L 的定義及由(1)、(2)所得的矩陣計算 $L\left(\begin{bmatrix} 1 \\ 1 \\ -2 \end{bmatrix}\right)$ 。

17. 令 $L: \mathbb{R}^2 \to \mathbb{R}^3$ 定義為

$$L\left(\begin{bmatrix} x \\ y \end{bmatrix}\right) = \begin{bmatrix} x - 2y \\ 2x + y \\ x + y \end{bmatrix}$$

設 $B = \left\{\begin{bmatrix} 1 \\ -1 \end{bmatrix}, \begin{bmatrix} 0 \\ 1 \end{bmatrix}\right\}$ 與 $T = \left\{\begin{bmatrix} 1 \\ 1 \\ 0 \end{bmatrix}, \begin{bmatrix} 0 \\ 1 \\ 1 \end{bmatrix}, \begin{bmatrix} 1 \\ -1 \\ 1 \end{bmatrix}\right\}$ 分別為 $\mathbb{R}^2$ 與 $\mathbb{R}^3$ 的基底。

(1) 求 L 相對於基底 B 與 T 的矩陣。

(2) 利用 L 的定義以及由 (1) 所得的矩陣計算 $L\left(\begin{bmatrix} 1 \\ 2 \end{bmatrix}\right)$ 。

18. 令 $L: P_2 \to P_4$ 為一線性變換，定義 $L(p(x)) = x^2 p(x)$ 。

(1) 試求 L 相對於基底 $B = \{p_1, p_2, p_3\}$ 及 T 的矩陣，此處

$$p_1 = 1 + x^2, \qquad p_2 = 1 + 2x + 3x^2, \qquad p_3 = 4 + 5x + x^2$$

且 T 為 P_4 的標準基底。

(2) 利用 (1) 所得的矩陣，計算 $L(-3 + 5x - 2x^2)$ 。

CHAPTER

6-2 矩陣的特徵值與特徵向量

在許多的應用問題裡，一個相當重要的問題就是：假設 $L: V \to V$ 為一線性算子，我們如何在 V 中求得一向量 $\mathbf{x}$ 使得 $L(\mathbf{x})$ 與 $\mathbf{x}$ 平行。即，求得一向量 $\mathbf{x}$ 與一純量 λ 使得

$$L(\mathbf{x}) = \lambda\mathbf{x} \qquad (6\text{-}2\text{-}1)$$

若 $\mathbf{x} \neq \mathbf{0}$ 且 λ 滿足（6-2-1）式，則 λ 稱為 L 的**特徵值**（characteristic value）或**固有值**（eigenvalue），而 $\mathbf{x}$ 稱為對應於特徵值 λ 的**特徵向量**（characteristic vector）或**固有向量**（eigenvector）。

例題 1

令 $L: \mathbb{R}^2 \to \mathbb{R}^2$ 為一線性變換，定義為

$$L\left(\begin{bmatrix} x \\ y \end{bmatrix}\right) = \begin{bmatrix} x + y \\ 3x - y \end{bmatrix}$$

試求 L 的特徵值及對應於這些特徵值的特徵向量。

解 令 λ 為特徵值，而 $\mathbf{v} = \begin{bmatrix} x_1 \\ x_2 \end{bmatrix}$ 為對應於 λ 的特徵向量，則

$$L\left(\begin{bmatrix} x_1 \\ x_2 \end{bmatrix}\right) = \begin{bmatrix} x_1 + x_2 \\ 3x_1 - x_2 \end{bmatrix} = \lambda\begin{bmatrix} x_1 \\ x_2 \end{bmatrix} = \begin{bmatrix} \lambda x_1 \\ \lambda x_2 \end{bmatrix}$$

可得

$$\begin{cases} x_1 + x_2 = \lambda x_1 \\ 3x_1 - x_2 = \lambda x_2 \end{cases}$$

或

$$\begin{cases} (1 - \lambda)x_1 + x_2 = 0 \\ 3x_1 + (-1 - \lambda)x_2 = 0 \end{cases} \quad \cdots\cdots\cdots ①$$

因 $\mathbf{v} \neq \mathbf{0}$，故方程組 ① 有**非明顯解**的充要條件為係數行列式的值為零。因此，

$\begin{vmatrix} 1 - \lambda & 1 \\ 3 & -1 - \lambda \end{vmatrix} = 0$ 或 $\lambda^2 - 4 = 0$，故求得 L 的特徵值為 $\lambda = 2$、-2。

（i）將 $\lambda = 2$ 代入 ① 中得

$$\begin{cases} x_1 + x_2 = 2x_1 \\ 3x_1 - x_2 = 2x_2 \end{cases}$$

解上面聯立方程式可得 $x_1 = x_2$。因此，對應於特徵值 $\lambda = 2$ 的特徵向量為形如 $\mathbf{v} = \begin{bmatrix} r \\ r \end{bmatrix} = r\begin{bmatrix} 1 \\ 1 \end{bmatrix}$，$r$ 為任意實數。

（ii）再將 $\lambda = -2$ 代入 ① 中得

$$\begin{cases} x_1 + x_2 = -2x_1 \\ 3x_1 - x_2 = -2x_2 \end{cases}$$

解上面聯立方程式可得 $x_2 = -3x_1$。因此，對應於特徵值 $\lambda = -2$ 的特徵向量為形如 $\mathbf{v} = \begin{bmatrix} r \\ -3r \end{bmatrix} = r\begin{bmatrix} 1 \\ -3 \end{bmatrix}$，$r$ 為任意實數。 ★

在此例題中，我們不難發現方陣 $\boldsymbol{A} = \begin{bmatrix} 1 & 1 \\ 3 & -1 \end{bmatrix}$ 恰為線性變換 L 的矩陣表示式。

定義 6-2-1

設 $\boldsymbol{A}$ 為 n 階方陣，若在 $\mathbb{R}^n$ 中，存在一非零向量 $\mathbf{x}$ 滿足

$$\boldsymbol{A}\mathbf{x} = \lambda\mathbf{x}$$

則稱實數 λ 為 $\boldsymbol{A}$ 的**特徵值**或**固有值**，而稱 $\mathbf{x}$ 為對應於特徵值 λ 的一**特徵向量**或**固有向量**（eigenvector）。

註： 有些實際應用中可能涉及複數向量空間與複數，有關這方面理論會在更深入的教科書中討論，本書只討論實數系中的特徵值。

例題 2

令
$$\boldsymbol{A} = \begin{bmatrix} 4 & -2 \\ 1 & 1 \end{bmatrix},\quad \mathbf{x} = \begin{bmatrix} 2 \\ 1 \end{bmatrix}$$

因
$$\boldsymbol{A}\mathbf{x} = \begin{bmatrix} 4 & -2 \\ 1 & 1 \end{bmatrix}\begin{bmatrix} 2 \\ 1 \end{bmatrix} = \begin{bmatrix} 6 \\ 3 \end{bmatrix} = 3\begin{bmatrix} 2 \\ 1 \end{bmatrix} = 3\mathbf{x}$$

故 $\lambda = 3$ 為 $\boldsymbol{A}$ 的特徵值，且 $\mathbf{x} = \begin{bmatrix} 2 \\ 1 \end{bmatrix}$ 為對應於特徵值 $\lambda = 3$ 的特徵向量。事實上，$\mathbf{x}$ 的一純量倍數皆為 $\boldsymbol{A}$ 的特徵向量，因為

$$\boldsymbol{A}(\alpha\mathbf{x}) = \alpha\boldsymbol{A}\mathbf{x} = \alpha\lambda\mathbf{x} = \lambda(\alpha\mathbf{x})$$

於是，例如 $\mathbf{x}=\begin{bmatrix}4\\2\end{bmatrix}$ 亦為對應於特徵值 $\lambda=3$ 的特徵向量，

因為

$$A\mathbf{x}=\begin{bmatrix}4 & -2\\1 & 1\end{bmatrix}\begin{bmatrix}4\\2\end{bmatrix}=\begin{bmatrix}12\\6\end{bmatrix}=3\begin{bmatrix}4\\2\end{bmatrix}=3\mathbf{x}。$$

特徵值及特徵向量在 $\mathbb{R}^2$ 及 $\mathbb{R}^3$ 上有一個很有用的幾何意義，若 λ 為 A 的一特徵值，於圖 6-2-1 中，我們可以看出 $\mathbf{x}$ 與 $A\mathbf{x}$ 在 $\lambda>1$，$0<\lambda<1$ 與 $\lambda<0$ 之情況中的關係。

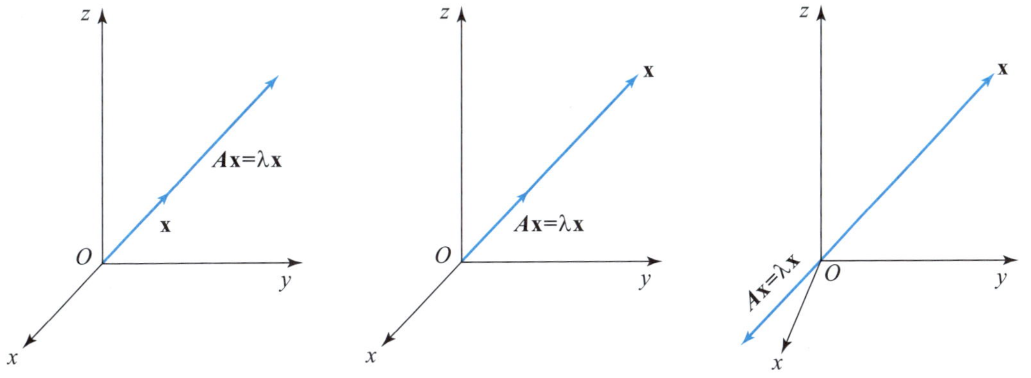

(1) 向量 $\mathbf{x}$ 膨脹（$\lambda>1$）　(2) 向量 $\mathbf{x}$ 收縮（$0<\lambda<1$）　(3) 向量 $\mathbf{x}$ 倒轉方向（$\lambda>0$）

圖 **6-2-1**

特徵方程式與特徵多項式

欲求一個 n 階方陣 A 的特徵值，我們重寫 $A\mathbf{x}=\lambda\mathbf{x}$ 為

$$A\mathbf{x}=\lambda I_n\mathbf{x}$$

或

$$(\lambda I_n-A)\mathbf{x}=\mathbf{0} \qquad (6\text{-}2\text{-}2)$$

因為 λ 為一特徵值，故（6-2-2）式有一非明顯解。然而，（6-2-2）式有一非明顯解，若且唯若

$$\det(\lambda I_n-A)=\mathbf{0}。$$

定義 6-2-2

設 A 為 n 階方陣，則行列式

$$P(\lambda)=\det(\lambda I_n - A)=\begin{vmatrix} \lambda-a_{11} & -a_{12} & \cdots & -a_{1n} \\ -a_{21} & \lambda-a_{22} & \cdots & -a_{2n} \\ \vdots & \vdots & & \vdots \\ -a_{n1} & -a_{n2} & \cdots & \lambda-a_{nn} \end{vmatrix}$$

稱為 A 的**特徵多項式**（characteristic polynomial），方程式

$$\det(\lambda I_n - A)=0$$

稱為 A 的**特徵方程式**（characteristic equation）。

定理 6-2-1

矩陣 A 的特徵值為 A 的特徵方程式的根。

證 設 λ 為 A 的特徵值，其對應的特徵向量為 $\mathbf{x}$，則

$$A\mathbf{x}=\lambda\mathbf{x}$$

上式可寫成 $$A\mathbf{x}=(\lambda I_n)\mathbf{x}$$

或 $$(\lambda I_n - A)\mathbf{x}=\mathbf{0} \quad \cdots\cdots (*)$$

（*）式為含 n 個未知數 n 個方程式的齊次方程組，此方程組有非明顯解的充要條件為係數矩陣的行列式為零，亦即，若且唯若 $\det(\lambda I_n - A)=0$。反之，若 λ 為 A 之特徵方程式的實根，則 $\det(\lambda I_n - A)=0$。所以，齊次方程組（*）有非明顯解，而 λ 為 A 的特徵值。

例題 3

設

$$A=\begin{bmatrix} 1 & 2 & -1 \\ 1 & 0 & 1 \\ 4 & -4 & 5 \end{bmatrix}$$

求 A 的特徵值及特徵向量。

解 $\boldsymbol{A}$ 的特徵值方程式為

$$\det(\lambda \boldsymbol{I}_3 - \boldsymbol{A}) = \begin{vmatrix} \lambda - 1 & -2 & 1 \\ -1 & \lambda - 0 & -1 \\ -4 & 4 & \lambda - 5 \end{vmatrix} = 0$$

即，$$\lambda^3 - 6\lambda^2 + 11\lambda - 6 = 0$$

可得 $$(\lambda - 1)(\lambda - 2)(\lambda - 3) = 0$$

因此，$\boldsymbol{A}$ 的特徵值為 $\lambda = 1,\ 2,\ 3$。

(i) 令對應於 $\lambda_1 = 1$ 的特徵向量為 $\mathbf{x}_1 = \begin{bmatrix} x_1 \\ x_2 \\ x_3 \end{bmatrix}$，代入下式

$$(\lambda_1 \boldsymbol{I}_3 - \boldsymbol{A})\mathbf{x}_1 = \mathbf{0}$$

可得 $$\begin{bmatrix} 1-1 & -2 & 1 \\ -1 & 1 & -1 \\ -4 & 4 & 1-5 \end{bmatrix}\begin{bmatrix} x_1 \\ x_2 \\ x_3 \end{bmatrix} = \begin{bmatrix} 0 \\ 0 \\ 0 \end{bmatrix}$$

或 $$\begin{bmatrix} 0 & -2 & 1 \\ -1 & 1 & -1 \\ -4 & 4 & -4 \end{bmatrix}\begin{bmatrix} x_1 \\ x_2 \\ x_3 \end{bmatrix} = \begin{bmatrix} 0 \\ 0 \\ 0 \end{bmatrix}$$

此方程組的增廣矩陣為

$$\left[\begin{array}{ccc:c} 0 & -2 & 1 & 0 \\ -1 & 1 & -1 & 0 \\ -4 & 4 & -4 & 0 \end{array}\right] \underset{\frac{1}{4}R_3}{\sim} \left[\begin{array}{ccc:c} 0 & -2 & 1 & 0 \\ -1 & 1 & -1 & 0 \\ -1 & 1 & -1 & 0 \end{array}\right] \underset{R_2 + R_1}{\sim}$$

$$\left[\begin{array}{ccc:c} -1 & -1 & 0 & 0 \\ -1 & 1 & -1 & 0 \\ -1 & 1 & -1 & 0 \end{array}\right] \underset{R_1 + R_2}{\sim} \left[\begin{array}{ccc:c} -1 & -1 & 0 & 0 \\ -2 & 0 & -1 & 0 \\ -1 & 1 & -1 & 0 \end{array}\right] \underset{R_1 + R_3}{\sim}$$

$$\left[\begin{array}{ccc:c} -1 & -1 & 0 & 0 \\ -2 & 0 & -1 & 0 \\ -2 & 0 & -1 & 0 \end{array}\right] \underset{-R_2 + R_3}{\sim} \left[\begin{array}{ccc:c} -1 & -1 & 0 & 0 \\ -2 & 0 & -1 & 0 \\ 0 & 0 & 0 & 0 \end{array}\right] \underset{-2R_1 + R_2}{\sim}$$

$$\left[\begin{array}{ccc:c} -1 & -1 & 0 & 0 \\ 0 & 2 & -1 & 0 \\ 0 & 0 & 0 & 0 \end{array}\right] \underset{-R_1}{\sim} \left[\begin{array}{ccc:c} 1 & 1 & 0 & 0 \\ 0 & 2 & -1 & 0 \\ 0 & 0 & 0 & 0 \end{array}\right]$$

求得其解為 $\begin{bmatrix} -\frac{r}{2} \\ \frac{r}{2} \\ r \end{bmatrix}$，$r$ 為任意實數。

因此，$\mathbf{x}_1 = \begin{bmatrix} -1 \\ 1 \\ 2 \end{bmatrix}$ 為對應於 $\lambda_1 = 1$ 的特徵向量。

（ii）令對應於 $\lambda_2 = 2$ 的特徵向量為 $\mathbf{x}_2 = \begin{bmatrix} x_1 \\ x_2 \\ x_3 \end{bmatrix}$，代入下式

$$(\lambda_2 \boldsymbol{I}_3 - \boldsymbol{A})\mathbf{x}_2 = \mathbf{0}$$

可得
$$\begin{bmatrix} 2-1 & -2 & 1 \\ -1 & 2 & -1 \\ -4 & 4 & 2-5 \end{bmatrix}\begin{bmatrix} x_1 \\ x_2 \\ x_3 \end{bmatrix} = \begin{bmatrix} 0 \\ 0 \\ 0 \end{bmatrix}$$

或
$$\begin{bmatrix} 1 & -2 & 1 \\ -1 & 2 & -1 \\ -4 & 4 & -3 \end{bmatrix}\begin{bmatrix} x_1 \\ x_2 \\ x_3 \end{bmatrix} = \begin{bmatrix} 0 \\ 0 \\ 0 \end{bmatrix}$$

此方程組的增廣矩陣為

$$\begin{bmatrix} 1 & -2 & 1 & : & 0 \\ -1 & 2 & -1 & : & 0 \\ -4 & 4 & -3 & : & 0 \end{bmatrix} \underset{R_1 + R_2}{\sim} \begin{bmatrix} 1 & -2 & 1 & : & 0 \\ 0 & 0 & 0 & : & 0 \\ -4 & 4 & -3 & : & 0 \end{bmatrix} \underset{4R_1 + R_3}{\sim}$$

$$\begin{bmatrix} 1 & -2 & 1 & : & 0 \\ 0 & 0 & 0 & : & 0 \\ 0 & -4 & 1 & : & 0 \end{bmatrix} \underset{-R_3 + R_1}{\sim} \begin{bmatrix} 1 & 2 & 0 & : & 0 \\ 0 & 0 & 0 & : & 0 \\ 0 & -4 & 1 & : & 0 \end{bmatrix} \underset{R_2 \leftrightarrow R_3}{\sim}$$

$$\begin{bmatrix} 1 & 2 & 0 & : & 0 \\ 0 & -4 & 1 & : & 0 \\ 0 & 0 & 0 & : & 0 \end{bmatrix} \underset{-\frac{1}{4}R_2}{\sim} \begin{bmatrix} 1 & 2 & 0 & : & 0 \\ 0 & 1 & -\frac{1}{4} & : & 0 \\ 0 & 0 & 0 & : & 0 \end{bmatrix}$$

求得其解為 $\begin{bmatrix} -\frac{r}{2} \\ \frac{r}{4} \\ r \end{bmatrix}$，$r$ 為任意實數。

因此，$\mathbf{x}_2=\begin{bmatrix}-2\\1\\4\end{bmatrix}$為對應於 $\lambda_2=2$ 的特徵向量。

（iii）令對應於 $\lambda_3=3$ 的特徵向量為 $\mathbf{x}_3=\begin{bmatrix}x_1\\x_2\\x_3\end{bmatrix}$，代入下式

$$(\lambda_3\boldsymbol{I}_3-\boldsymbol{A})\mathbf{x}_3=\mathbf{0}$$

可得
$$\begin{bmatrix}3-1&-2&1\\-1&3&-1\\-4&4&3-5\end{bmatrix}\begin{bmatrix}x_1\\x_2\\x_3\end{bmatrix}=\begin{bmatrix}0\\0\\0\end{bmatrix}$$

或
$$\begin{bmatrix}2&-2&1\\-1&3&-1\\-4&4&-2\end{bmatrix}\begin{bmatrix}x_1\\x_2\\x_3\end{bmatrix}=\begin{bmatrix}0\\0\\0\end{bmatrix}$$

此方程組的增廣矩陣為

$$\left[\begin{array}{ccc:c}2&-2&1&0\\-1&3&-1&0\\-4&4&-2&0\end{array}\right]\xrightarrow{\frac{1}{2}R_1}\left[\begin{array}{ccc:c}1&-1&\frac{1}{2}&0\\-1&3&-1&0\\-4&4&-2&0\end{array}\right]\xrightarrow{R_1+R_2}$$

$$\left[\begin{array}{ccc:c}1&-1&\frac{1}{2}&0\\0&2&-\frac{1}{2}&0\\-4&4&-2&0\end{array}\right]\xrightarrow{4R_1+R_3}\left[\begin{array}{ccc:c}1&-1&\frac{1}{2}&0\\0&2&-\frac{1}{2}&0\\0&0&0&0\end{array}\right]\xrightarrow{R_2+R_1}$$

$$\left[\begin{array}{ccc:c}1&1&0&0\\0&2&-\frac{1}{2}&0\\0&0&0&0\end{array}\right]\xrightarrow{\frac{1}{2}R_2}\left[\begin{array}{ccc:c}1&1&0&0\\0&1&-\frac{1}{4}&0\\0&0&0&0\end{array}\right]$$

求得其解為$\begin{bmatrix}-\frac{r}{4}\\\frac{r}{4}\\r\end{bmatrix}$，$r$ 為任意實數。

因此，$\mathbf{x}_3 = \begin{bmatrix} -1 \\ 1 \\ 4 \end{bmatrix}$ 為對應於 $\lambda_3 = 3$ 的特徵向量。 ★

定理 6-2-2

若 A 為 n 階方陣，則下列的敘述為等價。

(1) λ 為 A 的一**特徵值**。

(2) 方程組 $(\lambda I_n - A)\mathbf{x} = \mathbf{0}$ 有**非明顯解**。

(3) $\mathbb{R}^n$ 中存在一非零向量 $\mathbf{x}$，使得 $A\mathbf{x} = \lambda\mathbf{x}$。

(4) λ 為特徵方程式 $\det(\lambda I_n - A) = 0$ 的一實根。

特徵空間的基底

定義 6-2-3

若 λ 為方陣 A 的特徵值，則稱**子空間**

$$E_\lambda = \{\mathbf{x} \mid A\mathbf{x} = \lambda\mathbf{x}\}$$

為對應於特徵值 λ 的**特徵空間**（eigenspace）。

例題 4

求方陣

$$A = \begin{bmatrix} 0 & 0 & -2 \\ 1 & 2 & 1 \\ 1 & 0 & 3 \end{bmatrix}$$

的特徵空間。

解 方陣的特徵方程式為

$$\det(\lambda I_3 - A) = \begin{vmatrix} \lambda & 0 & 2 \\ -1 & \lambda - 2 & -1 \\ -1 & 0 & \lambda - 3 \end{vmatrix} = 0$$

可得 $$\lambda^3-5\lambda^2+8\lambda-4=0$$

即, $$(\lambda-1)(\lambda-2)^2=0$$

A 的特徵值為 $\lambda=1$ 與 $\lambda=2$, 故 A 有兩個特徵空間。

令 $\mathbf{x}=\begin{bmatrix}x_1\\x_2\\x_3\end{bmatrix}$ 為對應於 λ 的特徵向量, 則 $\mathbf{x}$ 為方程式 $(\lambda I_3-A)\mathbf{x}=\mathbf{0}$ 的非明顯解, 亦即,

$$\begin{bmatrix}\lambda & 0 & 2\\-1 & \lambda-2 & -1\\-1 & 0 & \lambda-3\end{bmatrix}\begin{bmatrix}x_1\\x_2\\x_3\end{bmatrix}=\begin{bmatrix}0\\0\\0\end{bmatrix}\cdots\cdots\cdots(*)$$

(i) 以 $\lambda=2$ 代入 (＊) 式可得

$$\begin{bmatrix}2 & 0 & 2\\-1 & 0 & -1\\-1 & 0 & -1\end{bmatrix}\begin{bmatrix}x_1\\x_2\\x_3\end{bmatrix}=\begin{bmatrix}0\\0\\0\end{bmatrix}$$

此方程組的增廣矩陣為

$$\left[\begin{array}{rrr:r}2 & 0 & 2 & 0\\-1 & 0 & -1 & 0\\-1 & 0 & -1 & 0\end{array}\right]\underset{\sim}{\tfrac{1}{2}R_1}\left[\begin{array}{rrr:r}1 & 0 & 1 & 0\\-1 & 0 & -1 & 0\\-1 & 0 & -1 & 0\end{array}\right]\underset{\sim}{\substack{R_1+R_2\\R_1+R_3}}\begin{bmatrix}1 & 0 & 1\\0 & 0 & 0\\0 & 0 & 0\end{bmatrix}$$

解得 $\mathbf{x}=\begin{bmatrix}-r\\s\\r\end{bmatrix}$, r、s 皆為任意實數。

但 $$\mathbf{x}=\begin{bmatrix}-r\\s\\r\end{bmatrix}=\begin{bmatrix}-r\\0\\r\end{bmatrix}+\begin{bmatrix}0\\s\\0\end{bmatrix}=r\begin{bmatrix}-1\\0\\1\end{bmatrix}+s\begin{bmatrix}0\\1\\0\end{bmatrix}$$

因為 $\begin{bmatrix}-1\\0\\1\end{bmatrix}$ 與 $\begin{bmatrix}0\\1\\0\end{bmatrix}$ 為兩線性獨立向量, 故 $\left\{\begin{bmatrix}-1\\0\\1\end{bmatrix},\begin{bmatrix}0\\1\\0\end{bmatrix}\right\}$ 生成特徵空間,

所以 $\begin{bmatrix}-1\\0\\1\end{bmatrix}$ 與 $\begin{bmatrix}0\\1\\0\end{bmatrix}$ 為特徵空間的基底。

(ii) 以 $\lambda=1$ 代入 (∗) 式可得

$$\begin{bmatrix} 1 & 0 & 2 \\ -1 & -1 & -1 \\ -1 & 0 & -2 \end{bmatrix}\begin{bmatrix} x_1 \\ x_2 \\ x_3 \end{bmatrix}=\begin{bmatrix} 0 \\ 0 \\ 0 \end{bmatrix}$$

此方程組的擴增矩陣為

$$\left[\begin{array}{ccc:c} 1 & 0 & 2 & 0 \\ -1 & -1 & -1 & 0 \\ -1 & 0 & -2 & 0 \end{array}\right] \underset{\sim}{R_1+R_2} \left[\begin{array}{ccc:c} 1 & 0 & 2 & 0 \\ 0 & -1 & 1 & 0 \\ -1 & 0 & -2 & 0 \end{array}\right] \underset{\sim}{R_1+R_3}$$

$$\left[\begin{array}{ccc:c} 1 & 0 & 2 & 0 \\ 0 & -1 & 1 & 0 \\ 0 & 0 & 0 & 0 \end{array}\right] \underset{\sim}{-R_2} \begin{bmatrix} 1 & 0 & 2 \\ 0 & 1 & -1 \\ 0 & 0 & 0 \end{bmatrix}$$

解得 $\mathbf{x}=\begin{bmatrix} -2r \\ r \\ r \end{bmatrix}=r\begin{bmatrix} -2 \\ 1 \\ 1 \end{bmatrix}$, r 為任意實數,

故 $\begin{bmatrix} -2 \\ 1 \\ 1 \end{bmatrix}$ 為對應於 $\lambda=1$ 之特徵空間的基底。 ★

例題 5

求 $A=\begin{bmatrix} 1 & -1 & 2 \\ 0 & 2 & 1 \\ 0 & 0 & -1 \end{bmatrix}$ 的特徵值。

解 A 的特徵方程式為

$$\det(\lambda I_3-A)=\begin{vmatrix} \lambda-1 & 1 & -2 \\ 0 & \lambda-2 & -1 \\ 0 & 0 & \lambda+1 \end{vmatrix}=0$$

可得

$$(\lambda-1)(\lambda-2)(\lambda+1)=0$$

故 A 的特徵值為 1、2 與 -1。此特徵值恰為 A 之對角線上的元素。 ★

定理 6-2-3

若 A 為 n 階三角方陣（上三角、下三角或對角線方陣），則 A 的所有特徵值為 A 的對角線上的所有元素。

若方陣 A 的所有特徵值及特徵向量為已知，則 A^n（n 為正整數）的所有特徵值及特徵向量也甚易求得，如下:

若 λ 為 A 的一特徵值且 $\mathbf{x}$ 為對應 λ 的特徵向量，則

$$\begin{aligned} A^2\mathbf{x} &= A(A\mathbf{x}) = A(\lambda\mathbf{x}) = \lambda(A\mathbf{x}) = \lambda(\lambda\mathbf{x}) = \lambda^2\mathbf{x} \\ A^3\mathbf{x} &= A(A^2\mathbf{x}) = A(\lambda^2\mathbf{x}) = \lambda^2(A\mathbf{x}) = \lambda^2(\lambda\mathbf{x}) = \lambda^3\mathbf{x} \\ &\vdots \\ A^n\mathbf{x} &= A(A^{n-1}\mathbf{x}) = A(\lambda^{n-1}\mathbf{x}) = \lambda^{n-1}(A\mathbf{x}) = \lambda^{n-1}(\lambda\mathbf{x}) = \lambda^n\mathbf{x} \end{aligned}$$

此說明 λ^n 為 A^n 的一特徵值且 $\mathbf{x}$ 為 λ^n 所對應的特徵向量。一般而言，我們有下面的結果。

定理 6-2-4

若 n 為正整數，λ 為方陣 A 的一特徵值，且 $\mathbf{x}$ 為 λ 所對應的特徵向量，則 λ^n 為 A^n 的一特徵值且 $\mathbf{x}$ 為 λ^n 所對應的特徵向量。

例題 6

已知 $A = \begin{bmatrix} -1 & -2 & -2 \\ 1 & 2 & 1 \\ -1 & -1 & 0 \end{bmatrix}$，求 A^{25} 的特徵值與特徵空間的基底。

解 方陣 A 的特徵方程式為

$$\det(\lambda I_3 - A) = \begin{vmatrix} \lambda+1 & 2 & 2 \\ -1 & \lambda-2 & -1 \\ 1 & 1 & \lambda \end{vmatrix} = 0$$

可得

$$(\lambda+1)(\lambda-1)^2 = 0$$

於是，$\lambda = 1$、-1。故 A^{25} 的特徵值為 1 與 -1。

令 $\mathbf{x}=\begin{bmatrix}x_1\\x_2\\x_3\end{bmatrix}$ 為對應於 λ 的特徵向量，則 $\mathbf{x}$ 為方程式 $(\lambda \boldsymbol{I}_3-\boldsymbol{A})\mathbf{x}=\mathbf{0}$ 的非明顯解，亦即，

$$\begin{bmatrix}\lambda+1 & 2 & 2\\ -1 & \lambda-2 & -1\\ 1 & 1 & \lambda\end{bmatrix}\begin{bmatrix}x_1\\x_2\\x_3\end{bmatrix}=\begin{bmatrix}0\\0\\0\end{bmatrix} \cdots\cdots\cdots\cdots\cdots\cdots\cdots\cdots\cdots (*)$$

(i) 以 $\lambda=1$ 代入 (*) 式可得

$$\begin{bmatrix}2 & 2 & 2\\ -1 & -1 & -1\\ 1 & 1 & 1\end{bmatrix}\begin{bmatrix}x_1\\x_2\\x_3\end{bmatrix}=\begin{bmatrix}0\\0\\0\end{bmatrix}$$

解得 $x_1=-r-s$，$x_2=r$，$x_3=s$；r、s 皆為任意實數。於是，

$$\mathbf{x}=\begin{bmatrix}-r-s\\r\\s\end{bmatrix}=\begin{bmatrix}-r\\r\\0\end{bmatrix}+\begin{bmatrix}-s\\0\\s\end{bmatrix}=r\begin{bmatrix}-1\\1\\0\end{bmatrix}+s\begin{bmatrix}-1\\0\\1\end{bmatrix}$$

因為 $\begin{bmatrix}-1\\1\\0\end{bmatrix}$ 與 $\begin{bmatrix}-1\\0\\1\end{bmatrix}$ 為兩個線性獨立向量，所以，對應於 $\lambda=1$ 的特徵空間是由 $\left\{\begin{bmatrix}-1\\1\\0\end{bmatrix},\begin{bmatrix}-1\\0\\1\end{bmatrix}\right\}$ 生成。

因此，$\begin{bmatrix}-1\\1\\0\end{bmatrix}$ 與 $\begin{bmatrix}-1\\0\\1\end{bmatrix}$ 為特徵空間的基底。

(ii) 以 $\lambda=-1$ 代入 (*) 式可得

$$\begin{bmatrix}0 & 2 & 2\\ -1 & -3 & -1\\ 1 & 1 & -1\end{bmatrix}\begin{bmatrix}x_1\\x_2\\x_3\end{bmatrix}=\begin{bmatrix}0\\0\\0\end{bmatrix}$$

解得 $x_1=2r$，$x_2=-r$，$x_3=r$，r 為任意實數。於是，

$$\mathbf{x}=\begin{bmatrix}2r\\-r\\r\end{bmatrix}=r\begin{bmatrix}2\\-1\\1\end{bmatrix}$$

而對應於 $\lambda=-1$ 的特徵空間是由 $\left\{\begin{bmatrix}2\\-1\\1\end{bmatrix}\right\}$ 生成,

故 $\begin{bmatrix}2\\-1\\1\end{bmatrix}$ 為特徵空間的基底。 ★

習題 6-2

1. 試求下列各方陣的特徵多項式。

(1) $\begin{bmatrix}2&1\\-1&3\end{bmatrix}$ (2) $\begin{bmatrix}1&1\\3&-1\end{bmatrix}$ (3) $\begin{bmatrix}-2&-7\\1&2\end{bmatrix}$

(4) $\begin{bmatrix}1&2&1\\0&1&2\\-1&3&2\end{bmatrix}$ (5) $\begin{bmatrix}5&0&1\\1&1&0\\-7&1&0\end{bmatrix}$

2. 試求下列各方陣的特徵值及特徵向量。

(1) $\begin{bmatrix}1&1\\-2&4\end{bmatrix}$ (2) $\begin{bmatrix}2&-2&3\\0&3&-2\\0&-1&2\end{bmatrix}$ (3) $\begin{bmatrix}1&1&1\\0&3&3\\-2&1&1\end{bmatrix}$

3. 已知 $\boldsymbol{A}=\begin{bmatrix}1&3&7&1\\0&-2&3&8\\0&0&0&4\\0&0&0&\frac{1}{2}\end{bmatrix}$, 求 $\boldsymbol{A}^9$ 的特徵值。

4. 已知 $\boldsymbol{A}=\begin{bmatrix}0&0&2&0\\1&0&1&0\\0&1&-2&0\\0&0&0&1\end{bmatrix}$, 求方陣 $\boldsymbol{A}$ 之特徵空間的基底。

5. 已知 $A=\begin{bmatrix}0&0&1\\1&0&-3\\0&1&3\end{bmatrix}$, $\lambda=1$; 試求齊次方程組 $(\lambda I_3-A)\mathbf{x}=0$ 之解空間的一基底。

6. (1) 試證一個二階方陣 A 的特徵方程式為 $\lambda^2-\mathrm{tr}(A)\lambda+\det(A)=0$。
(2) 利用 (1) 的結果證明:
若

$$A=\begin{bmatrix}a&b\\c&d\end{bmatrix}$$

則 A 的特徵方程式的解為

$$\lambda=\frac{1}{2}[(a+d)\pm\sqrt{(a-d)^2+4bc}]。$$

6-3 相似矩陣與對角線化

在本節裡，我們將討論如何將一個 n 階方陣對角線化，並為解線性微分方程組預作準備。

定義 6-3-1

已知二個 n 階方陣 A 與 B, 若存在一可逆的 n 階方陣 P, 使得

$$B=P^{-1}AP$$

我們稱 B **相似**（similar）於 A。

例題 1

設 $A=\begin{bmatrix}2&1\\0&-1\end{bmatrix}$, $B=\begin{bmatrix}4&-2\\5&-3\end{bmatrix}$, $P=\begin{bmatrix}2&-1\\-1&1\end{bmatrix}$, 試證 B 相似於 A。

解

$$PB=\begin{bmatrix}2&-1\\-1&1\end{bmatrix}\begin{bmatrix}4&-2\\5&-3\end{bmatrix}=\begin{bmatrix}3&-1\\1&-1\end{bmatrix}$$

$$AP=\begin{bmatrix}2&1\\0&-1\end{bmatrix}\begin{bmatrix}2&-1\\-1&1\end{bmatrix}=\begin{bmatrix}3&-1\\1&-1\end{bmatrix}$$

由於

$$\det(\boldsymbol{P})=\begin{vmatrix}2 & -1\\ -1 & 1\end{vmatrix}=2-1=1\neq 0$$

故 $\boldsymbol{P}$ 為可逆方陣；又因為 $\boldsymbol{PB}=\boldsymbol{AP}$，我們得

$$\boldsymbol{P}^{-1}\boldsymbol{PB}=\boldsymbol{P}^{-1}\boldsymbol{AP} \quad \text{或} \quad \boldsymbol{B}=\boldsymbol{P}^{-1}\boldsymbol{AP}$$

故證得 $\boldsymbol{B}$ 相似於 $\boldsymbol{A}$。 ★

定理 6-3-1

若 $\boldsymbol{A}$ 與 $\boldsymbol{B}$ 為相似的同階方陣，則 $\boldsymbol{A}$ 與 $\boldsymbol{B}$ 具有相同的特徵方程式，因此，它們亦具有相同的特徵值。

證 因 $\boldsymbol{A}$ 與 $\boldsymbol{B}$ 相似，故 $\boldsymbol{B}=\boldsymbol{P}^{-1}\boldsymbol{AP}$，而 $\boldsymbol{B}-\lambda\boldsymbol{I}=\boldsymbol{P}^{-1}\boldsymbol{AP}-\lambda\boldsymbol{I}$。

於是，

$$\begin{aligned}\det(\boldsymbol{B}-\lambda\boldsymbol{I})&=\det(\boldsymbol{P}^{-1}\boldsymbol{AP}-\lambda\boldsymbol{I})\\&=\det(\boldsymbol{P}^{-1}\boldsymbol{AP}-\boldsymbol{P}^{-1}(\lambda\boldsymbol{I})\boldsymbol{P})\\&=\det(\boldsymbol{P}^{-1}(\boldsymbol{A}-\lambda\boldsymbol{I})\boldsymbol{P})\\&=\det(\boldsymbol{P}^{-1})\det(\boldsymbol{A}-\lambda\boldsymbol{I})\det(\boldsymbol{P})\\&=\det(\boldsymbol{P}^{-1})\det(\boldsymbol{P})\det(\boldsymbol{A}-\lambda\boldsymbol{I})\\&=\det(\boldsymbol{P}^{-1}\boldsymbol{P})\det(\boldsymbol{A}-\lambda\boldsymbol{I})\\&=\det(\boldsymbol{I})\det(\boldsymbol{A}-\lambda\boldsymbol{I})\\&=\det(\boldsymbol{A}-\lambda\boldsymbol{I})\end{aligned}$$

因此，$\boldsymbol{A}$ 與 $\boldsymbol{B}$ 具有相同的特徵方程式。又因特徵值為特徵方程式的根，所以，$\boldsymbol{A}$ 與 $\boldsymbol{B}$ 具有相同的特徵值。

例題 2

$\boldsymbol{A}=\begin{bmatrix}2 & 1\\ 0 & -1\end{bmatrix}$ 的特徵值為 2 與 -1，此兩特徵值亦為 $\boldsymbol{B}=\begin{bmatrix}4 & -2\\ 5 & -3\end{bmatrix}$ 的特徵值，因為 $\det(2\boldsymbol{I}_2-\boldsymbol{B})=\det(-\boldsymbol{I}_2-\boldsymbol{B})=0$。

定義 6-3-2

若 n 階方陣 $\boldsymbol{A}$ 相似於一對角線方陣 $\boldsymbol{D}$，則稱 $\boldsymbol{A}$ 為**可對角線化**（diagonalizable），亦即，存在一非奇異方陣 $\boldsymbol{P}$ 與一對角線方陣 $\boldsymbol{D}$，使得

$$\boldsymbol{P}^{-1}\boldsymbol{A}\boldsymbol{P}=\boldsymbol{D}\text{。}$$

若 $\boldsymbol{D}$ 為對角線方陣，則 $\boldsymbol{D}$ 的特徵值即為方陣 $\boldsymbol{D}$ 的對角線元素。如果 $\boldsymbol{A}$ 相似於 $\boldsymbol{D}$，則 $\boldsymbol{A}$ 與 $\boldsymbol{D}$ 具有相同的特徵值。結合此兩事實，我們得知若 $\boldsymbol{A}$ 為可對角線化，則 $\boldsymbol{A}$ 相似於對角線方陣 $\boldsymbol{D}$，而 $\boldsymbol{D}$ 的對角線元素即為 $\boldsymbol{A}$ 的特徵值。

定理 6-3-2

n 階方陣 $\boldsymbol{A}$ 為可對角線化，若且唯若 $\boldsymbol{A}$ 具有一組 n 個線性獨立特徵向量。

證 假設 $\{\mathbf{x}_1, \mathbf{x}_2, \cdots, \mathbf{x}_n\}$ 為 $\boldsymbol{A}$ 的一組 n 個線性獨立特徵向量，則

$$\boldsymbol{A}\mathbf{x}_k=\lambda_k\mathbf{x}_k,\quad k=1, 2, \cdots, n$$

令 $\boldsymbol{P}$ 為 n 階方陣，其行向量為 $\boldsymbol{A}$ 的特徵向量，則

$$\boldsymbol{P}=[\mathbf{x}_1, \mathbf{x}_2, \cdots, \mathbf{x}_n]$$

現在 $\boldsymbol{P}$ 為非奇異方陣，故 $\boldsymbol{P}^{-1}$ 存在，而

$$\boldsymbol{P}^{-1}\boldsymbol{P}=[\boldsymbol{P}^{-1}\mathbf{x}_1,\ \boldsymbol{P}^{-1}\mathbf{x}_2,\ \cdots,\ \boldsymbol{P}^{-1}\mathbf{x}_n]=[\mathbf{e}_1, \mathbf{e}_2, \cdots, \mathbf{e}_n]=I$$

再者，

$$\boldsymbol{A}\boldsymbol{P}=[\boldsymbol{A}\mathbf{x}_1,\ \boldsymbol{A}\mathbf{x}_2,\ \cdots,\ \boldsymbol{A}\mathbf{x}_n]=[\lambda_1\mathbf{x}_1,\ \lambda_2\mathbf{x}_2,\ \cdots,\ \lambda_n\mathbf{x}_n]$$

可得

$$\begin{aligned}\boldsymbol{P}^{-1}\boldsymbol{A}\boldsymbol{P}&=[\lambda_1\boldsymbol{P}^{-1}\mathbf{x}_1,\ \lambda_2\boldsymbol{P}^{-1}\mathbf{x}_2,\ \cdots,\ \lambda_n\boldsymbol{P}^{-1}\mathbf{x}_n]\\&=[\lambda_1\mathbf{e}_1,\ \lambda_2\mathbf{e}_2,\ \cdots,\ \lambda_n\mathbf{e}_n]\end{aligned}$$

所以，

$$\boldsymbol{P}^{-1}\boldsymbol{A}\boldsymbol{P}=\begin{bmatrix}\lambda_1 & 0 & 0 & \cdots & 0\\ 0 & \lambda_2 & 0 & \cdots & 0\\ 0 & 0 & \lambda_3 & \cdots & 0\\ \vdots & \vdots & \vdots & & \vdots\\ 0 & 0 & 0 & \cdots & \lambda_n\end{bmatrix}=\boldsymbol{D}$$

因此，我們證得若 $\boldsymbol{A}$ 具有 n 個線性獨立特徵向量，則 $\boldsymbol{A}$ 相似於對角線方陣 $\boldsymbol{D}$。本定理另一半的證明留給讀者自行證明。

下面的推論非常有用，因它能辨別哪一類的方陣能夠對角線化。

推論： 若方陣 $\boldsymbol{A}$ 的特徵方程式有相異實根，則 $\boldsymbol{A}$ 為可對角線化。

例題 3

試將方陣 $\boldsymbol{A}=\begin{bmatrix}1 & 2 & -1\\ 1 & 0 & 1\\ 4 & -4 & 5\end{bmatrix}$ 對角線化。

解 我們已在上節例題 3 中，求得方陣 $\boldsymbol{A}$ 的特徵向量為

$$\mathbf{x}_1=\begin{bmatrix}-1\\ 1\\ 2\end{bmatrix},\quad \mathbf{x}_2=\begin{bmatrix}-2\\ 1\\ 4\end{bmatrix},\quad \mathbf{x}_3=\begin{bmatrix}-1\\ 1\\ 4\end{bmatrix}$$

又 $\boldsymbol{P}=\begin{bmatrix}-1 & -2 & -1\\ 1 & 1 & 1\\ 2 & 4 & 4\end{bmatrix}$ 且 $\boldsymbol{P}^{-1}=\dfrac{1}{2}\begin{bmatrix}0 & 4 & -1\\ -2 & -2 & 0\\ 2 & 0 & 1\end{bmatrix}$

故

$$\boldsymbol{P}^{-1}\boldsymbol{A}\boldsymbol{P}=\frac{1}{2}\begin{bmatrix}0 & 4 & -1\\ -2 & -2 & 0\\ 2 & 0 & 1\end{bmatrix}\begin{bmatrix}1 & 2 & -1\\ 1 & 0 & 1\\ 4 & -4 & 5\end{bmatrix}\begin{bmatrix}-1 & -2 & -1\\ 1 & 1 & 1\\ 2 & 4 & 4\end{bmatrix}$$

$$=\frac{1}{2}\begin{bmatrix}0 & 4 & -1\\ -2 & -2 & 0\\ 2 & 0 & 1\end{bmatrix}\begin{bmatrix}-1 & -4 & -3\\ 1 & 2 & 3\\ 2 & 8 & 12\end{bmatrix}$$

$$=\frac{1}{2}\begin{bmatrix}2 & 0 & 0\\ 0 & 4 & 0\\ 0 & 0 & 6\end{bmatrix}=\begin{bmatrix}1 & 0 & 0\\ 0 & 2 & 0\\ 0 & 0 & 3\end{bmatrix}$$

此一對角線方陣之對角線上的元素恰為方陣 $\boldsymbol{A}$ 的特徵值。 ★

讀者應注意，方陣 $\boldsymbol{P}$ 中所有行的先後順序並不重要，因為 $\boldsymbol{P}^{-1}\boldsymbol{A}\boldsymbol{P}$ 的第 i 個對角線元素為 $\boldsymbol{P}$ 的第 i 個行向量的特徵值。方陣 $\boldsymbol{P}$ 之行位置的改變隨著 $\boldsymbol{P}^{-1}\boldsymbol{A}\boldsymbol{P}$ 之對角線上特徵值的位置作調整。在例題 3 中，若

$$\boldsymbol{P}=\begin{bmatrix}-1 & -1 & -2\\ 1 & 1 & 1\\ 2 & 4 & 4\end{bmatrix}$$

則

$$\boldsymbol{P}^{-1}\boldsymbol{A}\boldsymbol{P}=\begin{bmatrix}1 & 0 & 0\\ 0 & 3 & 0\\ 0 & 0 & 2\end{bmatrix}$$

若 $\boldsymbol{A}$ 為 n 階方陣且 $\boldsymbol{P}$ 為非奇異方陣，則

$$(\boldsymbol{P}^{-1}\boldsymbol{A}\boldsymbol{P})^2=\boldsymbol{P}^{-1}\boldsymbol{A}\boldsymbol{P}\boldsymbol{P}^{-1}\boldsymbol{A}\boldsymbol{P}=\boldsymbol{P}^{-1}\boldsymbol{A}\boldsymbol{I}\boldsymbol{A}\boldsymbol{P}=\boldsymbol{P}^{-1}\boldsymbol{A}^2\boldsymbol{P}$$

$$\begin{aligned}(\boldsymbol{P}^{-1}\boldsymbol{A}\boldsymbol{P})^3&=\boldsymbol{P}^{-1}\boldsymbol{A}\boldsymbol{P}\boldsymbol{P}^{-1}\boldsymbol{A}\boldsymbol{P}\boldsymbol{P}^{-1}\boldsymbol{A}\boldsymbol{P}=\boldsymbol{P}^{-1}\boldsymbol{A}\boldsymbol{P}\boldsymbol{P}^{-1}\boldsymbol{A}^2\boldsymbol{P}\\&=\boldsymbol{P}^{-1}\boldsymbol{A}\boldsymbol{I}\boldsymbol{A}^2\boldsymbol{P}=\boldsymbol{P}^{-1}\boldsymbol{A}^3\boldsymbol{P}\end{aligned}$$

$$\vdots$$

依此類推，一般而言，對任一正整數 k,

$$(\boldsymbol{P}^{-1}\boldsymbol{A}\boldsymbol{P})^k=\boldsymbol{P}^{-1}\boldsymbol{A}^k\boldsymbol{P}$$

若 $\boldsymbol{A}$ 為可對角線化，且 $\boldsymbol{P}^{-1}\boldsymbol{A}\boldsymbol{P}=\boldsymbol{D}$ 為對角線方陣，則

$$\boldsymbol{D}^k=\boldsymbol{P}^{-1}\boldsymbol{A}^k\boldsymbol{P}$$

由上式解 $\boldsymbol{A}^k$，得

$$\boldsymbol{A}^k=\boldsymbol{P}\boldsymbol{D}^k\boldsymbol{P}^{-1} \qquad (6\text{-}3\text{-}1)$$

由（6-3-1）式得知，若求出 $\boldsymbol{D}^k$，則可計算出 $\boldsymbol{A}^k$。若

$$\boldsymbol{D}=\begin{bmatrix}\alpha_1 & 0 & 0 & \cdots & 0\\ 0 & \alpha_2 & 0 & \cdots & 0\\ \vdots & \vdots & \vdots & & \vdots\\ 0 & 0 & 0 & \cdots & \alpha_n\end{bmatrix}$$

則

$$\boldsymbol{D}^k=\begin{bmatrix}\alpha_1^k & 0 & 0 & \cdots & 0\\ 0 & \alpha_2^k & 0 & \cdots & 0\\ \vdots & \vdots & \vdots & & \vdots\\ 0 & 0 & 0 & \cdots & \alpha_n^k\end{bmatrix}$$

例題 4

設 $\boldsymbol{A}=\begin{bmatrix}1 & 2 & -1\\ 1 & 0 & 1\\ 4 & -4 & 5\end{bmatrix}$，求 $\boldsymbol{A}^5$。

解 我們在例題 3 中，證明了方陣 $\boldsymbol{A}$ 可被

$$\boldsymbol{P}=\begin{bmatrix}-1 & -2 & -1\\ 1 & 1 & 1\\ 2 & 4 & 4\end{bmatrix}$$

對角線化，且

$$\boldsymbol{D}=\boldsymbol{P}^{-1}\boldsymbol{A}\boldsymbol{P}=\begin{bmatrix}1 & 0 & 0\\ 0 & 2 & 0\\ 0 & 0 & 3\end{bmatrix}$$

因此，由（6-3-1）式知

$$\boldsymbol{A}^5=\boldsymbol{P}\boldsymbol{D}^5\boldsymbol{P}^{-1}$$

故

$$\boldsymbol{A}^5=\begin{bmatrix}-1 & -2 & -1\\ 1 & 1 & 1\\ 2 & 4 & 4\end{bmatrix}\begin{bmatrix}1^5 & 0 & 0\\ 0 & 2^5 & 0\\ 0 & 0 & 3^5\end{bmatrix}\begin{bmatrix}0 & 2 & -\frac{1}{2}\\ -1 & -1 & 0\\ 1 & 0 & \frac{1}{2}\end{bmatrix}$$

$$=\begin{bmatrix}-179 & 62 & -121\\ 211 & -30 & 121\\ 844 & -124 & 485\end{bmatrix}。$$

★

有關方陣之乘冪的計算除了利用（6-3-1）式外，若方陣 $\boldsymbol{A}$ 不能被對角線化，則利用下面的定理計算 $\boldsymbol{A}$ 的乘冪。

定理 6-3-3　凱利-漢米爾頓定理（Cayley-Hamilton theorem）

若 $\boldsymbol{A}$ 為 n 階方陣，$P(\lambda)=c_n\lambda^n+\cdots+c_1\lambda+c_0$ 為其特徵多項式，則 $P(\boldsymbol{A})=\boldsymbol{0}$，亦即，$\boldsymbol{A}$ 為特徵多項式的零位。

例題 5

已知 $\boldsymbol{A}=\begin{bmatrix}0&1&0\\0&0&1\\1&-3&3\end{bmatrix}$ 的特徵多項式為 $P(\lambda)=\lambda^3-3\lambda^2+3\lambda-1$，試證 $P(\boldsymbol{A})=\mathbf{0}$。

解 因 $\boldsymbol{A}^2=\begin{bmatrix}0&0&1\\1&-3&3\\3&-8&6\end{bmatrix}$ 且 $\boldsymbol{A}^3=\begin{bmatrix}1&-3&3\\3&-8&6\\6&-15&10\end{bmatrix}$，且

$$P(\boldsymbol{A})=-\boldsymbol{I}+3\boldsymbol{A}-3\boldsymbol{A}^2+\boldsymbol{A}^3$$

$$=-\begin{bmatrix}1&0&0\\0&1&0\\0&0&1\end{bmatrix}+3\begin{bmatrix}0&1&0\\0&0&1\\1&-3&3\end{bmatrix}-3\begin{bmatrix}0&0&1\\1&-3&3\\3&-8&6\end{bmatrix}+\begin{bmatrix}1&-3&3\\3&-8&6\\6&-15&10\end{bmatrix}$$

$$=\begin{bmatrix}0&0&0\\0&0&0\\0&0&0\end{bmatrix}=\mathbf{0}\text{。}$$

★

例題 6

已知 $\boldsymbol{A}=\begin{bmatrix}0&1&0\\0&0&1\\1&-3&3\end{bmatrix}$，計算 $\boldsymbol{A}^4$。

解 $\boldsymbol{A}$ 的特徵多項式為

$$P(\lambda)=\det(\lambda\boldsymbol{I}-\boldsymbol{A})=\begin{vmatrix}\lambda&-1&0\\0&\lambda&-1\\-1&3&\lambda-3\end{vmatrix}$$

$$=\lambda^3-3\lambda^2+3\lambda-1$$

故 $$P(\boldsymbol{A})=\boldsymbol{A}^3-3\boldsymbol{A}^2+3\boldsymbol{A}-\boldsymbol{I}=\mathbf{0}$$

可得 $$\boldsymbol{A}^3=\boldsymbol{I}-3\boldsymbol{A}+3\boldsymbol{A}^2$$

$$\boldsymbol{A}^3=\begin{bmatrix}1&0&0\\0&1&0\\0&0&1\end{bmatrix}-3\begin{bmatrix}0&1&0\\0&0&1\\1&-3&3\end{bmatrix}+3\begin{bmatrix}0&0&1\\1&-3&3\\3&-8&6\end{bmatrix}$$

$$=\begin{bmatrix}1 & -3 & 3\\ 3 & -8 & 6\\ 6 & -15 & 10\end{bmatrix}$$

故
$$A^4 = AA^3 = \begin{bmatrix}0 & 1 & 0\\ 0 & 0 & 1\\ 1 & -3 & 3\end{bmatrix}\begin{bmatrix}1 & -3 & 3\\ 3 & -8 & 6\\ 6 & -15 & 10\end{bmatrix}$$

$$=\begin{bmatrix}3 & -8 & 6\\ 6 & -15 & 10\\ 10 & -24 & 15\end{bmatrix}。$$ ★

例題 7

若 $A=\begin{bmatrix}-1 & 2 & 0\\ 1 & 1 & 2\\ 2 & 1 & 3\end{bmatrix}$ 為可逆方陣，試利用**凱利-漢米爾頓定理**求 A^{-1}。

解

$$P(\lambda)=\det(\lambda I - A)=\begin{vmatrix}\lambda+1 & -2 & 0\\ -1 & \lambda-1 & -2\\ -2 & -1 & \lambda-3\end{vmatrix}$$

$$=\lambda^3-3\lambda^2-5\lambda-1$$

$$\therefore\ P(A)=A^3-3A^2-5A-I=0$$

$$\Rightarrow A^{-1}P(A)=A^2-3A-5I-A^{-1}=0$$

$$\Rightarrow A^{-1}=A^2-3A-5I$$

$$=\begin{bmatrix}-1 & 2 & 0\\ 1 & 1 & 2\\ 2 & 1 & 3\end{bmatrix}\begin{bmatrix}-1 & 2 & 0\\ 1 & 1 & 2\\ 2 & 1 & 3\end{bmatrix}-3\begin{bmatrix}-1 & 2 & 0\\ 1 & 1 & 2\\ 2 & 1 & 3\end{bmatrix}-\begin{bmatrix}5 & 0 & 0\\ 0 & 5 & 0\\ 0 & 0 & 5\end{bmatrix}$$

$$=\begin{bmatrix}3 & 0 & 4\\ 4 & 5 & 8\\ 5 & 8 & 11\end{bmatrix}-\begin{bmatrix}-3 & 6 & 0\\ 3 & 3 & 6\\ 6 & 3 & 9\end{bmatrix}-\begin{bmatrix}5 & 0 & 0\\ 0 & 5 & 0\\ 0 & 0 & 5\end{bmatrix}$$

$$=\begin{bmatrix}1 & -6 & 4\\ 1 & -3 & 2\\ -1 & 5 & -3\end{bmatrix}$$ ★

近似對角線化形式——約旦矩陣

當方陣 $\boldsymbol{A}$ 的特徵方程式有重根時，除非方陣對稱且元素為實數，否則不能對角線化。但是，存在一種相似變換

$$\boldsymbol{J}=\boldsymbol{P}^{-1}\boldsymbol{A}\boldsymbol{P}$$

其中 $\boldsymbol{J}=\boldsymbol{P}^{-1}\boldsymbol{A}\boldsymbol{P}$ 均為 $\boldsymbol{n}$ 階方陣，使得方陣 $\boldsymbol{J}$ 幾乎是一個對角線方陣。

定義 6-3-3

若一個 n 階方陣的對角線值均為該方陣之特徵值 λ，而對角線上方第一斜行均為 1，其餘均為 0，則稱此方陣為**約旦方型**（Jordan block），記為：

$$\boldsymbol{J}=\begin{bmatrix} \lambda & 1 & 0 & \cdots & \cdots & 0 \\ 0 & \lambda & 1 & 0 & \cdots & 0 \\ 0 & 0 & \lambda & 1 & \cdots & 0 \\ \vdots & \vdots & \vdots & & \ddots & \vdots \\ \vdots & \vdots & \vdots & & & \vdots \\ 0 & 0 & 0 & \cdots & \cdots & \lambda \end{bmatrix}。 \tag{6-3-2}$$

定義 6-3-4

形如

$$\boldsymbol{J}=\begin{bmatrix} \boldsymbol{J}_1 & 0 & 0 & \cdots & 0 \\ 0 & \boldsymbol{J}_2 & 0 & \cdots & 0 \\ 0 & 0 & \boldsymbol{J}_3 & \cdots & 0 \\ \vdots & \vdots & \vdots & & \vdots \\ 0 & 0 & 0 & \cdots & \boldsymbol{J}_n \end{bmatrix} \tag{6-3-3}$$

的方陣稱為**約旦典式方陣**（Jordan canonical matrix），其中 $\boldsymbol{J}_1$，$\boldsymbol{J}_2$，$\boldsymbol{J}_3$，$\cdots$，$\boldsymbol{J}_n$ 均為約旦方型，其對角線值分別為 $\lambda_1, \lambda_2, \lambda_3, \cdots, \lambda_n$。

例題 8

$A=[6]$、$B=\begin{bmatrix}3&1\\0&3\end{bmatrix}$與$C=\begin{bmatrix}3&1&0\\0&3&1\\0&0&3\end{bmatrix}$皆為約旦方型。

例題 9

$A=\begin{bmatrix}5&1&0&0&0&0\\0&5&1&0&0&0\\0&0&5&0&0&0\\0&0&0&6&1&0\\0&0&0&0&6&0\\0&0&0&0&0&7\end{bmatrix}$為約旦典式方陣，其中$J_1=\begin{bmatrix}5&1&0\\0&5&1\\0&0&5\end{bmatrix}$，

$J_2=\begin{bmatrix}6&1\\0&6\end{bmatrix}$，$J_3=[7]$均為約旦方型。

定理 6-3-4　約旦典式方陣

設 A 為 n 階方陣，則存在一可逆方陣 P 使得

$$P^{-1}AP=\begin{bmatrix}J_1&0&0&\cdots&0\\0&J_2&0&\cdots&0\\0&0&J_3&\cdots&0\\\vdots&\vdots&\vdots&&\vdots\\0&0&0&\cdots&J_n\end{bmatrix}=J$$

其中 $J_1, J_2, J_3, \cdots, J_n$ 均為約旦方型，其對角線值分別為 $\lambda_1, \lambda_2, \lambda_3, \cdots, \lambda_n$（其中 λ_i 可相同），n 為 A 之特徵向量的最大線性獨立子集合的向量個數。

方陣 P 的求法

假設 n 階方陣 A 的特徵方程式有 r 個重根，即，

$$\underbrace{\lambda_1, \lambda_1, \lambda_1, \cdots, \lambda_1}_{r\text{ 個}}, \lambda_{r+1}, \cdots, \lambda_n,$$

則
$$\boldsymbol{P} = [\boldsymbol{P}_1, \boldsymbol{P}_2, \boldsymbol{P}_3, \cdots, \boldsymbol{P}_r, \boldsymbol{P}_{r+1}, \boldsymbol{P}_{r+2}, \cdots, \boldsymbol{P}_n]$$

其中 $\boldsymbol{P}_i$ 必須滿足下列之步驟:

1. $(\lambda_1 \boldsymbol{I}_n - \boldsymbol{A})\boldsymbol{P}_1 = \boldsymbol{0}$, 求得 $\boldsymbol{P}_1$ 。
2. $(\lambda_i \boldsymbol{I}_n - \boldsymbol{A})\boldsymbol{P}_i + \boldsymbol{P}_{i-1} = \boldsymbol{0}$, 求 $\boldsymbol{P}_i$, 其中 $i = 2, 3, \cdots, r$ 。
3. $(\lambda_k \boldsymbol{I}_n - \boldsymbol{A})\boldsymbol{P}_k = \boldsymbol{0}$, 求 $\boldsymbol{P}_k$, 其中 $k = r+1, r+2, \cdots, n$ 。
4. $\boldsymbol{P}^{-1}\boldsymbol{A}\boldsymbol{P} = \boldsymbol{\Lambda}$ 為約旦典式。

例題 10

若 $\boldsymbol{A} = \begin{bmatrix} 0 & 6 & -5 \\ 1 & 0 & 2 \\ 3 & 2 & 4 \end{bmatrix}$, 試求方陣 $\boldsymbol{P}$, 使得 $\boldsymbol{J} = \boldsymbol{P}^{-1}\boldsymbol{A}\boldsymbol{P}$ 為約旦典式方陣。

解 $\boldsymbol{A}$ 的特徵方程式為 $\det(\lambda \boldsymbol{I}_3 - \boldsymbol{A}) = \begin{vmatrix} \lambda & -6 & 5 \\ -1 & \lambda & -2 \\ -3 & -2 & \lambda - 4 \end{vmatrix} = 0$

$$\Rightarrow \lambda = 1,\ 1,\ 2$$

(i) 當 $\lambda_1 = 1$ 時,

$$\boldsymbol{P}_1 = \begin{bmatrix} P_1 \\ P_2 \\ P_3 \end{bmatrix}$$

$$(\lambda_1 \boldsymbol{I}_3 - \boldsymbol{A})\boldsymbol{P}_1 = \begin{bmatrix} 1 & -6 & 5 \\ -1 & 1 & -2 \\ -3 & -2 & -3 \end{bmatrix} \begin{bmatrix} P_1 \\ P_2 \\ P_3 \end{bmatrix} = \boldsymbol{0}$$

此方程組的增廣矩陣為

$$\left[\begin{array}{ccc:c} 1 & -6 & 5 & 0 \\ -1 & 1 & -2 & 0 \\ -3 & -2 & -3 & 0 \end{array}\right] \xrightarrow[\text{陣基本列變換}]{\text{由一連串之矩}} \left[\begin{array}{ccc:c} 1 & 0 & \frac{7}{5} & 0 \\ 0 & -5 & 3 & 0 \\ 0 & 0 & 0 & 0 \end{array}\right]$$

求得其解為 $\begin{bmatrix} t \\ -\frac{3}{7}t \\ -\frac{5}{7}t \end{bmatrix}$, $t \in \mathbb{R}$。因此 $\boldsymbol{P}_1 = \begin{bmatrix} 1 \\ -\frac{3}{7} \\ -\frac{5}{7} \end{bmatrix}$, 此為對應於 $\lambda_1 = 1$ 的特徵向量。

(ii) 當 $\lambda_2 = 1$ 時, $\boldsymbol{P}_2 = \begin{bmatrix} P_1 \\ P_2 \\ P_3 \end{bmatrix}$

$$(\lambda_2 \boldsymbol{I}_3 - \boldsymbol{A})\boldsymbol{P}_2 + \boldsymbol{P}_1 = \begin{bmatrix} 1 & -6 & 5 \\ -1 & 1 & -2 \\ -3 & -2 & -3 \end{bmatrix} \begin{bmatrix} P_1 \\ P_2 \\ P_3 \end{bmatrix} + \begin{bmatrix} 1 \\ -\frac{3}{7} \\ -\frac{5}{7} \end{bmatrix} = \boldsymbol{0}$$

解得 $P_1 = 1$, $P_2 = -\frac{22}{49}$, $P_3 = -\frac{46}{49}$

故

$$\boldsymbol{P}_2 = \begin{bmatrix} 1 \\ -\frac{22}{49} \\ -\frac{46}{49} \end{bmatrix}。$$

(iii) 當 $\lambda_3 = 2$ 時, $\boldsymbol{P}_3 = \begin{bmatrix} P_1 \\ P_2 \\ P_3 \end{bmatrix}$

$$(\lambda_3 \boldsymbol{I}_3 - \boldsymbol{A})\boldsymbol{P}_3 = \begin{bmatrix} 2 & -6 & 5 \\ -1 & 2 & -2 \\ -3 & -2 & -2 \end{bmatrix} \begin{bmatrix} P_1 \\ P_2 \\ P_3 \end{bmatrix} = \boldsymbol{0}$$

此方程組的增廣矩陣為

$$\left[\begin{array}{ccc:c} 2 & -6 & 5 & 0 \\ -1 & 2 & -2 & 0 \\ -3 & -2 & -2 & 0 \end{array}\right] \xrightarrow{\text{由一連串之矩陣基本列變換}} \left[\begin{array}{ccc:c} -1 & 0 & -1 & 0 \\ 0 & -2 & 1 & 0 \\ 0 & 0 & 0 & 0 \end{array}\right]$$

求得其解為 $\begin{bmatrix} -t \\ \frac{1}{2}t \\ t \end{bmatrix}$, $t \in \mathbb{R}$。因此 $\boldsymbol{P}_3 = \begin{bmatrix} 2 \\ -1 \\ -2 \end{bmatrix}$, 此為對應於 $\lambda_3 = 2$ 的特徵向量。

所以，
$$P=[P_1, P_2, P_3]=\begin{bmatrix} 1 & 1 & 2 \\ -\frac{3}{7} & -\frac{22}{49} & -1 \\ -\frac{5}{7} & -\frac{46}{49} & -2 \end{bmatrix}$$

可得
$$P^{-1}AP=\begin{bmatrix} 1 & 1 & 0 \\ 0 & 1 & 0 \\ 0 & 0 & 2 \end{bmatrix}=J$$

其中
$$J_1=\begin{bmatrix} 1 & 1 \\ 0 & 1 \end{bmatrix},\quad J_2=[2]。$$ ★

習題 6-3

1. 下列各方陣中，哪些可對角線化？

(1) $A=\begin{bmatrix} 1 & 4 \\ 1 & -2 \end{bmatrix}$ (2) $A=\begin{bmatrix} 1 & 0 \\ -2 & 1 \end{bmatrix}$ (3) $A=\begin{bmatrix} 1 & 2 & 3 \\ 0 & -1 & 2 \\ 0 & 0 & 2 \end{bmatrix}$

(4) $A=\begin{bmatrix} 1 & 1 & -2 \\ 4 & 0 & 4 \\ 1 & -1 & 4 \end{bmatrix}$ (5) $A=\begin{bmatrix} 3 & 1 & 0 \\ 0 & 3 & 1 \\ 0 & 0 & 3 \end{bmatrix}$

2. 試將下列方陣對角線化。

(1) $A=\begin{bmatrix} 1 & 1 & 2 \\ 0 & 1 & 0 \\ 0 & 1 & 3 \end{bmatrix}$ (2) $A=\begin{bmatrix} 2 & 0 & -2 \\ 0 & 3 & 0 \\ 0 & 0 & 3 \end{bmatrix}$ (3) $A=\begin{bmatrix} 1 & 0 & 0 \\ 0 & 1 & 1 \\ 0 & 1 & 1 \end{bmatrix}$

(4) $A=\begin{bmatrix} -1 & 4 & -2 \\ -3 & 4 & 0 \\ -3 & 1 & 3 \end{bmatrix}$

3. 試將下列方陣化成約旦典式方陣。

(1) $A=\begin{bmatrix} 2 & 2 & 4 \\ 0 & -2 & 0 \\ -1 & 4 & 6 \end{bmatrix}$ (2) $A=\begin{bmatrix} 3 & 1 & -1 \\ -1 & 1 & 1 \\ 0 & 0 & 2 \end{bmatrix}$

4. 已知 $A=\begin{bmatrix} 1 & 0 & 0 \\ 0 & 1 & 1 \\ 0 & 1 & 1 \end{bmatrix}$，求 A^6。

5. 若 $\boldsymbol{A}=\begin{bmatrix}1 & -1 & 4\\ 3 & 2 & -1\\ 2 & 1 & -1\end{bmatrix}$ 為可逆方陣，試利用凱利-漢米爾頓定理求 $\boldsymbol{A}^{-1}$。

6. 已知 $A=\begin{bmatrix}-1 & 7 & -1\\ 0 & 1 & 0\\ 0 & 15 & -2\end{bmatrix}$，仿照 6-3 節例題 4 之方法求 A^{11} 之值。

*6-4 正交對角線化

我們在定義 6-1-2 中，曾經定義**正交矩陣**，現在就利用該定義來討論一方陣 $\boldsymbol{A}$ 被正交對角線化的意義及方法。

定理 6-4-1

若 $\boldsymbol{Q}$ 為對稱方陣，則 $\boldsymbol{Q}$ 的相異特徵值所對應的特徵向量為正交。

定理 6-4-2

n 階方陣 $\boldsymbol{Q}$ 為正交，若且唯若 $\boldsymbol{Q}$ 的各行形成 $\mathbb{R}^n$ 中的**正規正交基底**。

證

令 $\boldsymbol{Q}=\begin{bmatrix}a_{11} & a_{12} & \cdots & a_{1n}\\ a_{21} & a_{22} & \cdots & a_{2n}\\ \vdots & \vdots & & \vdots\\ a_{n1} & a_{n2} & \cdots & a_{nn}\end{bmatrix}$，則

$$\boldsymbol{Q}^T=\begin{bmatrix}a_{11} & a_{21} & \cdots & a_{n1}\\ a_{12} & a_{22} & \cdots & a_{n2}\\ \vdots & \vdots & & \vdots\\ a_{1n} & a_{2n} & \cdots & a_{nn}\end{bmatrix}$$

令 $\boldsymbol{C}=[c_{ij}]=\boldsymbol{Q}^T\boldsymbol{Q}$，則 $c_{ij}=a_{1i}\,a_{1j}+a_{2i}\,a_{2j}+\cdots+a_{ni}\,a_{nj}=\mathbf{b}_i\cdot\mathbf{b}_j$，此處 $\mathbf{b}_i$ 代表方陣 $\boldsymbol{Q}$ 的第 i 行。若方陣 $\boldsymbol{Q}$ 的各行為正規正交，則

$$c_{ij}=\begin{cases}0, & 若\ i\neq j\\ 1, & 若\ i=j\end{cases} \quad\cdots\cdots\cdots\cdots\cdots\cdots\cdots\cdots\cdots\cdots\cdots\cdots\ (*)$$

即，$\boldsymbol{C}=\boldsymbol{I}$。反之，若 $\boldsymbol{Q}^T=\boldsymbol{Q}^{-1}$，則 $\boldsymbol{C}=\boldsymbol{I}$。於是，（∗）式成立，且方陣 $\boldsymbol{Q}$ 的各行為正規正交，故得證。

例題 1

已知

$$\mathbf{u}_1=\begin{bmatrix}\frac{1}{\sqrt{2}}\\ \frac{1}{\sqrt{2}}\\ 0\end{bmatrix},\quad \mathbf{u}_2=\begin{bmatrix}-\frac{1}{\sqrt{6}}\\ \frac{1}{\sqrt{6}}\\ \frac{2}{\sqrt{6}}\end{bmatrix},\quad \mathbf{u}_3=\begin{bmatrix}\frac{1}{\sqrt{3}}\\ -\frac{1}{\sqrt{3}}\\ \frac{1}{\sqrt{3}}\end{bmatrix}$$

形成 $\mathbb{R}^3$ 中的正規正交基底，則方陣

$$\boldsymbol{Q}=\begin{bmatrix}\frac{1}{\sqrt{2}} & -\frac{1}{\sqrt{6}} & \frac{1}{\sqrt{3}}\\ \frac{1}{\sqrt{2}} & \frac{1}{\sqrt{6}} & -\frac{1}{\sqrt{3}}\\ 0 & \frac{2}{\sqrt{6}} & \frac{1}{\sqrt{3}}\end{bmatrix}$$

為一正交方陣。我們可檢查

$$\boldsymbol{Q}^T\boldsymbol{Q}=\begin{bmatrix}\frac{1}{\sqrt{2}} & \frac{1}{\sqrt{2}} & 0\\ -\frac{1}{\sqrt{6}} & \frac{1}{\sqrt{6}} & \frac{2}{\sqrt{6}}\\ \frac{1}{\sqrt{3}} & -\frac{1}{\sqrt{3}} & \frac{1}{\sqrt{3}}\end{bmatrix}\begin{bmatrix}\frac{1}{\sqrt{2}} & -\frac{1}{\sqrt{6}} & \frac{1}{\sqrt{3}}\\ \frac{1}{\sqrt{2}} & \frac{1}{\sqrt{6}} & -\frac{1}{\sqrt{3}}\\ 0 & \frac{2}{\sqrt{6}} & \frac{1}{\sqrt{3}}\end{bmatrix}$$

$$=\begin{bmatrix}1 & 0 & 0\\ 0 & 1 & 0\\ 0 & 0 & 1\end{bmatrix}。$$

定義 6-4-1

已知方陣 $\boldsymbol{A}$, 若存在一正交方陣 $\boldsymbol{Q}$ 使得

$$Q^{-1}AQ\,(=Q^TAQ)=D$$

為對角線方陣, 其中 $\boldsymbol{D}=\text{diag}(\lambda_1, \lambda_2, \cdots, \lambda_n)$, 且 $\lambda_1, \lambda_2, \cdots, \lambda_n$ 為方陣 $\boldsymbol{A}$ 的特徵值, 則稱 $\boldsymbol{A}$ 為**正交對角線化**(orthogonally diagonalizable)。

定理 6-4-3

方陣 $\boldsymbol{A}$ 為正交對角線化, 若且唯若 $\boldsymbol{A}$ 為對稱方陣。

利用此定理, 我們可得正交對角線化對稱方陣 $\boldsymbol{A}$ 的步驟如下:

1. 對 $\boldsymbol{A}$ 的每一特徵空間求一基底。
2. 對 $\boldsymbol{A}$ 的每一個特徵空間, 應用格蘭姆-史密特的正交化過程, 求得一正規正交基底。
3. 由 2.中所得的正規正交特徵向量作為方陣 $\boldsymbol{Q}$ 的行向量, 此方陣 $\boldsymbol{Q}$ 將可正交對角線化方陣 $\boldsymbol{A}$ 。

例題 2

試求一正交方陣 $\boldsymbol{Q}$ 使

$$A=\begin{bmatrix}5&4&2\\4&5&2\\2&2&2\end{bmatrix}$$

為對角線化。

解 $\boldsymbol{A}$ 的特徵方程式為

$$\det(\lambda I_3-A)=\begin{vmatrix}\lambda-5&-4&-2\\-4&\lambda-5&-2\\-2&-2&\lambda-2\end{vmatrix}$$

$$= \begin{vmatrix} \lambda-1 & -\lambda+1 & 0 \\ 0 & \lambda-1 & -2\lambda+2 \\ -2 & -2 & \lambda-2 \end{vmatrix}$$

$$= (\lambda-1)^2(\lambda-10)$$

$$= 0$$

故 $\boldsymbol{A}$ 的特徵值為 $\lambda = 1,\ 1,\ 10$。

（i）對 $\lambda_1 = \lambda_2 = 1$，求得線性獨立特徵向量

$$\mathbf{x}_1 = \begin{bmatrix} -1 \\ 1 \\ 0 \end{bmatrix} \qquad \mathbf{x}_2 = \begin{bmatrix} -1 \\ 0 \\ 2 \end{bmatrix}$$

（ii）對 $\lambda_3 = 10$，求得特徵向量

$$\mathbf{x}_3 = \begin{bmatrix} 2 \\ 2 \\ 1 \end{bmatrix}$$

對 $\{\mathbf{x}_1, \mathbf{x}_2\}$ 應用格蘭姆-史密特正交化過程，求正規正交特徵向量如下:
我們令

$$\mathbf{u}_1 = \frac{\mathbf{x}_1}{\|\mathbf{x}_1\|} = \begin{bmatrix} -\frac{1}{\sqrt{2}} \\ \frac{1}{\sqrt{2}} \\ 0 \end{bmatrix}$$

則 $$\mathbf{x}'_2 = \mathbf{x}_2 - (\mathbf{x}_2 \cdot \mathbf{u}_1)\mathbf{u}_1 = \begin{bmatrix} -1 \\ 0 \\ 2 \end{bmatrix} - \frac{1}{\sqrt{2}} \begin{bmatrix} -\frac{1}{\sqrt{2}} \\ \frac{1}{\sqrt{2}} \\ 0 \end{bmatrix} = \begin{bmatrix} -\frac{1}{2} \\ -\frac{1}{2} \\ 2 \end{bmatrix}$$

且 $\|\mathbf{x}'_2\| = \frac{3\sqrt{2}}{2}$，故

$$\mathbf{u}_2 = \frac{\mathbf{x}'_2}{\|\mathbf{x}'_2\|} = \frac{2}{3\sqrt{2}} \begin{bmatrix} -\frac{1}{2} \\ \frac{1}{2} \\ 2 \end{bmatrix} = \begin{bmatrix} -\frac{1}{3\sqrt{2}} \\ -\frac{1}{3\sqrt{2}} \\ \frac{4}{3\sqrt{2}} \end{bmatrix}$$

而 $\mathbf{u}_1 \cdot \mathbf{u}_2 = \frac{1}{6} - \frac{1}{6} + 0 = 0$，即，$\mathbf{u}_1 \perp \mathbf{u}_2$。

對 $\{\mathbf{x}_3\}$ 應用格蘭姆-史密特法，可得

$$\mathbf{u}_3=\frac{\mathbf{x}_3}{\|\mathbf{x}_3\|}=\frac{1}{3}\begin{bmatrix}2\\2\\1\end{bmatrix}=\begin{bmatrix}\frac{2}{3}\\\frac{2}{3}\\\frac{1}{3}\end{bmatrix}$$

又
$$\mathbf{u}_1\cdot\mathbf{u}_3=-\frac{2}{3\sqrt{2}}+\frac{2}{3\sqrt{2}}+0=0$$

$$\mathbf{u}_2\cdot\mathbf{u}_3=-\frac{2}{9\sqrt{2}}-\frac{2}{9\sqrt{2}}+\frac{4}{9\sqrt{2}}=0$$

故 $\mathbf{u}_1\perp\mathbf{u}_3$ 且 $\mathbf{u}_2\perp\mathbf{u}_3$。於是，

$$\boldsymbol{Q}=\begin{bmatrix}-\frac{1}{\sqrt{2}} & -\frac{1}{3\sqrt{2}} & \frac{2}{3}\\ \frac{1}{\sqrt{2}} & -\frac{1}{3\sqrt{2}} & \frac{2}{3}\\ 0 & \frac{4}{3\sqrt{2}} & \frac{1}{3}\end{bmatrix}$$

為正交方陣，而

$$\boldsymbol{Q}^T\boldsymbol{A}\boldsymbol{Q}=\begin{bmatrix}-\frac{1}{\sqrt{2}} & \frac{1}{\sqrt{2}} & 0\\ -\frac{1}{3\sqrt{2}} & -\frac{1}{3\sqrt{2}} & \frac{4}{3\sqrt{2}}\\ \frac{2}{3} & \frac{2}{3} & \frac{1}{3}\end{bmatrix}\begin{bmatrix}5 & 4 & 2\\4 & 5 & 2\\2 & 2 & 2\end{bmatrix}\begin{bmatrix}-\frac{1}{\sqrt{2}} & -\frac{1}{3\sqrt{2}} & \frac{2}{3}\\ \frac{1}{\sqrt{2}} & -\frac{1}{3\sqrt{2}} & \frac{2}{3}\\ 0 & \frac{4}{3\sqrt{2}} & \frac{1}{3}\end{bmatrix}$$

$$=\begin{bmatrix}-\frac{1}{\sqrt{2}} & \frac{1}{\sqrt{2}} & 0\\ -\frac{1}{3\sqrt{2}} & -\frac{1}{3\sqrt{2}} & \frac{4}{3\sqrt{2}}\\ \frac{20}{3} & \frac{20}{3} & \frac{10}{3}\end{bmatrix}\begin{bmatrix}-\frac{1}{\sqrt{2}} & -\frac{1}{3\sqrt{2}} & \frac{2}{3}\\ \frac{1}{\sqrt{2}} & -\frac{1}{3\sqrt{2}} & \frac{2}{3}\\ 0 & \frac{4}{3\sqrt{2}} & \frac{1}{3}\end{bmatrix}$$

$$=\begin{bmatrix}1 & 0 & 0\\0 & 1 & 0\\0 & 0 & 10\end{bmatrix}。$$

★

習題 6-4

1. 試證:

$$Q=\begin{bmatrix}\frac{2}{3} & \frac{2}{3} & \frac{1}{3}\\ -\frac{2}{3} & \frac{1}{3} & \frac{2}{3}\\ \frac{1}{3} & -\frac{2}{3} & \frac{2}{3}\end{bmatrix}$$

為一個正交方陣。

2. 求出下列每一個正交方陣的逆方陣。

(1) $A=\begin{bmatrix}1 & 0 & 0\\ 0 & \cos\theta & \sin\theta\\ 0 & -\sin\theta & \cos\theta\end{bmatrix}$ (2) $A=\begin{bmatrix}1 & 0 & 0\\ 0 & \frac{1}{\sqrt{2}} & -\frac{1}{\sqrt{2}}\\ 0 & -\frac{1}{\sqrt{2}} & -\frac{1}{\sqrt{2}}\end{bmatrix}$

3. 試將下列每一個方陣 A 對角線化，並求出正交方陣 Q 使得 Q^TAQ 為對角線方陣。

(1) $A=\begin{bmatrix}2 & 2\\ 2 & 2\end{bmatrix}$ (2) $A=\begin{bmatrix}4 & 2 & 2\\ 2 & 4 & 2\\ 2 & 2 & 4\end{bmatrix}$ (3) $A=\begin{bmatrix}0 & 0 & 0\\ 0 & 2 & 2\\ 0 & 2 & 2\end{bmatrix}$ (4) $A=\begin{bmatrix}2 & -1 & -1\\ -1 & 2 & -1\\ -1 & -1 & 2\end{bmatrix}$

*6-5 二次形

含 n 個變數 $x_1, x_2, x_3, \cdots, x_n$ 的線性方程式可表為

$$a_1x_1+a_2x_2+a_3x_3+\cdots+a_nx_n=b$$

之形式，此式等號左邊的式子

$$a_1x_1+a_2x_2+a_3x_3+\cdots+a_nx_n$$

為一個 n 變數函數，稱為一次形（linear form）。在本節中，我們將介紹一種函數，而此種函數稱為二次形（quadratic form）。例如:

含二變數 x_1 及 x_2 的二次形可表為

$$a_1x_1^2 + a_2x_2^2 + a_3x_1x_2 \qquad (6\text{-}5\text{-}1)$$

同理，含三變數 x_1、x_2 及 x_3 的二次形為

$$a_1x_1^2 + a_2x_2^2 + a_3x_3^2 + a_4x_1x_2 + a_5x_1x_3 + a_6x_2x_3 \qquad (6\text{-}5\text{-}2)$$

在二次形裡，不同變數相乘的項稱為**混合乘積項**（cross-product terms）。因此，（6-5-1）式的最後一項與（6-5-2）式的最後三項為混合乘積項。假若我們同意省略 1 × 1 矩陣之括號，則（6-5-1）式可寫成矩陣相乘之形式

$$a_1x_1^2 + a_2x_2^2 + a_3x_1x_2 = [x_1 \quad x_2]\begin{bmatrix} a_1 & \frac{a_3}{2} \\ \frac{a_3}{2} & a_2 \end{bmatrix}\begin{bmatrix} x_1 \\ x_2 \end{bmatrix} \qquad (6\text{-}5\text{-}3)$$

讀者應注意，（6-5-3）式中的二階方陣是對稱的，其對角線元素為二次形之平方項的係數，且非對角線元素為混合乘積項 x_1x_2 之係數的一半。

同理，（6-5-2）式亦可寫成下式

$$a_1x_1^2 + a_2x_2^2 + a_3x_3^2 + a_4x_1x_2 + a_5x_1x_3 + a_6x_2x_3$$

$$= [x_1 \quad x_2 \quad x_3]\begin{bmatrix} a_1 & \frac{a_4}{2} & \frac{a_5}{2} \\ \frac{a_4}{2} & a_2 & \frac{a_6}{2} \\ \frac{a_5}{2} & \frac{a_6}{2} & a_3 \end{bmatrix}\begin{bmatrix} x_1 \\ x_2 \\ x_3 \end{bmatrix}。$$

例題 1

試將下列二次形式表示成矩陣記號 $\mathbf{x}^T A\mathbf{x}$，其中 A 為一對稱方陣。

$$9x_1^2 - x_2^2 + 4x_3^2 + 6x_1x_2 - 8x_1x_3 + x_2x_3$$

解 二次多項式 $ax_1{}^2 + bx_2{}^2 + cx_3{}^2 + 2dx_1x_2 + 2ex_1x_3 + 2fx_2x_3$ 之二次形式矩陣為

$$\begin{bmatrix} a & d & e \\ d & b & f \\ e & f & c \end{bmatrix}$$

所以，原式 $=\mathbf{x}^T\boldsymbol{A}\mathbf{x}=[x_1, x_2, x_3]\begin{bmatrix} 9 & 3 & -4 \\ 3 & -1 & \frac{1}{2} \\ -4 & \frac{1}{2} & 4 \end{bmatrix}\begin{bmatrix} x_1 \\ x_2 \\ x_3 \end{bmatrix}$。 ★

二次形並不限制為只含二個變數或三個變數，一般二次形含 n 個變數的定義如下:

定義 6-5-1

含 $x_1, x_2, x_3, \cdots, x_n$ 的二次形可表示為

$$[x_1 \quad x_2 \quad x_3 \quad \cdots \quad x_n]\boldsymbol{A}\begin{bmatrix} x_1 \\ x_2 \\ x_3 \\ \vdots \\ x_n \end{bmatrix} \qquad (6\text{-}5\text{-}4)$$

此處 $\boldsymbol{A}$ 為 n 階對稱方陣。如果我們令

$$\mathbf{x}=\begin{bmatrix} x_1 \\ x_2 \\ x_3 \\ \vdots \\ x_n \end{bmatrix}$$

則（6-5-1）式可化為

$$\mathbf{x}^T\boldsymbol{A}\mathbf{x} \qquad (6\text{-}5\text{-}5)$$

若將（6-5-2）式展開，最後的結果可表示為

$$\mathbf{x}^T\boldsymbol{A}\mathbf{x}=a_{11}x_1^2+a_{22}x_2^2+\cdots+a_{nn}x_n^2+\sum_{i\neq j}a_{ij}x_ix_j \qquad (6\text{-}5\text{-}6)$$

其中

$$\sum_{i\neq j}a_{ij}x_ix_j$$

表示形如 $a_{ij}x_ix_j$ 之各項的和，而 x_i 與 x_j 為相異變數。

注意，平方項之係數出現於三階對稱方陣的對角線上，而混合乘積項之係數被二等分，分別置於下列非對角線位置

混合乘積項	係數	在 A 中的位置
x_1x_2	a	$\begin{bmatrix} ① & \frac{a}{2} & \frac{b}{2} \\ \frac{a}{2} & ② & \frac{c}{2} \\ \frac{b}{2} & \frac{c}{2} & ③ \end{bmatrix}$
x_1x_3	b	
x_2x_3	c	

註：①、②、③分別為 x_1^2、x_2^2 與 x_3^2 之係數。

二次形所探討之主題極為廣泛，在本節中僅介紹兩個主題：

1. 假若 $\mathbf{x}$ 的限制條件為

$$\|\mathbf{x}\| = 1$$

求二次形 $\mathbf{x}^T A\mathbf{x}$ 的最大值與最小值。

2. 對角化二次形，應用至圓錐曲線或二次曲面上。

求二次形 $\mathbf{x}^T A\mathbf{x}$ 的最大值或最小值

定理 6-5-1

令 A 為 n 階對稱方陣，且其特徵值依遞減順序排列為 $\lambda_1 \geq \lambda_2 \geq \cdots \geq \lambda_n$。若對於 $\mathbb{R}^n$ 的**歐幾里得內積**，使 $\mathbf{x}$ 受到 $\|\mathbf{x}\| = 1$ 之限制，則

(1) $\lambda_1 \geq \mathbf{x}^T A\mathbf{x} \geq \lambda_n$

(2) $\mathbf{x}^T A\mathbf{x} = \lambda_n$，此處 $\mathbf{x}$ 為對應於 λ_n 的特徵向量；而 $\mathbf{x}^T A\mathbf{x} = \lambda_1$，此處 $\mathbf{x}$ 為對應於 λ_1 的特徵向量。

例題 2

在 $x_1^2 + x_2^2 = 1$ 之條件限制下，求二次形 $x_1^2 + x_2^2 + 4x_1x_2$ 的最大值及最小值，並求產生最大值及最小值時的 x_1 與 x_2。

解 二次形可以寫成

$$x_1^2 + x_2^2 + 4x_1x_2 = \mathbf{x}^T A\mathbf{x} = [x_1 \quad x_2]\begin{bmatrix} 1 & 2 \\ 2 & 1 \end{bmatrix}\begin{bmatrix} x_1 \\ x_2 \end{bmatrix}$$

令 $\boldsymbol{A}=\begin{bmatrix}1&2\\2&1\end{bmatrix}$，則 $\boldsymbol{A}$ 的特徵方程式為

$$\det(\lambda \boldsymbol{I}_2-\boldsymbol{A})=\begin{vmatrix}\lambda-1&-2\\-2&\lambda-1\end{vmatrix}=\lambda^2-2\lambda-3=(\lambda-3)(\lambda+1)=0$$

於是，$\boldsymbol{A}$ 的特徵值為 $\lambda=3$ 與 $\lambda=-1$，此二值分別為二次形在受限制條件下的最大值與最小值。若想求得產生極值時的 x_1 值與 x_2 值，我們必須求這些特徵值所對應的特徵向量，並將它正規化，使其滿足限制條件 $x_1^2+x_2^2=1$。

特徵值 $\lambda=3$ 與 $\lambda=-1$ 所對應的特徵向量分別為

$$\begin{bmatrix}1\\1\end{bmatrix} \quad 與 \quad \begin{bmatrix}1\\-1\end{bmatrix}$$

將這些特徵向量正規化分別可得

$$\pm\begin{bmatrix}\frac{1}{\sqrt{2}}\\\frac{1}{\sqrt{2}}\end{bmatrix} \quad 與 \quad \pm\begin{bmatrix}\frac{1}{\sqrt{2}}\\-\frac{1}{\sqrt{2}}\end{bmatrix}$$

於是，在受限制條件 $x_1^2+x_2^2=1$ 之下，二次形的最大值為 $\lambda=3$，它發生在 $\pm\begin{bmatrix}\frac{1}{\sqrt{2}}\\\frac{1}{\sqrt{2}}\end{bmatrix}$；二次形的最小值為 $\lambda=-1$，它發生在 $\pm\begin{bmatrix}\frac{1}{\sqrt{2}}\\-\frac{1}{\sqrt{2}}\end{bmatrix}$。 ★

例題 3

在 $x_1^2+x_2^2+x_3^2=1$ 之條件限制下，求二次形 $2x_1^2+x_2^2+x_3^2+2x_1x_3+2x_1x_2$ 的最大值及最小值，並求產生最大值及最小值時的 x_1、x_2 與 x_3。

解 二次形可以寫成

$$2x_1^2+x_2^2+x_3^2+2x_1x_3+2x_1x_2=[x_1 \quad x_2 \quad x_3]\begin{bmatrix}2&1&1\\1&1&0\\1&0&1\end{bmatrix}\begin{bmatrix}x_1\\x_2\\x_3\end{bmatrix}$$

令 $\boldsymbol{A}=\begin{bmatrix}2&1&1\\1&1&0\\1&0&1\end{bmatrix}$，則 $\boldsymbol{A}$ 的特徵方程式為

$$\det(\lambda \boldsymbol{I}_3 - \boldsymbol{A}) = \begin{vmatrix} \lambda - 2 & -1 & -1 \\ -1 & \lambda - 1 & 0 \\ -1 & 0 & \lambda - 1 \end{vmatrix} = \lambda(\lambda - 1)(\lambda - 3) = 0$$

(i) 當 $\lambda = 3$ 時,

$$\begin{bmatrix} 3-2 & -1 & -1 \\ -1 & 3-1 & 0 \\ -1 & 0 & 3-1 \end{bmatrix}\begin{bmatrix} x_1 \\ x_2 \\ x_3 \end{bmatrix} = \begin{bmatrix} 0 \\ 0 \\ 0 \end{bmatrix}$$

$$\Rightarrow \begin{cases} x_1 - x_2 - x_3 = 0 \\ -x_1 + 2x_2 = 0 \\ -x_1 + 2x_3 = 0 \end{cases}$$

令 $x_3 = t$, $x_2 = t$, $x_1 = 2t$ （ $t \in \mathbb{R}$ ）, 即, $\mathbf{x} = t\begin{bmatrix} 2 \\ 1 \\ 1 \end{bmatrix}$。

正規化 $\begin{bmatrix} 2 \\ 1 \\ 1 \end{bmatrix}$ 得到 $\pm\begin{bmatrix} \frac{2}{\sqrt{6}} \\ \frac{1}{\sqrt{6}} \\ \frac{1}{\sqrt{6}} \end{bmatrix}$, 使得 $x_1^2 + x_2^2 + x_3^2 = 1$。

(ii) 當 $\lambda = 0$ 時,

$$\begin{bmatrix} -2 & -1 & -1 \\ -1 & -1 & 0 \\ -1 & 0 & -1 \end{bmatrix}\begin{bmatrix} x_1 \\ x_2 \\ x_3 \end{bmatrix} = \begin{bmatrix} 0 \\ 0 \\ 0 \end{bmatrix}$$

$$\Rightarrow \begin{cases} -2x_1 - x_2 - x_3 = 0 \\ -x_1 - x_2 = 0 \\ -x_1 - x_3 = 0 \end{cases}$$

令 $x_1 = t$, $x_2 = -t$, $x_3 = -t$ （ $t \in \mathbb{R}$ ）, 即, $\mathbf{x} = t\begin{bmatrix} 1 \\ -1 \\ -1 \end{bmatrix}$。

正規化 $\begin{bmatrix} 1 \\ -1 \\ -1 \end{bmatrix}$ 得到 $\pm\begin{bmatrix} \frac{1}{\sqrt{3}} \\ -\frac{1}{\sqrt{3}} \\ -\frac{1}{\sqrt{3}} \end{bmatrix}$，使得 $x_1^2+x_2^2+x_3^2=1$。

於是，在受限制條件 $x_1^2+x_2^2+x_3^2=1$ 之下，二次形的最大值為 $\lambda=3$，它發生在 $\pm\begin{bmatrix} \frac{2}{\sqrt{6}} \\ \frac{1}{\sqrt{6}} \\ \frac{1}{\sqrt{6}} \end{bmatrix}$；二次形的最小值為 $\lambda=0$，它發生在 $\pm\begin{bmatrix} \frac{1}{\sqrt{3}} \\ -\frac{1}{\sqrt{3}} \\ -\frac{1}{\sqrt{3}} \end{bmatrix}$。 ★

定義 6-5-2

設 $\boldsymbol{A}$ 為對稱矩陣，

若二次形 $\mathbf{x}^T\boldsymbol{A}\mathbf{x} > 0$，$\forall\ \mathbf{x}\neq\mathbf{0}$，則稱 $\boldsymbol{A}$ 為**正定**（positive definite）。

若二次形 $\mathbf{x}^T\boldsymbol{A}\mathbf{x} < 0$，$\forall\ \mathbf{x}\neq\mathbf{0}$，則稱 $\boldsymbol{A}$ 為**負定**（negative definite）。

定理 6-5-2

(1) 對稱方陣 $\boldsymbol{A}$ 為正定，若且唯若 $\boldsymbol{A}$ 的特徵值皆為正數。

(2) 對稱方陣 $\boldsymbol{A}$ 為負定，若且唯若 $\boldsymbol{A}$ 的特徵值皆為負數。

例題 4

對稱方陣 $\boldsymbol{A}=\begin{bmatrix} 3 & -1 & 0 \\ -1 & 2 & -1 \\ 0 & -1 & 3 \end{bmatrix}$ 的特徵值為 1、3 與 4，皆為正數，故 $\boldsymbol{A}$ 為正定，且 $\forall\ \mathbf{x}\neq\mathbf{0}$，

$$\mathbf{x}^T\boldsymbol{A}\mathbf{x}=3x_1^2+2x_2^2+3x_3^2-2x_1x_2-2x_2x_3>0\text{。}$$

定理 6-5-3

若 A 為對稱方陣，則下列各條件具有對等關係。

(1) A 為正定。

(2) A 的特徵值皆為正數。

(3) 存在一可逆方陣 Q 使得 $A=Q^TQ$。

(4) $\det(A_k)>0,\ \forall\ k=1,2,3,\cdots,n$ （見下列 $|A_k|$ 的定義）

給定一個 n 階方陣

$$A=\begin{bmatrix} a_{11} & a_{12} & a_{13} & \cdots & a_{1n} \\ a_{21} & a_{22} & a_{23} & \cdots & a_{2n} \\ a_{31} & a_{32} & a_{33} & \cdots & a_{3n} \\ \vdots & \vdots & \vdots & & \vdots \\ a_{n1} & a_{n2} & a_{n3} & \cdots & a_{nn} \end{bmatrix}$$

將 A 中除第一列及第一行之外所有列行全部劃去，那麼所剩下的就是 A_1，行列式 $|A_1|$ 就稱為**第一階主副式**（first principal minor）。同理，將 A 中除第一、二列及第一、二行之外的所有列行全部劃去，得出的行列式 $|A_2|$ 就稱為**第二階主副式**，餘此類推，因此

$$|A_1|=|a_{11}|=a_{11},\quad |A_2|=\begin{vmatrix} a_{11} & a_{12} \\ a_{21} & a_{22} \end{vmatrix},\quad |A_3|=\begin{vmatrix} a_{11} & a_{12} & a_{13} \\ a_{21} & a_{22} & a_{23} \\ a_{31} & a_{32} & a_{33} \end{vmatrix},\cdots,\ |A_n|=|A|。$$

定理 6-5-4

若 A 為對稱方陣，則下列各條件具有對等關係。

(1) A 為負定方陣。

(2) A 的特徵值皆為負數。

(3) 存在一可逆方陣 Q 使得 $A=-Q^TQ$。

(4) $(-1)^k\det(A_k)>0,\ \forall\ k=1,2,3,\cdots,n$。

定理 6-5-5

設 $A=[a_{ij}]_{n\times n}$ 為對稱方陣，則 A 為正定的充要條件為

$$|A_1|=|a_{11}|=a_{11}>0,\quad |A_2|=\begin{vmatrix} a_{11} & a_{12} \\ a_{21} & a_{22} \end{vmatrix}>0,$$

$$|A_3|=\begin{vmatrix} a_{11} & a_{12} & a_{13} \\ a_{21} & a_{22} & a_{23} \\ a_{31} & a_{32} & a_{33} \end{vmatrix}>0,\cdots,\ |A_n|=|A|>0。$$

定理 6-5-6

設 $A=[a_{ij}]_{n\times n}$ 為對稱方陣，則 A 為負定的充要條件為

$$|A_1|=|a_{11}|=a_{11}<0,\quad |A_2|=\begin{vmatrix} a_{11} & a_{12} \\ a_{21} & a_{22} \end{vmatrix}>0,$$

$$|A_3|=\begin{vmatrix} a_{11} & a_{12} & a_{13} \\ a_{21} & a_{22} & a_{23} \\ a_{31} & a_{32} & a_{33} \end{vmatrix}<0,\cdots,\ (-1)^n|A|>0。$$

例題 5

對稱方陣 $A=\begin{bmatrix} 5 & -1 & 0 \\ -1 & 2 & -1 \\ 0 & -1 & 3 \end{bmatrix}$ 為正定，

因為 $|A_1|=|a_{11}|=5>0$，$|A_2|=\begin{vmatrix} a_{11} & a_{12} \\ a_{21} & a_{22} \end{vmatrix}=\begin{vmatrix} 5 & -1 \\ -1 & 2 \end{vmatrix}=10-1=9>0$

$$|A_3|=|A|=\begin{vmatrix} 5 & -1 & 0 \\ -1 & 2 & -1 \\ 0 & -1 & 3 \end{vmatrix}=22>0。$$

對角線化二次形

我們討論如何利用變數變換以消去二次形中的混合乘積項，並將所得結果應用至圓錐曲線或二次曲面。

定理 6-5-7

令 $\boldsymbol{A}$ 為一實數對稱方陣，其特徵值為 $\lambda_1, \lambda_2, \cdots, \lambda_n$，且 $\boldsymbol{P}$ 是將 $\boldsymbol{A}$ 對角線化的正交方陣，則坐標變換 $\mathbf{x} = \boldsymbol{PY}$ 將

$$\sum_{i=1}^{n} \sum_{j=1}^{n} a_{ij} x_i x_j$$

轉變成

$$\lambda_1 y_1^2 + \lambda_2 y_2^2 + \cdots + \lambda_n y_n^2。$$

證 將 $\mathbf{x} = \boldsymbol{PY}$，此處 $\boldsymbol{Y} = \begin{bmatrix} y_1 \\ y_2 \\ \vdots \\ y_n \end{bmatrix}$，代入二次形 $\mathbf{x}^T \boldsymbol{A}\mathbf{x}$ 中，可得

$$\begin{aligned} \mathbf{x}^T \boldsymbol{A}\mathbf{x} &= (\boldsymbol{PY})^T \boldsymbol{A}(\boldsymbol{PY}) = (\boldsymbol{Y}^T\boldsymbol{P}^T)\boldsymbol{A}(\boldsymbol{PY}) = \boldsymbol{Y}^T(\boldsymbol{P}^T\boldsymbol{AP})\boldsymbol{Y} \\ &= \boldsymbol{Y}^T\boldsymbol{DY} \end{aligned}$$

但是

$$\begin{aligned} \boldsymbol{Y}^T\boldsymbol{DY} &= [y_1 \quad y_2 \cdots y_n] \begin{bmatrix} \lambda_1 & & \mathbf{0} \\ & \lambda_2 & \\ \mathbf{0} & & \ddots \ \lambda_n \end{bmatrix} \begin{bmatrix} y_1 \\ y_2 \\ \vdots \\ y_n \end{bmatrix} \\ &= \lambda_1^2 y_1^2 + \lambda_2^2 y_2^2 + \cdots + \lambda_n^2 y_n^2 \end{aligned}$$

此即為不具有混合乘積項的二次形。

例題 6

試利用變數變換化簡二次形 $6x_1^2+4x_1x_2+9x_2^2$ 為一平方和（用新變數表出）。

解 二次形可寫成

$$6x_1^2+4x_1x_2+9x_2^2 = \mathbf{x}^T\boldsymbol{A}\mathbf{x} = [x_1 \quad x_2]\begin{bmatrix}6 & 2\\ 2 & 9\end{bmatrix}\begin{bmatrix}x_1\\ x_2\end{bmatrix},\quad \boldsymbol{A}=\begin{bmatrix}6 & 2\\ 2 & 9\end{bmatrix}$$

$\boldsymbol{A}$ 的特徵方程式為

$$\det(\lambda \boldsymbol{I}_2-\boldsymbol{A})=\begin{vmatrix}\lambda-6 & -2\\ -2 & \lambda-9\end{vmatrix}=\lambda^2-15\lambda+50=(\lambda-10)(\lambda-5)=0$$

故 $\boldsymbol{A}$ 的特徵值為 $\lambda=10$ 與 $\lambda=5$。於是，我們求得對應這些特徵值之特徵向量分別為

$$\mathbf{x}_1=r\begin{bmatrix}1\\ 2\end{bmatrix} \quad 與 \quad \mathbf{x}_2=t\begin{bmatrix}-2\\ 1\end{bmatrix} \quad (r,\ t\in\mathbb{R})$$

所以，特徵空間的正規正交基底為

$$\mathbf{u}_1=\begin{bmatrix}\frac{1}{\sqrt{5}}\\ \frac{2}{\sqrt{5}}\end{bmatrix} \quad 與 \quad \mathbf{u}_2=\begin{bmatrix}-\frac{2}{\sqrt{5}}\\ \frac{1}{\sqrt{5}}\end{bmatrix}$$

又 $\boldsymbol{P}=\begin{bmatrix}\frac{1}{\sqrt{5}} & -\frac{2}{\sqrt{5}}\\ \frac{2}{\sqrt{5}} & \frac{1}{\sqrt{5}}\end{bmatrix}$ 可正交對角線化 $\mathbf{x}^T\boldsymbol{A}\mathbf{x}$,

所以，可消去混合乘積項的正交坐標變換為 $\mathbf{x}=\boldsymbol{P}\boldsymbol{Y}$，即

$$\begin{bmatrix}x_1\\ x_2\end{bmatrix}=\begin{bmatrix}\frac{1}{\sqrt{5}} & -\frac{2}{\sqrt{5}}\\ \frac{2}{\sqrt{5}} & \frac{1}{\sqrt{5}}\end{bmatrix}\begin{bmatrix}y_1\\ y_2\end{bmatrix}$$

故新的二次形為

$$[y_1 \quad y_2]\begin{bmatrix}10 & 0\\ 0 & 5\end{bmatrix}\begin{bmatrix}y_1\\ y_2\end{bmatrix}$$

或 $\qquad 10y_1^2+5y_2^2$

因為

$$P^TAP=\begin{bmatrix}\frac{1}{\sqrt{5}} & \frac{2}{\sqrt{5}}\\ -\frac{2}{\sqrt{5}} & \frac{1}{\sqrt{5}}\end{bmatrix}\begin{bmatrix}6 & 2\\ 2 & 9\end{bmatrix}\begin{bmatrix}\frac{1}{\sqrt{5}} & -\frac{2}{\sqrt{5}}\\ \frac{2}{\sqrt{5}} & \frac{1}{\sqrt{5}}\end{bmatrix}=\begin{bmatrix}10 & 0\\ 0 & 5\end{bmatrix}。$$ ★

依據以上之討論，如果二次方程式中含有混合乘積項，我們可利用旋轉變換將混合乘積項消去而使圓錐曲線成為標準位置之圓錐曲線。

給予方程式

$$ax^2+2bxy+cy^2+dx+ey+f=0 \qquad (6\text{-}5\text{-}7)$$

其中 a, b, c, …, f 皆為實數，且 a、b、c 至少有一不為零，則此形式之方程式稱為含 x 與 y 的二次方程式，且

$$ax^2+2bxy+cy^2$$

稱為**伴隨二次式**（associated quadratic form）。（6-5-7）式的圖形為二維平面上之**二次曲線**或**圓錐曲線**。

例題 7

試繪二次方程式 $2x^2+y^2-12x-4y=-18$ 的圖形。

解 方程式 $2x^2+y^2-12x-4y+18=0$ 因不包含混合乘積項，其圖形為一圓錐曲線，故僅需平移坐標軸，無需旋轉坐標軸即可繪出其圖形。我們利用配方法得下列同義方程式

$$2(x-3)^2+(y-2)^2=4$$

此式的圖形為**橢圓**，其中心位於 $(3, 2)$，長軸在直線 $x=3$ 上，短軸在直線 $y=2$ 上。

令

$$x'=x-3,\quad y'=y-2,$$

則可得

$$2x'^2+y'^2=4$$

或

$$\frac{x'^2}{2}+\frac{y'^2}{4}=1$$ ★

此為在 $x'y'$ 坐標平面上標準位置的橢圓，如圖 6-5-1 所示。

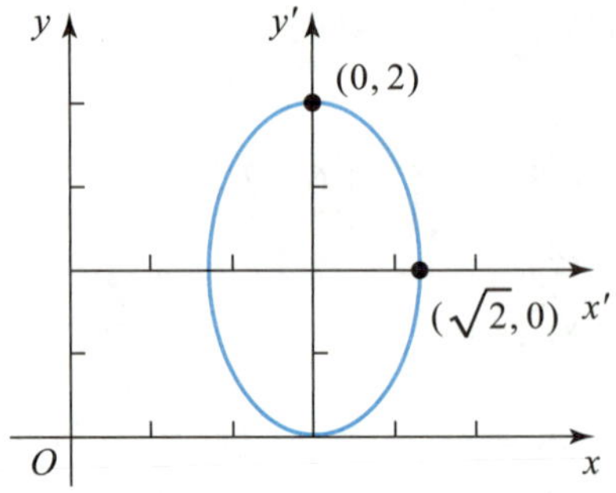

圖 6-5-1

假如我們同意省略一階方陣的括號，則（6-5-7）式可以寫成

$$[x \quad y]\begin{bmatrix} a & b \\ b & c \end{bmatrix}\begin{bmatrix} x \\ y \end{bmatrix} + [d \quad e]\begin{bmatrix} x \\ y \end{bmatrix} + f = 0$$

或 $$\mathbf{x}^T \boldsymbol{A}\mathbf{x} + \mathbf{k}\mathbf{x} + f = 0$$

其中 $$\mathbf{x} = \begin{bmatrix} x \\ y \end{bmatrix},\ \boldsymbol{A} = \begin{bmatrix} a & b \\ b & c \end{bmatrix},\ \mathbf{k} = [d \quad e]。$$

定理 6-5-8 $I\!R^2$ 平面上的主軸定理

令 xy-坐標平面上之圓錐曲線 C 的方程式為

$$ax^2 + 2bxy + cy^2 + dx + ey + f = 0$$

且 $$\mathbf{x}^T \boldsymbol{A}\mathbf{x} = ax^2 + 2bxy + cy^2$$

為 C 的伴隨二次形，則可以旋轉 x、y 坐標軸以使圓錐曲線 C 在 $x'y'$ 坐標系的方程式為

$$[x' \ y']\begin{bmatrix} \lambda_1 & 0 \\ 0 & \lambda_2 \end{bmatrix}\begin{bmatrix} x' \\ y' \end{bmatrix} + [d \quad e]\begin{bmatrix} P_{11} & P_{12} \\ P_{21} & P_{22} \end{bmatrix}\begin{bmatrix} x' \\ y' \end{bmatrix} + f = 0$$

或 $$\lambda_1 x'^2 + \lambda_2 y'^2 + d'x' + e'y' + f = 0$$

（此處 λ_1 及 λ_2 為 $\boldsymbol{A}$ 的特徵值，$d' = dP_{11} + eP_{21}$，$e' = dP_{12} + eP_{22}$）。旋轉坐標軸可用 $\mathbf{x} = \boldsymbol{P}\mathbf{x}'$ 代入 $\mathbf{x}^T\boldsymbol{A}\mathbf{x}$ 中完成，此處 $\boldsymbol{P}$ 可以正交對角線化 $\boldsymbol{A}$ 且 $\det(\boldsymbol{P}) = 1$。

例題 8

描述方程式為

$$5x^2 - 4xy + 8y^2 + \frac{20}{\sqrt{5}}x - \frac{80}{\sqrt{5}}y + 4 = 0$$

的曲線。

解 此方程式的矩陣形式為

$$\mathbf{x}^T \boldsymbol{A}\mathbf{x} + \mathbf{k}\mathbf{x} + 4 = 0 \cdots\cdots ①$$

其中

$$\mathbf{x} = \begin{bmatrix} x \\ y \end{bmatrix}, \quad \boldsymbol{A} = \begin{bmatrix} 5 & -2 \\ -2 & 8 \end{bmatrix}, \quad \mathbf{k} = \begin{bmatrix} \frac{20}{\sqrt{5}} & -\frac{80}{\sqrt{5}} \end{bmatrix}$$

$\boldsymbol{A}$ 的特徵方程式為

$$\det(\lambda \boldsymbol{I}_2 - \boldsymbol{A}) = \begin{vmatrix} \lambda - 5 & 2 \\ 2 & \lambda - 8 \end{vmatrix} = (\lambda - 9)(\lambda - 4) = 0$$

故 $\boldsymbol{A}$ 的特徵值為 $\lambda = 4$、9，於是，求得特徵空間的正規正交基底為

$$\mathbf{u}_1 = \begin{bmatrix} \frac{2}{\sqrt{5}} \\ \frac{1}{\sqrt{5}} \end{bmatrix}, \quad \mathbf{u}_2 = \begin{bmatrix} -\frac{1}{\sqrt{5}} \\ \frac{2}{\sqrt{5}} \end{bmatrix}$$

又

$$\boldsymbol{P} = \begin{bmatrix} \frac{2}{\sqrt{5}} & -\frac{1}{\sqrt{5}} \\ \frac{1}{\sqrt{5}} & \frac{2}{\sqrt{5}} \end{bmatrix}$$

可正交對角線化 $\mathbf{x}^T \boldsymbol{A}\mathbf{x}$，而正交坐標變換

$$\mathbf{x} = \boldsymbol{P}\mathbf{x}' \cdots\cdots ②$$

為一旋轉，將 ② 式代入 ① 式可得

$$(\boldsymbol{P}\mathbf{x}')^T \boldsymbol{A}(\boldsymbol{P}\mathbf{x}') + \mathbf{k}(\boldsymbol{P}\mathbf{x}') + 4 = 0$$

或

$$(\mathbf{x}')^T(\boldsymbol{P}^T\boldsymbol{AP})\mathbf{x}' + (\mathbf{k}\boldsymbol{P})\mathbf{x}' + 4 = 0 \cdots\cdots ③$$

因為
$$\boldsymbol{P}^T\boldsymbol{AP} = \boldsymbol{D} = \begin{bmatrix} 4 & 0 \\ 0 & 9 \end{bmatrix}$$

且
$$\mathbf{k}\boldsymbol{P} = \begin{bmatrix} \frac{20}{\sqrt{5}} & -\frac{80}{\sqrt{5}} \end{bmatrix} \begin{bmatrix} \frac{2}{\sqrt{5}} & -\frac{1}{\sqrt{5}} \\ \frac{1}{\sqrt{5}} & \frac{2}{\sqrt{5}} \end{bmatrix} = [-8 \quad -36]$$

所以，③ 式可重寫為

$$4x'^2 + 9y'^2 - 8x' - 36y' + 4 = 0$$

或
$$4(x'-1)^2 + 9(y'-2)^2 = 36$$

我們利用
$$x'' = x' - 1, \qquad y'' = y' - 2$$

平移坐標軸可得
$$4x''^2 + 9y''^2 = 36$$

或
$$\frac{x''^2}{9} + \frac{y''^2}{4} = 1$$

此即為圖 6-5-2 的橢圓方程式。 ★

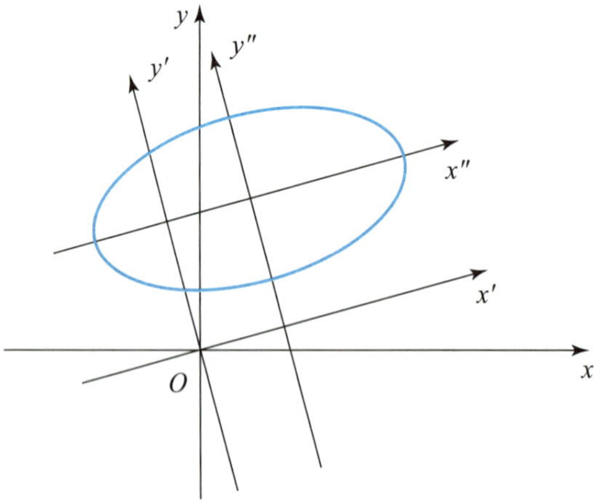

圖 6-5-2

二次曲面

形如

$$ax^2+by^2+cz^2+2dxy+2exz+2fyz+gx+hy+iz+j=0 \qquad (6\text{-}5\text{-}8)$$

之方程式，稱為含三變數 x、y 與 z 的二次方程式，其中 a, b, c, …, f 不全為零，且

$$ax^2+by^2+cz^2+2dxy+2exz+2fyz \qquad (6\text{-}5\text{-}9)$$

稱為**伴隨二次式**。（6-5-8）式的圖形為三維空間上之**二次曲面**（含橢球面、橢圓錐面、單葉雙曲面、雙葉雙曲面、橢圓拋物面、雙曲拋物面），如圖 6-5-3 所示。

方程式（6-5-8）可以寫成矩陣形

$$[x \quad y \quad z]\begin{bmatrix} a & d & e \\ d & b & f \\ e & f & c \end{bmatrix}\begin{bmatrix} x \\ y \\ z \end{bmatrix}+[g \quad h \quad i]\begin{bmatrix} x \\ y \\ z \end{bmatrix}+j=0 \qquad (6\text{-}5\text{-}10)$$

或

$$\mathbf{x}^T\boldsymbol{A}\mathbf{x}+\mathbf{k}\mathbf{x}+f=0$$

其中 $\mathbf{x}=\begin{bmatrix} x \\ y \\ z \end{bmatrix}$, $\boldsymbol{A}=\begin{bmatrix} a & d & e \\ d & b & f \\ e & f & c \end{bmatrix}$, $\mathbf{k}=[g \quad h \quad i]$。

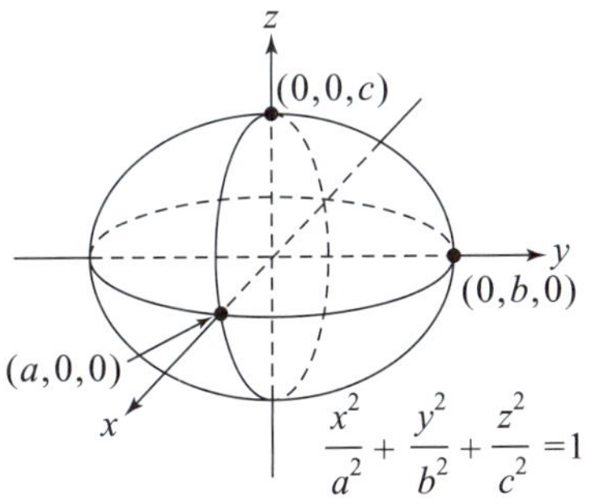

橢球面

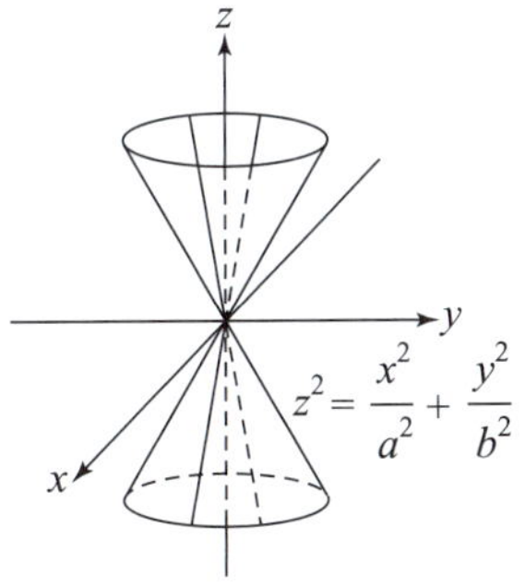

橢圓錐面

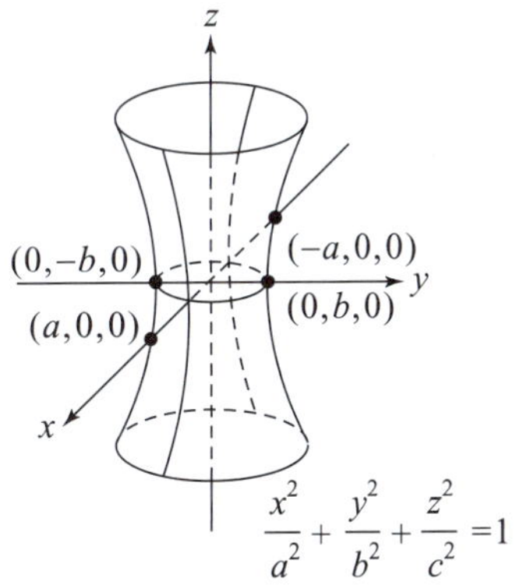

單葉雙曲面

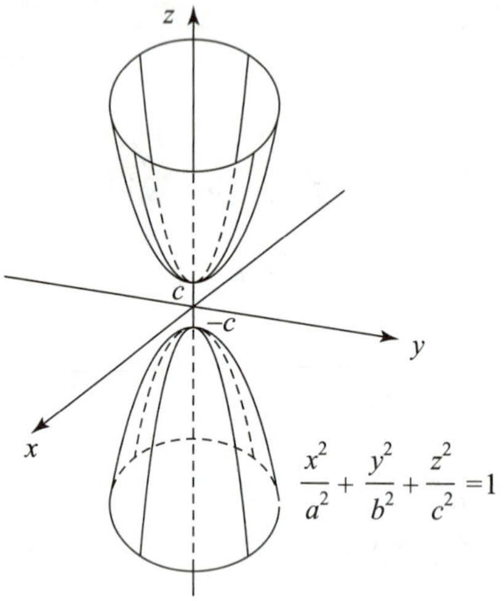

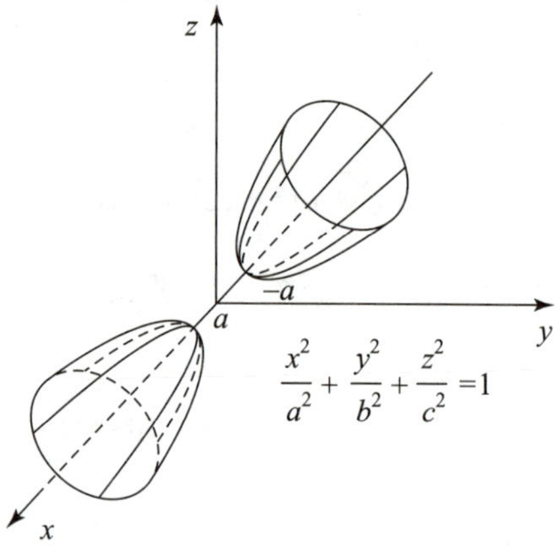

雙葉雙曲面

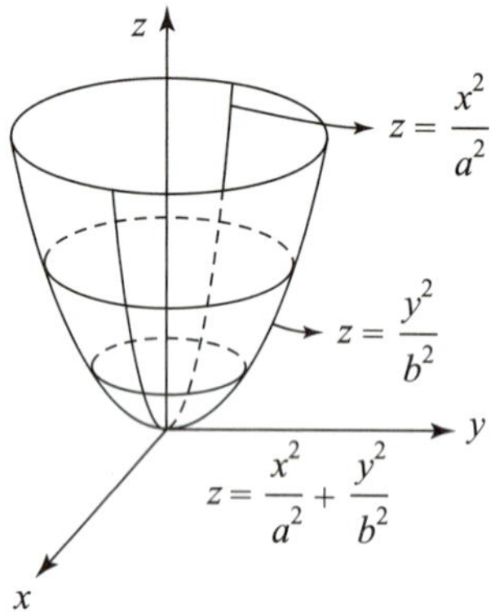

橢圓拋物面

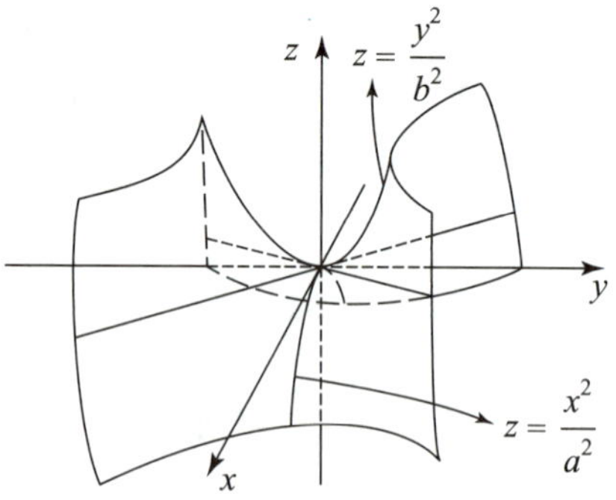

雙曲拋物面

圖 6-5-3

例題 9

已知三元二次方程式 $4x^2+3y^2+6z^2-8x-12y+12z+10=0$，試判斷其圖形為何？

解 原方程式可配方為

$$4(x-1)^2+3(y-2)^2+6(z+1)^2=12$$

或

$$\frac{(x-1)^2}{3}+\frac{(y-2)^2}{4}+\frac{(z+1)^2}{2}=1$$

令 $x'=x-1$, $y'=y-2$, $z'=z+1$, 則上式即為

$$\frac{x'^2}{3}+\frac{y'^2}{4}+\frac{z'^2}{2}=1$$

此為一橢球面，其新坐標軸為 $x=1$, $y=2$, $z=-1$。 ★

定理 6-5-9　$\mathbb{R}^3$ 空間上的主軸定理

令 xyz 三維坐標系中之二次曲面 S 的方程式為

$$ax^2+by^2+cz^2+2dxy+2exz+2fyz+gx+hy+iz+j=0$$

且
$$\mathbf{x}^T\boldsymbol{A}\mathbf{x}=ax^2+by^2+cz^2+2dxy+2exz+2fyz$$

為 S 的**伴隨二次形**，則可以旋轉 x、y、z 坐標軸以使**二次曲面** S 在 $x'y'z'$ 坐標系的方程式變為

$$[x' \quad y' \quad z']\begin{bmatrix}\lambda_1 & 0 & 0\\ 0 & \lambda_2 & 0\\ 0 & 0 & \lambda_3\end{bmatrix}\begin{bmatrix}x'\\ y'\\ z'\end{bmatrix}+[d \quad e \quad f]\begin{bmatrix}P_{11} & P_{12} & P_{13}\\ P_{21} & P_{22} & P_{23}\\ P_{31} & P_{32} & P_{33}\end{bmatrix}\begin{bmatrix}x'\\ y'\\ z'\end{bmatrix}+j=0$$

或
$$\lambda_1x'^2+\lambda_2y'^2+\lambda_3z'^2+d'x'+e'y'+fz'+j=0$$

（此處 λ_1、λ_2 及 λ_3 為 $\boldsymbol{A}$ 的特徵值，$d'=dP_{11}+eP_{21}+fP_{31}$，$e'=dP_{12}+eP_{22}+fP_{32}$，$f'=dP_{13}+eP_{23}+fP_{33}$）。旋轉坐標軸可用 $\mathbf{x}=\boldsymbol{P}\mathbf{x}'$ 代入 $\mathbf{x}^T\boldsymbol{A}\mathbf{x}$ 中完成，此處 $\boldsymbol{P}$ 可以正交對角線化 $\boldsymbol{A}$ 且 $\det(\boldsymbol{P})=1$。

讀者應特別注意，若一個二次曲面其方程式可表示成圖 6-5-3 中各種形式之一者，稱其位於標準位置。一個二次曲面的方程式若含有一個或更多個**叉積項** xy、xz 及 yz 時，我們可利用旋轉坐標軸之技巧變換坐標軸，使得對這新坐標軸而言，原三元二次方程式能夠化成標準形式。同理，若二次曲面同時含 x^2 及 x 項，y^2 及 y 項，或 z^2 及 z 項而不含有叉積項時，我們可以利用平移技巧平移坐標軸，將三元二次方程式對新坐標而言化成標準形式。現仿照 $\mathbb{R}^2$ 平面上的主軸定理，得到下面的定理。

例題 10

試描述二次曲面，其方程式為

$$5x^2+5y^2+2z^2+8xy+4xz+4yz=100。$$

解 上述二次曲面方程式的矩陣形為

$$\mathbf{x}^T\boldsymbol{A}\mathbf{x}=100$$

其中

$$\mathbf{x}=\begin{bmatrix} x \\ y \\ z \end{bmatrix},\quad \boldsymbol{A}=\begin{bmatrix} 5 & 4 & 2 \\ 4 & 5 & 2 \\ 2 & 2 & 2 \end{bmatrix}$$

$\boldsymbol{A}$ 的特徵方程式為

$$\det(\lambda\boldsymbol{I}-\boldsymbol{A})=\begin{vmatrix} \lambda-5 & -4 & -2 \\ -4 & \lambda-5 & -2 \\ -2 & -2 & \lambda-2 \end{vmatrix}$$

$$=(\lambda-1)^2(\lambda-2)-4(\lambda-1)^2-4(\lambda-1)^2$$

$$=(\lambda-1)^2(\lambda-2-8)$$

$$=(\lambda-1)^2(\lambda-10)=0$$

故，$\boldsymbol{A}$ 的特徵值為 $\lambda=1$ 及 $\lambda=10$。於是，求得對應於 $\lambda=1$ 之特徵空間的一基底為

$$\mathbf{u}_1=\begin{bmatrix} -1 \\ 1 \\ 0 \end{bmatrix} \quad 及 \quad \mathbf{u}_2=\begin{bmatrix} -1 \\ 0 \\ 2 \end{bmatrix}$$

再對 $\{\mathbf{u}_1, \mathbf{u}_2\}$ 使用格蘭姆-史密特正規正交法，求得下列之正規正交特徵向量為

$$\mathbf{v}_1=\begin{bmatrix} -\frac{1}{\sqrt{2}} \\ \frac{1}{\sqrt{2}} \\ 0 \end{bmatrix} \quad 及 \quad \mathbf{v}_2=\begin{bmatrix} -\frac{1}{3\sqrt{2}} \\ -\frac{1}{3\sqrt{2}} \\ \frac{4}{3\sqrt{2}} \end{bmatrix}$$

同理，對應於 $\lambda=10$ 的特徵空間之一基底為

$$\mathbf{u}_3 = \begin{bmatrix} 2 \\ 2 \\ 1 \end{bmatrix}$$

對 $\{\mathbf{u}_3\}$ 使用格蘭姆-史密特正規正交法，求得正規正交特徵向量為

$$\mathbf{v}_3 = \begin{bmatrix} \frac{2}{3} \\ \frac{2}{3} \\ \frac{1}{3} \end{bmatrix}$$

最後，使用 $\mathbf{v}_1$、$\mathbf{v}_2$ 及 $\mathbf{v}_3$ 作為行向量，我們求得:

$$\boldsymbol{P} = \begin{bmatrix} -\frac{1}{\sqrt{2}} & -\frac{1}{3\sqrt{2}} & \frac{2}{3} \\ \frac{1}{\sqrt{2}} & -\frac{1}{3\sqrt{2}} & \frac{2}{3} \\ 0 & \frac{4}{3\sqrt{2}} & \frac{1}{3} \end{bmatrix}$$

則 $\boldsymbol{P}$ 可正交對角線化 $\boldsymbol{A}$。因為 $\det(\boldsymbol{P}) = 1$，正交坐標變換 $\mathbf{x} = \boldsymbol{P}\mathbf{x}'$ 為一旋轉。將此代換式代入 $\mathbf{x}^T\boldsymbol{A}\mathbf{x} = 100$ 中，得

$$(\boldsymbol{P}\mathbf{x}')^T\boldsymbol{A}(\boldsymbol{P}\mathbf{x}') = 100$$

或 $$(\mathbf{x}')^T(\boldsymbol{P}^T\boldsymbol{A}\boldsymbol{P})\mathbf{x}' = 100 \cdots\cdots\cdots (*)$$

因為

$$\boldsymbol{P}^T\boldsymbol{A}\boldsymbol{P} = \boldsymbol{D} = \begin{bmatrix} -\frac{1}{\sqrt{2}} & \frac{1}{\sqrt{2}} & 0 \\ -\frac{1}{3\sqrt{2}} & -\frac{1}{3\sqrt{2}} & \frac{4}{3\sqrt{2}} \\ \frac{2}{3} & \frac{2}{3} & \frac{1}{3} \end{bmatrix} \begin{bmatrix} 5 & 4 & 3 \\ 4 & 5 & 2 \\ 2 & 2 & 2 \end{bmatrix} \begin{bmatrix} -\frac{1}{\sqrt{2}} & -\frac{1}{3\sqrt{2}} & \frac{2}{3} \\ \frac{1}{\sqrt{2}} & -\frac{1}{3\sqrt{2}} & \frac{2}{3} \\ 0 & \frac{4}{3\sqrt{2}} & \frac{1}{3} \end{bmatrix}$$

$$= \begin{bmatrix} 1 & 0 & 0 \\ 0 & 1 & 0 \\ 0 & 0 & 10 \end{bmatrix}$$

故（＊）式變成

$$[x' \quad y' \quad z']\begin{bmatrix}1 & 0 & 0\\ 0 & 1 & 0\\ 0 & 0 & 10\end{bmatrix}\begin{bmatrix}x'\\ y'\\ z'\end{bmatrix} = 100$$

或

$$x'^2 + y'^2 + 10z'^2 = 100$$

此為一橢球面方程式。 ★

習題 6-5

1. 下列何者是二次形？
   (1) $x_1^2 - \sqrt{2}x_1x_2x_3$　　(2) $5x_1^2 + 2x_2^3 - 4x_1x_2$
   (3) $x_1x_2 - 4x_1x_3 + x_2x_3$　　(4) $(x_1 - x_2)^2 + 2(x_1 + 4x_2)^2$
2. 試將下列的二次形表為矩陣形式 $\mathbf{x}^T A\mathbf{x}$，其中 A 為對稱方陣。
   (1) $4x_1^2 - 9x_2^2 + 6x_1x_2$
   (2) $5x_1^2 + 4x_1x_2$
   (3) $9x_1^2 - x_2^2 + 4x_3^2 + 6x_1x_2 - 8x_1x_3 + x_2x_3$
   (4) $x_1^2 + x_2^2 - x_3^2 - x_4^2 + 2x_1x_2 - 10x_1x_4 + 4x_3x_4$
3. 試將下列各題化為不包含矩陣的二次形。
   (1) $[x_1 \quad x_2]\begin{bmatrix}2 & -3\\ -3 & 5\end{bmatrix}\begin{bmatrix}x_1\\ x_2\end{bmatrix}$　　(2) $[x_1 \quad x_2 \quad x_3]\begin{bmatrix}1 & 0 & 0\\ 0 & -3 & 0\\ 0 & 0 & 5\end{bmatrix}\begin{bmatrix}x_1\\ x_2\\ x_3\end{bmatrix}$
   (3) $[x_1 \quad x_2 \quad x_3 \quad x_4]\begin{bmatrix}0 & 1 & 1 & 1\\ 1 & 0 & 1 & 1\\ 1 & 1 & 0 & 1\\ 1 & 1 & 1 & 0\end{bmatrix}\begin{bmatrix}x_1\\ x_2\\ x_3\\ x_4\end{bmatrix}$
4. 在 $x_1^2 + x_2^2 = 1$ 之條件限制下，求二次形 $2x_1^2 + 2x_2^2 + 3x_1x_2$ 的最大值及最小值，並求產生最大值及最小值時的 x_1 與 x_2。
5. 在 $x_1^2 + x_2^2 + x_3^2 = 1$ 之條件限制下，求二次形 $x_1^2 + x_2^2 + 2x_3^2 - 2x_1x_2 + 4x_1x_3 + 4x_2x_3$ 的最大值及最小值，並求產生最大值及最大值時的 x_1、x_2 與 x_3。

6. 試利用定理 6-5-2 判斷下列方陣何者是正定的。

(1) $\begin{bmatrix} 5 & -1 \\ -1 & 5 \end{bmatrix}$ (2) $\begin{bmatrix} 2 & -2 \\ -2 & -1 \end{bmatrix}$ (3) $\begin{bmatrix} 3 & -1 & 0 \\ -1 & 2 & -1 \\ 0 & -1 & 3 \end{bmatrix}$

7. 試利用定理 6-5-5 與定理 6-5-6 判斷下列方陣為正定或負定。

$$\boldsymbol{A} = \begin{bmatrix} -4 & 0 & 0 \\ 7 & -3 & 0 \\ 8 & 9 & -1 \end{bmatrix}$$

8. 利用變數變換將下列二次形化簡為平方和（用新變數表出）。

(1) $5x_1^2 + 2x_2^2 + 4x_1x_2$

(2) $x_1^2 - x_3^2 - 4x_1x_2 + 4x_2x_3$

9. 在下列各題中，平移並旋轉坐標軸，以使二次曲線及二次曲面位於標準位置，並寫出其名稱，並求其在最終坐標系中的方程式。

(1) $9x^2 - 4xy + 6y^2 - 10x - 20y = 5$

(2) $2x^2 - 4xy - y^2 - 4x - 8y = -14$

(3) $4x^2 + 4y^2 + 4z^2 + 4xy + 4xz + 4yz - 3 = 0$

07

矩陣在微分方程上之應用

◎ 齊次線性微分方程組

◎ 齊次線性微分方程組的解法

◎ 非齊次微分方程組

CHAPTER

線性微分方程組在工程上，尤其是電路學、自動控制或彈簧系統的振動問題，應用非常廣泛。在本章中我們將應用矩陣求解線性微分方程組。

*7-1 齊次線性微分方程組

通常，一個 n 階段性微分方程式可導出 n 個一階線性微分方程式。今說明如下：

設 n 階線性微分方程式為

$$x^{(n)}(t)=f(t, x(t), x'(t), x''(t), \cdots, x^{(n-1)}(t)) \quad (7\text{-}1\text{-}1)$$

令 $\quad x_1(t)=x(t),\ \ x_2(t)=x'(t),\ \ x_3(t)=x''(t),\ \ \cdots,\ \ x_n(t)=x^{(n-1)}(t),$

則， $\quad x'_1(t)=x'(t)=x_2(t),\ \ x'_2(t)=x''(t)=x_3(t),\ \ \cdots,\ \ x'_n(t)=x^{(n)}(t)$

於是，可得方程式組

$$\begin{aligned}
x'_1(t)&=x_2(t)\\
x'_2(t)&=x_3(t)\\
&\vdots\\
x'_{n-1}(t)&=x_n(t)\\
x'_n(t)&=f(t,\ x_1(t),\ x_2(t),\ \cdots,\ x_n(t))
\end{aligned} \quad (7\text{-}1\text{-}2)$$

顯然，方程組（7-1-2）同義於（7-1-1）式，因此，方程組（7-1-2）的解就是（7-1-1）式的解。

現在，我們考慮含有 n 個一階線性微分方程式的**一階線性微分方程組**

$$\begin{aligned}
x'_1(t)&=a_{11}(t)x_1(t)+a_{12}(t)x_2(t)+\cdots+a_{1n}(t)x_n(t)+f_1(t)\\
x'_2(t)&=a_{21}(t)x_1(t)+a_{22}(t)x_2(t)+\cdots+a_{2n}(t)x_n(t)+f_2(t)\\
\vdots\quad & \quad\ \vdots \qquad\qquad\ \vdots \qquad\qquad\qquad\qquad\ \vdots \qquad\quad\ \vdots\\
x'_n(t)&=a_{n1}(t)x_1(t)+a_{n2}(t)x_2(t)+\cdots+a_{nn}(t)x_n(t)+f_n(t)
\end{aligned} \quad (7\text{-}1\text{-}3)$$

令

$$\mathbf{x}(t)=\begin{bmatrix} x_1(t)\\ x_2(t)\\ \vdots\\ x_n(t)\end{bmatrix},\quad \text{定義 } \mathbf{x}'(t)=\frac{d\mathbf{x}(t)}{dt}=\begin{bmatrix} \frac{dx_1(t)}{dt}\\ \frac{dx_2(t)}{dt}\\ \vdots\\ \frac{dx_n(t)}{dt}\end{bmatrix}=\begin{bmatrix} x'_1(t)\\ x'_2(t)\\ \vdots\\ x'_n(t)\end{bmatrix}$$

而係數方陣為

$$A(t)=\begin{bmatrix} a_{11}(t) & a_{12}(t) & \cdots & a_{1n}(t) \\ a_{21}(t) & a_{22}(t) & \cdots & a_{2n}(t) \\ \vdots & \vdots & & \\ a_{n1}(t) & a_{n2}(t) & \cdots & a_{nn}(t) \end{bmatrix}$$

且

$$f(t)=\begin{bmatrix} f_1(t) \\ f_2(t) \\ \vdots \\ f_n(t) \end{bmatrix}$$

則方程組（7-1-3）可改寫成

$$\mathbf{x}'(t)=A(t)\mathbf{x}(t)+f(t) \tag{7-1-4}$$

若對某 t 值，$f(t)\neq\mathbf{0}$，則稱方程組（7-1-4）為**非齊次**；若對所有 t 值，$f(t)=\mathbf{0}$，則稱方程組（7-1-4）為**齊次**。$\mathbf{x}'(t)=A(t)\,\mathbf{x}(t)+f(t)$ 之一解為 $\mathbf{x}(t)$。

例題 1

試證

$$\mathbf{x}_1(t)=\begin{bmatrix} -2e^{2t} \\ e^{2t} \end{bmatrix} \quad 與 \quad \mathbf{x}_2(t)=\begin{bmatrix} e^{3t} \\ -e^{3t} \end{bmatrix}$$

皆為齊次微分方程組

$$\mathbf{x}'(t)=\begin{bmatrix} 1 & -2 \\ 1 & 4 \end{bmatrix}\mathbf{x}(t)=A\mathbf{x}(t)$$

的解。

解 已知 $\mathbf{x}_1(t)=\begin{bmatrix} -2e^{2t} \\ e^{2t} \end{bmatrix}$，微分可得

$$\mathbf{x}_1'(t)=\frac{d}{dt}\begin{bmatrix} -2e^{2t} \\ e^{2t} \end{bmatrix}=\begin{bmatrix} -4e^{2t} \\ 2e^{2t} \end{bmatrix}$$

所以，

$$A\mathbf{x}_1(t)=\begin{bmatrix} 1 & -2 \\ 1 & 4 \end{bmatrix}\begin{bmatrix} -2e^{2t} \\ e^{2t} \end{bmatrix}=\begin{bmatrix} -2e^{2t}-2e^{2t} \\ -2e^{2t}+4e^{2t} \end{bmatrix}=\begin{bmatrix} -4e^{2t} \\ 2e^{2t} \end{bmatrix}$$

因為 $\mathbf{x}_1'(t)=A\mathbf{x}_1(t)$，故 $\mathbf{x}_1(t)$ 為 $\mathbf{x}'(t)=A\mathbf{x}(t)$ 的解。同理，可證得 $\mathbf{x}_2(t)$ 亦為 $\mathbf{x}'(t)=A\mathbf{x}(t)$ 的解。 ★

定義 7-1-1

齊次微分方程組 $\mathbf{x}'(t)=A(t)\mathbf{x}(t)$ 在 $[a, b]$ 上 n 個線性獨立解向量 $\mathbf{x}_1(t)$，$\mathbf{x}_2(t)$，$\cdots$，$\mathbf{x}_n(t)$ 所組成的集合，稱為在 $[a, b]$ 上的**基本解集合**（fundamental set of solutions）。

定理 7-1-1

令 $\mathbf{x}_1(t)=\begin{bmatrix} x_{11}(t) \\ x_{21}(t) \\ \vdots \\ x_{n1}(t) \end{bmatrix}$, $\mathbf{x}_2(t)=\begin{bmatrix} x_{12}(t) \\ x_{22}(t) \\ \vdots \\ x_{n2}(t) \end{bmatrix}$, $\cdots$, $\mathbf{x}_n(t)=\begin{bmatrix} x_{1n}(t) \\ x_{2n}(t) \\ \vdots \\ x_{nn}(t) \end{bmatrix}$ 為齊次微分方程組 $\mathbf{x}'(t)=A(t)\mathbf{x}(t)$ 在 $[a, b]$ 上的 n 個解向量。這些解向量為線性獨立，若且唯若對每一個 $t\in[a, b]$,

$$\det(\mathbf{x}_1(t), \mathbf{x}_2(t), \cdots, \mathbf{x}_n(t))=\begin{vmatrix} x_{11}(t) & x_{12}(t) & \cdots & x_{1n}(t) \\ x_{21}(t) & x_{22}(t) & \cdots & x_{2n}(t) \\ \vdots & \vdots & & \vdots \\ x_{n1}(t) & x_{n2}(t) & \cdots & x_{nn}(t) \end{vmatrix}\neq 0。$$

定義 7-1-2

令 $\mathbf{x}_1(t), \mathbf{x}_2(t), \cdots, \mathbf{x}_n(t)$ 為 $\mathbf{x}'(t)=A(t)\mathbf{x}(t)$ 在 $[a, b]$ 上的基本解集合，則微分方程組的**通解**為

$$\mathbf{x}(t)=c_1\mathbf{x}_1(t)+c_2\mathbf{x}_2(t)+\cdots+c_n\mathbf{x}_n(t)$$

其中 c_1, c_2, $\cdots$, c_n 為任意常數。$\mathbf{x}(t_0)=\mathbf{x}_0$ 稱為初期條件，下列的問題

$$\begin{cases} \mathbf{x}'(t)=A(t)\mathbf{x}(t) \\ \mathbf{x}(t_0)=\mathbf{x}_0 \end{cases}$$

稱為**初值問題**。

例題 2

令 $\mathbf{x}_1(t)=\begin{bmatrix}-e^{-t}\\ e^{-t}\\ 0\end{bmatrix}$, $\mathbf{x}_2(t)=\begin{bmatrix}-e^{-t}\\ 0\\ e^{-t}\end{bmatrix}$, $\mathbf{x}_3(t)=\begin{bmatrix}e^{-4t}\\ e^{-4t}\\ e^{-4t}\end{bmatrix}$, 試證 $\mathbf{x}_1(t)$、$\mathbf{x}_2(t)$ 與 $\mathbf{x}_3(t)$ 可構成

$$\mathbf{x}'(t)=\begin{bmatrix}-2 & -1 & -1\\ -1 & -2 & -1\\ -1 & -1 & -2\end{bmatrix}\mathbf{x}(t)$$

的基本解集合並寫出通解。

解 $\mathbf{x}'_1(t)=\dfrac{d}{dt}\begin{bmatrix}-e^{-t}\\ e^{-t}\\ 0\end{bmatrix}=\begin{bmatrix}e^{-t}\\ -e^{-t}\\ 0\end{bmatrix}$, $\mathbf{x}'_2(t)=\dfrac{d}{dt}\begin{bmatrix}-e^{-t}\\ 0\\ e^{-t}\end{bmatrix}=\begin{bmatrix}e^{-t}\\ 0\\ -e^{-t}\end{bmatrix}$,

$$\mathbf{x}'_3(t)=\frac{d}{dt}\begin{bmatrix}e^{-4t}\\ e^{-4t}\\ e^{-4t}\end{bmatrix}=\begin{bmatrix}-4e^{-4t}\\ -4e^{-4t}\\ -4e^{-4t}\end{bmatrix}$$

將 $\mathbf{x}_1(t)$、$\mathbf{x}_2(t)$ 與 $\mathbf{x}_3(t)$ 分別代入微分方程組中可得

$$\begin{bmatrix}-2 & -1 & -1\\ -1 & -2 & -1\\ -1 & -1 & -2\end{bmatrix}\begin{bmatrix}-e^{-t}\\ e^{-t}\\ 0\end{bmatrix}=\begin{bmatrix}2e^{-t}-\ \ e^{-t}+0\\ e^{-t}-2e^{-t}+0\\ e^{-t}-\ \ e^{-t}+0\end{bmatrix}=\begin{bmatrix}e^{-t}\\ -e^{-t}\\ 0\end{bmatrix}=\mathbf{x}'_1(t)$$

$$\begin{bmatrix}-2 & -1 & -1\\ -1 & -2 & -1\\ -1 & -1 & -2\end{bmatrix}\begin{bmatrix}-e^{-t}\\ 0\\ e^{-t}\end{bmatrix}=\begin{bmatrix}2e^{-t}+0-\ \ e^{-t}\\ e^{-t}+0-\ \ e^{-t}\\ e^{-t}+0-2e^{-t}\end{bmatrix}=\begin{bmatrix}e^{-t}\\ 0\\ -e^{-t}\end{bmatrix}=\mathbf{x}'_2(t)$$

$$\begin{bmatrix}-2 & -1 & -1\\ -1 & -2 & -1\\ -1 & -1 & -2\end{bmatrix}\begin{bmatrix}e^{-4t}\\ e^{-4t}\\ e^{-4t}\end{bmatrix}=\begin{bmatrix}-2e^{-4t}-\ \ e^{-4t}-\ \ e^{-4t}\\ -\ \ e^{-4t}-2e^{-4t}-\ \ e^{-4t}\\ -\ \ e^{-4t}-\ \ e^{-4t}-2e^{-4t}\end{bmatrix}=\begin{bmatrix}-4e^{-4t}\\ -4e^{-4t}\\ -4e^{-4t}\end{bmatrix}=\mathbf{x}'_3(t)$$

所以，$\mathbf{x}_1(t)$、$\mathbf{x}_2(t)$ 與 $\mathbf{x}_3(t)$ 皆為微分方程組的解。又

$$\det(\mathbf{x}_1(t),\mathbf{x}_2(t),\mathbf{x}_3(t))=\begin{vmatrix}-e^{-t} & -e^{-t} & e^{-4t}\\ e^{-t} & 0 & e^{-4t}\\ 0 & e^{-t} & e^{-4t}\end{vmatrix}=3e^{-6t}\neq 0$$

因此，$\mathbf{x}_1(t)$、$\mathbf{x}_2(t)$ 與 $\mathbf{x}_3(t)$ 構成一基本解集合。微分方程組的通解為

$$\mathbf{x}(t)=c_1\begin{bmatrix}-e^{-t}\\ e^{-t}\\ 0\end{bmatrix}+c_2\begin{bmatrix}-e^{-t}\\ 0\\ e^{-t}\end{bmatrix}+c_3\begin{bmatrix}e^{-4t}\\ e^{-4t}\\ e^{-4t}\end{bmatrix}。$$

★

定義 7-1-3

若解向量

$$\mathbf{x}_1(t)=\begin{bmatrix}x_{11}(t)\\ x_{21}(t)\\ \vdots\\ x_{n1}(t)\end{bmatrix},\quad \mathbf{x}_2(t)=\begin{bmatrix}x_{12}(t)\\ x_{22}(t)\\ \vdots\\ x_{n2}(t)\end{bmatrix},\quad \cdots,\quad \mathbf{x}_n(t)=\begin{bmatrix}x_{1n}(t)\\ x_{2n}(t)\\ \vdots\\ x_{nn}(t)\end{bmatrix}$$

可構成 $\mathbf{x}'(t)=\boldsymbol{A}(t)\mathbf{x}(t)$ 在 $[a, b]$ 上的基本解集合，則方陣

$$\boldsymbol{F}=[\mathbf{x}_1(t)\quad \mathbf{x}_2(t)\quad \cdots\quad \mathbf{x}_n(t)]=\begin{bmatrix}x_{11}(t) & x_{12}(t) & \cdots & x_{1n}(t)\\ x_{21}(t) & x_{22}(t) & \cdots & x_{2n}(t)\\ \vdots & \vdots & & \vdots\\ x_{n1}(t) & x_{n2}(t) & \cdots & x_{nn}(t)\end{bmatrix}$$

稱為微分方程組的**基本方陣**（fundamental matrix）。

齊次微分方程組 $\mathbf{x}'(t)=\boldsymbol{A}(t)\mathbf{x}(t)$ 的通解可以寫成一基本方陣 $\boldsymbol{F}$ 與 $n\times 1$ 常數行矩陣的乘積。若 $\mathbf{x}_1(t), \mathbf{x}_2(t), \cdots, \mathbf{x}_n(t)$ 構成 $\mathbf{x}'(t)=\boldsymbol{A}(t)\mathbf{x}(t)$ 的基本解集合，則其通解為

$$\mathbf{x}(t)=c_1\mathbf{x}_1(t)+c_2\mathbf{x}_2(t)+\cdots+c_n\mathbf{x}_n(t)$$

$$=\begin{bmatrix}c_1x_{11}(t)+c_2x_{12}(t)+\cdots+c_nx_{1n}(t)\\ c_1x_{21}(t)+c_2x_{22}(t)+\cdots+c_nx_{2n}(t)\\ \vdots\qquad\qquad \vdots\qquad\qquad \vdots\\ c_1x_{n1}(t)+c_2x_{n2}(t)+\cdots+c_nx_{nn}(t)\end{bmatrix}$$

$$=\begin{bmatrix}x_{11}(t) & x_{12}(t) & \cdots & x_{1n}(t)\\ x_{21}(t) & x_{22}(t) & \cdots & x_{2n}(t)\\ \vdots & \vdots & & \vdots\\ x_{n1}(t) & x_{n2}(t) & \cdots & x_{nn}(t)\end{bmatrix}\begin{bmatrix}c_1\\ c_2\\ \vdots\\ c_n\end{bmatrix}$$

或 $\mathbf{x}(t)=\boldsymbol{F}\boldsymbol{c}$, 此處 $\boldsymbol{c}=\begin{bmatrix} c_1 \\ c_2 \\ \vdots \\ c_n \end{bmatrix}$。

例題 3

若 $\mathbf{x}_1(t)=e^{-t}\begin{bmatrix} -1 \\ 1 \\ 0 \end{bmatrix}$、$\mathbf{x}_2(t)=e^{-t}\begin{bmatrix} -1 \\ 0 \\ 1 \end{bmatrix}$ 與 $\mathbf{x}_3(t)=e^{-4t}\begin{bmatrix} 1 \\ 1 \\ 1 \end{bmatrix}$ 為 $\mathbf{x}'(t)=\begin{bmatrix} -2 & -1 & -1 \\ -1 & -2 & -1 \\ -1 & -1 & -2 \end{bmatrix}\mathbf{x}(t)$ 的解向量, 試將其通解寫成 $\boldsymbol{F}$ 與 3×1 任意常數行矩陣的乘積。

解 微分方程組的基本方陣為

$$\boldsymbol{F}=\begin{bmatrix} -e^{-t} & -e^{-t} & e^{-4t} \\ e^{-t} & 0 & e^{-4t} \\ 0 & e^{-t} & e^{-4t} \end{bmatrix}$$

於是, 微分方程組的通解可寫成

$$\mathbf{x}(t)=\begin{bmatrix} -e^{-t} & -e^{-t} & e^{-4t} \\ e^{-t} & 0 & e^{-4t} \\ 0 & e^{-t} & e^{-4t} \end{bmatrix}\begin{bmatrix} c_1 \\ c_2 \\ c_3 \end{bmatrix}。$$

★

習題 7-1

在下列各題中, 證明已知向量為微分方程組的解。

1. $\begin{array}{l} x'_1(t)=x_1(t)+4x_2(t) \\ x'_2(t)=x_1(t)+x_2(t) \end{array}$, $\mathbf{x}(t)=\begin{bmatrix} -2e^{-t} \\ e^{-t} \end{bmatrix}$

2. $\mathbf{x}'(t)=\begin{bmatrix} 3 & -18 \\ 2 & -9 \end{bmatrix}\mathbf{x}(t)$, $\mathbf{x}(t)=\begin{bmatrix} 3e^{-3t} \\ e^{-3t} \end{bmatrix}$

3. $\mathbf{x}'(t)=\begin{bmatrix}1&0&1\\1&1&0\\-2&0&-1\end{bmatrix}\mathbf{x}(t)$, $\mathbf{x}(t)=\begin{bmatrix}-\cos t\\ e^t+\dfrac{1}{2}\cos t-\dfrac{1}{2}\sin t\\ \cos t+\sin t\end{bmatrix}$

4. $x_1'(t)=5x_1(t)+2x_2(t)+2x_3(t)$
$x_2'(t)=2x_1(t)+2x_2(t)-4x_3(t)$, $\mathbf{x}(t)=\begin{bmatrix}4e^{6t}\\ e^{6t}\\ e^{6t}\end{bmatrix}$
$x_3'(t)=2x_1(t)-4x_2(t)+2x_3(t)$

在下列各題中，證明已知向量構成一基本解集合，並寫出微分方程組的通解。

5. $\mathbf{x}_1(t)=\begin{bmatrix}2e^{3t}\\ e^{3t}\end{bmatrix}$, $\mathbf{x}_2(t)=\begin{bmatrix}-2e^{-t}\\ e^{-t}\end{bmatrix}$, $\mathbf{x}'(t)=\begin{bmatrix}1&4\\1&1\end{bmatrix}\mathbf{x}(t)$

6. $\mathbf{x}_1(t)=e^{2t}\begin{bmatrix}0\\1\end{bmatrix}$, $\mathbf{x}_2(t)=e^{2t}\begin{bmatrix}\dfrac{1}{3}\\ t\end{bmatrix}$, $\mathbf{x}'(t)=\begin{bmatrix}2&0\\3&2\end{bmatrix}\mathbf{x}(t)$

7. $\mathbf{x}_1(t)=\begin{bmatrix}0\\1\\0\end{bmatrix}$, $\mathbf{x}_2(t)=\begin{bmatrix}-\cos t\\ \dfrac{1}{2}(\cos t-\sin t)\\ \cos t+\sin t\end{bmatrix}$, $\mathbf{x}_3(t)=\begin{bmatrix}-\sin t\\ \dfrac{1}{2}(\cos t+\sin t)\\ \sin t-\cos t\end{bmatrix}$,

$$\mathbf{x}'(t)=\begin{bmatrix}1&0&1\\1&1&0\\-2&0&-1\end{bmatrix}\mathbf{x}(t)$$

*7-2 齊次線性微分方程組的解法

在上一節（7-1-3）式中最簡單的方程組為單一方程式

$$\frac{dx}{dt}=ax \tag{7-2-1}$$

其中 a 為實常數。因為（7-2-1）式的通解為

$$x=ce^{at} \tag{7-2-2}$$

所以，對於初值問題

$$\begin{cases}\dfrac{dx}{dt}=ax\\ x(0)=x_0\end{cases}$$

我們只要以 $t=0$ 代入（7-2-2）式，則 $c=x_0$。於是，初值問題的解為

$$x=x_0e^{at}。$$

現在，考慮齊次微分方程組

$$\mathbf{x}'(t)=\boldsymbol{A}\mathbf{x}(t) \tag{7-2-3}$$

此處 $\boldsymbol{A}$ 為實數方陣。若 $\boldsymbol{A}$ 為對角線方陣，則微分方程組（7-2-3）稱為對角線化，即，

$$\begin{aligned} x'_1(t) &= a_{11}x_1(t) \\ x'_2(t) &= \qquad a_{22}x_2(t) \\ &\vdots \qquad\qquad \vdots \\ x'_n(t) &= \qquad\qquad a_{nn}x_n(t) \end{aligned} \tag{7-2-4}$$

或

$$\begin{bmatrix} x'_1(t) \\ x'_2(t) \\ \vdots \\ x'_n(t) \end{bmatrix} = \begin{bmatrix} a_{11} & & \mathbf{0} \\ & a_{22} & \\ & & \ddots \\ \mathbf{0} & & a_{nn} \end{bmatrix} \begin{bmatrix} x_1(t) \\ x_2(t) \\ \vdots \\ x_n(t) \end{bmatrix} \tag{7-2-5}$$

方程組（7-2-4）非常容易解，因為方程組（7-2-4）可利用（7-2-1）式的解法個別求解。所以，方程組（7-2-4）的解為

$$\begin{aligned} x_1(t) &= c_1 e^{a_{11}t} \\ x_2(t) &= c_2 e^{a_{22}t} \\ \vdots \quad & \quad \vdots \\ x_n(t) &= c_n e^{a_{nn}t} \end{aligned} \tag{7-2-6}$$

其中 c_1，c_2，$\cdots$，c_n 為任意常數，故方程組（7-2-4）的通解為

$$\mathbf{x}(t)=\begin{bmatrix} c_1 e^{a_{11}t} \\ c_2 e^{a_{22}t} \\ \vdots \\ c_n e^{a_{nn}t} \end{bmatrix} = c_1\begin{bmatrix} 1 \\ 0 \\ 0 \\ \vdots \\ 0 \end{bmatrix} e^{a_{11}t} + c_2\begin{bmatrix} 0 \\ 1 \\ 0 \\ \vdots \\ 0 \end{bmatrix} e^{a_{22}t} + \cdots + c_n\begin{bmatrix} 0 \\ 0 \\ 0 \\ \vdots \\ 0 \\ 1 \end{bmatrix} e^{a_{nn}t}$$

於是,

$$\mathbf{x}^{(1)}(t)=\begin{bmatrix}1\\0\\0\\\vdots\\0\end{bmatrix}e^{a_{11}t},\quad \mathbf{x}^{(2)}(t)=\begin{bmatrix}0\\1\\0\\\vdots\\0\end{bmatrix}e^{a_{22}t},\quad \cdots,\quad \mathbf{x}^{(n)}(t)=\begin{bmatrix}0\\0\\0\\\vdots\\0\\1\end{bmatrix}e^{a_{nn}t}$$

作為對角線化微分方程組(7-2-5)的基本方陣。

例題 1

求對角線化微分方程組

$$\begin{bmatrix}x_1'\\x_2'\\x_3'\end{bmatrix}=\begin{bmatrix}3&0&0\\0&-2&0\\0&0&5\end{bmatrix}\begin{bmatrix}x_1\\x_2\\x_3\end{bmatrix}$$

的通解。

解 微分方程組可寫成三個方程式

$$\begin{aligned}x_1'&=\ \ 3x_1\\x_2'&=-2x_2\\x_3'&=\ \ 5x_3\end{aligned}$$

積分可得

$$x_1=c_1e^{3t},\quad x_2=c_2e^{-2t},\quad x_3=c_3e^{5t}$$

其中 c_1、c_2 與 c_3 為任意實數。於是,

$$\mathbf{x}(t)=\begin{bmatrix}c_1e^{3t}\\c_2e^{-2t}\\c_3e^{5t}\end{bmatrix}=c_1\begin{bmatrix}1\\0\\0\end{bmatrix}e^{3t}+c_2\begin{bmatrix}0\\1\\0\end{bmatrix}e^{-2t}+c_3\begin{bmatrix}0\\0\\1\end{bmatrix}e^{5t}$$

為微分方程組的通解。 ★

例題 2

解下列初值問題

$$\mathbf{x}'=\begin{bmatrix}3&0&0\\0&-2&0\\0&0&5\end{bmatrix}\mathbf{x},\quad \mathbf{x}(0)=\begin{bmatrix}1\\4\\-2\end{bmatrix}。$$

解 由例題 1 求得通解為

$$\mathbf{x}(t)=\begin{bmatrix}x_1(t)\\x_2(t)\\x_3(t)\end{bmatrix}=\begin{bmatrix}c_1\,e^{3t}\\c_2\,e^{-2t}\\c_3\,e^{5t}\end{bmatrix}$$

利用已知的初期條件,

$$1=x_1(0)=c_1\,e^0=c_1$$
$$4=x_2(0)=c_2\,e^0=c_2$$
$$-2=x_3(0)=c_3\,e^0=c_3$$

故初值問題的解為 $\mathbf{x}(t)=\begin{bmatrix}x_1(t)\\x_2(t)\\x_3(t)\end{bmatrix}=\begin{bmatrix}e^{3t}\\4e^{-2t}\\-2e^{5t}\end{bmatrix}$。 ★

上例的方程組很容易求解，因為每一方程式僅含一個未知函數，且例題 1 之方程組的係數方陣為對角線方陣。但若 $\boldsymbol{A}$ 不為對角線方陣，我們應如何來處理方程組 $\mathbf{x}'(t)=\boldsymbol{A}\mathbf{x}(t)$ 呢？以下是我們討論的方法。

利用方陣的特徵值解微分方程組

定理 7-2-1

令 λ 為方陣 $\boldsymbol{A}$ 的特徵值，其所對應的特徵向量為 $\mathbf{v}$，則 $\mathbf{x}(t)=e^{\lambda t}\mathbf{v}$ 為 $\mathbf{x}'(t)=\boldsymbol{A}\mathbf{x}(t)$ 的解。

證 若 $\mathbf{x}(t)=e^{\lambda t}\mathbf{v}$，則

$$\mathbf{x}'(t)=\lambda e^{\lambda t}\,\mathbf{v}=e^{\lambda t}\,(\lambda\mathbf{v})$$

因為 λ 為 $\boldsymbol{A}$ 的特徵值，故

$$\mathbf{x}'(t)=e^{\lambda t}(\boldsymbol{A}\mathbf{v})=\boldsymbol{A}(e^{\lambda t}\mathbf{v})=\boldsymbol{A}\mathbf{x}(t)$$

若 $\boldsymbol{A}$ 具有 n 個線性獨立特徵向量 $\mathbf{v}_1, \mathbf{v}_2, \cdots, \mathbf{v}_n$，其所對應的特徵值為 $\lambda_1, \lambda_2, \cdots, \lambda_n$（不需要相異），則微分方程組 $\mathbf{x}'(t)=\boldsymbol{A}\mathbf{x}(t)$ 的 n 個線性獨立解為

$$e^{\lambda_1 t}\mathbf{v}_1,\ e^{\lambda_2 t}\mathbf{v}_2,\ \cdots,\ e^{\lambda_n t}\mathbf{v}_n$$

故其線性組合

$$\mathbf{x}(t)=c_1e^{\lambda_1 t}\mathbf{v}_1+c_2e^{\lambda_2 t}\mathbf{v}_2+\cdots+c_ne^{\lambda_n t}\mathbf{v}_n$$

為微分方程組的通解。

例題 3

解下列初值問題

$$x_1'=3x_1+4x_2$$
$$x_2'=3x_1+2x_2$$
$$x_1(0)=6,\quad x_2(0)=1\ 。$$

解 首先將微分方程組寫成矩陣微分方程式

$$\mathbf{x}'(t)=\begin{bmatrix}3&4\\3&2\end{bmatrix}\mathbf{x}(t),\quad \mathbf{x}(0)=\begin{bmatrix}6\\1\end{bmatrix}$$

係數方陣 $\boldsymbol{A}=\begin{bmatrix}3&4\\3&2\end{bmatrix}$ 的特徵方程式為

$$\det(\lambda\boldsymbol{I}_3-\boldsymbol{A})=\begin{vmatrix}\lambda-3&-4\\-3&\lambda-2\end{vmatrix}=(\lambda-3)(\lambda-2)-12=(\lambda-6)(\lambda+1)=0$$

可得特徵值為 $\lambda=6,\ -1$，此兩特徵值所對應的兩特徵向量分別為 $\mathbf{v}_1=\begin{bmatrix}4\\3\end{bmatrix}$ 與 $\mathbf{v}_2=\begin{bmatrix}1\\-1\end{bmatrix}$，故此微分方程組的通解為

$$\mathbf{x}(t)=c_1e^{6t}\begin{bmatrix}4\\3\end{bmatrix}+c_2e^{-t}\begin{bmatrix}1\\-1\end{bmatrix}=\begin{bmatrix}4c_1e^{6t}+c_2e^{-t}\\3c_1e^{6t}-c_2e^{-t}\end{bmatrix}$$

因初期條件為 $\mathbf{x}(0)=\begin{bmatrix}6\\1\end{bmatrix}$, 故 $\mathbf{x}(0)=\begin{bmatrix}4c_1+c_2\\3c_1-c_2\end{bmatrix}=\begin{bmatrix}6\\1\end{bmatrix}$,

即,
$$\begin{cases}4c_1+c_2=6\\3c_1-c_2=1\end{cases}$$

解得 $c_1=1$, $c_2=2$。因此, 初值問題的解為

$$\mathbf{x}(t)=\begin{bmatrix}4e^{6t}+2e^{-t}\\3e^{6t}-2e^{-t}\end{bmatrix}。$$

★

例題 4

解下列初值問題

$$\mathbf{x}'(t)=\begin{bmatrix}0&1&0\\0&0&1\\8&-14&7\end{bmatrix}\mathbf{x}(t),\quad \mathbf{x}(0)=\begin{bmatrix}4\\6\\8\end{bmatrix}。$$

解

係數方陣 $\boldsymbol{A}=\begin{bmatrix}0&1&0\\0&0&1\\8&-14&7\end{bmatrix}$ 的特徵方程式為

$$\begin{aligned}\det(\lambda\boldsymbol{I}_3-\boldsymbol{A})&=\begin{bmatrix}\lambda&-1&0\\0&\lambda&-1\\-8&14&\lambda-7\end{bmatrix}\\&=\lambda^3-7\lambda^2+14\lambda-8=0\\&=(\lambda-1)(\lambda-2)(\lambda-4)\end{aligned}$$

可得特徵值為 $\lambda=1, 2, 4$; 此三特徵值所對應的特徵向量分別為

$$\mathbf{v}_1=\begin{bmatrix}1\\1\\1\end{bmatrix},\quad \mathbf{v}_2=\begin{bmatrix}1\\2\\4\end{bmatrix},\quad \mathbf{v}_3=\begin{bmatrix}1\\4\\16\end{bmatrix}$$

故其通解為

$$\mathbf{x}(t)=c_1e^{t}\begin{bmatrix}1\\1\\1\end{bmatrix}+c_2e^{2t}\begin{bmatrix}1\\2\\4\end{bmatrix}+c_3e^{4t}\begin{bmatrix}1\\4\\16\end{bmatrix}$$

或
$$\mathbf{x}(t)=\begin{bmatrix}1&1&1\\1&2&4\\1&4&16\end{bmatrix}\begin{bmatrix}c_1e^{t}\\c_2e^{2t}\\c_3e^{4t}\end{bmatrix}$$

又
$$\mathbf{x}(0)=\begin{bmatrix}1&1&1\\1&2&4\\1&4&16\end{bmatrix}\begin{bmatrix}c_1\\c_2\\c_3\end{bmatrix}=\begin{bmatrix}4\\6\\8\end{bmatrix}$$

解得 $c_1=\dfrac{4}{3}$，$c_2=3$，$c_3=-\dfrac{1}{3}$。所以，初值問題的解為

$$\mathbf{x}(t)=\begin{bmatrix}\frac{4}{3}e^{t}+3e^{2t}-\frac{1}{3}e^{4t}\\\frac{4}{3}e^{t}+6e^{2t}-\frac{4}{3}e^{4t}\\\frac{4}{3}e^{t}+12e^{2t}-\frac{16}{3}e^{4t}\end{bmatrix}。$$

★

例題 5

今有二個迴圈電路，如圖 7-2-1 所示。我們已求得此電路所描述的方程組為

$$\begin{cases}\dfrac{dI_L}{dt}=-\dfrac{R}{L}I_R+\dfrac{E}{L}\\[2ex]\dfrac{dI_R}{dt}=\dfrac{I_L}{RC}-\dfrac{I_R}{RC}\end{cases}$$

試求在任何時間 t 通過電阻器與電感器的電流，其中 $R=100$ 歐姆，$C=1.5\times10^{-4}$ 法拉，$L=8$ 亨利，$E=0$，$I_L(0)=0.2$ 安培，且 $I_R(0)=0.4$ 安培。

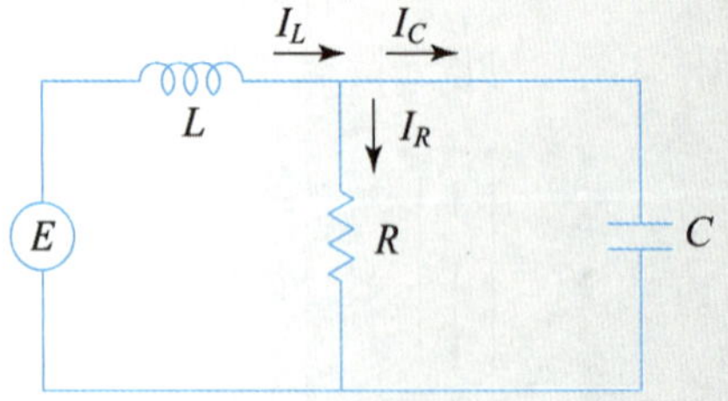

圖 7-2-1

解 利用已知值，方程組可以寫成

$$\boldsymbol{I}'(t)=\frac{d}{dt}\begin{bmatrix} I_L(t) \\ I_R(t) \end{bmatrix}=\begin{bmatrix} 0 & -\dfrac{R}{L} \\ \dfrac{1}{RC} & -\dfrac{1}{RC} \end{bmatrix}\boldsymbol{I}(t)+\begin{bmatrix} \dfrac{E}{L} \\ 0 \end{bmatrix}$$

或

$$\boldsymbol{I}'(t)=\begin{bmatrix} 0 & -\dfrac{25}{2} \\ \dfrac{200}{3} & -\dfrac{200}{3} \end{bmatrix}\boldsymbol{I}(t)$$

係數方陣的特徵值為 -50 與 $-\dfrac{50}{3}$，其所對應的特徵向量分別為 $\mathbf{v}_1=\begin{bmatrix} 1 \\ 4 \end{bmatrix}$ 與 $\mathbf{v}_2=\begin{bmatrix} 3 \\ 4 \end{bmatrix}$，故通解為

$$\boldsymbol{I}(t)=c_1\,e^{-50t}\begin{bmatrix} 1 \\ 4 \end{bmatrix}+c_2\,e^{(-50/3)t}\begin{bmatrix} 3 \\ 4 \end{bmatrix}$$

$$=\begin{bmatrix} c_1\,e^{-50t}+3c_2\,e^{(-50/3)t} \\ 4c_1\,e^{-50t}+4c_2\,e^{(-50/3)t} \end{bmatrix}$$

利用初期條件

$$\boldsymbol{I}(0)=\begin{bmatrix} 0.2 \\ 0.4 \end{bmatrix}$$

$$\boldsymbol{I}(0)=\begin{bmatrix} c_1+3c_2 \\ 4c_1+4c_2 \end{bmatrix}=\begin{bmatrix} 0.2 \\ 0.4 \end{bmatrix}$$

解得 $c_1=c_2=0.05$。所以，初值問題的解為

$$\boldsymbol{I}(t)=\begin{bmatrix} 0.05e^{-50t}+0.15e^{(-50/3)t} \\ 0.2e^{-50t}+\ \ 0.2e^{(-50/3)t} \end{bmatrix}。$$

★

例題 6

解下列微分方程組

$$x_1'(t)=3x_1(t)-2x_2(t)$$
$$x_2'(t)=-2x_1(t)+3x_2(t)$$
$$x_3'(t)=5x_3(t)$$

解 方程組寫成矩陣形式如下:

$$x'(t)=\begin{bmatrix}3&-2&0\\-2&3&0\\0&0&5\end{bmatrix}\mathbf{x}(t)$$

係數方陣 $\mathbf{A}=\begin{bmatrix}3&-2&0\\-2&3&0\\0&0&5\end{bmatrix}$ 的特徵方程式為

$$\det(\lambda \boldsymbol{I}_3-\boldsymbol{A})=\begin{vmatrix}\lambda-3&2&0\\2&\lambda-3&0\\0&0&\lambda-5\end{vmatrix}$$

$$=(\lambda-5)^2(\lambda-1)=0$$

故特徵值為 $\lambda=1,\ 5,\ 5$。

$\lambda_1=1$ 代入 $(\lambda_1\boldsymbol{I}_3-\boldsymbol{A})\mathbf{v}=\mathbf{0}$ 中,

$$\begin{bmatrix}-2&2&0\\2&-2&0\\0&0&-4\end{bmatrix}\begin{bmatrix}v_1\\v_2\\v_3\end{bmatrix}=\begin{bmatrix}0\\0\\0\end{bmatrix}$$

解得特徵向量為 $\mathbf{v}_1=\begin{bmatrix}1\\1\\0\end{bmatrix}$, 故 $\mathbf{x}_1(t)=e^t\begin{bmatrix}1\\1\\0\end{bmatrix}$。

$\lambda_2=\lambda_3=5$ 代入 $(\lambda_2\boldsymbol{I}_3-\boldsymbol{A})\mathbf{v}=\mathbf{0}$ 中,

$$\begin{bmatrix}2&2&0\\2&2&0\\0&0&0\end{bmatrix}\begin{bmatrix}v_1\\v_2\\v_3\end{bmatrix}=\begin{bmatrix}0\\0\\0\end{bmatrix}$$

解得方陣 $\boldsymbol{A}$ 之特徵空間的一基底為 $\mathbf{v}_2=\begin{bmatrix}0\\0\\1\end{bmatrix}$ 與 $\mathbf{v}_3=\begin{bmatrix}1\\-1\\0\end{bmatrix}$。

於是, $\mathbf{x}_2(t)=e^{5t}\begin{bmatrix}0\\0\\1\end{bmatrix}$ 與 $\mathbf{x}_3(t)=e^{5t}\begin{bmatrix}1\\-1\\0\end{bmatrix}$ 為線性獨立解。所以, 微分方程組的通解為

$$\mathbf{x}(t)=c_1\begin{bmatrix}1\\1\\0\end{bmatrix}e^t+c_2\begin{bmatrix}0\\0\\1\end{bmatrix}e^{5t}+c_3\begin{bmatrix}1\\-1\\0\end{bmatrix}e^{5t}=\begin{bmatrix}c_1e^t+c_3e^{5t}\\c_1e^t-c_3e^{5t}\\c_2e^{5t}\end{bmatrix}。$$ ★

讀者應注意，此微分方程組的係數方陣具有二個相同的特徵值，但對應三個線性獨立特徵向量，故可求得微分方程組的通解。然而，如果只有二個相同特徵值僅對應於一個特徵向量，則應如何求得微分方程組的通解呢？

令 $\mathbf{x}'=A\mathbf{x}$，其係數方陣具有二個相同的特徵值 $\lambda_1=\lambda_2=\lambda$，但僅對應於一個特徵向量 $\mathbf{v}$，則此微分方程組的一解為 $\mathbf{x}_1=\mathbf{v}e^{\lambda t}$。若想求此微分方程組的第二個線性獨立解，我們可假設存在解的形式為

$$\mathbf{x}_2=(\mathbf{c}+t\mathbf{d})e^{\lambda t}$$

此處 $\mathbf{c}$ 與 $\mathbf{d}$ 為待定的行向量。我們現在求向量 $\mathbf{c}$ 與 $\mathbf{d}$ 使得 $\mathbf{x}_2$ 為 $\mathbf{x}'=A\mathbf{x}$ 的線性獨立解。以 $\mathbf{x}_2=(\mathbf{c}+t\mathbf{d})e^{\lambda t}$ 及

$$\begin{aligned}\mathbf{x}_2'&=(\mathbf{c}+t\mathbf{d})\frac{d}{dt}e^{\lambda t}+e^{\lambda t}\frac{d}{dt}(\mathbf{c}+t\mathbf{d})\\&=\lambda(\mathbf{c}+t\mathbf{d})e^{\lambda t}+\mathbf{d}e^{\lambda t}\end{aligned}$$

代入微分方程組中，可得

$$\lambda(\mathbf{c}+t\mathbf{d})e^{\lambda t}+\mathbf{d}e^{\lambda t}=A(\mathbf{c}+t\mathbf{d})e^{\lambda t}$$

因為 $e^{\lambda t}\neq 0$，故

$$\lambda\mathbf{c}+\lambda t\mathbf{d}+\mathbf{d}=A\mathbf{c}+At\mathbf{d} \qquad (7\text{-}2\text{-}7)$$

令（7-2-7）式中 t 的係數相等，即，

$$\lambda\mathbf{d}=A\mathbf{d}$$

則

$$(\lambda I-A)\mathbf{d}=\mathbf{0}$$

此方程式說明 $\mathbf{d}$ 為方陣 A 的特徵向量，其所對應的特徵值為 λ。因為我們知道 λ 所對應的唯一特徵向量為 $\mathbf{v}$，故選擇 $\mathbf{d}=\mathbf{v}$。

同理，令（7-2-7）式中常數方陣相等，即，

$$\lambda\mathbf{c}+\mathbf{d}=A\mathbf{c}$$

則

$$(\lambda I-A)\mathbf{c}=\mathbf{d}$$

在此方程式中以 $\mathbf{v}$ 取代 $\mathbf{d}$，由於 λ 與 A 皆為已知，故我們可解得 $\mathbf{c}$。

由以上的討論，我們可歸納成下面的結論:

令 $\mathbf{x}'=A\mathbf{x}$，A 為實數係數方陣，且 $\lambda_1=\lambda_2=\lambda$ 為兩相等的實數特徵值，但僅對應於單一特徵向量 $\mathbf{v}$，則

$$\mathbf{x}_1 = \mathbf{v}e^{\lambda t}$$

與

$$\mathbf{x}_2 = (\mathbf{c} + t\mathbf{v})e^{\lambda t}$$

為微分方程組 $\mathbf{x}' = A\mathbf{x}$ 的線性獨立解，此處 $\mathbf{c}$ 為 $(\lambda I - A)\mathbf{c} = \mathbf{v}$ 的解向量。

讀者應注意，此結論可推廣至具有三個相等的實數特徵值情形。例如，若 $\lambda_1 = \lambda_2 = \lambda_3 = \lambda$ 僅對應於單一特徵向量 $\mathbf{v}$，則微分方程組 $\mathbf{x}' = A\mathbf{x}$ 的三個線性獨立解為

$$\mathbf{x}_1 = \mathbf{v}e^{\lambda t}$$
$$\mathbf{x}_2 = (\mathbf{c} + t\mathbf{d})e^{\lambda t}$$
$$\mathbf{x}_3 = (\mathbf{c} + t\mathbf{d} + t^2\mathbf{e})e^{\lambda t}$$

此處 $\mathbf{c}$、$\mathbf{d}$ 與 $\mathbf{e}$ 為常數向量，可代入已知方程組中求得。

例題 7

解下列微分方程組

$$\mathbf{x}' = \begin{bmatrix} 2 & 0 \\ 3 & 2 \end{bmatrix}\mathbf{x}。$$

解 係數方陣 $A = \begin{bmatrix} 2 & 0 \\ 3 & 2 \end{bmatrix}$ 的特徵方程式為

$$\det(\lambda I_2 - A) = \begin{vmatrix} \lambda - 2 & 0 \\ -3 & \lambda - 2 \end{vmatrix} = (\lambda - 2)^2 = 0$$

故特徵值為 $\lambda = 2$（二重根）。

令 $\lambda = 2$ 所對應的特徵向量 $\mathbf{v} = \begin{bmatrix} v_1 \\ v_2 \end{bmatrix}$，則

$$\begin{bmatrix} 2-2 & 0 \\ -3 & 2-2 \end{bmatrix}\begin{bmatrix} v_1 \\ v_2 \end{bmatrix} = \begin{bmatrix} 0 \\ 0 \end{bmatrix}$$

我們由此方程組推斷 $v_1 = 0$ 且 v_2 為任意值。選擇 $v_2 = 1$，可得唯一的特徵向量

$$\mathbf{v} = \begin{bmatrix} 0 \\ 1 \end{bmatrix}$$

故微分方程組的解為 $$\mathbf{x}_1 = \begin{bmatrix} 0 \\ 1 \end{bmatrix}e^{2t}$$

設微分方程組的另一解為

$$\mathbf{x}_2 = (\mathbf{c} + t\mathbf{v})\, e^{\lambda t}$$

上式中的常數向量 $\mathbf{c}$ 為 $(2I_2 - A)\mathbf{c} = \mathbf{v}$ 的解。

令 $\mathbf{c} = \begin{bmatrix} c_1 \\ c_2 \end{bmatrix}$，則 $\left(\begin{bmatrix} 2 & 0 \\ 0 & 2 \end{bmatrix} - \begin{bmatrix} 2 & 0 \\ 3 & 2 \end{bmatrix}\right)\begin{bmatrix} c_1 \\ c_2 \end{bmatrix} = \begin{bmatrix} 0 \\ 1 \end{bmatrix}$

或
$$\begin{bmatrix} 0 & 0 \\ 3 & 0 \end{bmatrix}\begin{bmatrix} c_1 \\ c_2 \end{bmatrix} = \begin{bmatrix} 0 \\ 1 \end{bmatrix}$$

解得 $c_1 = \frac{1}{3}$，$c_2 = 0$。因而，$\mathbf{c} = \begin{bmatrix} \frac{1}{3} \\ 0 \end{bmatrix}$。

故
$$\mathbf{x}_2 = \left(\begin{bmatrix} \frac{1}{3} \\ 0 \end{bmatrix} + \begin{bmatrix} 0 \\ 1 \end{bmatrix} t\right) e^{2t}$$

於是，微分方程組的通解為

$$\mathbf{x} = c_1\begin{bmatrix} 0 \\ 1 \end{bmatrix} e^{2t} + c_2\left(\begin{bmatrix} \frac{1}{3} \\ 0 \end{bmatrix} + \begin{bmatrix} 0 \\ 1 \end{bmatrix} t\right) e^{2t} = \begin{bmatrix} \frac{1}{3} c_2 e^{2t} \\ c_1 e^{2t} + c_2 t\, e^{2t} \end{bmatrix}。$$

★

利用方陣對角線化解微分方程組

我們考慮齊次微分方程組

$$\begin{aligned} x_1'(t) &= a_{11} x_1(t) + a_{12} x_2(t) + \cdots + a_{1n} x_n(t) \\ x_2'(t) &= a_{21} x_1(t) + a_{22} x_2(t) + \cdots + a_{2n} x_n(t) \\ &\vdots \\ x_n'(t) &= a_{n1} x_1(t) + a_{n2} x_2(t) + \cdots + a_{nn} x_n(t) \end{aligned} \qquad (7\text{-}2\text{-}8)$$

此處每一個 a_{ij} 為實數，則上面方程式可寫成

$$\mathbf{x}' = A\mathbf{x}$$

由於 A 不為對角線方陣，我們只要作下列的代換就可將方程組（7-2-8）變換成含對角線方陣的微分方程組。現在令

$$
\begin{aligned}
x_1(t) &= p_{11}u_1(t) + p_{12}u_2(t) + \cdots + p_{1n}u_n(t) \\
x_2(t) &= p_{21}u_1(t) + p_{22}u_2(t) + \cdots + p_{2n}u_n(t) \\
&\vdots \\
x_n(t) &= p_{n1}u_1(t) + p_{n2}u_2(t) + \cdots + p_{nn}u_n(t)
\end{aligned}
$$

或

$$\mathbf{x} = \boldsymbol{P}\mathbf{u} \qquad (7\text{-}2\text{-}9)$$

其中

$$\mathbf{x} = \begin{bmatrix} x_1(t) \\ x_2(t) \\ \vdots \\ x_n(t) \end{bmatrix}, \quad \boldsymbol{P} = \begin{bmatrix} p_{11} & p_{12} & \cdots & p_{1n} \\ p_{21} & p_{22} & \cdots & p_{2n} \\ \vdots & \vdots & & \vdots \\ p_{n1} & p_{n2} & \cdots & p_{nn} \end{bmatrix}, \quad \mathbf{u} = \begin{bmatrix} u_1(t) \\ u_2(t) \\ \vdots \\ u_n(t) \end{bmatrix}$$

此處 p_{ij} 為待定的常數。微分（7-2-9）式可得

$$\mathbf{x}' = \boldsymbol{P}\mathbf{u}' \qquad (7\text{-}2\text{-}10)$$

若將 $\mathbf{x} = \boldsymbol{P}\mathbf{u}$ 及 $\mathbf{x}' = \boldsymbol{P}\mathbf{u}'$ 代入原微分方程組 $\mathbf{x}' = \boldsymbol{A}\mathbf{x}$ 中，且假設 $\boldsymbol{P}$ 為可逆方陣，則

$$\boldsymbol{P}\mathbf{u}' = \boldsymbol{A}(\boldsymbol{P}\mathbf{u})$$

$$\mathbf{u}' = (\boldsymbol{P}^{-1}\boldsymbol{A}\boldsymbol{P})\mathbf{u}$$

或

$$\mathbf{u}' = \boldsymbol{D}\mathbf{u} \qquad (7\text{-}2\text{-}11)$$

此處 $\boldsymbol{D} = \boldsymbol{P}^{-1}\boldsymbol{A}\boldsymbol{P}$ 為一對角線方陣。綜合以上的討論，我們先找出使 $\boldsymbol{A}$ 對角線化的方陣 $\boldsymbol{P}$，再由（7-2-11）式解得 $\mathbf{u}$，然後利用（7-2-9）式決定 $\mathbf{x}$，則可求得微分方程組（7-2-8）的解。

例題 8

解下列初值問題

$$
\begin{aligned}
x_1' &= 3x_1 + 4x_2 \\
x_2' &= 3x_1 + 2x_2 \\
x_1(0) &= 6, \quad x_2(0) = 1
\end{aligned}
$$

解 首先將微分方程組寫成矩陣微分方程式

$$\mathbf{x}'(t)=\begin{bmatrix}3 & 4\\ 3 & 2\end{bmatrix}\mathbf{x}(t),\quad \mathbf{x}(0)=\begin{bmatrix}6\\ 1\end{bmatrix}$$

利用 7-2 節例題 3 得知 $\boldsymbol{A}=\begin{bmatrix}3 & 4\\ 3 & 2\end{bmatrix}$ 的特徵值為 6 與 -1，此兩特徵值所對應特徵空間的基底分別為 $\mathbf{v}_1=\begin{bmatrix}4\\ 3\end{bmatrix}$ 與 $\mathbf{v}_2=\begin{bmatrix}1\\ -1\end{bmatrix}$。因此，

$$\boldsymbol{P}=\begin{bmatrix}4 & 1\\ 3 & -1\end{bmatrix}$$

可對角線化 $\boldsymbol{A}$，且

$$\boldsymbol{D}=\boldsymbol{P}^{-1}\boldsymbol{A}\boldsymbol{P}=\begin{bmatrix}6 & 0\\ 0 & -1\end{bmatrix}$$

因此，由代換

$$\mathbf{x}=\boldsymbol{P}\mathbf{u} \quad \text{及} \quad \mathbf{x}'=\boldsymbol{P}\mathbf{u}'$$

所得新的“對角線方程組”為

$$\mathbf{u}'=\boldsymbol{D}\mathbf{u}=\begin{bmatrix}6 & 0\\ 0 & -1\end{bmatrix}\mathbf{u} \quad \text{或} \quad \begin{cases}u'_1=6u_1\\ u'_2=-u_2\end{cases}$$

此方程組的解為 $$\mathbf{u}=\begin{bmatrix}c_1e^{6t}\\ c_2e^{-t}\end{bmatrix}$$

所以，方程組 $\mathbf{x}=\boldsymbol{P}\mathbf{u}$ 的解為

$$\mathbf{x}(t)=\begin{bmatrix}4 & 1\\ 3 & -1\end{bmatrix}\begin{bmatrix}c_1e^{6t}\\ c_2e^{-t}\end{bmatrix}=\begin{bmatrix}4c_1e^{6t}+c_2e^{-t}\\ 3c_1e^{6t}-c_2e^{-t}\end{bmatrix}$$

因初期條件為 $$\mathbf{x}(0)=\begin{bmatrix}6\\ 1\end{bmatrix}$$

故 $$\mathbf{x}(0)=\begin{bmatrix}4c_1+c_2\\ 3c_1-c_2\end{bmatrix}=\begin{bmatrix}6\\ 1\end{bmatrix}$$

解得 $c_1=1$，$c_2=2$。因此，初值問題的解為

$$\mathbf{x}(t)=\begin{bmatrix}4e^{6t}+2e^{-t}\\ 3e^{6t}-2e^{-t}\end{bmatrix}。$$

★

例題 9

解下列微分方程組

$$\begin{aligned} x'_1 &= \quad\quad\; x_2 \\ x'_2 &= \quad\quad\quad\quad\; x_3 \\ x'_3 &= 8x_1 - 14x_2 + 7x_3 \end{aligned}$$

解 此微分方程組的矩陣形式為

$$\mathbf{x}'(t) = \begin{bmatrix} 0 & 1 & 0 \\ 0 & 0 & 1 \\ 8 & -14 & 7 \end{bmatrix} \mathbf{x}(t)$$

由 7-2 節例題 4 得知 $\boldsymbol{A} = \begin{bmatrix} 0 & 1 & 0 \\ 0 & 0 & 1 \\ 8 & -14 & 7 \end{bmatrix}$ 的特徵值為 1、2 與 4。此三特徵值所對應特徵空間的基底分別為

$$\mathbf{v}_1 = \begin{bmatrix} 1 \\ 1 \\ 1 \end{bmatrix}, \quad \mathbf{v}_2 = \begin{bmatrix} 1 \\ 2 \\ 4 \end{bmatrix}, \quad \mathbf{v}_3 = \begin{bmatrix} 1 \\ 4 \\ 16 \end{bmatrix}$$

如此,

$$\boldsymbol{P} = \begin{bmatrix} 1 & 1 & 1 \\ 1 & 2 & 4 \\ 1 & 4 & 16 \end{bmatrix}$$

可對角化 $\boldsymbol{A}$, 且

$$\boldsymbol{D} = \boldsymbol{P}^{-1}\boldsymbol{A}\boldsymbol{P} = \begin{bmatrix} 1 & 0 & 0 \\ 0 & 2 & 0 \\ 0 & 0 & 4 \end{bmatrix}$$

因此, 由代換 $\mathbf{x} = \boldsymbol{P}\mathbf{u}$ 及 $\mathbf{x}' = \boldsymbol{P}\mathbf{u}'$ 所得新的“對角線方程組”為

$$\mathbf{u}' = \boldsymbol{D}\mathbf{u} = \begin{bmatrix} 1 & 0 & 0 \\ 0 & 2 & 0 \\ 0 & 0 & 4 \end{bmatrix} \mathbf{u} \quad \text{或} \quad \begin{cases} u'_1 = u_1 \\ u'_2 = 2u_2 \\ u'_3 = 4u_3 \end{cases}$$

此方程組的解為

$$\mathbf{u}=\begin{bmatrix} c_1e^t \\ c_2e^{2t} \\ c_3e^{4t} \end{bmatrix}$$

所以，方程組 $\mathbf{x}=\boldsymbol{P}\mathbf{u}$ 的解為

$$\mathbf{x}(t)=\begin{bmatrix} 1 & 1 & 1 \\ 1 & 2 & 4 \\ 1 & 4 & 16 \end{bmatrix}\begin{bmatrix} c_1e^t \\ c_2e^{2t} \\ c_3e^{4t} \end{bmatrix}=\begin{bmatrix} c_1e^t+c_2e^{2t}+c_3e^{4t} \\ c_1e^t+2c_2e^{2t}+4c_3e^{4t} \\ c_1e^t+4c_2e^{2t}+16c_3e^{4t} \end{bmatrix}。$$

★

如果方程組（7-2-8）式中之係數方陣 $\boldsymbol{A}$ 不能被對角線化，我們可以選擇 $\boldsymbol{P}$ 使得 $\boldsymbol{J}=\boldsymbol{P}^{-1}\boldsymbol{AP}$ 為 $\boldsymbol{A}$ 之約旦典式，寫成

$$\boldsymbol{J}=\begin{bmatrix} \lambda_1 & \varepsilon_1 & & & \mathbf{0} \\ & \lambda_2 & \varepsilon_2 & & \\ & & \ddots & \ddots & \\ & & & \lambda_{n-1} & \varepsilon_{n-1} \\ \mathbf{0} & & & & \lambda_n \end{bmatrix}$$

在對角線上之特徵值 λ_i 不必相異，且位於對角線上方第一斜行上之每一個 ε_i 為 1 或 0 。尤其是，若 $\varepsilon_i=1$，則 $\lambda_{i+1}=\lambda_i$。此時微分方程式（7-2-11）變成

$$\mathbf{u}'=\boldsymbol{J}\mathbf{u}$$

或具有下列的形式:

$$\begin{aligned} u_1' &= \lambda_1 u_1+\varepsilon_1 u_2 \\ u_2' &= \lambda_2 u_2+\varepsilon_2 u_3 \\ &\vdots \\ u_{n-1}' &= \lambda_{n-1} u_{n-1}+\varepsilon_{n-1} u_n \\ u_n' &= \lambda_n u_n \end{aligned}$$

我們可以由最後一個方程式解得 $u_n=k_n e^{\lambda_n t}$，再依次向前解出 u_{n-1}，u_{n-2}，…，u_1。最後，再代入 $\mathbf{x}=\boldsymbol{P}\mathbf{u}$ 中即得微分方程組 $\mathbf{x}'=\boldsymbol{A}\mathbf{x}$ 的解。

例題 10

試解下列初值問題

$$\begin{aligned} x_1' &= 2x_1+2x_2+3x_3 \\ x_2' &= \quad\; -x_2 \qquad ; \quad x_1(0)=x_2(0)=x_3(0)=1 \\ x_3' &= 2x_1+2x_2+x_3 \end{aligned}$$

解 微分方程組的矩陣形式為 $\mathbf{x}' = A\mathbf{x}$，其中

$$A = \begin{bmatrix} 2 & 2 & 3 \\ 0 & -1 & 0 \\ 2 & 2 & 1 \end{bmatrix}, \quad \mathbf{x} = \begin{bmatrix} x_1 \\ x_2 \\ x_3 \end{bmatrix}$$

由於方陣 A 不能被對角線化，但我們可找到一方陣

$$P = \begin{bmatrix} \frac{1}{2} & 1 & \frac{3}{2} \\ 0 & -\frac{5}{4} & 0 \\ -\frac{1}{2} & 0 & 1 \end{bmatrix}$$

使得

$$J = P^{-1}AP = \begin{bmatrix} -1 & 1 & 0 \\ 0 & -1 & 0 \\ 0 & 0 & 4 \end{bmatrix}$$

此為約旦典式，則微分方程組變成 $\mathbf{u}' = J\mathbf{u}$，或

$$\begin{aligned} u_1' &= -u_1 + u_2 \\ u_2' &= -u_2 \\ u_3' &= 4u_3 \end{aligned}$$

上述微分方程組的解為

$$\begin{aligned} u_1 &= (k_1 + k_2 t)e^{-t} \\ u_2 &= k_2 e^{-t} \\ u_3 &= k_3 e^{4t} \end{aligned}$$

再代入 $\mathbf{x} = P\mathbf{u}$ 中，則求得原微分方程組的解。故

$$\begin{bmatrix} x_1 \\ x_2 \\ x_3 \end{bmatrix} = \begin{bmatrix} \frac{1}{2} & 1 & \frac{3}{2} \\ 0 & -\frac{5}{4} & 0 \\ -\frac{1}{2} & 0 & 1 \end{bmatrix} \begin{bmatrix} u_1 \\ u_2 \\ u_3 \end{bmatrix} = \begin{bmatrix} \left(\frac{1}{2}k_1 + k_2 + \frac{1}{2}k_2 t\right) e^{-t} + \frac{3}{2}k_3 e^{4t} \\ -\frac{5}{4}k_2 e^{-t} \\ \left(-\frac{1}{2}k_1 - \frac{1}{2}k_2 t\right) e^{-t} + k_3 e^{4t} \end{bmatrix}$$

將初期條件 $\mathbf{x}(0) = \begin{bmatrix} 1 \\ 1 \\ 1 \end{bmatrix}$，代入上式可得

$$\begin{bmatrix} x_1(0) \\ x_2(0) \\ x_3(0) \end{bmatrix} = \begin{bmatrix} \frac{1}{2}k_1 + k_2 + \frac{3}{2}k_3 \\ -\frac{5}{4}k_2 \\ -\frac{1}{2}k_1 + k_3 \end{bmatrix} = \begin{bmatrix} 1 \\ 1 \\ 1 \end{bmatrix}$$

解得 $k_1 = \frac{6}{25}$, $k_2 = -\frac{4}{5}$, $k_3 = \frac{28}{25}$, 故

$$\begin{bmatrix} x_1(t) \\ x_2(t) \\ x_3(t) \end{bmatrix} = \begin{bmatrix} \left(-\frac{17}{25} - \frac{2}{5}t\right) e^{-t} + \frac{42}{25}e^{4t} \\ e^{-t} \\ \left(-\frac{3}{25} + \frac{2}{5}t\right) e^{-t} + \frac{28}{25}e^{4t} \end{bmatrix}。$$

★

利用指數方陣解微分方程組

我們在微積分中, 曾經學過指數函數 e^x 可表為冪級數

$$e^x = 1 + x + \frac{1}{2!}x^2 + \frac{1}{3!}x^3 + \cdots$$

同理, 對任一方陣 $\boldsymbol{A}$, 我們可定義**指數方陣**（exponential matrix） $e^{\boldsymbol{A}}$ 如下:

定義 7-2-1

令 $\boldsymbol{A}$ 為具有實數元素的方陣, 則 $e^{\boldsymbol{A}}$ 定義為

$$e^{\boldsymbol{A}} = \boldsymbol{I} + \boldsymbol{A} + \frac{1}{2!}\boldsymbol{A}^2 + \frac{1}{3!}\boldsymbol{A}^3 + \cdots。$$

若 $\boldsymbol{D}$ 為對角線方陣, 即,

$$\boldsymbol{D} = \begin{bmatrix} \lambda_1 & & \boldsymbol{0} \\ & \lambda_2 & \\ & & \ddots \\ \boldsymbol{0} & & & \lambda_n \end{bmatrix} = \text{diag}(\lambda_1, \lambda_2, \cdots, \lambda_n)$$

則其指數方陣 $e^{\boldsymbol{D}}$ 較容易計算, 方法如下:

$$e^{D} = \lim_{m\to\infty}\left(I + D + \frac{1}{2!}D^2 + \frac{1}{3!}D^3 + \cdots + \frac{1}{m!}D^m\right)$$

$$= \lim_{m\to\infty}\Big[\text{diag}(1, 1, \cdots, 1) + \text{diag}(\lambda_1, \lambda_2, \cdots, \lambda_n) + \text{diag}\,\frac{1}{2!}(\lambda_1^2, \lambda_2^2, \cdots, \lambda_n^2) + \cdots +$$

$$\text{diag}\,\frac{1}{m!}(\lambda_1^m, \lambda_2^m, \cdots, \lambda_n^m)\Big]$$

$$= \lim_{m\to\infty}\left[\text{diag}\left(\sum_{k=1}^{m}\frac{1}{k!}\lambda_1^k, \sum_{k=1}^{m}\frac{1}{k!}\lambda_2^k, \cdots, \sum_{k=1}^{m}\frac{1}{k!}\lambda_n^k\right)\right]$$

$$= \text{diag}(e^{\lambda_1}, e^{\lambda_2}, \cdots, e^{\lambda_n}) = \begin{bmatrix} e^{\lambda_1} & & & \\ & e^{\lambda_2} & & \\ & & \ddots & \\ & & & e^{\lambda_n} \end{bmatrix}$$

但對於一般的方陣 A，e^A 的計算就比較複雜，如果方陣 A 可對角線化，則

$$A^k = PD^kP^{-1},\quad k = 1,\ 2,\ \cdots$$

因此，

$$e^A = I + A + \frac{1}{2!}A^2 + \frac{1}{3!}A^3 + \cdots$$

$$= I + PDP^{-1} + \frac{1}{2!}PD^2P^{-1} + \frac{1}{3!}PD^3P^{-1} + \cdots$$

$$= P\left(I + D + \frac{1}{2!}D^2 + \frac{1}{3!}D^3 + \cdots\right)P^{-1}$$

$$= Pe^DP^{-1}。\qquad (7\text{-}2\text{-}12)$$

例題 11

若 $A = \begin{bmatrix} -2 & -6 \\ 1 & 3 \end{bmatrix}$，求 e^A。

解 A 的特徵值為 1 與 0，其特徵向量分別為

$$\mathbf{v}_1 = \begin{bmatrix} -2 \\ 1 \end{bmatrix} \quad 與 \quad \mathbf{v}_2 = \begin{bmatrix} -3 \\ 1 \end{bmatrix}$$

於是，

$$A = PDP^{-1} = \begin{bmatrix} -2 & -3 \\ 1 & 1 \end{bmatrix}\begin{bmatrix} 1 & 0 \\ 0 & 0 \end{bmatrix}\begin{bmatrix} 1 & 3 \\ -1 & -2 \end{bmatrix}$$

故 $$e^{A}=\boldsymbol{P}e^{\boldsymbol{D}}\boldsymbol{P}^{-1}=\begin{bmatrix}-2 & -3\\ 1 & 1\end{bmatrix}\begin{bmatrix}e & 0\\ 0 & 1\end{bmatrix}\begin{bmatrix}1 & 3\\ -1 & -2\end{bmatrix}$$

$$=\begin{bmatrix}3-2e & 6-6e\\ e-1 & 3e-2\end{bmatrix}$$ ★

若 $\boldsymbol{A}$ 為對角線方陣，則我們可以直接利用

$$e^{tA}=\boldsymbol{I}+t\boldsymbol{A}+\frac{t^2\boldsymbol{A}^2}{2!}+\frac{t^3\boldsymbol{A}^3}{3!}+\cdots \quad (7\text{-}2\text{-}13)$$

求得。

例題 12

令 $\boldsymbol{A}=\begin{bmatrix}1 & 0 & 0\\ 0 & 2 & 0\\ 0 & 0 & 3\end{bmatrix}$，試求 e^{tA}。

解 因為 $\boldsymbol{A}^2=\begin{bmatrix}1 & 0 & 0\\ 0 & 2^2 & 0\\ 0 & 0 & 3^2\end{bmatrix}$, $\boldsymbol{A}^3=\begin{bmatrix}1 & 0 & 0\\ 0 & 2^3 & 0\\ 0 & 0 & 3^3\end{bmatrix}$, …, $\boldsymbol{A}^m=\begin{bmatrix}1 & 0 & 0\\ 0 & 2^m & 0\\ 0 & 0 & 3^m\end{bmatrix}$

又 $$e^{tA}=\boldsymbol{I}+t\boldsymbol{A}+\frac{t^2\boldsymbol{A}^2}{2!}+\frac{t^3\boldsymbol{A}^3}{3!}+\cdots$$

故 $$e^{tA}=\begin{bmatrix}1 & 0 & 0\\ 0 & 1 & 0\\ 0 & 0 & 1\end{bmatrix}+\begin{bmatrix}t & 0 & 0\\ 0 & 2t & 0\\ 0 & 0 & 3t\end{bmatrix}+\begin{bmatrix}\frac{t^2}{2!} & 0 & 0\\ 0 & \frac{2^2t^2}{2!} & 0\\ 0 & 0 & \frac{3^2t^2}{2!}\end{bmatrix}+\begin{bmatrix}\frac{t^3}{3!} & 0 & 0\\ 0 & \frac{2^3t^3}{3!} & 0\\ 0 & 0 & \frac{3^3t^3}{3!}\end{bmatrix}+\cdots$$

$$=\begin{bmatrix}1+t+\frac{t^2}{2!}+\frac{t^3}{3!}+\cdots & 0 & 0\\ 0 & 1+2t+\frac{(2t)^2}{2!}+\frac{(2t)^3}{3!}+\cdots & 0\\ 0 & 0 & 1+3t+\frac{(3t)^2}{2!}+\frac{(3t)^3}{3!}+\cdots\end{bmatrix}$$

$$=\begin{bmatrix}e^t & 0 & 0\\ 0 & e^{2t} & 0\\ 0 & 0 & e^{3t}\end{bmatrix}。$$ ★

例題 13

已知 $A=\begin{bmatrix}-3 & -1\\ 2 & 0\end{bmatrix}$, 試求 e^{tA}。

解 A 的特徵值為 -1 與 -2, 其特徵向量分別為

$$\mathbf{v}_1=\begin{bmatrix}1\\ -2\end{bmatrix} \quad 與 \quad \mathbf{v}_2=\begin{bmatrix}1\\ -1\end{bmatrix}$$

於是,

$$P=\begin{bmatrix}1 & 1\\ -2 & -1\end{bmatrix},\ P^{-1}=\begin{bmatrix}-1 & -1\\ 2 & 1\end{bmatrix}$$

故

$$e^{tA}=\begin{bmatrix}1 & 1\\ -2 & -1\end{bmatrix}\begin{bmatrix}e^{-t} & 0\\ 0 & e^{-2t}\end{bmatrix}\begin{bmatrix}-1 & -1\\ 2 & 1\end{bmatrix}$$

$$=\begin{bmatrix}-e^{-t}+2e^{-2t} & -e^{-t}+e^{-2t}\\ 2e^{-t}-2e^{-2t} & 2e^{-t}-e^{-2t}\end{bmatrix}。$$

★

如果一個二階方陣為不可對角線化, 但可化為約旦典式, 我們應如何求 e^{tA} 呢？

例題 14

設 $A=\begin{bmatrix}a & 1\\ 0 & a\end{bmatrix}$, 試證 $e^{tA}=\begin{bmatrix}e^{at} & te^{at}\\ 0 & e^{at}\end{bmatrix}$。

解 $A^2=\begin{bmatrix}a^2 & 2a\\ 0 & a^2\end{bmatrix},\ A^3=\begin{bmatrix}a^3 & 3a^2\\ 0 & a^3\end{bmatrix},\ \cdots,\ A^m=\begin{bmatrix}a^m & ma^{m-1}\\ 0 & a^m\end{bmatrix}$。

又因為

$$e^{tA}=I+tA+\frac{(tA)^2}{2!}+\frac{(tA)^3}{3!}+\cdots$$

所以,

$$e^{tA}=\begin{bmatrix}\sum\limits_{m=0}^{\infty}\frac{(at)^m}{m!} & \sum\limits_{m=0}^{\infty}\frac{ma^{m-1}t^m}{m!}\\ 0 & \sum\limits_{m=0}^{\infty}\frac{(at)^m}{m!}\end{bmatrix}$$

但是,

$$\sum_{m=1}^{\infty}\frac{ma^{m-1}t^m}{m!}=\sum_{m=1}^{\infty}\frac{a^{m-1}t^m}{(m-1)!}=t+at^2+\frac{a^2t^3}{2!}+\frac{a^3t^4}{3!}+\cdots$$

$$=t\left(1+at+\frac{a^2t^2}{2!}+\frac{a^3t^3}{3!}+\cdots\right)=te^{at}$$

於是，
$$e^{tA}=\begin{bmatrix} e^{at} & te^{at} \\ 0 & e^{at} \end{bmatrix}。$$
★

在例題 14 中，方陣 $\boldsymbol{A}$ 可化為約旦典式，因此，對任一方陣 $\boldsymbol{A}$，我們提供下列之定理去求 e^{tA}。

定理 7-2-2

令 $\boldsymbol{J}$ 為方陣 $\boldsymbol{A}$ 的約旦典式，且 $\boldsymbol{J}=\boldsymbol{P}^{-1}\boldsymbol{AP}$，則 $\boldsymbol{A}=\boldsymbol{PJP}^{-1}$ 且

$$e^{tA}=\boldsymbol{P}e^{tJ}\boldsymbol{P}^{-1}。$$

證 首先我們得知，

$$\boldsymbol{A}^n=(\boldsymbol{PJP}^{-1})^n=\overbrace{(\boldsymbol{PJP}^{-1})(\boldsymbol{PJP}^{-1})(\boldsymbol{PJP}^{-1})\cdots(\boldsymbol{PJP}^{-1})}^{n\text{ 個相乘}}$$

$$=\boldsymbol{PJ}(\boldsymbol{P}^{-1}\boldsymbol{P})\boldsymbol{J}(\boldsymbol{P}^{-1}\boldsymbol{P})\boldsymbol{J}(\boldsymbol{P}^{-1}\boldsymbol{P})\cdots(\boldsymbol{P}^{-1}\boldsymbol{P})\boldsymbol{JP}^{-1}$$

$$=\boldsymbol{PJ}^n\boldsymbol{P}^{-1}$$

因而
$$(t\boldsymbol{A})^n=\boldsymbol{P}(t\boldsymbol{J})^n\boldsymbol{P}^{-1}$$

於是，
$$e^{tA}=\boldsymbol{I}+t\boldsymbol{A}+\frac{(t\boldsymbol{A})^2}{2!}+\frac{(t\boldsymbol{A})^3}{3!}+\cdots$$

$$=\boldsymbol{PIP}^{-1}+\boldsymbol{P}(t\boldsymbol{J})\boldsymbol{P}^{-1}+\boldsymbol{P}\frac{(t\boldsymbol{J})^2}{2!}\boldsymbol{P}^{-1}+\cdots$$

$$=\boldsymbol{P}\left[\boldsymbol{I}+(t\boldsymbol{J})+\frac{(t\boldsymbol{J})^2}{2!}+\frac{(t\boldsymbol{J})^3}{3!}+\cdots\right]\boldsymbol{P}^{-1}$$

$$=\boldsymbol{P}e^{tJ}\boldsymbol{P}^{-1}$$

定理 7-2-2 告訴我們，若想計算 e^{tA}，僅需要計算 e^{tJ}，但 $\boldsymbol{J}$ 為對角線方陣時，我們知道如何去計算 e^{tJ}。如果 $\boldsymbol{A}$ 為二階方陣但不可對角線化，則 $\boldsymbol{J}=\begin{bmatrix} \lambda & 1 \\ 0 & \lambda \end{bmatrix}$ 且 $e^{tJ}=\begin{bmatrix} e^{\lambda t} & te^{\lambda t} \\ 0 & e^{\lambda t} \end{bmatrix}$。

例題 15

已知 $\boldsymbol{A}=\begin{bmatrix}2 & -1\\ 1 & 4\end{bmatrix}$，試求 $e^{t\boldsymbol{A}}$。

解 因 $\det(\lambda \boldsymbol{I}-\boldsymbol{A})=\begin{vmatrix}\lambda-2 & 1\\ -1 & \lambda-4\end{vmatrix}=(\lambda-3)^2=0$，故 $\lambda=3$ 為 $\boldsymbol{A}$ 的唯一特徵值，其所對應的特徵向量為 $\boldsymbol{P}_1=\begin{bmatrix}1\\ -1\end{bmatrix}$。另外一特徵向量 $\boldsymbol{P}_2=\begin{bmatrix}p_1\\ p_2\end{bmatrix}$ 滿足下列方程式

$$(\lambda \boldsymbol{I}_2-\boldsymbol{A})\boldsymbol{P}_2+\boldsymbol{P}_1=\boldsymbol{0}$$

於是，

$$(3\boldsymbol{I}_2-\boldsymbol{A})\begin{bmatrix}p_1\\ p_2\end{bmatrix}=-\begin{bmatrix}1\\ -1\end{bmatrix}$$

$$\Rightarrow \begin{bmatrix}1 & 1\\ -1 & -1\end{bmatrix}\begin{bmatrix}p_1\\ p_2\end{bmatrix}=-\begin{bmatrix}1\\ -1\end{bmatrix}$$

$$\Rightarrow \begin{cases}p_1+p_2=-1\\ -p_1-p_2=1\end{cases}$$

所以，$\boldsymbol{P}_2$ 之可能選擇為 $\boldsymbol{P}_2=\begin{bmatrix}1\\ -2\end{bmatrix}$。

因而

$$\boldsymbol{P}=\begin{bmatrix}1 & 1\\ -1 & -2\end{bmatrix},\quad \boldsymbol{P}^{-1}=\begin{bmatrix}2 & 1\\ -1 & -1\end{bmatrix}$$

且

$$\boldsymbol{P}^{-1}\boldsymbol{A}\boldsymbol{P}=\begin{bmatrix}2 & 1\\ -1 & -1\end{bmatrix}\begin{bmatrix}2 & -1\\ 1 & 4\end{bmatrix}\begin{bmatrix}1 & 1\\ -1 & -2\end{bmatrix}=\begin{bmatrix}3 & 1\\ 0 & 3\end{bmatrix}=\boldsymbol{J}$$

所以，

$$e^{t\boldsymbol{J}}=\begin{bmatrix}e^{3t} & te^{3t}\\ 0 & e^{3t}\end{bmatrix}=e^{3t}\begin{bmatrix}1 & t\\ 0 & 1\end{bmatrix}$$

於是，

$$e^{t\boldsymbol{A}}=\boldsymbol{P}e^{t\boldsymbol{J}}\boldsymbol{P}^{-1}=e^{3t}\begin{bmatrix}1 & 1\\ -1 & -2\end{bmatrix}\begin{bmatrix}1 & t\\ 0 & 1\end{bmatrix}\begin{bmatrix}2 & 1\\ -1 & -1\end{bmatrix}$$

$$=e^{3t}\begin{bmatrix}1-t & -t\\ t & 1+t\end{bmatrix}。$$

★

指數方陣可用來解下列初值問題

$$\mathbf{x}' = \boldsymbol{A}\mathbf{x}, \quad \mathbf{x}(0) = \mathbf{x}_0 \tag{7-2-14}$$

（7-2-14）式的解類似於方程式

$$x' = ax, \quad x(0) = x_0$$

上式的解為

$$x = x_0 e^{at} \tag{7-2-15}$$

我們可將（7-2-15）式一般化，並藉指數方陣 $e^{t\boldsymbol{A}}$ 來表示（7-2-14）式的解。因為 $e^{t\boldsymbol{A}}$ 的展開式具有無限大的收斂半徑，故

$$\begin{aligned}
\frac{d}{dt}e^{t\boldsymbol{A}} &= \frac{d}{dt}\left(\boldsymbol{I} + t\boldsymbol{A} + \frac{1}{2!}t^2\boldsymbol{A}^2 + \frac{1}{3!}t^3\boldsymbol{A}^3 + \cdots\right) \\
&= \left(\boldsymbol{A} + t\boldsymbol{A}^2 + \frac{1}{2!}t^2\boldsymbol{A}^3 + \cdots\right) \\
&= \boldsymbol{A}\left(\boldsymbol{I} + t\boldsymbol{A} + \frac{1}{2!}t^2\boldsymbol{A}^2 + \cdots\right) \\
&= \boldsymbol{A}e^{t\boldsymbol{A}}
\end{aligned}$$

如果按照（7-2-15）式的形式，

$$\mathbf{x}(t) = e^{t\boldsymbol{A}}\mathbf{x}_0$$

可得

$$\mathbf{x}' = \boldsymbol{A}e^{t\boldsymbol{A}}\mathbf{x}_0 = \boldsymbol{A}\mathbf{x}$$

此處 $\mathbf{x}(0) = \mathbf{x}_0$，於是初值問題 $\mathbf{x}' = \boldsymbol{A}\mathbf{x}$，$\mathbf{x}(0) = \mathbf{x}_0$ 的解為

$$\mathbf{x} = e^{t\boldsymbol{A}}\mathbf{x}_0 \tag{7-2-16}$$

若 $\boldsymbol{A}$ 為可對角線化，則可將（7-2-16）式寫成

$$\mathbf{x} = \boldsymbol{P}e^{t\boldsymbol{D}}\boldsymbol{P}^{-1}\mathbf{x}_0$$

令 $\mathbf{c} = \boldsymbol{P}^{-1}\mathbf{x}_0$，$\boldsymbol{P}$ 係以 $\boldsymbol{A}$ 之特徵向量作為行所構成的方陣，於是，

$$\mathbf{x} = \boldsymbol{P}e^{t\boldsymbol{D}}\mathbf{c} = [\mathbf{v}_1 \quad \mathbf{v}_2 \quad \cdots \quad \mathbf{v}_n]\begin{bmatrix} e^{\lambda_1 t} & & & & \mathbf{0} \\ & e^{\lambda_2 t} & & & \\ & & e^{\lambda_3 t} & & \\ & & & \ddots & \\ \mathbf{0} & & & & e^{\lambda_n t} \end{bmatrix}\begin{bmatrix} c_1 \\ c_2 \\ c_3 \\ \vdots \\ c_n \end{bmatrix}$$

$$= [\mathbf{v}_1 \quad \mathbf{v}_2 \quad \cdots \quad \mathbf{v}_n] \begin{bmatrix} c_1 e^{\lambda_1 t} \\ c_2 e^{\lambda_2 t} \\ c_3 e^{\lambda_3 t} \\ \vdots \\ c_n e^{\lambda_n t} \end{bmatrix}$$

$$= c_1 e^{\lambda_1 t} \mathbf{v}_1 + c_2 e^{\lambda_2 t} \mathbf{v}_2 + \cdots + c_n e^{\lambda_n t} \mathbf{v}_n \text{。}$$

例題 16

解下列初值問題

$$\mathbf{x}' = \begin{bmatrix} 3 & 4 \\ 3 & 2 \end{bmatrix} \mathbf{x}, \quad \mathbf{x}(0) = \begin{bmatrix} 6 \\ 1 \end{bmatrix}\text{。}$$

解 由 7-2 節例題 3 得知 $\boldsymbol{A} = \begin{bmatrix} 3 & 4 \\ 3 & 2 \end{bmatrix}$ 的特徵值為 6 與 -1，其所對應的特徵向量分別為 $\mathbf{v}_1 = \begin{bmatrix} 4 \\ 3 \end{bmatrix}$ 與 $\mathbf{v}_2 = \begin{bmatrix} 1 \\ -1 \end{bmatrix}$。於是，

$$\boldsymbol{A} = \boldsymbol{PDP}^{-1} = \begin{bmatrix} 4 & 1 \\ 3 & -1 \end{bmatrix} \begin{bmatrix} 6 & 0 \\ 0 & -1 \end{bmatrix} \begin{bmatrix} \frac{1}{7} & \frac{1}{7} \\ \frac{3}{7} & -\frac{4}{7} \end{bmatrix}$$

故初值問題的解為

$$\mathbf{x} = e^{t\boldsymbol{A}} \mathbf{x}_0 = \boldsymbol{P} e^{t\boldsymbol{D}} \boldsymbol{P}^{-1} \mathbf{x}_0$$

$$= \begin{bmatrix} 4 & 1 \\ 3 & -1 \end{bmatrix} \begin{bmatrix} e^{6t} & 0 \\ 0 & e^{-t} \end{bmatrix} \begin{bmatrix} \frac{1}{7} & \frac{1}{7} \\ \frac{3}{7} & -\frac{4}{7} \end{bmatrix} \begin{bmatrix} 6 \\ 1 \end{bmatrix}$$

$$= \begin{bmatrix} 4e^{6t} & e^{-t} \\ 3e^{6t} & -e^{-t} \end{bmatrix} \begin{bmatrix} 1 \\ 2 \end{bmatrix}$$

$$= \begin{bmatrix} 4e^{6t} + 2e^{-t} \\ 3e^{6t} - 2e^{-t} \end{bmatrix}\text{。}$$

★

例題 17

解下列初值問題

$$\mathbf{x}' = \begin{bmatrix} 0 & 1 & 0 \\ 0 & 0 & 1 \\ -2 & 1 & 2 \end{bmatrix}\mathbf{x},\quad \mathbf{x}(0) = \begin{bmatrix} 1 \\ 0 \\ -1 \end{bmatrix}。$$

解　係數方陣 $\boldsymbol{A} = \begin{bmatrix} 0 & 1 & 0 \\ 0 & 0 & 1 \\ -2 & 1 & 2 \end{bmatrix}$ 的特徵方程式為

$$\det(\lambda \boldsymbol{I}_3 - \boldsymbol{A}) = \begin{bmatrix} \lambda & -1 & 0 \\ 0 & \lambda & -1 \\ 2 & -1 & \lambda - 2 \end{bmatrix} = \lambda^2(\lambda - 2) + 2 - \lambda = (\lambda - 2)(\lambda^2 - 1) = 0$$

故特徵值為 $\lambda = -1,\ 1,\ 2$，其所對應的特徵向量分別為

$$\mathbf{v}_1 = \begin{bmatrix} 1 \\ -1 \\ 1 \end{bmatrix}、\mathbf{v}_2 = \begin{bmatrix} 1 \\ 1 \\ 1 \end{bmatrix} 與\ \mathbf{v}_3 = \begin{bmatrix} 1 \\ 2 \\ 4 \end{bmatrix}$$

於是，

$$\boldsymbol{A} = \boldsymbol{P}\boldsymbol{D}\boldsymbol{P}^{-1} = \begin{bmatrix} 1 & 1 & 1 \\ -1 & 1 & 2 \\ 1 & 1 & 4 \end{bmatrix}\begin{bmatrix} -1 & 0 & 0 \\ 0 & 1 & 0 \\ 0 & 0 & 2 \end{bmatrix}\begin{bmatrix} \frac{1}{3} & -\frac{1}{2} & \frac{1}{6} \\ 1 & \frac{1}{2} & -\frac{1}{2} \\ -\frac{1}{3} & 0 & \frac{1}{3} \end{bmatrix}$$

故初值問題的解為

$$\mathbf{x} = e^{t\boldsymbol{A}}\mathbf{x}_0 = \boldsymbol{P}e^{t\boldsymbol{D}}\boldsymbol{P}^{-1}\mathbf{x}_0$$

$$= \begin{bmatrix} 1 & 1 & 1 \\ -1 & 1 & 2 \\ 1 & 1 & 4 \end{bmatrix}\begin{bmatrix} e^{-t} & 0 & 0 \\ 0 & e^{t} & 0 \\ 0 & 0 & e^{2t} \end{bmatrix}\begin{bmatrix} \frac{1}{3} & -\frac{1}{2} & \frac{1}{6} \\ 1 & \frac{1}{2} & -\frac{1}{2} \\ -\frac{1}{3} & 0 & \frac{1}{3} \end{bmatrix}\begin{bmatrix} 1 \\ 0 \\ -1 \end{bmatrix}$$

$$=\begin{bmatrix} 1 & 1 & 1 \\ -1 & 1 & 2 \\ 1 & 1 & 4 \end{bmatrix}\begin{bmatrix} e^{-t} & 0 & 0 \\ 0 & e^{t} & 0 \\ 0 & 0 & e^{2t} \end{bmatrix}\begin{bmatrix} \frac{1}{6} \\ \frac{3}{2} \\ -\frac{2}{3} \end{bmatrix}$$

$$=\begin{bmatrix} e^{-t} & e^{t} & e^{2t} \\ -e^{-t} & e^{t} & 2e^{2t} \\ e^{-t} & e^{t} & 4e^{2t} \end{bmatrix}\begin{bmatrix} \frac{1}{6} \\ \frac{3}{2} \\ -\frac{2}{3} \end{bmatrix}=\begin{bmatrix} \frac{1}{6}e^{-t}+\frac{3}{2}e^{t}-\frac{2}{3}e^{2t} \\ -\frac{1}{6}e^{-t}+\frac{3}{2}e^{t}-\frac{4}{3}e^{2t} \\ \frac{1}{6}e^{-t}+\frac{3}{2}e^{t}-\frac{8}{3}e^{2t} \end{bmatrix}。$$

★

習題 7-2

利用方陣的特徵值解下列初值問題。

1. $\mathbf{x}'=\begin{bmatrix} 3 & -2 \\ -1 & 2 \end{bmatrix}\mathbf{x},\quad \mathbf{x}(0)=\begin{bmatrix} 1 \\ -1 \end{bmatrix}$

2. $\mathbf{x}'=\begin{bmatrix} 0 & 1 & 0 \\ 0 & 0 & 1 \\ -2 & 1 & 2 \end{bmatrix}\mathbf{x},\quad \mathbf{x}(0)=\begin{bmatrix} 1 \\ 1 \\ 2 \end{bmatrix}$

3. $x_1'=4x_1+x_3$
   $x_2'=-2x_1+x_2$
   $x_3'=-2x_1+x_3$
   $x_1(0)=-1,\quad x_2(0)=1,\quad x_3(0)=0$

4. 求下列微分方程組的通解。
   $x_1'=3x_1-18x_2$
   $x_2'=2x_1-9x_2$

利用方陣對角線化解下列初值問題。

5. $\mathbf{x}'=\begin{bmatrix} 1 & 3 \\ 4 & 5 \end{bmatrix}\mathbf{x},\quad \mathbf{x}'(0)=\begin{bmatrix} 1 \\ -1 \end{bmatrix}$

6. $\mathbf{x}'=\begin{bmatrix} 4 & 2 & 2 \\ 2 & 4 & 2 \\ 2 & 2 & 4 \end{bmatrix}\mathbf{x},\quad \mathbf{x}(0)=\begin{bmatrix} 1 \\ 1 \\ -1 \end{bmatrix}$

7. 試解初值問題 $\mathbf{x}' = \begin{bmatrix} 3 & 1 & -1 \\ -1 & 1 & 1 \\ 0 & 0 & 2 \end{bmatrix}\mathbf{x}$, $\mathbf{x}(0) = \begin{bmatrix} 1 \\ 1 \\ 1 \end{bmatrix}$。

8. 試就下列每一個方陣，計算 e^A。

(1) $A = \begin{bmatrix} 0 & -1 \\ 2 & 3 \end{bmatrix}$ (2) $A = \begin{bmatrix} 3 & -2 & 1 \\ 0 & 2 & 0 \\ 0 & 0 & 0 \end{bmatrix}$ (3) $A = \begin{bmatrix} 1 & 2 & -1 \\ 1 & 0 & 1 \\ 4 & -4 & 5 \end{bmatrix}$

9. 令 $A = \begin{bmatrix} -2 & 1 & 0 \\ -2 & 1 & -1 \\ -1 & 1 & -2 \end{bmatrix}$, 試求 e^{tA}。

10. 令 $N_3 = \begin{bmatrix} 0 & 1 & 0 \\ 0 & 0 & 1 \\ 0 & 0 & 0 \end{bmatrix}$, 試證 (1) $N_3^3 = \mathbf{0}$ (2) $e^{tN_3} = \begin{bmatrix} 1 & t & \frac{t^2}{2} \\ 0 & 1 & t \\ 0 & 0 & 1 \end{bmatrix}$

11. 令 $J = \begin{bmatrix} \lambda & 1 & 0 \\ 0 & \lambda & 1 \\ 0 & 0 & \lambda \end{bmatrix}$, 試證 $e^{tJ} = e^{\lambda t}\begin{bmatrix} 1 & t & \frac{t^2}{2} \\ 0 & 1 & t \\ 0 & 0 & 1 \end{bmatrix}$。

利用指數方陣解下列初值問題。

12. $\mathbf{x}' = \begin{bmatrix} 1 & 1 \\ 9 & 1 \end{bmatrix}$, $\mathbf{x}(0) = \begin{bmatrix} 1 \\ 2 \end{bmatrix}$

13. $\mathbf{x}' = \begin{bmatrix} 1 & -1 & -1 \\ 0 & 1 & 3 \\ 0 & 3 & 1 \end{bmatrix}$, $\mathbf{x}(0) = \begin{bmatrix} 1 \\ 1 \\ -1 \end{bmatrix}$

*7-3 非齊次微分方程組

考慮一階非齊次微分方程組

$$\begin{aligned} x_1'(t) &= a_{11}x_1(t) + a_{12}x_2(t) + \cdots + a_{1n}x_n(t) + f_1(t) \\ x_2'(t) &= a_{21}x_1(t) + a_{22}x_2(t) + \cdots + a_{2n}x_n(t) + f_2(t) \\ &\vdots \\ x_n'(t) &= a_{n1}x_1(t) + a_{n2}x_2(t) + \cdots + a_{nn}x_n(t) + f_n(t) \end{aligned} \tag{7-3-1}$$

此處每一個 a_{ij} 是常數，則微分方程組（7-3-1）可以寫成

$$\mathbf{x}' = A\mathbf{x} + \mathbf{f} \tag{7-3-2}$$

其中

$$\mathbf{x} = \begin{bmatrix} x_1(t) \\ x_2(t) \\ \vdots \\ x_n(t) \end{bmatrix},\quad A = \begin{bmatrix} a_{11} & a_{12} & \cdots & a_{1n} \\ a_{21} & a_{22} & \cdots & a_{2n} \\ \vdots & \vdots & & \vdots \\ a_{n1} & a_{n2} & \cdots & a_{nn} \end{bmatrix},\quad \mathbf{f} = \begin{bmatrix} f_1(t) \\ f_2(t) \\ \vdots \\ f_n(t) \end{bmatrix}。$$

我們非常容易證明非齊次微分方程組的通解為

$$\mathbf{x} = \mathbf{x}_c + \mathbf{x}_p \tag{7-3-3}$$

其中 $\mathbf{x}_c$ 為所對應齊次微分方程組 $\mathbf{x}' = A\mathbf{x}$ 的通解，而 $\mathbf{x}_p$ 為 $\mathbf{x}' = A\mathbf{x} + \mathbf{f}$ 的任一特別解向量。

未定係數法

例題 1

已知非齊次微分方程組 $\mathbf{x}' = A\mathbf{x} + \mathbf{f}$，其中

$$A = \begin{bmatrix} 1 & 0 \\ 6 & -1 \end{bmatrix}$$

試就下列函數解此微分方程組。

(1) $\mathbf{f}(t) = \begin{bmatrix} 2 \\ 1 \end{bmatrix}$ (2) $\mathbf{f}(t) = \begin{bmatrix} 2 \\ 1 \end{bmatrix} e^{2t}$ (3) $\mathbf{f}(t) = \begin{bmatrix} 2 \\ 1 \end{bmatrix} \sin t$ (4) $\mathbf{f}(t) = \begin{bmatrix} 2 \\ 1 \end{bmatrix} e^{t}$

解 首先解對應的齊次微分方程組 $\mathbf{x}' = A\mathbf{x}$。特徵方程式為

$$\det(\lambda I_2 - A) = \begin{vmatrix} \lambda - 1 & 0 \\ -6 & \lambda + 1 \end{vmatrix} = \lambda^2 - 1 = 0$$

得特徵值為 $\lambda = \pm 1$。對應 $\lambda = 1$ 的特徵向量為 $\mathbf{v}_1 = \begin{bmatrix} 1 \\ 3 \end{bmatrix}$，對應 $\lambda = -1$ 的特徵向量為 $\mathbf{v}_2 = \begin{bmatrix} 0 \\ 1 \end{bmatrix}$。於是，$\mathbf{x}_c = c_1 e^{t} \begin{bmatrix} 1 \\ 3 \end{bmatrix} + c_2 e^{-t} \begin{bmatrix} 0 \\ 1 \end{bmatrix}$。

現在分別就不同的 $\mathbf{x}(t)$ 求 $\mathbf{x}_p$。

(1) 我們選擇 $\mathbf{x}_p$ 為常數向量 $\mathbf{x}_p = \mathbf{p} = \begin{bmatrix} p_1 \\ p_2 \end{bmatrix}$ 的形式。

將 $\mathbf{p}$ 代入 $\mathbf{x}' = A\mathbf{x} + \mathbf{f}$ 中,

$$\begin{bmatrix} 0 \\ 0 \end{bmatrix} = \begin{bmatrix} 1 & 0 \\ 6 & -1 \end{bmatrix} \begin{bmatrix} p_1 \\ p_2 \end{bmatrix} + \begin{bmatrix} 2 \\ 1 \end{bmatrix}$$

解得 $p_1 = -2$, $p_2 = -11$。於是, $\mathbf{x}_p = -\begin{bmatrix} 2 \\ 11 \end{bmatrix}$。

微分方程組的通解為

$$\mathbf{x}(t) = c_1 e^t \begin{bmatrix} 1 \\ 3 \end{bmatrix} + c_2 e^{-t} \begin{bmatrix} 0 \\ 1 \end{bmatrix} - \begin{bmatrix} 2 \\ 11 \end{bmatrix}$$

(2) 我們選擇

$$\mathbf{x}_p = \mathbf{p}e^{2t} = \begin{bmatrix} p_1 \\ p_2 \end{bmatrix} e^{2t}$$

代入已知微分方程組中可得

$$2e^{2t} \begin{bmatrix} p_1 \\ p_2 \end{bmatrix} = \begin{bmatrix} 1 & 0 \\ 6 & -1 \end{bmatrix} \begin{bmatrix} p_1 \\ p_2 \end{bmatrix} e^{2t} + \begin{bmatrix} 2 \\ 1 \end{bmatrix} e^{2t}$$

$$= \begin{bmatrix} p_1 \\ 6p_1 - p_2 \end{bmatrix} e^{2t} + \begin{bmatrix} 2 \\ 1 \end{bmatrix} e^{2t}$$

解得 $p_1 = 2$, $p_2 = \frac{13}{3}$。於是, $\mathbf{x}_p = \begin{bmatrix} 2 \\ \frac{13}{3} \end{bmatrix} e^{2t}$。

微分方程組的通解為

$$\mathbf{x}(t) = c_1 e^t \begin{bmatrix} 1 \\ 3 \end{bmatrix} + c_2 e^{-t} \begin{bmatrix} 0 \\ 1 \end{bmatrix} + e^{2t} \begin{bmatrix} 2 \\ \frac{13}{3} \end{bmatrix}$$

(3) 我們選擇 $\mathbf{x}_p = \mathbf{p} \sin t + \mathbf{q} \cos t = \begin{bmatrix} p_1 \\ p_2 \end{bmatrix} \sin t + \begin{bmatrix} q_1 \\ q_2 \end{bmatrix} \cos t$

代入微分方程組中,

$$\mathbf{p} \cos t - \mathbf{q} \sin t = \begin{bmatrix} 1 & 0 \\ 6 & -1 \end{bmatrix} \mathbf{p} \sin t + \begin{bmatrix} 1 & 0 \\ 6 & -1 \end{bmatrix} \mathbf{q} \cos t + \begin{bmatrix} 2 \\ 1 \end{bmatrix} \sin t$$

即，$\begin{bmatrix} p_1 \\ p_2 \end{bmatrix} \cos t - \begin{bmatrix} q_1 \\ q_2 \end{bmatrix} \sin t = \begin{bmatrix} p_1 \\ 6p_1 - p_2 \end{bmatrix} \sin t + \begin{bmatrix} q_1 \\ 6q_1 - q_2 \end{bmatrix} \cos t + \begin{bmatrix} 2 \\ 1 \end{bmatrix} \sin t$

可得下列方程組

$$\begin{aligned} p_1 \cos t - q_1 \sin t &= p_1 \sin t + q_1 \cos t + 2 \sin t \\ p_2 \cos t - q_2 \sin t &= 6p_1 \sin t - p_2 \sin t + 6q_1 \cos t - q_2 \cos t + \sin t \end{aligned}$$

在每一個方程式中，令 $\cos t$ 與 $\sin t$ 的個別係數相等，則

$$\begin{aligned} p_1 = q_1,\ \ p_2 = 6q_1 - q_2 \\ -q_1 = p_1 + 2,\ \ -q_2 = 6p_1 - p_2 + 1 \end{aligned}$$

解得 $p_1 = q_1 = -1$，$p_2 = -\dfrac{11}{2}$，$q_2 = -\dfrac{1}{2}$。於是，所求的特解為

$$\mathbf{x}_p = -\begin{bmatrix} 1 \\ \dfrac{11}{2} \end{bmatrix} \sin t - \begin{bmatrix} 1 \\ \dfrac{1}{2} \end{bmatrix} \cos t$$

故微分方程組的通解為

$$\mathbf{x}(t) = c_1 e^t \begin{bmatrix} 1 \\ 3 \end{bmatrix} + c_2 e^{-t} \begin{bmatrix} 0 \\ 1 \end{bmatrix} - \begin{bmatrix} 1 \\ \dfrac{11}{2} \end{bmatrix} \sin t - \begin{bmatrix} 1 \\ \dfrac{1}{2} \end{bmatrix} \cos t$$

(4) 若我們將 $\mathbf{x}_p = \mathbf{p}e^t$ 代入已知微分方程組中可得

$$\begin{bmatrix} p_1 \\ p_2 \end{bmatrix} e^t = \begin{bmatrix} 1 & 0 \\ 6 & -1 \end{bmatrix} \begin{bmatrix} p_1 \\ p_2 \end{bmatrix} e^t + \begin{bmatrix} 2 \\ 1 \end{bmatrix} e^t$$

則
$$\begin{aligned} p_1 &= p_1 + 2 \\ p_2 &= 6p_1 - p_2 + 1 \end{aligned}$$

此為不相容方程組，故無解，其乃因特解的形式 $\mathbf{p}e^t$ 包含在 $\mathbf{x}_c$ 中，所以假設 $\mathbf{x}_p = \mathbf{p}e^t$ 不能產生一線性獨立解。欲求得一線性獨立解，可用 e^t 乘以 $\mathbf{p} + t\mathbf{q}$，其中 $\mathbf{p}$ 與 $\mathbf{q}$ 為待定的常數向量。將 $\mathbf{x}_p = (\mathbf{p} + t\mathbf{q})e^t$ 代入已知微分方程組中可得

$$(\mathbf{p} + t\mathbf{q})e^t + \mathbf{q}e^t = \begin{bmatrix} 1 & 0 \\ 6 & -1 \end{bmatrix} (\mathbf{p} + t\mathbf{q})e^t + \begin{bmatrix} 2 \\ 1 \end{bmatrix} e^t$$

因為 $e^t \neq 0$，故

$$\begin{bmatrix} p_1 \\ p_2 \end{bmatrix} + t\begin{bmatrix} q_1 \\ q_2 \end{bmatrix} + \begin{bmatrix} q_1 \\ q_2 \end{bmatrix} = \begin{bmatrix} p_1 \\ 6p_1 - p_2 \end{bmatrix} + t\begin{bmatrix} q_1 \\ 6q_1 - q_2 \end{bmatrix} + \begin{bmatrix} 2 \\ 1 \end{bmatrix}$$

上式中令 t 的係數相等，即，

$$q_1 = q_1$$
$$q_2 = 6q_1 - q_2$$

再令常數向量相等，即，

$$p_1 + q_1 = p_1 + 2$$
$$p_2 + q_2 = 6p_1 - p_2 + 1$$

選擇 $p_1 = 1$，可得 $q_1 = 2$，$q_2 = 6$，$p_2 = \frac{1}{2}$。將這些值代入 $\mathbf{x}_p = (\mathbf{p} + t\mathbf{q})e^t$ 中可得特解為

$$\mathbf{x}_p = \left(\begin{bmatrix} 1 \\ \frac{1}{2} \end{bmatrix} + t\begin{bmatrix} 2 \\ 6 \end{bmatrix}\right) e^t$$

故微分方程組的通解為

$$\mathbf{x}(t) = c_1 e^t \begin{bmatrix} 1 \\ 3 \end{bmatrix} + c_2 e^{-t} \begin{bmatrix} 0 \\ 1 \end{bmatrix} + e^t \begin{bmatrix} 1 \\ \frac{1}{2} \end{bmatrix} + te^t \begin{bmatrix} 2 \\ 6 \end{bmatrix}$$

★

讀者應注意，對 p_1 值不同的選擇將導致不同形式的 $\mathbf{x}_p$，但是在任何情況，通解為 $\mathbf{x}_c + \mathbf{x}_p$。

註：疊合原理（superposition principle）：若 $\mathbf{x}_{p_1}$ 與 $\mathbf{x}_{p_2}$ 分別為 $\mathbf{x}' = A\mathbf{x} + \mathbf{f}_1$ 與 $\mathbf{x}' = A\mathbf{x} + \mathbf{f}_2$ 的特解，則

$$\mathbf{x}_p = \mathbf{x}_{p_1} + \mathbf{x}_{p_2}$$

為 $\mathbf{x}' = A\mathbf{x} + \mathbf{f}_1 + \mathbf{f}_2$ 的特解。

例題 2

利用例題 1 的結果求非齊次微分方程組

$$\mathbf{x}' = \begin{bmatrix} 1 & 0 \\ 6 & -1 \end{bmatrix}\mathbf{x} + \begin{bmatrix} 2 \\ 1 \end{bmatrix} + \begin{bmatrix} 2 \\ 1 \end{bmatrix} e^t$$

的特解。

解 由例題 1 (1) 中知，$\mathbf{x}_p = -\begin{bmatrix} 2 \\ 11 \end{bmatrix}$ 為 $\mathbf{x}' = \begin{bmatrix} 1 & 0 \\ 6 & -1 \end{bmatrix}\mathbf{x} + \begin{bmatrix} 2 \\ 1 \end{bmatrix}$ 的特解。

由例題 1 (2) 中知，$\mathbf{x}_p = \begin{bmatrix} 2 \\ \frac{13}{3} \end{bmatrix} e^{2t}$ 為 $\mathbf{x}' = \begin{bmatrix} 1 & 0 \\ 6 & -1 \end{bmatrix}\mathbf{x} + \begin{bmatrix} 2 \\ 1 \end{bmatrix} e^{2t}$ 的特解。

於是，依疊合原理，我們知

$$\mathbf{x}_p = -\begin{bmatrix} 2 \\ 11 \end{bmatrix} + \begin{bmatrix} 2 \\ \frac{13}{3} \end{bmatrix} e^{2t}$$

為 $\mathbf{x}' = \begin{bmatrix} 1 & 0 \\ 6 & -1 \end{bmatrix}\mathbf{x} + \begin{bmatrix} 2 \\ 1 \end{bmatrix} + \begin{bmatrix} 2 \\ 1 \end{bmatrix} e^{t}$ 的特解。

★

習題 7-3

利用未定係數法求下列微分方程組的通解。

1. $\mathbf{x}' = \begin{bmatrix} 1 & 4 \\ 1 & 1 \end{bmatrix}\mathbf{x} + \begin{bmatrix} 1 \\ 4 \end{bmatrix}$

2. $\mathbf{x}' = \begin{bmatrix} 1 & 4 \\ 1 & 1 \end{bmatrix}\mathbf{x} + \begin{bmatrix} 4e^{t} \\ 0 \end{bmatrix}$

3. $x'_1 = x_1 + 4x_2$
   $x'_2 = x_1 + x_2 + e^{-t}$

4. $\mathbf{x}' = \begin{bmatrix} 1 & 0 & 1 \\ 1 & 1 & 0 \\ -2 & 0 & -1 \end{bmatrix}\mathbf{x} + \begin{bmatrix} 2 \\ 1 \\ 0 \end{bmatrix}$

5. $\mathbf{x}' = \begin{bmatrix} 1 & 0 & 1 \\ 1 & 1 & 0 \\ -2 & 0 & -1 \end{bmatrix}\mathbf{x} + \begin{bmatrix} e^{-t} \\ 0 \\ 0 \end{bmatrix}$

6. 利用未定係數法解初值問題
   $x'_1 + x_1 + 3x'_2 = 1,\quad x_1(0) = 0$
   $3x_1 + x'_2 + 2x_2 = t,\quad x_2(0) = 0$

08

線性規劃

◎ 線性規劃之意義

◎ 線性規劃的基本定理與方法（圖解法）

◎ 一般線性規劃模型之標準形式

◎ 線性規劃問題之基本可行解法（代數法）

◎ 單純形法

◎ 大 M 法

CHAPTER

8-1 線性規劃之意義

當我們在做決策時，經常要在有限的資源，如人力、物力及財力等條件下，做出最適當的決策，以使所做的決策能獲得最佳的效益。譬如，在工廠的生產決策中，我們希望能獲得最大利潤或花費最小成本。線性規劃就是利用數學方法解決此種決策問題的一種簡單而又便捷的工具。所以，線性規劃是一種計量的決策工具，主要是用於研究經濟資源的分配問題，藉以決定如何將有限的經濟資源做最有效的調配與運用，以求發揮資源的最高效能，俾能以最低的代價，獲取最高的效益。因此，如何將一個決策問題轉換成線性規劃問題，以及如何求解線性規劃問題將是一個非常重要的工作。

「線性」一詞是指問題中資源的限制與目標，均可發展為連續之線性函數（等式或不等式）；而「規劃」一詞乃指應用某些數理決策，以使有限資源獲得最佳運用，而達目標之最佳效果。

線性規劃係由美國數學家 G. Dantzing 於 1951 年所創，其發展之歷史雖短，但在工商企業及經濟上已被廣泛地應用，如產品組合、產品成份之配方、生產設備之分配、運輸方式之選擇、賽局策略之選擇……等，均可用線性規劃做最佳之決策。

許多數學應用問題皆與二元一次聯立不等式有關，而聯立不等式的解答往往相當的多。在 xy-平面上，由某些直線所圍成區域內的每一點 (x, y) 若適合題意，則稱為該問題的**可行解**，而該區域稱為該問題的**可行解區域**。

對於一個線性規劃問題，我們如何將該問題用數學式子來表示呢？先看看下面的例子。

某製帽公司擬推出甲、乙二款男士帽子，其可用資源之資料及每種產品每頂帽子所需消耗之機器時間如下表。

機器類別	每項產品所需耗用之機器小時數		可用機器時數（時／月）
	產品甲	產品乙	
機器 A	2	4	100
機器 B	5	3	215

若已知甲、乙產品每頂帽子的利潤分別為 100 元、150 元，試求各產品每月應各生產多少數量，公司可獲得最大利潤？

設 x、y 分別代表產品甲、乙每月之生產量。對機器 A 而言，其限制式應為

$$2x + 4y \le 100 \quad (8\text{-}1\text{-}1)$$

對機器 B 而言，其限制式應為

$$5x + 3y \le 215 \quad (8\text{-}1\text{-}2)$$

又因產量無負值，故

$$x, y \ge 0,\ x、y \text{ 是整數} \quad (8\text{-}1\text{-}3)$$

而我們的目的乃在上面之限制條件下，求利潤 $z = 100x + 150y$ 的最大值。

這是一個典型線性規劃的例子，其中（8-1-1）、（8-1-2）式稱為**限制條件**，（8-1-3）式稱為**非負條件**，而 z 稱為**目標函數**。滿足限制條件與非負條件的所有點所成的集合，稱為**可行解區域**。由此一例子得知，線性規劃問題其解法如下

1. 依題意列出限制式及目標函數。
2. 根據限制式畫出限制區域（稱為**可行解區域**）。
3. 找出滿足目標函數的最適當解（稱為**最適解**）。

今舉一些例子以說明如何求目標函數之極大值或極小值。

例題 1

已知可行解區域如圖 8-1-1 所示，試利用此區域決定目標函數 $P = 2x + 3y$ 之極大值與極小值。

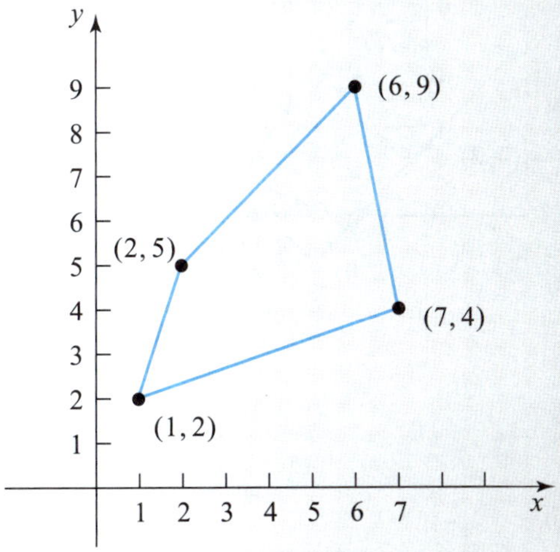

圖 8-1-1

解

(x, y)	$P = 2x + 3y$	
(1, 2)	8	←最小值
(2, 5)	19	
(6, 9)	39	←最大值
(7, 4)	26	

★

例題 2

試求目標函數 $P = 2x_1 + x_2$ 受限制於下列條件之極大值與極小值

$$\begin{cases} x_1 + x_2 \geq 2 \\ 6x_1 + 4x_2 \leq 36 \\ 4x_1 + 2x_2 \leq 20 \\ x_1 \geq 0,\ \ x_2 \geq 0 \end{cases}$$

解 步驟 1: 先繪出下列可行解區域，如圖 8-1-2 所示。

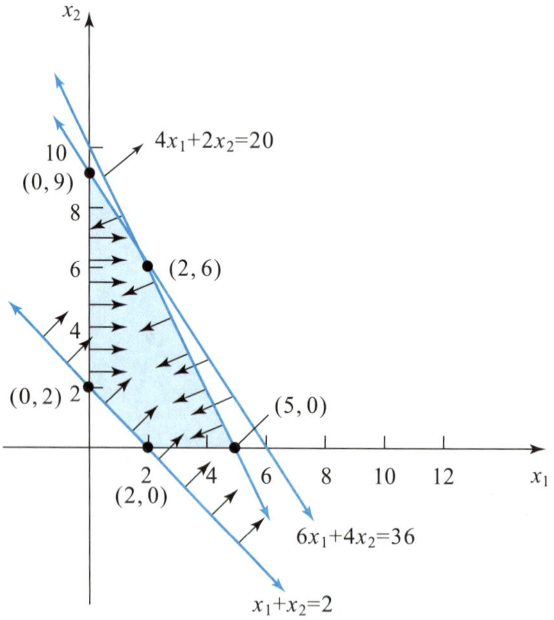

圖 8-1-2

步驟 2: 極點如圖 8-1-2 所示，有四個極點的 x 坐標及 y 坐標分別為 x-軸及 y-軸上的截距，第五個極點為下列方程組之解:

$$\begin{cases} 6x_1 + 4x_2 = 36 \\ 4x_1 + 2x_2 = 20 \end{cases}$$

$$x_1 = 2,\quad x_2 = 6$$

步驟 3: 我們計算目標函數 $P = 2x_1 + x_2$ 在每個極點之值。

極點	$P = 2x_1 + x_2$	
(5, 0)	$2\times(5)+0=10$	←最大值
(2, 0)	$2\times(2)+0=\ \ 4$	
(0, 2)	$2\times(0)+2=\ \ 2$	←最小值
(0, 9)	$2\times(0)+9=\ \ 9$	
(2, 6)	$2\times(2)+6=10$	←最大值

步驟 4: $P = 2x_1 + x_2$ 的最小值為 2 發生在極點 (0, 2)。
$P = 2x_1 + x_2$ 的最大值為 10 發生在極點 (5, 0) 與 (2, 6)。此為**多重最適解**。在連接 (5, 0) 與 (2, 6) 之線段上的任意點也會產生 $P = 2x_1 + x_2$ 之最大值。 ★

我們知道求此類線性規劃問題的解時，係依據限制條件（線性不等式）畫出其可行解區域，此可行解區域是一**多面凸集合**，然後由多面凸集合的頂點所對應的**目標函數值**去找到**最適解**（optimum solution）（或**最佳解**）。那麼，什麼叫做**凸集合**呢？我們將會在下兩節中來介紹一些有關線性規劃之數理知識。

定義 8-1-1 線性函數

設 f 是定義在 n 維空間 $\mathbb{R}^n$ 上的函數，如果對 $\mathbb{R}^n$ 中的任意點 $\mathbf{X} = (x_1, x_2, x_3, \cdots, x_n)$ 而言，$f(\mathbf{X})$ 可以寫成

$$f(\mathbf{X}) = a_1x_1 + a_2x_2 + a_3x_3 + \cdots + a_nx_n \qquad (8\text{-}1\text{-}4)$$

的形式，其中 a_i（$i = 1, 2, 3, \cdots, n$）都是常數。那麼，函數 f 就稱之為**線性函數**。

定義 8-1-2

設 S 是 n 維空間 $\mathbb{R}^n$ 的一個子集。假如聯結 S 中的任意兩點 A 與 B，若 $\overline{AB}$ 全部都落在集合 S 上。換而言之，對集合 S 上的任意兩點 A、B 而言，如果所有的點

$$C=(1-t)A+tB\subset S\quad(0\leq t\leq 1)$$

則稱 S 為一個**凸集合**（convex set）。

圖 8-1-3（i）與（ii）都是**凸集合**，但（iii）與（iv）顯然不是凸集合，因為（iii）與（iv）中，$\overline{AB}$ 並非全部落在圖形之內。

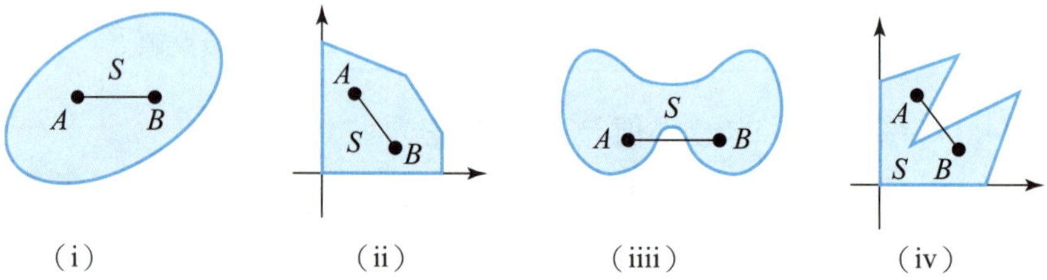

圖 **8-1-3**

定義 8-1-3

凸集合 S 中的一個點 $X\in\mathbb{R}^n$，若不為 S 中任意一個線段的**內點**（interior point），則稱 X 為**極點**（extreme point）或**頂點**。

定理 8-1-1

線性不等式方程組 $\mathbf{AX}\leq\mathbf{B}$，其中 $\mathbf{A}=[a_{ij}]_{m\times n}$，$\mathbf{X}=[x_1, x_2, x_3, \cdots, x_n]^T$，$B=[b_1, b_2, b_3, \cdots, b_m]^T$ 的解集合必然是**多面凸集合**。

例題 3

試用圖解法求線性不等式方程組 $\boldsymbol{AX} \leq \boldsymbol{B}$ 的解集合，其中

$$\boldsymbol{A}=\begin{bmatrix} 1 & 1 \\ -1 & 1 \\ -2 & -1 \end{bmatrix},\ \boldsymbol{X}=\begin{bmatrix} x_1 \\ x_2 \end{bmatrix},\ \boldsymbol{B}=\begin{bmatrix} 2 \\ -2 \\ -2 \end{bmatrix}。$$

解 題意中共有三個線性不等式

$$\begin{cases} x_1+x_2 \leq 2 \\ -x_1+x_2 \leq -2 \\ -2x_1-x_2 \leq -2 \end{cases}$$

先繪出直線 $x_1+x_2=2$，$-x_1+x_2=-2$，$-2x_1-x_2=-2$。如圖 8-1-4 所示。

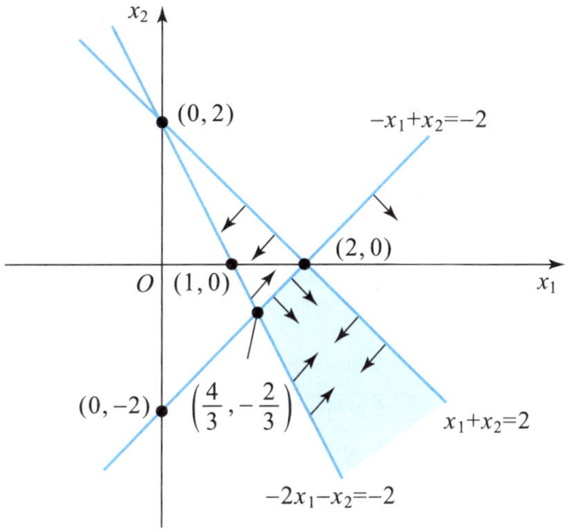

圖 8-1-4

因為原點 (0, 0) 不在直線 $x_1+x_2=2$ 之上，並且 (0, 0) 滿足不等式 $x_1+x_2 \leq 2$，所以這個線性方程式的解集合必須包括原點 (0, 0)，因此這個解集合必須是以直線 $x_1+x_2=2$ 為邊界的左半平面。

同理，可求得 $-x_1+x_2 \leq -2$ 的解集合是以直線 $-x_1+x_2=-2$ 為邊界的右半平面，$-2x_1-x_2 \leq -2$ 的解集合是以直線 $-2x_1-x_2=-2$ 為邊界的右半平面。這三個解集合的交集，如圖 8-1-4 中繪有顏色的部分，就是這三個線性不等式的共同解。顯然這一個集合是多面凸集合，它的頂點分別是 (2, 0) 與 $\left(\frac{4}{3}, -\frac{2}{3}\right)$。

8-2 線性規劃的基本定理與方法（圖解法）

線性規劃的問題，是研究在一系列線性不等式的限制條件下，線性函數

$$f(X) = c_1x_1 + c_2x_2 + c_3x_3 + \cdots + c_nx_n \tag{8-2-1}$$

何時會取得**極大值**（或**極小值**）。這個給定的線性函數 $f(X)$，通常稱為**目標函數**（objective function），我們現在寫出線性規劃的一般"數學模式"如下

$$\text{Max. 或 Min.}\quad f(X) = c_1x_1 + c_2x_2 + c_3x_3 + \cdots + c_nx_n$$

$$\text{受制於}\begin{cases} a_{11}x_1 + a_{12}x_2 + a_{13}x_3 + \cdots + a_{1n}x_n \leq \text{（或} \geq \text{或} = \text{）} b_1 \\ a_{21}x_1 + a_{22}x_2 + a_{23}x_3 + \cdots + a_{2n}x_n \leq \text{（或} \geq \text{或} = \text{）} b_2 \\ \vdots \qquad \vdots \qquad \vdots \qquad \qquad \vdots \qquad \qquad \vdots \\ a_{m1}x_1 + a_{m2}x_2 + a_{m3}x_3 + \cdots + a_{mn}x_n \leq \text{（或} \geq \text{或} = \text{）} b_m \end{cases} \tag{8-2-2}$$

$$x_i \geq 0,\quad i = 1, 2, 3, \cdots, n$$

如果有一 $X = (x_1, x_2, x_3, \cdots, x_n)$ 滿足（8-2-2）式的所有限制條件，就稱 X 為線性規劃（8-2-2）式的一個**可行解**（feasible function）。所有可行解所成的集合稱之為可行解集合。該可行解集合必然是一個多面凸集合 S。我們一般稱此集合為**可行解區域**。

所以線性規劃的問題，是探討目標函數 $f(X)$ 何時會在多面凸集合 S 上取得最大值（或最小值）。多面凸集合 S 上的每一個點，都是滿足所有限制條件的一個**可行解**。如果在多面凸集合 S 上的某點，恰好使目標函數 $f(X)$ 在這個點上取得最大值（或最小值），那麼，這個點就稱為目標函數在限制條件下的一個**最適解**（或**最佳解**）。一般而言，最適解並不是唯一的。

下面的定理，是線性規劃的基本定理，它說明最適解必然會在多面凸集合 S 上的頂點處出現。

定理 8-2-1 基本定理

設 $f(X)$ 是定義在有界多面凸集合 S 上的線性函數，則 $f(X)$ 的極大值或極小值（如果存在）必出現在 S 上的頂點處。

定理 8-2-1 是線性規劃的理論基礎，之後會有廣泛的應用。一般，若限制條件比較少，而決策變數不多於二個的問題都採用圖解法求解，利用該方法求線性規劃問題最適解的步驟如下:

1. 繪出多面凸集合（可行解區域）。
2. 找出可行解區域頂點（或極點）的坐標。
3. 比較目標函數 $f(X)$ 在各頂點（或極點）的值。

例題 1

給出限制條件

$$\begin{cases} x_1 + 2x_2 \le 2 \\ 2x_1 + \ \ x_2 \le 2 \\ x_1 \ge 0 \\ x_2 \ge 0 \end{cases}$$

試用圖解法，求 $f(X) = 5x_1 + x_2$ 的最大值與最小值。

解 可行解區域 $x_1 \ge 0$，$x_2 \ge 0$，$x_1 + 2x_2 - 2 \le 0$，$2x_1 + x_2 - 2 \le 0$ 的圖形如圖 8-2-1 所示。

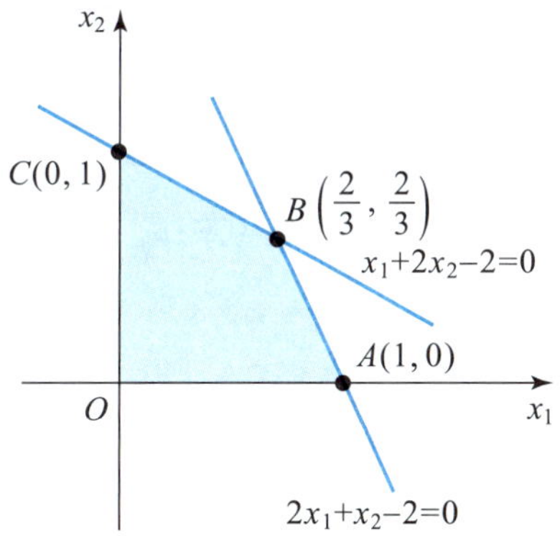

圖 **8-2-1**

頂點（極點）	$f(X) = 5x_1 + x_2$	
(0, 0)	0	←最小值
(1, 0)	5	←最大值
$\left(\frac{2}{3}, \frac{2}{3}\right)$	4	
(0, 1)	1	

故 $5x_1 + x_2$ 的最大值為 5，最小值為 0。 ★

例題 2

某工廠生產甲、乙兩種產品，已知甲產品每噸需用 9 噸的煤，4 瓩的電，3 個工作日（一個工人工作一天等於 1 個工作日）；乙產品每噸需用 4 噸的煤，5 瓩的電，10 個工作日。又知甲產品每噸可獲利 7 萬元，乙產品每噸可獲利 12 萬元，且每天供煤最多 360 噸，用電最多 200 瓩，勞動人數最多 300 人。試問每天生產甲、乙兩種產品各多少噸，才能獲利最高？又最大利潤是多少？

解

	煤	電	工作日	利潤
甲	9 噸	4 瓩	3 個	7 萬
乙	4 噸	5 瓩	10 個	12 萬
限制	360 噸	200 瓩	300 個	

設每天生產甲產品 x_1 噸，乙產品 x_2 噸，則

$$\begin{cases} 9x_1 + \ \ 4x_2 \le 360 \\ 4x_1 + \ \ 5x_2 \le 200 \\ 3x_1 + 10x_2 \le 300 \\ x_1 \ge 0, \ \ x_2 \ge 0 \end{cases}$$

利潤為 $(7x_1 + 12x_2)$ 萬元。可行解區域如圖 8-2-2 所示。

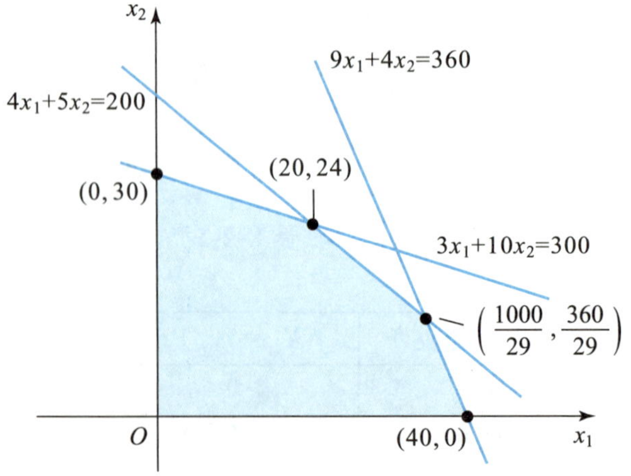

圖 8-2-2

(x_1, x_2)	$7x_1 + 12x_2$	
(0, 0)	0	
(40, 0)	280	
$\left(\frac{1000}{29}, \frac{360}{29}\right)$	$\frac{11320}{29}$	
(20, 24)	428	←最大值
(0, 30)	360	

故每天生產甲產品 20 噸，乙產品 24 噸，可獲最大利潤 428 萬元。 ★

例題 3

電視台由國華廣告公司特約播出國片與西洋片兩種影片，其中國片播映時間 20 分鐘，廣告時間 1 分鐘，收視觀眾為 60 萬人。另外西洋片播映時間為 10 分鐘，廣告時間 1 分鐘，收視觀眾為 20 萬人。國華廣告公司規定每星期最少要有 6 分鐘廣告，而電視台每週只能為國華廣告公司提供不多於 80 分鐘的節目時間。試問在國華公司與節目時間的限制條件下，電視台應每週播映國片與西洋片多少次，以期維持最高的收視率。

解 將上述資料，寫成下面的方案表

電視 ＼ 時間 ＼ 片集	國　片	西洋片	要　求
節目時間	20 分鐘	10 分鐘	不超過 80 分鐘
廣告時間	1 分鐘	1 分鐘	最少 6 分鐘
收看觀眾	60 萬人	20 萬人	Max. $f(X)$

設 x_1 是國片每週播映的次數，x_2 是西洋片每週播映的次數。根據上面的資料，可得出下面的限制條件。

$$\begin{cases} 20x_1 + 10x_2 \leq 80 \\ x_1 + x_2 \geq 6 \\ x_1 \geq 0,\ x_2 \geq 0 \end{cases}$$

收看這兩個節目的觀眾人數為 $600{,}000x_1 + 200{,}000x_2$，所以目標函數為

$$f(X) = 600{,}000x_1 + 200{,}000x_2$$

故得線性規劃的數學模式為

$$\text{Max.} \quad f(\boldsymbol{X}) = 600{,}000x_1 + 200{,}000x_2$$

$$\text{受限於} \begin{cases} 20x_1 + 10x_2 \le 80 \\ \quad x_1 + \quad x_2 \ge \ 6 \\ x_1 \ge 0 \\ x_2 \ge 0 \end{cases}$$

依限制條件繪出可行解區域，如圖 8-2-3 所示。

頂點（極點）	$f(X)$	
$A(0, 8)$	1,600,000	
$B(0, 6)$	1,200,000	
$C(2, 4)$	2,000,000	←最大值

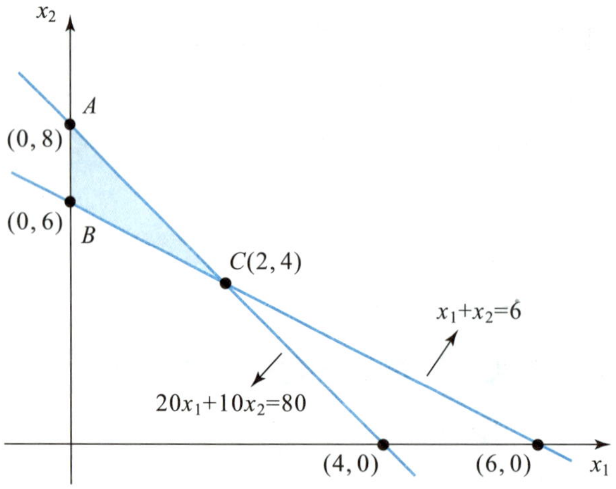

圖 8-2-3

故電視台每週應播映國片兩次，西洋片四次。每週吸引二百萬觀眾（收視次數）收看電視台這兩部影片。 ★

在比較可行解區域的頂點（或極點）所對應的目標函數值去找最適解時，要注意有時符合題意的解僅限於可行解區域內的格子點（即，可行解的 x_1 與 x_2 值必須是整數），此時，如果有的頂點並非格子點，則它就不符合題意。今舉例說明其解法。

例題 4

某家貨運公司有載重 4 噸的 A 型貨車 7 輛，載重 5 噸的 B 型貨車 4 輛，及 9 名司機。今受託每天至少要運送 30 噸的煤，試問這家公司有多少種調度車輛的辦法？又設 A 型貨車開一趟需要費用 500 元，B 型貨車需要費用 800 元，試問應怎樣調度才能最節省？

解 設調度 A 型貨車 x_1 輛，B 型貨車 x_2 輛，依題意得，

$$\text{Min.}\quad f(\boldsymbol{X}) = 500x_1 + 800x_2$$

$$0 \le x_1 \le 7$$

$$0 \le x_2 \le 4$$

$$\text{受制於}\quad x_1 + x_2 \le 9$$

$$4x_1 + 5x_2 \ge 30$$

$$x_1、x_2 \text{ 是整數}$$

找出可行解區域的格子點（x_1、x_2 均是整數的點），如圖 8-2-4 所示。

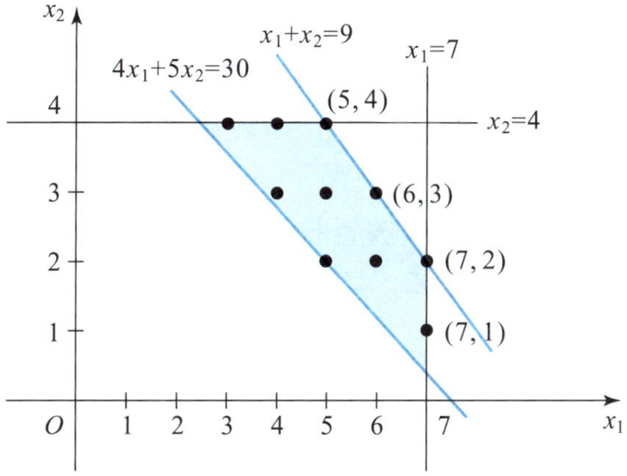

圖 8-2-4

x_2	1	2	3	4
x_1	7	5, 6, 7	4, 5, 6	3, 4, 5

註: $\left(7, \frac{2}{5}\right)$ 與 $\left(\frac{5}{2}, 4\right)$ 非格子點。

故共有 10 種調度法。

	(x_1, x_2)	$f(X)$	(x_1, x_2)	$f(X)$
	(7, 1)	4300	(5, 3)	4900
最小 →	(5, 2)	4100	(6, 3)	5400
	(6, 2)	4600	(3, 4)	4700
	(7, 2)	5100	(4, 4)	5200
	(4, 3)	4400	(5, 4)	5700

故調度 A 型貨車 5 輛，B 型貨車 2 輛時，會最節省。★

例題 5

試求目標函數 $P = 2x_1 + x_2$ 之極大值受限制於下列之條件

$$\begin{cases} x_1 + x_2 \le 6 \\ x_1 - x_2 \le 2 \\ x_1 \ge 0,\ \ x_2 \ge 0 \end{cases}。$$

解 我們首先繪出線性不等式方程組之**可行解區域**。由圖 8-2-5 中知，點 A、B、C、D 位於直線相交之邊界上，這些點稱之為**極點**。我們可以立即發現這些極點決定了目標函數之極大值或極小值。

現在位於可行解區域中之每一點皆滿足線性不等式方程組之限制式。然而，若想要求得一點，且在該點上具有目標函數之最大值，我們可以在圖 8-2-5 中加繪一些直線，它代表目標函數 $P = 2x_1 + x_2$ 中不同的 P 值。我們任意選取 P 的值為 0、4、8 與 12。這就產生方程式

$$0 = 2x_1 + x_2,\quad 4 = 2x_1 + x_2,\quad 8 = 2x_1 + x_2,\quad 12 = 2x_1 + x_2$$

在圖 8-2-5 中所加繪的四條直線如圖 8-2-6 所示。因為它們的斜率均為 -2，故四條直線皆互相平行。由觀察得知 P 的值顯然不能等於 12，因為 $P = 12$ 之圖形位於可行解區域之外部。可是，在直線 $P = 8$ 上且位於可行解區域之內部的每一點，由這些點所決定的 x_1 與 x_2 之值能使 $2x_1 + x_2 = 8$ 成立。

顯然，當 $P = 8$ 與 $P = 12$ 之間的某一條平行於這四條線之直線就可以代表目標函數，這將產生 P 的最大值。因此，使 P 最大化之 x_1 與 x_2 之值並且仍然可滿足所有限制式，將是這些平行直線族平行移動時，恰好接觸到可行解區域之極點的坐標 (x_1, x_2)。如圖 8-2-6 繪虛線者。顯然該點發生在極點 (4, 2)，故在該點 P 的值為

$$P = 2x_1 + x_2 = 2(4) + 2 = 10。$$

★

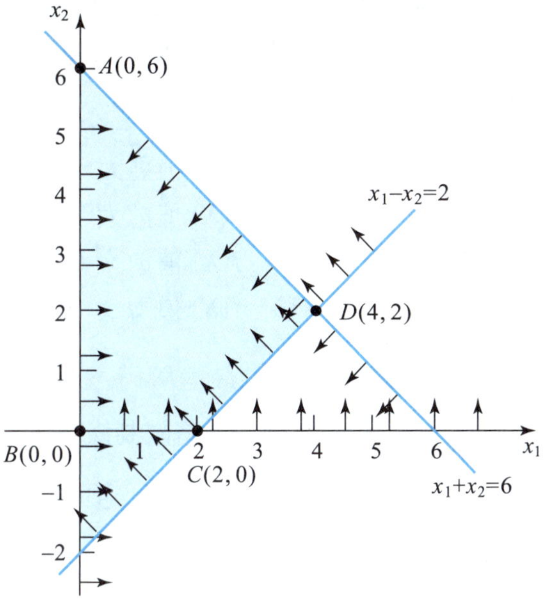
x_2
$A(0, 6)$
$x_1-x_2=2$
$D(4, 2)$
$B(0, 0)$
$C(2, 0)$
x_1
$x_1+x_2=6$

圖 8-2-5

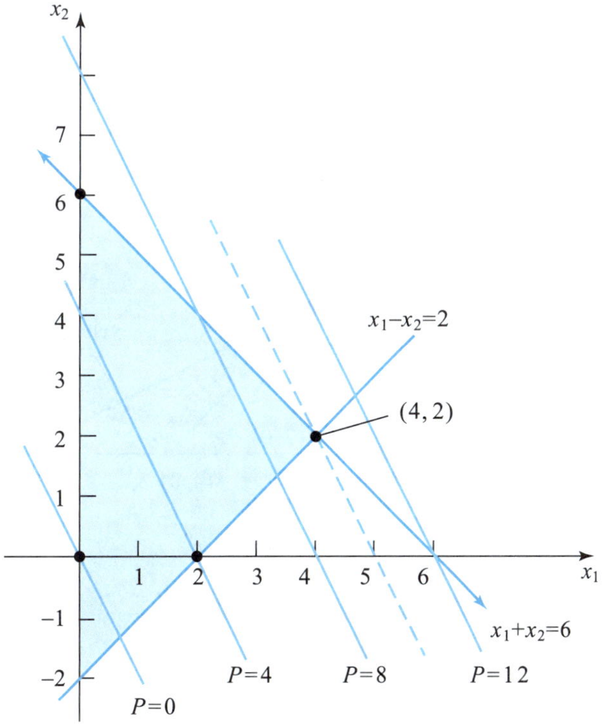
x_2
$x_1-x_2=2$
(4, 2)
x_1
$x_1+x_2=6$
$P=0$
$P=4$
$P=8$
$P=12$

圖 8-2-6

由以上之討論，在圖解法中，兩個決策變數的目標函數實際上是一斜率為定值的直線族，隨著直線平移，$f(X)$ 之值也隨之改變。設目標函數為 $f(X) = a_1x_1 + a_2x_2$，我們有下述之平移情況

1. 當 x_1 之係數 $a_1 > 0$，直線愈往右移，$f(X)$ 值愈大（愈往左移，$f(X)$ 值愈小）。
2. 當 x_1 之係數 $a_1 < 0$，直線愈往左移，$f(X)$ 值愈大（愈往右移，$f(X)$ 值愈小）。
3. 當 x_2 之係數 $a_2 > 0$，直線愈往上移，$f(X)$ 值愈大（愈往下移，$f(X)$ 值愈小）。
4. 當 x_2 之係數 $a_2 < 0$，直線愈往下移，$f(X)$ 值愈大（愈往上移，$f(X)$ 值愈小）。

由以上四種情況，我們得知以圖解法求最適解時，若將目標函數 $f(X)$ 視為一參數，就可以得到一組斜率為 $-\frac{a_1}{a_2}$ 的直線族。將限制條件作圖，得出可行解區域，以 $-\frac{a_1}{a_2}$ 為斜率的直線與可行解區域相交於區域的某一頂點（或極點）X_1，若 X_1 離原點最近，則 $f(X_1)$ 就是目標函數 $f(X)$ 的最小值；若該頂點離原點最遠，則 $f(X_1)$ 就是目標函數 $f(X)$ 的最大值。在本節例題 3 中，如果我們將目標函數 $f(X) = 600{,}000x_1 + 200{,}000x_2$ 繪圖，如圖 8-2-7 所示，就得圖中之虛線是目標函數 $f(X)$ 的直線集合，它們的斜率皆為 -3，其中與可行解區域相交於 $C(2, 4)$ 的虛線就是離開原點最遠而又與可行解區域相交的目標函數，所以 $f(X)$ 在點 C 上的值就是所求的最大值。

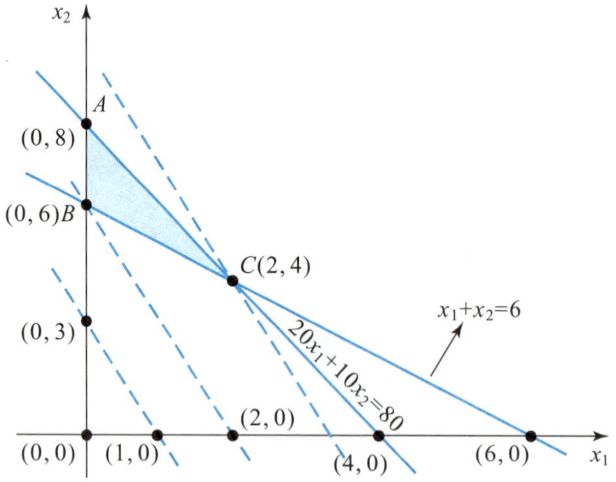

圖 8-2-7

習題 8-1

1. 圖示下列線性不等式之解。

(1) $x+y > 4$　　(2) $x+y \leq 4$

2. 已知可行解區域如下圖所示，試利用此一區域決定目標函數 $P = 2x_1 + 5x_2$ 的極大值與極小值。

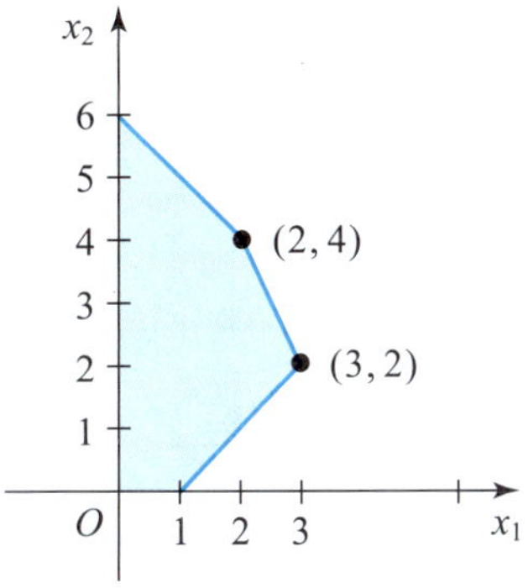

3. 試畫出不等式組

$$\begin{cases} 2x+y-2 < 0 \\ x-y > 0 \\ 2x+3y+9 > 0 \end{cases}$$

的圖形。

4. 設 $x \geq 0$, $y \geq 0$, $2x+y \leq 8$, $2x+3y \leq 12$, 求 $x+y$ 的最大值。

5. 在 $x \geq 0$, $y \geq 0$, $x+2y \leq 2$, $2x+y \leq 2$ 的條件下，求 $x+5y$ 的最大值與最小值。

6. 某農民有田 40 畝，欲種甲、乙兩種作物。甲作物的成本每畝需 500 元，乙作物的成本每畝需 2,000 元。收成後，甲作物每畝獲利 2,000 元，乙作物每畝獲利 6,000 元。若該農民有資本 50,000 元，試問甲、乙兩種作物各種幾畝，才可獲得最大利潤？

7. 某農夫有一塊菜圃，最少須施氮肥 5 公斤、磷肥 4 公斤及鉀肥 7 公斤。已知農會出售甲、乙兩種肥料，甲種肥料每公斤 10 元，其中含氮 20%、磷 10%、鉀 20%；乙種肥料每公斤 14 元，其中含氮 10%、磷 20%、鉀 20%。試問他向農會購買甲、乙兩種肥料各多少公斤加以混合施肥，才能使花費最少而又有足量的氮、磷及鉀肥？

8. 甲種維他命丸每粒含 5 個單位維他命 A、9 個單位維他命 B，乙種維他命丸每粒含 6 個單位維他命 A、4 個單位維他命 B。假設每人每天最少需要 29 個單位維他命 A 及 35 個單位維他命 B。又已知甲種維他命丸每粒 5 元，乙種維他命丸每粒 4 元，則每天吃這兩種維他命丸各多少粒，才能使消費最少而能從其中攝取足夠的維他命 A 及 B？

9. 某食品包裝公司有機器兩部，甲機器每天包裝 400 磅火腿、100 磅雞腿、200 磅香腸，甲機器開動成本每天為 100 元。乙機器每天包裝 200 磅火腿、100 磅雞腿、700 磅香腸，乙機器開動成本每天為 200 元。現有訂單，需要包裝 800 磅火腿、500 磅雞腿、2,000 磅香腸，問應如何運轉此二部機器，才能使成本減至最少？

10. 試以圖解法來說明下列線性規劃問題有無限制解。

$$\text{Max.}\quad f(\boldsymbol{X}) = 2x_1 + 5x_2$$

$$\text{受制於}\begin{cases} 2x_1 - 3x_2 \le 8 \\ x_1 - 2x_2 \le 10 \\ x_1, x_2 \ge 0 \end{cases}$$

11. 試用圖解法來說明下列線性規劃問題有無多重最適解。

$$\text{Max.}\quad f(\boldsymbol{X}) = 3x_1 + 2x_2$$

$$\text{受制於}\begin{cases} 6x_1 + 4x_2 \le 24 \\ 10x_1 + 3x_2 \le 30 \\ x_1, x_2 \ge 0 \end{cases}$$

12. 試決定下列線性不等式所構成之可行解區域為有界限抑或無界限。

$$\begin{cases} 3x_1 + 2x_2 \ge 5 \\ x_1 + 3x_2 \le 4 \end{cases}$$

8-3 一般線性規劃模型之標準形式

任何線性規劃問題必定可以寫成下列的形式，我們稱之為**標準形式**。

$$\text{Max.}\quad f(\boldsymbol{X}) = c_1x_1 + c_2x_2 + c_3x_3 + \cdots + c_nx_n \tag{8-3-1}$$

$$\text{受制於}\begin{cases} a_{11}x_1 + a_{12}x_2 + a_{13}x_3 + \cdots + a_{1n}x_n = b_1 \\ a_{21}x_1 + a_{22}x_2 + a_{23}x_3 + \cdots + a_{2n}x_n = b_2 \\ \quad\vdots \qquad\quad \vdots \qquad\quad \vdots \qquad\qquad\quad \vdots \qquad\quad \vdots \\ a_{m1}x_1 + a_{m2}x_2 + a_{m3}x_3 + \cdots + a_{mn}x_n = b_m \\ x_i \ge 0 \ (i = 1, 2, 3, \cdots, n) \end{cases} \tag{8-3-2}$$

讀者應注意（8-3-1）式與（8-3-2）式有三個特點，即

1. 目標函數為最大化。
2. 每個限制條件右邊的常數 b_i 必為非負。
3. 除決策變數要非負的限制條件是“≥”外，所有限制條件均為等式。

若線性規劃問題僅含有兩個決策變數，由於其可行解區域是平面的，可立即得出多面凸集合 S 的頂點（或極點）。但是對於三個決策變數之線性規劃問題，其可行解區域為三維空間，而頂點係由三個平面（限制條件）之交集合所形成。若使用僅限於二維空間之圖解法當然不能適用，很顯然的，n 維空間亦如此。因此我們在下一節介紹一種**基本可行解法**（或**代數法**）。在介紹該方法之前，我們先討論如何將一般的線性規劃模型化為標準形式。首先我們介紹線性規劃模型當中**差額變數**、**超額變數**與**解**的觀念。

定義 8-3-1

(1) 若引進一新的非負之虛擬變數 x_{n+1} 使得不等式 $a_{i1}x_1+a_{i2}x_2+a_{i3}x_3+\cdots+a_{in}x_n \le b_i$ 變成方程式

$$a_{i1}x_1+a_{i2}x_2+a_{i3}x_3+\cdots+a_{in}x_n+x_{n+1}=b_i$$

則稱 x_{n+1} 為**差額變數**（slack variable）。

(2) 若引進一新的非負之虛擬變數 x_{n+1} 使得不等式 $a_{i1}x_1+a_{i2}x_2+a_{i3}x_3+\cdots+a_{in}x_n \ge b_i$ 變成方程式

$$a_{i1}x_1+a_{i2}x_2+a_{i3}x_3+\cdots+a_{in}x_n-x_{n+1}=b_i$$

則稱 x_{n+1} 為**超額變數**（surplus variable）。

定義 8-3-2

若向量 $\boldsymbol{X}=[x_1, x_2, \cdots, x_n, x_{n+1}, \cdots, x_{n+m}]^T$ 為聯立方程式 $\boldsymbol{AX}=\boldsymbol{B}$ 的解，且其中 n 個變數均為 0，則稱此 n 個變數為**非基本變數**（nonbasic variable），而其他 m 個變數稱為**基本變數**（basic variable）。$\boldsymbol{X}$ 稱為 $\boldsymbol{AX}=\boldsymbol{B}$ 的一個**基本解**（basic solution）。

定義 8-3-3

若向量 $X=[x_1, x_2, \cdots, x_n, x_{n+1}, \cdots, x_{n+m}]^T$ 為聯立方程式 $AX=B$ 的基本解，且滿足非負的條件 $X\geq 0$，則稱 X 為 $AX=B$ 之**基本可行解**（basic feasible solution）。

線性規劃數學模型的標準化主要目的在於將模型中限制式的不等式形式轉換為等式之形式，以便於計算。

一般而言，若有一線性規劃模型如下：

$$\text{Max.}\quad f(X)=c_1x_1+c_2x_2+c_3x_3+\cdots+c_nx_n$$

$$\text{受制於}\begin{cases} a_{11}x_1+a_{12}x_2+a_{13}x_3+\cdots+a_{1n}x_n\leq b_1\\ a_{21}x_1+a_{22}x_2+a_{23}x_3+\cdots+a_{2n}x_n\leq b_2\\ \quad\vdots\qquad\quad\vdots\qquad\quad\vdots\qquad\qquad\vdots\qquad\vdots\\ a_{m1}x_1+a_{m2}x_2+a_{m3}x_3+\cdots+a_{mn}x_n\leq b_m\\ x_1, x_2, x_3, \cdots, x_n\geq 0,\quad b_i\geq 0\ (i=1,2,\cdots,m)\end{cases}\qquad(8\text{-}3\text{-}3)$$

為了代數處理上的方便，我們可將線性規劃模型利用差額變數與超額變數的觀念轉換為標準形式。若 b_i 為負數，只要該方程式的兩邊各乘上 -1 就行了。

$$\text{Max.}\quad f(X)=c_1x_1+c_2x_2+c_3x_3+\cdots+c_nx_n+0x_{n+1}+0x_{n+2}+\cdots+0x_{n+m}$$

$$\text{受制於}\begin{cases} a_{11}x_1+a_{12}x_2+\cdots+a_{1n}x_n+x_{n+1} & & & & =b_1\\ a_{21}x_1+a_{22}x_2+\cdots+a_{2n}x_n & +x_{n+2} & & & =b_2\\ a_{31}x_1+a_{32}x_2+\cdots+a_{3n}x_n & & +x_{n+3} & & =b_3\\ \quad\vdots\qquad\quad\vdots\qquad\qquad\vdots & & & & \vdots\\ a_{m1}x_1+a_{m2}x_2+\cdots+a_{mn}x_n & & & +x_{n+m} & =b_m\\ x_i\geq 0\ (i=1,2,3,\cdots,n) \end{cases}\qquad(8\text{-}3\text{-}4)$$

例如，

$$\text{Max.}\quad f(X)=x_1+2x_2$$

$$\text{受制於}\begin{cases} x_1+\ x_2\leq\ 7\\ 2x_1+3x_2\leq 16\\ x_1\geq 0,\quad x_2\geq 0\end{cases}$$

第一個與第二個限制式均為"≤"，為了使左右式相等，故在限制條件不等式的左端各加上一非負的**差額變數** x_3 與 x_4，使其成為等式。故將線性規劃模型改寫成下列之標準形式。

$$\text{Max.}\quad f(\boldsymbol{X}) = x_1 + 2x_2 + 0x_3 + 0x_4$$

$$\text{受制於}\begin{cases} x_1 + \ \ x_2 + x_3 = \ \ 7 \\ 2x_1 + 3x_2 + x_4 = 16 \\ x_1 \geq 0,\ \ x_2 \geq 0,\ \ x_3 \geq 0,\ \ x_4 \geq 0 \end{cases}$$

例題 1

試將下列線性規劃問題轉換成標準形式。

$$\text{Max.}\quad f(\boldsymbol{X}) = x_1 + 2x_2$$

$$\text{受制於}\begin{cases} x_1 + 2x_2 \leq 12 \\ x_1 + \ \ x_2 \geq \ \ 2 \\ x_2 \leq 6 \\ x_1 \geq 0,\ \ x_2 \geq 0 \end{cases}$$

解 第一個與第三個限制式含"≤"，為了使左右式相等，故在限制條件不等式的左端各加上一非負的**差額變數** x_3 與 x_5，使其成為等式

$$\begin{cases} x_1 + 2x_2 + x_3 \qquad = 12 \\ \qquad x_2 \qquad + x_5 = 6 \end{cases}$$

而第二個限制式含"≥"，為了使左右式相等，故在限制條件不等式的左端減去一非負的**超額變數** x_4，使其成為等式

$$x_1 + x_2 \quad - x_4 = 2$$

故原線性規劃模型經轉換為標準形式後，即將模型寫成下列等式之形式

$$\text{Max.}\quad f(\boldsymbol{X}) = x_1 + 2x_2 + 0x_3 + 0x_4 + 0x_5$$

$$\text{受制於}\begin{cases} x_1 + x_2 + x_3 \qquad\qquad = 12 \\ x_1 + x_2 \qquad - x_4 \qquad = \ \ 2 \\ \qquad x_2 \qquad\qquad + x_5 = \ \ 6 \\ x_i \geq 0\ (\,i = 1, 2, 3, 4, 5\,) \end{cases}$$

★

註： 此一模型求解之方法將留待 8-5 節中討論。

若對於一求極小值之線性規劃問題，如下所示：

$$\text{Min.}\quad f(\boldsymbol{X}) = c_1x_1 + c_2x_2 + c_3x_3 + \cdots + c_nx_n$$

$$\text{受制於}\begin{cases} a_{11}x_1 + a_{12}x_2 + a_{13}x_3 + \cdots + a_{1n}x_n \geq b_1 \\ a_{21}x_1 + a_{22}x_2 + a_{23}x_3 + \cdots + a_{2n}x_n \geq b_2 \\ \vdots \qquad \vdots \qquad \vdots \qquad\qquad \vdots \qquad \vdots \\ a_{m1}x_1 + a_{m2}x_2 + a_{m3}x_3 + \cdots + a_{mn}x_n \geq b_m \\ x_i \geq 0\ (i = 1, 2, 3, \cdots, n) \end{cases} \tag{8-3-5}$$

可轉換為

$$\text{Max.}\quad -f(\boldsymbol{X}) = -c_1x_1 - c_2x_2 - c_3x_3 - \cdots - c_nx_n$$

即 Max. $(-f)$ 是與 Min. f 同義。

$$\text{受制於}\begin{cases} a_{11}x_1 + a_{12}x_2 + a_{13}x_3 + \cdots + a_{1n}x_n - x_{n+1} = b_1 \\ a_{21}x_1 + a_{22}x_2 + a_{23}x_3 + \cdots + a_{2n}x_n \quad - x_{n+2} = b_2 \\ \vdots \qquad \vdots \qquad \vdots \qquad\qquad \vdots \qquad\qquad \vdots \\ a_{m1}x_1 + a_{m2}x_2 + a_{m3}x_3 + \cdots + a_{mn}x_n \quad - x_{n+m} = b_m \\ x_i \geq 0\ (i = 1, 2, 3, \cdots, n) \end{cases} \tag{8-3-6}$$

例題 2

試將下列線性規劃問題轉換成標準形式。

$$\text{Min.}\quad f(\boldsymbol{X}) = 2x_1 + 3x_2$$

$$\text{受制於}\begin{cases} -3x_1 + x_2 \leq -2 \\ x_1 + 2x_2 \geq 10 \\ x_1 \geq 0,\ \ x_2 \geq 0 \end{cases}$$

解 因第一個限制式之右端為-2，故將原問題改寫成

$$\text{Min.}\quad f(\boldsymbol{X}) = 2x_1 + 3x_2$$

$$\text{受制於}\begin{cases} 3x_1 - x_2 \geq 2 \\ x_1 + 2x_2 \geq 10 \\ x_1 \geq 0,\ \ x_2 \geq 0 \end{cases}$$

介入兩個超額變數 x_3 與 x_4，將原線性規劃問題轉換為標準形式

$$\text{Max.}\quad -f(\boldsymbol{X}) = -2x_1 - 3x_2$$

$$\text{受制於}\begin{cases} 3x_1 - x_2 - x_3 \qquad = 2 \\ x_1 + 2x_2 \qquad - x_4 = 10 \\ x_i \geq 0\ (i = 1, 2, 3, 4) \end{cases}$$

★

讀者應注意，將線性規劃模型轉換為標準形式時，倘若決策變數並無符號限制時，亦即可正、可負，亦可為零，則可令兩個新的非負變數之差等於線性規劃中無符號限制之決策變數並同時取代之。例如，若決策變數 x_4 無符號限制時，則可令

$$x_4 = x'_4 - x''_4\text{，其中 } x'_4 \geq 0 \text{ 與 } x''_4 \geq 0$$

並將其取代線性規劃中全部的 x_4，並加上限制條件 $x'_4 \geq 0$ 與 $x''_4 \geq 0$。

又若決策變數並不為非負而是非正之限制時，則可令一新的非負變數等於該變數並取代此決策變數。例如，若決策變數 $x_5 \leq 0$，則可令

$$x_5^* = -x_5,\quad \text{其中 } x_5^* \geq 0$$

並將其取代線性規劃中全部的 x_5，而加上限制條件 $x_5^* \geq 0$。

例題 3

試將下列線性規劃問題轉換為標準形式。

$$\text{Min.}\quad f(\boldsymbol{X}) = 6x_1 - 5x_2 + 4x_3$$

$$\text{受制於}\begin{cases} x_1 + x_2 + x_3 \leq 6 \\ x_1 - x_2 + x_3 \geq 2 \\ -3x_1 + x_2 + 2x_3 = 8 \\ x_1, x_2 \geq 0 \end{cases}$$

解 該線性規劃問題為最小化，首先將原目標函數等號之左右兩端同時乘上負號以便轉換為最大化，且符合標準形式（8-3-1）式，即

令

$$g(\boldsymbol{X}) = -f(\boldsymbol{X})$$

便可轉換成，

$$\text{Max.}\quad g(\boldsymbol{X}) = -f(\boldsymbol{X}) = 6x_1 + 5x_2 - 4x_3$$

然後在第一個與第二個限制條件中分別加入一非負的差額變數 x_4 與超額變數 x_5，使其成為等式。

$$\begin{cases} x_1 + x_2 + x_3 + x_4 \qquad = 6 \\ x_1 - x_2 + x_3 \qquad - x_5 = 2 \end{cases}$$

最後再令 $x_3 = x'_3 - x''_3$，其中 $x'_3 \geq 0$，$x''_3 \geq 0$ 以便取代符號無限制的變數 x_3，於是，求得經轉換後線性規劃的標準形式如下

$$\text{Max.} \quad g(\boldsymbol{X}) = -6x_1 + 5x_2 - 4x'_3 + 4x''_3 + 0x_4 + 0x_5$$

$$\text{受制於} \begin{cases} x_1 + x_2 + x'_3 - x''_3 + x_4 \qquad = 6 \\ x_1 - x_2 + x'_3 - x''_3 \qquad - x_5 = 2 \\ -3x_1 + x_2 + 2x'_3 - 2x''_3 \qquad = 8 \\ x_1, x_2, x'_3, x''_3, x_4, x_5 \geq 0 \end{cases}$$

★

例題 4

試將下列線性規劃問題轉換成標準形式。

$$\text{Min.} \quad f(\boldsymbol{X}) = 10x_1 - 15x_2 - 7x_3 + 5x_4$$

$$\text{受制於} \begin{cases} 5x_1 + x_2 + 5x_3 + x_4 \leq 6 \\ -3x_1 + x_2 - 4x_3 + 3x_4 \geq 5 \\ x_1 + x_2 + x_3 + 2x_4 \leq 1 \\ x_1, x_2, x_3 \geq 0 \\ x_4 \leq 0 \end{cases}$$

解 因為決策變數中 $x_4 \leq 0$，故令

$$x_4^* = -x_4, \quad \text{其中 } x_4^* \geq 0$$

可得，

$$\text{Min.} \quad f(\boldsymbol{X}) = 10x_1 - 15x_2 - 7x_3 - 5x_4^*$$

$$\text{受制於} \begin{cases} 5x_1 + x_2 + 5x_3 - x_4^* \leq 6 \\ -3x_1 + x_2 - 4x_3 - 3x_4^* \geq 5 \\ x_1 + x_2 + x_3 - 2x_4^* \leq 1 \\ x_1, x_2, x_3, x_4^* \geq 0 \end{cases}$$

令 $g(X) = -f(X)$，以便轉換為最大化，則目標函數為

$$\text{Max.} \quad g(X) = -f(X) = -10x_1 + 15x_2 + 7x_3 + 5x_4^*$$

最後引入差額變數 x_5、x_7 與超額變數 x_6，將限制條件中的不等式轉換成等式的限制條件，以便轉換成標準形式

$$\text{Max.} \quad g(X) = -10x_1 + 15x_2 + 7x_3 + 5x_4^* + 0x_5 + 0x_6 + 0x_7$$

$$\text{受制於} \begin{cases} 5x_1 + x_2 + 5x_3 - x_4^* + x_5 = 6 \\ -3x_1 + x_2 - 4x_3 - 3x_4^* - x_6 = 5 \\ x_1 + x_2 + x_3 - 2x_4^* + x_7 = 1 \\ x_1, x_2, x_3, x_4^*, x_5, x_6, x_7 \geq 0 \end{cases}$$

★

8-4 線性規劃問題之基本可行解法（代數法）

在本節中我們將討論如何利用**基本可行解法**（或**代數法**）求線性規劃問題的最適解（或最佳解）。我們可依照下列之步驟求解。

步驟 1: 首先將線性規劃模式轉換為標準形式，即將模式中限制式的不等式轉換為等式。

步驟 2: 決定可行解之個數，有關可行解個數之計算，若原變數有 n 個，差額變數與超額變數共有 m 個，限制式共有 r 個，則共有 $C_r^{n+m} = \frac{(n+m)!}{r!(n+m-r)!}$ 個可行解。例如，原變數有 2 個，$n=2$，差額變數與超額變數共有 2 個，$m=2$，限制式共有 2 個，$r=2$，所以共有 $C_2^4=6$ 個可行解，可行解之求法，一般先假定 $(n+m-r)$ 個變數為 0，代入等式之限制式中，解聯立方程式，即可求得其他變數之解。

步驟 3: 選擇可行解中變數值 $x_i \geq 0$ 者，視為基本可行解。

步驟 4: 在基本可行解中選擇滿足目標函數之解即為**最適解**。

例題 1

試求下列之線性規劃問題。

$$\text{Max.}\quad f(\boldsymbol{X}) = 2x_1 + 3x_2$$

$$\text{受制於}\begin{cases} 3x_1 + 2x_2 \le 8 \\ x_1 - x_2 \le 7 \\ x_1 \ge 0,\ \ x_2 \ge 0 \end{cases}$$

解 步驟 1: 首先將線性規劃問題轉換為標準式

$$\text{Max.}\quad f(\boldsymbol{X}) = 2x_1 + 3x_2 + 0 \cdot x_3 + 0 \cdot x_4$$

$$\text{受制於}\begin{cases} 3x_1 + 2x_2 + x_3 \qquad = 8 \\ x_1 - x_2 \qquad + x_4 = 7 \\ x_i \ge 0\ (i = 1, 2, 3, 4) \end{cases}$$

步驟 2: 可行解之個數共有 $C_2^4 = 6$ 個，並令 $n + m - r = 4 - 2 = 2$ 個變數為 0，代入上述方程組中解聯立方程式，所求得之可行解如下:

可行解 (x_1, x_2, x_3, x_4)	基本可行解 (x_1, x_2, x_3, x_4)	$f(x) = 2x_1 + 3x_2$	Max. f
$(0, 0, 8, 7)$	$(0, 0, 8, 7)$	0	
$(0, 4, 0, 11)$	$(0, 4, 0, 11)$	12	12
$(0, -7, 22, 0)$			
$\left(\frac{8}{3}, 0, 0, \frac{13}{3}\right)$	$\left(\frac{8}{3}, 0, 0, \frac{13}{3}\right)$	$\frac{16}{3}$	
$(7, 0, -13, 0)$			
$\left(\frac{22}{5}, -\frac{13}{5}, 0, 0\right)$			

所以 $x_1 = 0$，$x_2 = 4$ 為最適解，可得 Max. $f = 12$。 ★

例題 2

試求下列之線性規劃問題

$$\text{Max.}\quad f(\boldsymbol{X}) = x_1 + 4x_2$$

$$\text{受制於}\begin{cases} 2x_1 + x_2 \le 32 \\ x_1 + x_2 \le 18 \\ x_1 + 3x_2 \le 36 \\ x_1 \ge 0,\ \ x_2 \ge 0 \end{cases}$$

解 首先引入差額變數 x_3、x_4 與 x_5，將線性規劃問題轉換為標準形式。

$$\text{Max.} \quad f(X) = x_1 + 4x_2 + 0x_3 + 0x_4 + 0x_5$$

$$\text{受制於} \begin{cases} 2x_1 + x_2 + x_3 = 32 \\ x_1 + x_2 + x_4 = 18 \\ x_1 + 3x_2 + x_5 = 36 \\ x_i \geq 0 \ (i = 1, 2, 3, 4, 5) \end{cases}$$

因原變數有 2 個，$n = 2$，差額變數有 3 個，$m = 3$，限制式共有 3 個，$r = 3$，所以共有 $C_3^5 = 10$ 個可行解，並令 $n + m - r = 2 + 3 - 3 = 2$ 個變數為 0，代入上述方程組中解聯立方程式，所求得之可行解如下：

可行解 $(x_1, x_2, x_3, x_4, x_5)$	基本可行解 $(x_1, x_2, x_3, x_4, x_5)$	$f(x) = x_1 + 4x_2$	Max. f
(0, 0, 32, 18, 36)	(0, 0, 32, 18, 36)	0	
(0, 32, 0, −14, −60)			
(0, 18, 14, 0, −18)			
(0, 12, 20, 6, 0)	(0, 12, 20, 6, 0)	48	48
(16, 0, 0, 2, 20)	(16, 0, 0, 2, 20)	16	
(18, 0, −4, 0, 18)			
(36, 0, −40, −18, 0)			
(14, 4, 0, 0, 10)	(14, 4, 0, 0, 10)	30	
(12, 8, 0, −2, 0)			
(9, 9, 5, 0, 0)	(9, 9, 5, 0, 0)	45	

所以，$x_1 = 0$，$x_2 = 12$ 為最適解，可得 Max. $f = 48$。 ★

8-5 單純形法

單純形法（simplex method）是 1947 年由美國數學家佐治・鄧錫（George B. Dantzig）所提出的。他的方法是將一組線性限制式的求基本解過程藉由矩陣之基本列運算來處理。單純形法的最大優點是它的求解過程，可採用電子計算機來幫助計算。在一般應用上，我們要解決的線性規劃問題，通常所涉及的決策變數的個數往往很多，用圖解法或代數法來求解是不可能的，單純形法的發現是數學上的一個重要成就，它提供了解決具有龐大數量不等式及決策變數的線性規劃問題的一般方法。雖然此種方法仍然只在基本可行解中去尋找最適解，但它不必列出所有的基本解，而是以較好的一個基本可行解代替一個較差的基本可行解，直到沒有更好的基本可行解存在時為止。

為了方便說明單純形法，我們考慮下列的線性規劃問題

$$\text{Max.}\quad f(\boldsymbol{X}) = 0.2x_1 + 0.35x_2$$

$$\text{受制於}\begin{cases}\dfrac{1}{4}x_1 + \dfrac{1}{3}x_2 \le 100 \\ \dfrac{1}{20}x_1 + \dfrac{6}{50}x_2 \le 30 \\ x_1, x_2 \ge 0\end{cases} \tag{8-5-1}$$

引進差額變數 x_3 與 x_4 之後，得

$$\begin{cases}\dfrac{1}{4}x_1 + \dfrac{1}{3}x_2 + x_3 = 100 \\ \dfrac{1}{20}x_1 + \dfrac{6}{50}x_2 + x_4 = 30\end{cases} \tag{8-5-2}$$

因為這個線性方程組有兩個互相獨立的方程式，有 4 個變量，故線性方程組的解不是唯一的，它有無窮多個解。而這些解都是由一組自由變量所決定，自由變量的個數等於未知變量的個數減去方程式的個數。上面的情形，顯然自由未知變量共有 2 個。

考慮方程組（8-5-2）的擴增矩陣

$$\boldsymbol{A} = \begin{array}{c} \begin{matrix} x_1 & x_2 & x_3 & x_4 & & \end{matrix} \\ \left[\begin{matrix} \dfrac{1}{4} & \dfrac{1}{3} & 1 & 0 & \vdots & 100 \\ \dfrac{1}{20} & \textcircled{\dfrac{6}{50}} & 0 & 1 & \vdots & 30 \end{matrix}\right] \end{array} \tag{8-5-3}$$

變量 x_3 及 x_4 的係數都是 1，所以當 $x_1 = 0$，$x_2 = 0$ 時，則 $x_3 = 100$，$x_4 = 30$。現在想求得 x_1 及 x_2 之值，必須將變量 x_1 及 x_2 的對應係數分別變為 1。為了要達到這個目的，我們將矩陣 $\boldsymbol{A}$ 中第二行，對應於 x_2 的元素 $\dfrac{6}{50}$ 圈起，整列除以 $\dfrac{6}{50}$。這個被圈起的元素稱為**基準元素**（pivot）。於是矩陣 $\boldsymbol{A}$ 就變成

$$\boldsymbol{B} = \begin{array}{c} \begin{matrix} x_1 & x_2 & x_3 & x_4 & & \end{matrix} \\ \left[\begin{matrix} \dfrac{1}{4} & \dfrac{1}{3} & 1 & 0 & \vdots & 100 \\ \dfrac{5}{12} & 1 & 0 & \dfrac{25}{3} & \vdots & 250 \end{matrix}\right] \end{array} \xrightarrow{-\frac{1}{3}R_2 + R_1}$$

$$C=\begin{bmatrix} \boxed{\frac{1}{9}} & 0 & 1 & -\frac{25}{9} & \vdots & \frac{50}{3} \\ \frac{5}{12} & 1 & 0 & \frac{25}{3} & \vdots & 250 \end{bmatrix} \xrightarrow{9R_1}$$

(columns: x_1, x_2, x_3, x_4)

$$D=\begin{bmatrix} 1 & 0 & 9 & -25 & \vdots & 150 \\ \frac{5}{12} & 1 & 0 & \frac{25}{3} & \vdots & 250 \end{bmatrix} \xrightarrow{-\frac{5}{12}R_1+R_2}$$

(columns: x_1, x_2, x_3, x_4)

$$E=\begin{bmatrix} 1 & 0 & 9 & -25 & \vdots & 150 \\ 0 & 1 & -\frac{15}{4} & \frac{225}{12} & \vdots & 187.5 \end{bmatrix}$$

(columns: x_1, x_2, x_3, x_4)

因此，當 $x_3=0$，$x_4=0$ 時，就求得 $x_1=150$，$x_2=187.5$。

因此可見，線性方程組的基本解，可用矩陣之基本列運算來求得，故單純形法就是採用矩陣的基本列運算，來求得線性規劃問題之最適解。我們現在考慮下列之線性規劃問題如何以**單純形法**解之。

$$\text{Max.}\quad f(\boldsymbol{X})=c_1x_1+c_2x_2+c_3x_3+\cdots+c_nx_n$$

$$\text{受制於}\begin{cases} a_{11}x_1+a_{12}x_2+a_{13}x_3+\cdots+a_{1n}x_n\le b_1 \\ a_{21}x_1+a_{22}x_2+a_{23}x_3+\cdots+a_{2n}x_n\le b_2 \\ \vdots \qquad \vdots \qquad \vdots \qquad \vdots \qquad \vdots \\ a_{m1}x_1+a_{m2}x_2+a_{m3}x_3+\cdots+a_{mn}x_n\le b_m \\ x_i\ge 0\ (i=1,2,3,\cdots,n),\quad b_i\ge 0\ (i=1,2,3,\cdots,m) \end{cases} \qquad (8\text{-}5\text{-}4)$$

首先，我們引入差額變數 $x_{n+1}, x_{n+2}, \cdots, x_{n+m}$，使（8-5-4）式化為

$$\text{Max.}\quad f(\boldsymbol{X})=c_1x_1+c_2x_2+\cdots+c_nx_n+0\cdot x_{n+1}+0\cdot x_{n+2}+\cdots+0\cdot x_{n+m}$$

$$\text{受制於}\begin{cases} a_{11}x_1+a_{12}x_2+\cdots+a_{1n}x_n+x_{n+1} = b_1 \\ a_{21}x_1+a_{22}x_2+\cdots+a_{2n}x_n+x_{n+2} = b_2 \\ \vdots \qquad \vdots \qquad \vdots \qquad \vdots \\ a_{m1}x_1+a_{m2}x_2+\cdots+a_{mn}x_n+x_{n+m} = b_m \\ x_1, x_2, x_3, \cdots, x_n, x_{n+1}, \cdots, x_{n+m}\ge 0 \end{cases} \qquad (8\text{-}5\text{-}5)$$

如果令 $f(\boldsymbol{X})=f$，且把上式的目標函數化為

$$-c_1x_1-c_2x_2-\cdots-c_nx_n-0\cdot x_{n+1}-0\cdot x_{n+2}-\cdots-0\cdot x_{n+m}+f=0$$

再加上（8-5-5）式的 m 個方程式，可用擴增矩陣表為

$$\begin{array}{c} \\ \\ \boldsymbol{A}= \end{array}\begin{array}{c} \overbrace{\begin{array}{ccccc} x_1 & x_2 & x_3 & \cdots & x_n \end{array}}^{\text{決策變數}} \quad \overbrace{\begin{array}{cccc} x_{n+1} & x_{n+2} & \cdots & x_{n+m} \end{array}}^{\text{差額變數}} \; f \\ \left[\begin{array}{ccccccccccc} a_{11} & a_{12} & a_{13} & \cdots & a_{1n} & 1 & 0 & \cdots & 0 & 0 & \vdots & b_1 \\ a_{21} & a_{22} & a_{23} & \cdots & a_{2n} & 0 & 1 & \cdots & 0 & 0 & \vdots & b_2 \\ \vdots & \vdots & \vdots & & \vdots & \vdots & \vdots & & \vdots & \vdots & \vdots & \vdots \\ a_{m1} & a_{m2} & a_{m3} & \cdots & a_{mn} & 0 & 0 & \cdots & 1 & 0 & \vdots & b_m \\ \hline -c_1 & -c_2 & -c_3 & \cdots & -c_n & 0 & 0 & \cdots & 0 & 1 & \vdots & 0 \end{array}\right] \end{array} \qquad (8\text{-}5\text{-}6)$$

上述（8-5-6）式之矩陣最下一列的數字來自於**目標函數**之係數稱之為**目標列**，故（8-5-6）式之擴增矩陣就稱之為**起始單純形表**。

例題 1

試對下列線性規劃問題之極大化模式，建立一起始單純形表。

$$\text{Max.}\quad f(\boldsymbol{X})=2x_1-x_2+x_3$$

$$\text{受制於}\begin{cases} 2x_1+\ \ x_2+3x_3\le 5 \\ -x_1+3x_2 \qquad\quad \le 7 \\ x_2\ge 0,\ \ x_2\ge 0,\ \ x_3\ge 0 \end{cases}$$

解 因為有兩個限制式（不考慮非負的條件），我們需要對兩個限制式分別介入兩個**差額變數** x_4 與 x_5，再將限制式寫成等式的形式得

$$\begin{aligned} 2x_1+\ \ x_2+3x_3+x_4 \qquad &=5 \\ -x_1+3x_2+ \qquad\qquad +x_5&=7 \end{aligned}$$

其次再將**目標函數**寫成

$$-2x_1+x_2-x_3+0x_4+0x_5+f=0$$

故起始單純形表如下

$$
\begin{array}{ccccccccc}
\multicolumn{3}{c}{\overbrace{\qquad\qquad}^{\text{決策變數}}} & \multicolumn{3}{c}{\overbrace{\qquad\qquad}^{\text{差額變數}}} & & & \\
x_1 & x_2 & x_3 & x_4 & x_5 & f & & & \\
\end{array}
$$

$$
\left[\begin{array}{cccccccc}
2 & 1 & 3 & 1 & 0 & 0 & \vdots & 5 \\
-1 & 3 & 0 & 0 & 1 & 0 & \vdots & 7 \\
\hdashline
-2 & 1 & -1 & 0 & 0 & 1 & \vdots & 0
\end{array}\right]
$$

★

由例題 1 之方程組中知，該方程組有兩個方程式 5 個變數，故有無限多個解。如果我們由每個方程式中分別解得 x_4 與 x_5，如下

$$x_4 = 5 - 2x_1 - x_2 - 3x_3$$
$$x_5 = 7 + x_1 - 3x_2$$

x_4 與 x_5 就稱之為**基本變數**（basic variables），而 x_1、x_2 與 x_3 稱之為**非基本變數**（nonbasic variables）。一般而言，我們考慮非基本變數可為任何值且令它們的值為 0，則

$$x_4 = 5 - 2(0) - 0 - 3(0) = 5$$

$$x_5 = 7 + 0 - 3(0) = 7$$

當我們令所有之非基本變數等於 0 所得到之解稱之為**基本解**（basic solution）。事實上，此一線性方程組之**基本解**為 $x_1 = 0$、$x_2 = 0$、$x_3 = 0$、$x_4 = 5$ 與 $x_5 = 7$。由於所有的值為非負，我們可稱它為一**基本可行解**（basic feasible solution）。

下面我們列出採用**單純形法**求目標函數極大值的一般運算步驟，並以流程圖說明之。

1. 單純形法第一個步驟即是先設定一起始基本可行解。也就是在 $x_1, x_2, x_3, \cdots, x_{n+1}, x_{n+2}, \cdots, x_{n+m}$ 中設定 m 個基本變數，其餘的 n 個變數為非基本變數。一般我們可令 $x_{n+1}, x_{n+2}, x_{n+3}, \cdots, x_{n+m}$ 為基本變數，此時其值分別為（8-5-6）式擴增矩陣右邊最後一行之元素 $b_1, b_2, b_3, \cdots, b_m$。

   如何區別非基本變數與基本變數是非常重要的，下列我們將提供如何由起始單純形表中決定基本與非基本變數的方法，例如，

$$
\begin{array}{cccccccc}
x_1 & x_2 & x_3 & x_4 & f & & &
\end{array}
$$

$$
\left[\begin{array}{ccccccc}
1 & 1 & 0 & 3 & 0 & \vdots & 5 \\
0 & 2 & 1 & 1 & 0 & \vdots & 2 \\
\hdashline
0 & -5 & 0 & 4 & 1 & \vdots & 10
\end{array}\right]
$$

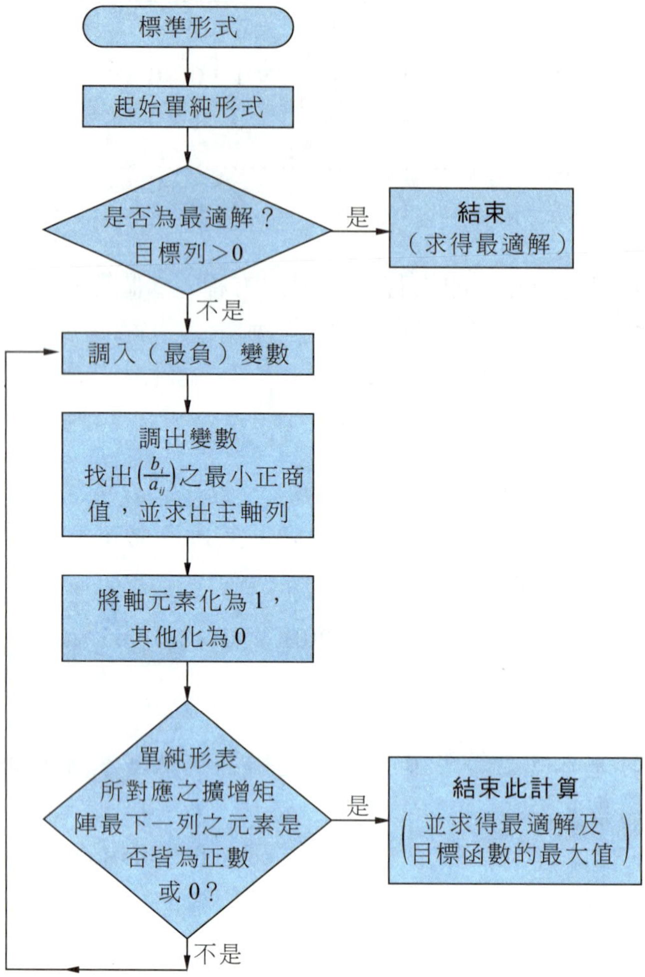

若起始單純形表每**行**（column）上端所對應之變數的係數僅包含一個 1，而其他元素皆為 0，則此一變數稱之為**基本變數**，如 x_1、x_3 與 f 為基本變數，其所在之行稱之為**基本行**。若每行上端所對應之變數的係數如果不具有此種性質者，則稱之為**非基本變數**，如 x_2、x_4，且可令其為 0。

2. 在（8-5-6）式矩陣中，f 為基本變數，$x_1, x_2, x_3, \cdots, x_n$ 為非基本變數。故 $x_1, x_2, x_3, \cdots, x_n$ 之值設定為 0，可得 $f(\boldsymbol{X}) = 0$，即目標函數值為 0。為了求極大值，必須改善 f 之值。改善的方法就是變動基本變數及非基本變數。由非基本變數變動為基本變數的變數稱之為**調入變數**（entering variable）。而由基本變數變動為非基本變數的變數稱之為**調出變數**（leaving variable）。所以，第二個步驟就是要在 $x_1, x_2, x_3, \cdots, x_n$ 中找出調入變數。由目標函數 $f(\boldsymbol{X}) = c_1x_1 + c_2x_2 + \cdots + c_nx_n + 0 \cdot x_{n+1} + 0 \cdot x_{n+2} + \cdots + 0 \cdot x_{n+m}$ 可看出，若 c_i 最大，則以 x_i 作為調入變數對目標函數值的貢獻也是最大。故在（8-5-6）式的最下一列（含有目標函數 f 的那一列），找出 $-c_j$ 之值為最小的 x_j 作為調入變數。此時，x_j 所在之行稱為**主軸行**（pivot column）。如果有兩個大小相同的負數，可以任選一個。

3. 找出調入變數之後，也必須找出一調出變數。其找法如下：在（8-5-6）式中找出 $-c_j$ 之值為最小所對應之行，若為第 j 行，則將第 j 行中不等於 0 的元素分別去除（8-5-6）式最右端行向量中的那個對應元素，並求得 $\dfrac{b_i}{a_{ij}}$ 之值。我們從其中找出最小的正商值（如果最小的正商值不只一個時，可任選一個。）所在的列稱為**主軸列**（pivot row）。此主軸列會與某基本行相交，且其相交之元素為 1。此時，此一基本行所對應的變數即為調出變數。而**主軸行**及**主軸列**相交的元素稱為**軸元素**（pivot element）（或**基準元素**），為了易於區別，特將此軸元素加上一個圓圈。見下表。

$$\begin{array}{r} \\ A = \end{array}\begin{array}{c} \begin{array}{ccccc} x_1 & x_2 & x_3 & x_4 & f \end{array} \\ \left[\begin{array}{ccccc:c} \textcircled{4} & 1 & 1 & 0 & 0 & 60 \\ 2 & 2 & 0 & 1 & 0 & 48 \\ \hdashline -5 & -4 & 0 & 0 & 1 & 0 \end{array}\right] \end{array} \begin{array}{l} \frac{60}{4} = 15 \leftarrow \text{主軸列（因為 } 15 < 24\text{）} \\ \frac{48}{2} = 24 \\ \\ \end{array}$$

軸元素 ← ④

↑ 主軸行（因為 $-5 < -4$）

在上表中 $a_{11} = 4$ 為**軸元素**，選 x_1 為**調入變數**（因 x_1 係由非基本變數變動為基本變數的變數），選 x_3 為**調出變數**（因 x_3 係由基本變數變動為非基本變數的變數），其意義為 x_1 取代 x_3 進入基本變數中。如果主軸行中元素皆不為正值，則表示線性規劃問題有無限值解，計算亦停止。

4. 利用矩陣的基本列運算把主軸行化為只有軸元素為 1，其餘的元素均為 0。
5. 經過前面的步驟之後，可得到類似於（8-5-6）式之矩陣。但此時，（8-5-6）式矩陣中的 c_j、a_{ij} 及 b_i 已經有所改變。再對新的矩陣仍然重複步驟 1～4，在每次矩陣的基本列變換中，皆要找出軸元素，直至（8-5-6）式中最下一列（即目標函數列）的元素不是正數就是 0 為止，此時，基本行所對應之基本變數的解即為擴增矩陣虛線右邊所對應之值。而對應於常數項的值就是目標函數的最大值。

例題 2

已知下列之矩陣

$$
\begin{array}{c}
\begin{matrix} x_1 & x_2 & x_3 & x_4 & x_5 & f & & \end{matrix} \\
\left[\begin{array}{cccccccc}
3 & 1 & -2 & 3 & 0 & 0 & \vdots & 13 \\
1 & 0 & -1 & 1 & 1 & 0 & \vdots & 22 \\
\hline
4 & 0 & 7 & 0 & 0 & 1 & \vdots & 87
\end{array}\right]
\end{array}
$$

⑴ 試決定基本變數與非基本變數。

⑵ 試求所給定矩陣之解。

解 ⑴ 因第 2 行、第 5 行、第 6 行上端所對應之變數的係數僅含一個 1，而其他元素皆為 0，故 x_2、x_5 與 f 稱為基本變數，而 x_1、x_3 與 x_4 為非基本變數。

⑵ 矩陣第 1 列所表之方程式為

$$3x_1 + x_2 - 2x_3 + 3x_4 = 13 \cdots\cdots\cdots\cdots\cdots ①$$

因為 x_1、x_3 與 x_4 為非基本變數，故可令其為 0，則①式變成

$$3(0) + x_2 - 2(0) + 3(0) = 13$$

$$x_2 = 13$$

同理，矩陣第 2 列所表之方程式為

$$x_1 - x_3 + x_4 + x_5 = 22 \text{（令 } x_1, x_3, x_4 \text{ 為 } 0\text{）}$$

$$x_5 = 22$$

由最後一列得

$$f = 87$$

故 $x_1 = 0$，$x_2 = 13$，$x_3 = 0$，$x_4 = 0$，$x_5 = 22$，$f = 87$ 為已知矩陣所表方程組的解。

★

例題 3

試利用單純形法解下列之線性規劃問題

$$\text{Max.}\quad f(\boldsymbol{X}) = 3x_1 + 2x_2$$

$$\text{受制於}\begin{cases} x_1 + x_2 \le 5 \\ 2x_1 + x_2 \le 6 \\ x_1 \ge 0,\quad x_2 \ge 0 \end{cases}$$

解 步驟 1：由於目標函數與限制式已給定，我們需要介入兩個差額變數 x_3 與 x_4 將限制式寫成等式之形式如下

$$x_1 + x_2 + x_3 = 5$$

$$2x_1 + x_2 + x_4 = 6$$

目標函數寫成

$$-3x_1 - 2x_2 + f = 0$$

故得起始單純形表如下

$$\begin{array}{c} \begin{matrix} x_1 & x_2 & x_3 & x_4 & f & & \end{matrix} \\ \left[\begin{array}{ccccc:c} 1 & 1 & 1 & 0 & 0 & 5 \\ 2 & 1 & 0 & 1 & 0 & 6 \\ \hdashline -3 & -2 & 0 & 0 & 1 & 0 \end{array}\right] \end{array}$$

步驟 2：決定**主軸行**、**商值**、**主軸列**與**軸元素**如下

$$\begin{array}{c} \begin{matrix} x_1 & x_2 & x_3 & x_4 & f & & \end{matrix} \\ \left[\begin{array}{ccccc:c} 1 & 1 & 1 & 0 & 0 & 5 \\ \boxed{2} & 1 & 0 & 1 & 0 & 6 \\ \hdashline -3 & -2 & 0 & 0 & 1 & 0 \end{array}\right] \end{array} \qquad \begin{array}{l} \text{商值} \\ 5/1 = 5 \\ 6/2 = 3 \\ \\ \end{array}$$

軸元素（第 2 列第 1 行之 2）

主軸列（第 2 列，$6/2 = 3$）

主軸行（x_1 行，-3）

步驟 3: 選擇 x_1 為調入變數，x_4 為調出變數。

$$\begin{array}{c} \begin{array}{cccccccc} x_1 & x_2 & x_3 & x_4 & f & & \end{array} \\ \left[\begin{array}{cccccc} 1 & 1 & 1 & 0 & 0 & \vdots & 5 \\ \textcircled{2} & 1 & 0 & 1 & 0 & \vdots & 6 \\ \hdashline -3 & -2 & 0 & 0 & 1 & \vdots & 0 \end{array}\right] \end{array} \underset{\sim}{\tfrac{1}{2}R_2} \begin{array}{c} \begin{array}{cccccccc} x_1 & x_2 & x_3 & x_4 & f & & \end{array} \\ \left[\begin{array}{cccccc} 1 & 1 & 1 & 0 & 0 & \vdots & 5 \\ 1 & \frac{1}{2} & 0 & \frac{1}{2} & 0 & \vdots & 3 \\ \hdashline -3 & -2 & 0 & 0 & 1 & \vdots & 0 \end{array}\right] \end{array}$$

$$\underset{\sim}{\begin{array}{c}-R_2+R_1\\3R_2+R_3\end{array}} \begin{array}{c} \begin{array}{cccccccc} x_1 & x_2 & x_3 & x_4 & f & & \end{array} \\ \left[\begin{array}{cccccc} 0 & \frac{1}{2} & 1 & -\frac{1}{2} & 0 & \vdots & 2 \\ 1 & \frac{1}{2} & 0 & \frac{1}{2} & 0 & \vdots & 3 \\ \hdashline 0 & -\frac{1}{2} & 0 & \frac{3}{2} & 1 & \vdots & 9 \end{array}\right] \end{array}$$

步驟 4: 由於上述單純形表最下一列尚留有負值，我們再回到步驟 2。對新的起始單純形表重新選擇 x_2 為調入變數，x_3 為調出變數。

$$\begin{array}{c} \begin{array}{cccccccc} x_1 & x_2 & x_3 & x_4 & f & & \end{array} \\ \left[\begin{array}{cccccc} 0 & \textcircled{\frac{1}{2}} & 1 & -\frac{1}{2} & 0 & \vdots & 2 \\ 1 & \frac{1}{2} & 0 & \frac{1}{2} & 0 & \vdots & 3 \\ \hdashline 0 & -\frac{1}{2} & 0 & \frac{3}{2} & 1 & \vdots & 9 \end{array}\right] \\ \uparrow \text{ (under } x_2\text{)} \end{array} \begin{array}{l} \text{商值} \\ \leftarrow 2/\frac{1}{2}=4 \\ 3/\frac{1}{2}=6 \\ \text{主軸列} \end{array}$$

主軸行

$$\begin{array}{c} \begin{array}{cccccccc} x_1 & x_2 & x_3 & x_4 & f & & \end{array} \\ \left[\begin{array}{cccccc} 0 & \textcircled{\frac{1}{2}} & 1 & -\frac{1}{2} & 0 & \vdots & 2 \\ 1 & \frac{1}{2} & 0 & \frac{1}{2} & 0 & \vdots & 3 \\ \hdashline 0 & -\frac{1}{2} & 0 & \frac{3}{2} & 1 & \vdots & 9 \end{array}\right] \end{array} \underset{\sim}{2R_1}$$

$$\begin{array}{c} \begin{matrix} x_1 & x_2 & x_3 & x_4 & f & & \end{matrix} \\ \left[\begin{array}{ccccc:c} 0 & 1 & 2 & -1 & 0 & 4 \\ 1 & \frac{1}{2} & 0 & \frac{1}{2} & 0 & 3 \\ \hdashline 0 & -\frac{1}{2} & 0 & \frac{3}{2} & 1 & 9 \end{array}\right] \begin{array}{l} -\frac{1}{2}R_1 + R_2 \\ \frac{1}{2}R_1 + R_3 \end{array} \end{array}$$

$$\begin{array}{c} \begin{matrix} x_1 & x_2 & x_3 & x_4 & f & & \end{matrix} \\ \left[\begin{array}{ccccc:c} 0 & 1 & 2 & -1 & 0 & 4 \\ 1 & 0 & -1 & 1 & 0 & 1 \\ \hdashline 0 & 0 & 1 & 1 & 1 & 11 \end{array}\right] \end{array}$$

由於上述單純形表之最下一列已無負值，故停止計算。

步驟 5: 最適解為 $x_1 = 1$, $x_2 = 4$, $x_3 = 0$, $x_4 = 0$ 與 $f = 11$。此即當 $x_1 = 1$, $x_2 = 4$，其他差額變數皆為 0 時，f 具有極大值 11。★

例題 4

求解下列線性規劃問題

$$\text{Max.} \quad f(\boldsymbol{X}) = 0.2x_1 + 0.35x_2$$

$$\text{受制於} \begin{cases} \frac{1}{4}x_1 + \frac{1}{3}x_2 \le 100 \\ \frac{1}{20}x_1 + \frac{6}{50}x_2 \le 30 \\ x_1, x_2 \ge 0 \end{cases}$$

解 首先引入差額變數 x_3 與 x_4，就得出線性方程組

$$\begin{cases} \frac{1}{4}x_1 + \frac{1}{3}x_2 + x_3 = 100 \\ \frac{1}{20}x_1 + \frac{6}{50}x_2 + x_4 = 30 \\ -0.2x_1 + 0.35x_2 + f = 0 \end{cases}$$

這個線性方程組的變量都是非負的，它的擴增矩陣是

$$A = \begin{bmatrix} \overset{x_1}{\frac{1}{4}} & \overset{x_2}{\frac{1}{3}} & \overset{x_3}{1} & \overset{x_4}{0} & \overset{f}{0} & \vdots & 100 \\ \frac{1}{20} & \boxed{\frac{6}{50}} & 0 & 1 & 0 & \vdots & 30 \\ \hdashline -0.2 & -0.35 & 0 & 0 & 1 & \vdots & 0 \end{bmatrix} \begin{matrix} 100/\frac{1}{3} = 300 \\ 30/\frac{6}{5} = 250 \quad \underline{\frac{50}{6}R_2} \\ \\ \text{— 主軸列} \end{matrix}$$

↑ 主軸行

$$B = \begin{bmatrix} \overset{x_1}{\frac{1}{4}} & \overset{x_2}{\frac{1}{3}} & \overset{x_3}{1} & \overset{x_4}{0} & \overset{f}{0} & \vdots & 100 \\ \frac{5}{12} & 1 & 0 & \frac{50}{6} & 0 & \vdots & 250 \\ \hdashline -\frac{2}{10} & -\frac{35}{100} & 0 & 0 & 1 & \vdots & 0 \end{bmatrix} \begin{matrix} -\frac{1}{3}R_2 + R_1 \\ \underline{\frac{35}{100}R_2 + R_3} \end{matrix}$$

$$C = \begin{bmatrix} \overset{x_1}{\boxed{\frac{1}{9}}} & \overset{x_2}{0} & \overset{x_3}{1} & \overset{x_4}{-\frac{25}{9}} & \overset{f}{0} & \vdots & \frac{50}{3} \\ \frac{5}{12} & 1 & 0 & \frac{50}{6} & 0 & \vdots & 250 \\ \hdashline -\frac{13}{240} & 0 & 0 & \frac{35}{12} & 1 & \vdots & 87.5 \end{bmatrix} \begin{matrix} \frac{50}{3}/\frac{1}{9} = 150 \\ \quad\quad\quad\quad 9R_1 \\ 250/\frac{5}{12} = 600 \\ \\ \text{— 主軸列} \end{matrix}$$

↑ 主軸行

$$D = \begin{bmatrix} \overset{x_1}{1} & \overset{x_2}{0} & \overset{x_3}{9} & \overset{x_4}{-25} & \overset{f}{0} & \vdots & 150 \\ \frac{5}{12} & 1 & 0 & \frac{50}{6} & 0 & \vdots & 250 \\ \hdashline -\frac{13}{240} & 0 & 0 & \frac{35}{12} & 1 & \vdots & 87.5 \end{bmatrix} \begin{matrix} -\frac{5}{12}R_1 + R_2 \\ \underline{\frac{13}{240}R_1 + R_3} \end{matrix}$$

$$
E = \left[\begin{array}{cccccc}
x_1 & x_2 & x_3 & x_4 & f & \\
1 & 0 & 9 & -25 & 0 & \vdots\ 150 \\
0 & 1 & -\frac{15}{4} & \frac{225}{12} & 0 & \vdots\ 187.5 \\
\hdashline
0 & 0 & \frac{39}{80} & \frac{75}{48} & 1 & \vdots\ 95.625
\end{array}\right]
$$

此時，
$$f = 95.625 - \frac{39}{80}x_3 - \frac{75}{48}x_4$$

因為，$x_3 \geq 0$，$x_4 \geq 0$，所以 f 的極大值為 95.625。而問題之最適解為

$$X = [150,\ 187.5,\ 0,\ 0]^T$$

故原有問題的最適解為 $X = [x_1, x_2]^T = [150, 187.5]^T$。所以此一線性規劃問題有**單一解**。 ★

同理，我們可以用**單純形法**解下列之線性規劃問題。

$$\text{Min.}\quad f(X) = c_1x_1 + c_2x_2 + c_3x_3 + \cdots + c_nx_n$$

$$
\text{受制於}\begin{cases}
a_{11}x_1 + a_{12}x_2 + a_{13}x_3 + \cdots + a_{1n}x_n \geq b_1 \\
a_{21}x_1 + a_{22}x_2 + a_{23}x_3 + \cdots + a_{2n}x_n \geq b_2 \\
\vdots \qquad \vdots \qquad \vdots \qquad \vdots \qquad \vdots \\
a_{m1}x_1 + a_{m2}x_2 + a_{m3}x_3 + \cdots + a_{mn}x_n \geq b_m \\
x_i \geq 0\ (i = 1, 2, 3, \cdots, n),\ b_i \geq 0\ (i = 1, 2, 3, \cdots, m)
\end{cases} \qquad (8\text{-}5\text{-}7)
$$

首先，我們引入超額變數 $x_{n+1}, x_{n+2}, \cdots, x_{n+m}$，使（8-5-7）式化為

$$\text{Min.}\quad f(X) = c_1x_1 + c_2x_2 + c_3x_3 + \cdots + c_nx_n + 0 \cdot x_{n+1} + 0 \cdot x_{n+2} + \cdots + 0 \cdot x_{n+m}$$

$$
\text{受制於}\begin{cases}
a_{11}x_1 + a_{12}x_2 + a_{13}x_3 + \cdots + a_{1n}x_n - x_{n+1} \quad \vdots \quad = b_1 \\
a_{21}x_1 + a_{22}x_2 + a_{23}x_3 + \cdots + a_{2n}x_n \quad - x_{n+2} \quad = b_2 \\
\vdots \qquad \vdots \qquad \vdots \qquad \vdots \qquad \vdots \\
a_{m1}x_1 + a_{m2}x_2 + a_{m3}x_3 + \cdots + a_{mn}x_n \quad - x_{n+m} = b_m \\
x_1,\ x_2,\ x_3,\ \cdots,\ x_n,\ x_{n+1},\ \cdots,\ x_{n+m} \geq 0
\end{cases} \qquad (8\text{-}5\text{-}8)
$$

例題 5

試求下列之線性規劃問題。

$$\text{Min.} \quad f(X) = 3x_1 + 7x_2$$

$$\text{受制於} \begin{cases} 4x_1 + x_2 \geq 8 \\ 5x_1 + 2x_2 \geq 1 \\ x_1 \geq 0, \ x_2 \geq 0 \end{cases}$$

解 引入超額變數 x_3 與 x_4，將線性規劃問題改寫成下列之線性模式：

$$\text{Min.} \quad f(X) = 3x_1 + 7x_2 + 0x_3 + 0x_4$$

$$\text{受制於} \begin{cases} 4x_1 + x_2 - x_3 \quad\quad = 8 \\ 5x_1 + 2x_2 \quad\quad - x_4 = 1 \\ x_i \geq 0 \ (i = 1, 2, 3, 4) \end{cases}$$

現在利用單純形法解此問題。

$$A = \begin{bmatrix} x_1 & x_2 & x_3 & x_4 & f & \\ 4 & 1 & -1 & 0 & 0 & \vdots & 8 \\ 5 & ② & 0 & -1 & 0 & \vdots & 1 \\ \cdots & \cdots & \cdots & \cdots & \cdots & & \cdots \\ -3 & -7 & 0 & 0 & 1 & \vdots & 0 \end{bmatrix} \begin{matrix} \frac{8}{1} = 8 \\ \frac{1}{2} = 0.5 \end{matrix} \xrightarrow{\frac{1}{2}R_2}$$

主軸列

↑
主軸行

$$B = \begin{bmatrix} x_1 & x_2 & x_3 & x_4 & f & \\ 4 & 1 & -1 & 0 & 0 & \vdots & 8 \\ \frac{5}{2} & 1 & 0 & -\frac{1}{2} & 0 & \vdots & \frac{1}{2} \\ \cdots & \cdots & \cdots & \cdots & \cdots & & \cdots \\ -3 & -7 & 0 & 0 & 1 & \vdots & 0 \end{bmatrix} \begin{matrix} -1R_2 + R_1 \\ 7R_2 + R_3 \end{matrix}$$

$$
C=\begin{array}{c}
\begin{matrix} x_1 & x_2 & x_3 & x_4 & f & & \end{matrix}\\
\left[\begin{array}{ccccccc}
\frac{3}{2} & 0 & -1 & \textcircled{$\frac{1}{2}$} & 0 & \vdots & \frac{15}{2}\\
\frac{5}{2} & 1 & 0 & -\frac{1}{2} & 0 & \vdots & \frac{1}{2}\\
\hdashline
\frac{29}{2} & 0 & 0 & -\frac{7}{2} & 1 & \vdots & \frac{7}{2}
\end{array}\right]
\end{array}
$$

$\frac{15}{2}\Big/\frac{1}{2}=15$ ← 主軸列

$\frac{1}{2}\Big/-\frac{1}{2}=-1$

$2R_2$

↑ 主軸行 (x_4)

$$
D=\begin{array}{c}
\begin{matrix} x_1 & x_2 & x_3 & x_4 & f & & \end{matrix}\\
\left[\begin{array}{ccccccc}
3 & 0 & -2 & 1 & 0 & \vdots & 15\\
\frac{5}{2} & 1 & 0 & -\frac{1}{2} & 0 & \vdots & \frac{1}{2}\\
\hdashline
\frac{29}{2} & 0 & 0 & -\frac{7}{2} & 1 & \vdots & \frac{7}{2}
\end{array}\right]
\end{array}
$$

$\frac{1}{2}R_1+R_2$

$\frac{7}{2}R_1+R_3$

$$
E=\begin{array}{c}
\begin{matrix} x_1 & x_2 & x_3 & x_4 & f & & \end{matrix}\\
\left[\begin{array}{ccccccc}
3 & 0 & -2 & 1 & 0 & \vdots & 15\\
\textcircled{4} & 1 & -1 & 0 & 0 & \vdots & 8\\
\hdashline
25 & 0 & -7 & 0 & 1 & \vdots & \frac{112}{2}
\end{array}\right]
\end{array}
$$

$\frac{15}{3}=5$

$\frac{8}{4}=2$ ← 主軸列

$\frac{1}{4}R_2$

↑ 主軸行 (x_1)

$$
F=\begin{array}{c}
\begin{matrix} x_1 & x_2 & x_3 & x_4 & f & & \end{matrix}\\
\left[\begin{array}{ccccccc}
3 & 0 & -2 & 1 & 0 & \vdots & 15\\
1 & \frac{1}{4} & -\frac{1}{4} & 0 & 0 & \vdots & 2\\
\hdashline
25 & 0 & -7 & 0 & 1 & \vdots & \frac{112}{2}
\end{array}\right]
\end{array}
$$

$-3R_2+R_1$

$-25R_2+R_3$

$$G=\left[\begin{array}{cccccc} x_1 & x_2 & x_3 & x_4 & f & \\ 0 & -\frac{3}{4} & -\frac{5}{4} & 1 & 0 & \vdots & 9 \\ 1 & \frac{1}{4} & -\frac{1}{4} & 0 & 0 & \vdots & 2 \\ \hline 0 & -\frac{25}{4} & -\frac{3}{4} & 0 & 1 & \vdots & 6 \end{array}\right]$$

由上述擴增矩陣 $\boldsymbol{G}$ 最下一列垂直虛線左邊的元素除 f 之係數為 1 之外，其餘對應於 x_1, x_2, x_3, x_4 之元素不是 0 就是負數，因此，做到此就已完成了運算部分，故當 $x_1=2$，$x_2=0$ 時，f 的最小值為 6。★

以下是有關線性規劃問題中，若限制條件中含有"≥"與"≤"之混合式問題之解法。

例題 6

試求下列之線性規劃問題。

$$\text{Max.}\quad f(\boldsymbol{X})=5x_1+10x_2$$

$$\text{受制於}\begin{cases} x_1+x_2\le 20 \\ 2x_1-x_2\ge 10 \\ x_1\ge 0,\quad x_2\ge 0 \end{cases}$$

解 先將第二個限制式"≥"兩端同乘以 -1，寫成下式

$$-2x_1+x_2\le -10$$

故線性規劃模式如下

$$\text{Max.}\quad f(\boldsymbol{X})=5x_1+10x_2$$

$$\text{受制於}\begin{cases} x_1+x_2\le 20 \\ -2x_1+x_2\le -10 \\ x\ge 0,\quad x_2\ge 0 \end{cases}$$

引入差額變數 x_3 與 x_4，將線性規劃問題改寫成下列之線性模式

$$\text{Max.}\quad f(\boldsymbol{X}) = 5x_1 + 10x_2 + 0 \cdot x_3 + 0 \cdot x_4$$

$$\text{受制於}\begin{cases} x_1 + x_2 + x_3 = 20 \\ -2x_1 + x_2 + x_4 = -10 \\ x_i \geq 0\ (i = 1, 2, 3, 4) \end{cases}$$

現在利用單純形法解此問題。

$$\begin{array}{c} \begin{matrix} x_1 & x_2 & x_3 & x_4 & f & & \end{matrix} \\ \left[\begin{array}{cccccc} 1 & 1 & 1 & 0 & 0 & \vdots & 20 \\ -2 & 1 & 0 & 1 & 0 & \vdots & -10 \\ \hline -5 & -10 & 0 & 0 & 1 & \vdots & 0 \end{array}\right] \end{array}$$

由上述之起始單純形表，我們不難發現擴增矩陣最右一行有一元素為 −10，其意義為基本變數 x_4 之起始值為 −10，這就違背了所有變數皆得 ≥ 0 之限制條件，故在使用單純形法之前，首先我們必須將上述起始單純形表轉換成下列之標準單純形表。

$$\boldsymbol{A} = \begin{array}{c} \begin{matrix} x_1 & x_2 & x_3 & x_4 & f & & \end{matrix} \\ \left[\begin{array}{ccccccc} 1 & 1 & 1 & 0 & 0 & \vdots & 20 \\ \textcircled{-2} & 1 & 0 & 1 & 0 & \vdots & -10 \\ \hline -5 & -10 & 0 & 0 & 1 & \vdots & 0 \end{array}\right] \begin{array}{l} \frac{20}{1} = 20 \\ \frac{-10}{-2} = 5 \leftarrow \text{主軸列} \\ \\ \end{array} \end{array} \quad \underbrace{-\tfrac{1}{2}R_2}$$

↑ 主軸行（x_1 行）

$$\boldsymbol{B} = \begin{array}{c} \begin{matrix} x_1 & x_2 & x_3 & x_4 & f & & \end{matrix} \\ \left[\begin{array}{ccccccc} 1 & 1 & 1 & 0 & 0 & \vdots & 20 \\ 1 & -\frac{1}{2} & 0 & -\frac{1}{2} & 0 & \vdots & 5 \\ \hline -5 & -10 & 0 & 0 & 1 & \vdots & 0 \end{array}\right] \end{array} \quad \underbrace{\begin{array}{c} -1R_2 + R_1 \\ 5R_2 + R_3 \end{array}}$$

$$C = \begin{bmatrix} & x_1 & x_2 & x_3 & x_4 & f & & \text{商值} \\ & 0 & \boxed{\frac{3}{2}} & 1 & \frac{1}{2} & 0 & \vdots & 15 \\ & 1 & -\frac{1}{2} & 0 & -\frac{1}{2} & 0 & \vdots & 5 \\ & \cdots & \cdots & \cdots & \cdots & \cdots & \cdots & \cdots \\ & 0 & -\frac{25}{2} & 0 & -\frac{5}{2} & 1 & \vdots & 25 \end{bmatrix}$$

商值：$15 / \frac{3}{2} = 10$，$5 / -\frac{1}{2} = -10$　　$\frac{3}{2} R_1$

主軸列；↑ 主軸行

$$D = \begin{bmatrix} x_1 & x_2 & x_3 & x_4 & f & & \\ 0 & 1 & \frac{3}{2} & \frac{1}{3} & 0 & \vdots & 10 \\ 1 & -\frac{1}{2} & 0 & -\frac{1}{2} & 0 & \vdots & 5 \\ \cdots & \cdots & \cdots & \cdots & \cdots & \cdots & \cdots \\ 0 & -\frac{25}{2} & 0 & -\frac{5}{2} & 1 & \vdots & 25 \end{bmatrix}$$

$\frac{1}{2} R_1 + R_2$

$\frac{25}{2} R_1 + R_3$

$$E = \begin{bmatrix} x_1 & x_2 & x_3 & x_4 & f & & \\ 0 & 1 & \frac{2}{3} & \frac{1}{3} & 0 & \vdots & 10 \\ 1 & 0 & \frac{1}{3} & -\frac{1}{3} & 0 & \vdots & 10 \\ \cdots & \cdots & \cdots & \cdots & \cdots & \cdots & \cdots \\ 0 & 0 & \frac{25}{3} & \frac{5}{3} & 1 & \vdots & 150 \end{bmatrix}$$

上述擴增矩陣 E 之最後一列垂直虛線左邊的元素除 f 之係數為 1 之外，其餘對應於 x_1, x_2, x_3, x_4 之元素不是 0 就是正數，因此，做到此就已完成了運算部分，故當 $x_1 = 10$，$x_2 = 10$，$x_3 = 0$，$x_4 = 0$ 時，f 之最大值為 150。　★

例題 7

試求下列之線性規劃問題。

$$\text{Min.}\quad f(\boldsymbol{X}) = -x_1 - x_2 - 2x_3$$

$$\text{受制於}\begin{cases} x_1 - 4x_2 - 10x_3 \le -20 \\ 3x_1 + x_2 + x_3 \le 3 \\ x_i \ge 0 \quad (i = 1, 2, 3) \end{cases}$$

解 先將第一個限制式“≤”兩端同乘以 −1，寫成下式

$$-x_1 + 4x_2 + 10x_3 \ge 20$$

故線性規劃模式如下

$$\text{Min.}\quad f(\boldsymbol{X}) = -x_1 - x_2 - 2x_3$$

$$\text{受制於}\begin{cases} -x_1 + 4x_2 + 10x_3 \ge 20 \\ 3x_1 + x_2 + x_3 \le 3 \\ x_i \ge 0 \quad (i = 1, 2, 3) \end{cases}$$

引入超額變數 x_4 與差額變數 x_5，將線性規劃問題改寫成下列的線性模式。

$$\text{Min.}\quad f(\boldsymbol{X}) = -x_1 - x_2 - 2x_3 + 0 \cdot x_4 + 0 \cdot x_5$$

$$\text{受制於}\begin{cases} -x_1 + 4x_2 + 10x_3 - x_4 = 20 \\ 3x_1 + x_2 + x_3 + x_5 = 3 \\ x_i \ge 0 \quad (i = 1, 2, 3, 4, 5) \end{cases}$$

現在利用單純形法解此問題。

首先找調入變數，在最後一列目標函數列中且對應於 x_1, x_2, x_3, x_4, x_5 的元素中找出最大之正值 2，故選 x_3 為調入變數，其所在之行為主軸行。並將原來求極大時的結束條件“目標函數列中不是 0 就是正數”改為“目標函數列中對應到 x_1, x_2, x_3, x_4, x_5 之元素不是 0 就是負數”。

$$A = \begin{bmatrix} \begin{array}{ccccc|c} x_1 & x_2 & x_3 & x_4 & x_5 & f \\ -1 & 4 & 10 & -1 & 0 & 0 & : & 20 \\ 3 & 1 & 1 & 0 & 1 & 0 & : & 3 \\ \hdashline 1 & 1 & 2 & 0 & 0 & 1 & : & 0 \end{array} \end{bmatrix} \begin{array}{l} \frac{20}{10}=2 \\ \frac{3}{1}=3 \end{array} \xrightarrow{\frac{1}{10}R_1}$$

商值

↑ 主軸行   主軸列

$$B = \begin{bmatrix} \begin{array}{ccccc|c} x_1 & x_2 & x_3 & x_4 & x_5 & f \\ -\frac{1}{10} & \frac{4}{10} & 1 & -\frac{1}{10} & 0 & 0 & : & 2 \\ 3 & 1 & 1 & 0 & 1 & 0 & : & 3 \\ \hdashline 1 & 1 & 2 & 0 & 0 & 1 & : & 0 \end{array} \end{bmatrix} \begin{array}{l} -1R_1+R_2 \\ -2R_1+R_3 \end{array}$$

$$C = \begin{bmatrix} \begin{array}{ccccc|c} x_1 & x_2 & x_3 & x_4 & x_5 & f \\ -\frac{1}{10} & \frac{4}{10} & 1 & -\frac{1}{10} & 0 & 0 & : & 2 \\ \boxed{\frac{31}{10}} & \frac{6}{10} & 0 & \frac{1}{10} & 1 & 0 & : & 1 \\ \hdashline \frac{6}{5} & \frac{1}{5} & 0 & \frac{1}{5} & 0 & 1 & : & -4 \end{array} \end{bmatrix} \begin{array}{l} 2/-\frac{1}{10}=-20 \\ 1/\frac{31}{10}=\frac{10}{31} \end{array} \xrightarrow{\frac{10}{31}R_2}$$

↑ 主軸行   主軸列

$$D = \begin{bmatrix} \begin{array}{ccccc|c} x_1 & x_2 & x_3 & x_4 & x_5 & f \\ -\frac{1}{10} & \frac{4}{10} & 1 & -\frac{1}{10} & 0 & 0 & : & 2 \\ 1 & \frac{6}{31} & 0 & \frac{1}{31} & \frac{10}{31} & 0 & : & \frac{10}{31} \\ \hdashline \frac{6}{5} & \frac{1}{5} & 0 & \frac{1}{5} & 0 & 1 & : & -4 \end{array} \end{bmatrix} \begin{array}{l} \frac{1}{10}R_2+R_1 \\ -\frac{6}{5}R_2+R_3 \end{array}$$

$$
\begin{array}{cccccccc}
 & x_1 & x_2 & x_3 & x_4 & x_5 & f & \\
\end{array}
$$

$$
E = \left[\begin{array}{cccccccc}
0 & \frac{13}{31} & 1 & -\frac{3}{31} & \frac{1}{31} & 0 & \vdots & \frac{63}{31} \\
1 & \frac{6}{31} & 0 & \boxed{\frac{1}{31}} & \frac{10}{31} & 0 & \vdots & \frac{10}{31} \\
\hdashline
0 & -\frac{1}{31} & 0 & \frac{5}{31} & -\frac{12}{31} & 1 & \vdots & -\frac{136}{31}
\end{array}\right]
\begin{array}{l}
\frac{63}{31}\Big/-\frac{3}{31} = -21 \\
\frac{10}{31}\Big/\frac{1}{31} = 10 \quad \leftarrow \text{主軸列} \\
\\
\end{array}
\quad 31R_2
$$

↑ 主軸行

$$
F = \left[\begin{array}{cccccccc}
x_1 & x_2 & x_3 & x_4 & x_5 & f & & \\
0 & \frac{13}{31} & 1 & -\frac{3}{31} & \frac{1}{31} & 0 & \vdots & \frac{63}{31} \\
31 & 6 & 0 & 1 & 10 & 0 & \vdots & 10 \\
\hdashline
0 & -\frac{1}{31} & 0 & \frac{5}{31} & -\frac{12}{31} & 1 & \vdots & -\frac{136}{31}
\end{array}\right]
\quad
\begin{array}{l}
\frac{3}{31}R_2 + R_1 \\
-\frac{5}{31}R_2 + R_3
\end{array}
$$

$$
G = \left[\begin{array}{cccccccc}
x_1 & x_2 & x_3 & x_4 & x_5 & f & & \\
3 & 1 & 1 & 0 & 1 & 0 & \vdots & 3 \\
31 & 6 & 0 & 1 & 10 & 0 & \vdots & 10 \\
\hdashline
-5 & -1 & 0 & 0 & -2 & 1 & \vdots & -6
\end{array}\right]
$$

上面擴增矩陣 $\boldsymbol{G}$ 的最後一列垂直虛線左邊的元素中除 f 之係數為 1 外，其餘對應於 x_1, x_2, x_3, x_4, x_5 之元素不是 0 就是負數，故知最適解為 $[x_1, x_2, x_3]^T = [0, 0, 3]^T$，$f(\boldsymbol{X})$ 的最小值為 -6。★

例題 8

福記海鮮酒樓豉椒蟹每斤售 40 元，清蒸黃魚每斤 60 元，炒九孔每斤 50 元。現楊先生想請客三桌，他囑咐該酒樓經理說，魚的重量不可超過九孔及蟹的重量之和，蟹的重量是九孔重量的兩倍以上，但又聲明，全部用魚、九孔、蟹的總重量不得超過 27 斤。試問福記海鮮酒樓總經理要滿足楊先生的要求，又欲楊先生付出最多的金錢，每桌各應分配蟹、黃魚、九孔多少斤？

解 首先我們先建立數學模型，設蟹、黃魚、九孔的重量分別為 x_1 、x_2 及 x_3 斤，依楊先生之要求是

$$\begin{cases} x_1 + x_2 + x_3 \leq 27 \\ 2x_3 \leq x_1 \\ x_2 \leq x_1 + x_3 \\ x_i \geq 0 \ (i = 1, 2, 3) \end{cases}$$

但楊先生所付出之金錢 $f = 40x_1 + 60x_2 + 50x_3$（元）最多。
故線性規劃模型為

$$\text{Max.} \quad f(\boldsymbol{X}) = 40x_1 + 60x_2 + 50x_3 \ \text{（元）}$$

$$\text{受制於} \begin{cases} x_1 + x_2 + x_3 \leq 27 \\ 2x_3 \leq x_1 \\ x_2 \leq x_1 + x_3 \\ x_i \geq 0 \ (i = 1, 2, 3) \end{cases}$$

我們先引入差額變數 x_4, x_5, x_6，得下面的線性規劃模型為

$$\text{Max.} \quad f(\boldsymbol{X}) = 40x_1 + 60x_2 + 50x_3 + 0 \cdot x_4 + 0 \cdot x_5 + 0 \cdot x_6 \ \text{（元）}$$

$$\text{受制於} \begin{cases} x_1 + x_2 + x_3 + x_4 = 27 \\ -x_1 + 0 + 2x_3 + x_5 = 0 \\ -x_1 + x_2 - x_3 + x_6 = 0 \end{cases}$$

其中 $x_i \geq 0$（$i = 1, 2, \cdots, 6$）。
將上式以擴增矩陣寫出

$$\begin{array}{c} \\ \boldsymbol{A} = \end{array} \begin{array}{c} \begin{matrix} x_1 & x_2 & x_3 & x_4 & x_5 & x_6 & f & & \end{matrix} \\ \left[\begin{array}{ccccccccc} 1 & 1 & 1 & 1 & 0 & 0 & 0 & \vdots & 27 \\ -1 & 0 & 2 & 0 & 1 & 0 & 0 & \vdots & 0 \\ -1 & \textcircled{1} & -1 & 0 & 0 & 1 & 0 & \vdots & 0 \\ \hdashline -40 & -60 & -50 & 0 & 0 & 0 & 1 & \vdots & 0 \end{array}\right] \end{array} \begin{array}{l} \text{商值} \\ \frac{27}{1} = 27 \\ \frac{0}{1} = 0 \\ \leftarrow \text{主軸列} \end{array} \quad \begin{array}{l} -1R_3 + R_1 \\ 60R_3 + R_4 \end{array}$$

↑ 主軸行（x_2）

矩陣 $\boldsymbol{A}$ 中的最下一列，-60 為最小，含 -60 的那一行，它大於 0 的元素都是 1。

$$
\boldsymbol{B}=\begin{array}{c} \\ \end{array}
\begin{array}{ccccccccc}
x_1 & x_2 & x_3 & x_4 & x_5 & x_6 & f & & \\
\end{array}
$$

$$
\boldsymbol{B}=\left[\begin{array}{rrrrrrrcr}
2 & 0 & 2 & 1 & 0 & -1 & 0 & \vdots & 27 \\
-1 & 0 & \textcircled{2} & 0 & 1 & 0 & 0 & \vdots & 0 \\
-1 & 1 & -1 & 0 & 0 & 1 & 0 & \vdots & 0 \\
\hdashline
-100 & 0 & -110 & 0 & 0 & 60 & 1 & \vdots & 0
\end{array}\right]
\begin{array}{l}
\frac{27}{2}=13.5 \quad \frac{1}{2}R_2 \\
\frac{0}{2}=0 \leftarrow \\
\\
\text{主軸列}
\end{array}
$$

↑ 主軸行（x_3 行）

$$
\boldsymbol{C}=\left[\begin{array}{rrrrrrrcr}
x_1 & x_2 & x_3 & x_4 & x_5 & x_6 & f & & \\
2 & 0 & 2 & 1 & 0 & -1 & 0 & \vdots & 27 \\
-\frac{1}{2} & 0 & 1 & 0 & \frac{1}{2} & 0 & 0 & \vdots & 0 \\
-1 & 1 & -1 & 0 & 0 & 1 & 0 & \vdots & 0 \\
\hdashline
-100 & 0 & -110 & 0 & 0 & 60 & 1 & \vdots & 0
\end{array}\right]
\begin{array}{l}
-2R_2+R_1 \\
R_2+R_3 \\
110R_2+R_4
\end{array}
$$

$$
\boldsymbol{D}=\left[\begin{array}{rrrrrrrcr}
x_1 & x_2 & x_3 & x_4 & x_5 & x_6 & f & & \\
\textcircled{3} & 0 & 0 & 1 & -1 & -1 & 0 & \vdots & 27 \\
-\frac{1}{2} & 0 & 1 & 0 & \frac{1}{2} & 0 & 0 & \vdots & 0 \\
-\frac{3}{2} & 1 & 0 & 0 & \frac{1}{2} & 1 & 0 & \vdots & 0 \\
\hdashline
-155 & 0 & 0 & 0 & 55 & 60 & 1 & \vdots & 0
\end{array}\right]
\begin{array}{l}
\text{商值} \\
\leftarrow \frac{27}{3}=9 \\
\text{主軸列} \\
\qquad \frac{1}{3}R_1
\end{array}
$$

↑ 主軸行（x_1 行）

$$
\boldsymbol{E}=\left[\begin{array}{rrrrrrrcr}
x_1 & x_2 & x_3 & x_4 & x_5 & x_6 & f & & \\
1 & 0 & 0 & \frac{1}{3} & -\frac{1}{3} & -\frac{1}{3} & 0 & \vdots & 9 \\
-\frac{1}{2} & 0 & 1 & 0 & \frac{1}{2} & 0 & 0 & \vdots & 0 \\
-\frac{3}{2} & 1 & 0 & 0 & \frac{1}{2} & 1 & 0 & \vdots & 0 \\
\hdashline
-155 & 0 & 0 & 0 & 55 & 60 & 1 & \vdots & 0
\end{array}\right]
\begin{array}{l}
\frac{1}{2}R_1+R_2 \\
\frac{3}{2}R_1+R_3 \\
155R_1+R_4
\end{array}
$$

$$
\begin{array}{c}
 \\ \boldsymbol{F}=
\end{array}
\begin{array}{ccccccccc}
x_1 & x_2 & x_3 & x_4 & x_5 & x_6 & f & & \\
\end{array}
$$

$$
\boldsymbol{F}=\left[\begin{array}{ccccccccc}
1 & 0 & 0 & \frac{1}{3} & -\frac{1}{3} & -\frac{1}{3} & 0 & \vdots & 9 \\
0 & 0 & 1 & \frac{1}{6} & \frac{1}{3} & -\frac{1}{6} & 0 & \vdots & \frac{9}{2} \\
0 & 1 & 0 & \frac{1}{2} & 0 & \frac{1}{2} & 0 & \vdots & \frac{27}{2} \\
\hdashline
0 & 0 & 0 & \frac{155}{3} & \frac{10}{3} & \frac{25}{3} & 1 & \vdots & 1395
\end{array}\right]
$$

此時，矩陣 $\boldsymbol{F}$ 中最下一列垂直虛線左邊的元素都是正數或 0，並且

$$f=1395-\frac{155}{3}x_4-\frac{10}{3}x_5-\frac{25}{3}x_6$$

其中 x_4、x_5 及 x_6 都是正數，所以 f 的最大值為 1395 元。這時，$x_1=9$，$x_2=\frac{27}{2}$，$x_3=\frac{9}{2}$。換言之，福記海鮮酒樓經理每桌應分配蟹 3 斤，黃魚 4 斤半，九孔 1 斤半，楊先生則要付出 1395 元。 ★

8-6 大 M 法

如果我們所探討的線性規劃問題如同（8-5-4）式之模式，我們只需要利用單純形法就可解決問題。但當線性規劃中之限制條件有“≥”或（及）“＝”之情形者，使用單純形法就沒有那麼容易了，我們必須引進**人為變數**（artificial variable），由於限制式中須加入人為變數，故稱之為**大 M 法**（big M method）。現在我們以下面例題來說明大 M 法之求解方法。

若有一線性規劃問題如下

$$\text{Max.}\quad f(\boldsymbol{X})=2x_1-3x_2-x_3$$

$$
\text{受制於}\begin{cases}
3x_1+x_2+4x_3\geq 6\\
3x_1+2x_2-x_3=5\\
x_1+3x_2-3x_3\leq 8\\
x_i\geq 0\ (i=1,2,3)
\end{cases}
$$

首先引入超額變數 x_4 及差額變數 x_5，即可轉換為標準形式如下

$$\text{Max.}\quad f(\boldsymbol{X}) = 2x_1 - 3x_2 - x_3 + 0 \cdot x_4 + 0 \cdot x_5$$

$$\text{受制於}\begin{cases} 3x_1 + x_2 + 4x_3 - x_4 = 6 \\ 3x_1 + 2x_2 - x_3 = 5 \\ x_1 + 3x_2 - 3x_3 + x_5 = 8 \\ x_i \geq 0\ (i = 1, 2, \cdots, 5) \end{cases} \qquad (8\text{-}6\text{-}1)$$

讀者會發現在第一個限制條件中，如果我們令 $x_1 = x_2 = x_3 = 0$，將得到 $x_4 = -6$，此不滿足變數不為負數的要求。故補救的辦法是另外加入一非負值之人為變數 s_1，使得

$$3x_1 + x_2 + 4x_3 - x_4 + s_1 = 6$$

另第二個限制條件中（“＝”）

$$3x_1 + 2x_2 - x_3 = 5$$

亦會得到 $0 = 5$ 這種矛盾情形，我們亦可另外加入一非負值之人為變數 s_2，使得

$$3x_1 + 2x_2 - x_3 + s_2 = 5$$

故（8-6-1）式改成

$$\text{Max.}\quad f(\boldsymbol{X}) = 2x_1 - 3x_2 - x_3 + 0 \cdot x_4 + 0 \cdot s_1 + 0 \cdot s_2 + 0 \cdot x_5$$

$$\text{受制於}\begin{cases} 3x_1 + x_2 + 4x_3 - x_4 + s_1 = 6 \\ 3x_1 + 2x_2 - x_3 + s_2 = 5 \\ x_1 + 3x_2 - 3x_3 + x_5 = 8 \\ x_1, x_2, x_3, x_4, s_1, s_2, x_5 \geq 0 \end{cases} \qquad (8\text{-}6\text{-}2)$$

當人為變數 s_1 與 s_2 於最適解中不為 0 時，例如 $s_2 > 0$，則第二個限制式

$$3x_1 + 2x_2 - x_3 + s_2 = 5$$

會有 $\qquad 3x_1 + 2x_2 - x_3 < 5$（但必須等於 5）

不合理之情形發生，因此，為了確保人為變數於最適解中為 0，故我們將目標函數改為

$$\text{Max.}\quad f(\boldsymbol{X}) = 2x_1 - 3x_2 - x_3 + 0 \cdot x_4 - Ms_1 - Ms_2 + 0 \cdot x_5$$

其中 M 為非常大的正數（此為大 M 法名稱之由來），其目的在於"強迫"人為變數最後為 0，否則將因 M 之關係，而使得 $f(\boldsymbol{X})$ 無法最大化。於是，最後之線性規劃模式變為

$$\text{Max.}\quad f(\boldsymbol{X}) = 2x_1 - 3x_2 - x_3 + 0 \cdot x_4 - Ms_1 - Ms_2 + 0 \cdot x_5$$

$$\text{受制於}\begin{cases} 3x_1 + x_2 + 4x_3 - x_4 + s_1 = 6 \\ 3x_1 + 2x_2 - x_3 + s_2 = 5 \\ x_1 + 3x_2 - 3x_3 + x_5 = 8 \\ x_1, x_2, x_3, x_4, s_1, s_2, x_5 \geq 0 \end{cases} \qquad (8\text{-}6\text{-}3)$$

綜合以上所述，我們將大 M 法之步驟歸納如下

1. 若線性規劃問題之限制式中含有"≤"號，只需在不等式的左端加上一非負的差額變數。
2. 若線性規劃問題之限制式中含有"≥"號，則除了在不等式的左端減去一非負的超額變數外，還要加上一人為變數。
3. 若線性規劃問題之限制式中含有"＝"號，則必須在等號左端加上一人為變數。
4. 在原始的目標函數中，再加上步驟 1、2、3 中所提到的**差額變數**、**超額變數**以及**人為變數**。差額變數及超額變數前的係數設為 0。而人為變數前的係數視線性規劃問題而定，如果是求極大化，則係數設為 $-M$。如果是求極小化，則係數設為 M，M 是一個假定為很大的一個正數。
5. 經過前面的處理之後，就可利用單純形法之求解步驟求解。

例題 1

試以大 M 法求

$$\text{Max.}\quad f(\boldsymbol{X}) = x_1 + 2x_2 + 2x_3$$

$$\text{受制於}\begin{cases} x_1 + x_2 + 2x_3 \leq 12 \\ 2x_1 + x_2 + 5x_3 = 20 \\ x_1 + x_2 - x_3 \geq 8 \\ x_i \geq 0 \quad (i = 1, 2, 3) \end{cases}$$

解 原線性規劃模式經修正後之標準形式為

$$\text{Max.}\quad f(\boldsymbol{X}) = x_1 + 2x_2 + 2x_3 + 0\cdot x_4 - Ms_1 + 0\cdot x_5 - Ms_2$$

$$\text{受制於}\begin{cases} x_1 + x_2 + 2x_3 + x_4 = 12 \\ 2x_1 + x_2 + 5x_3 + s_1 = 20 \\ x_1 + x_2 - x_3 - x_5 + s_2 = 8 \\ x_1, x_2, x_3, x_4, x_5, s_1, s_2 \geq 0,\ \text{其中 } s_1\text{、}s_2 \text{ 為人為變數} \end{cases}$$

由於人為變數 s_1、s_2 為基本變數，故首先要將人為變數在目標函數中之係數都化為零，故由限制式中解出 s_1 與 s_2，得

$$s_1 = 20 - 2x_1 - x_2 - 5x_3$$
$$s_2 = 8 - x_1 - x_2 + x_3 + x_5$$

代入目標函數中，得

$$\begin{aligned} f(\boldsymbol{X}) &= x_1 + 2x_2 + 2x_3 + 0\cdot x_4 - M(20 - 2x_1 - x_2 - 5x_3) + 0\cdot x_5 \\ &\quad - M(8 - x_1 - x_2 + x_3 + x_5) \\ &= (1+3M)x_1 + (2+2M)x_2 + (2+4M)x_3 + 0\cdot x_4 - Mx_5 - 28M \end{aligned}$$

故利用大 M 法，將原混合式問題之線性規劃模型轉為標準形式為

$$\text{Max.}\quad f(\boldsymbol{X}) = (1+3M)x_2 + (2+2M)x_2 + (2+4M)x_3 + 0\cdot x_4 - Mx_5 - 28M$$

$$\text{受制於}\begin{cases} x_1 + x_2 + 2x_3 + x_4 = 12 \\ 2x_1 + x_2 + 5x_3 + s_1 = 20 \\ x_1 + x_2 - x_3 - x_5 + s_2 = 8 \\ x_1, x_2, x_3, x_4, x_5, s_1, s_2 \geq 0 \end{cases}$$

下面就是其擴增矩陣形式，並利用矩陣之基本列運算求解。

$$\begin{array}{c} \\ \boldsymbol{A} = \end{array}\begin{array}{c} \begin{array}{cccccccccc} x_1 & x_2 & x_3 & x_4 & s_1 & x_5 & s_2 & f & & \end{array} \\ \left[\begin{array}{cccccccc:c} 1 & 1 & 2 & 1 & 0 & 0 & 0 & 0 & 12 \\ 2 & 1 & \textcircled{5} & 0 & 1 & 0 & 0 & 0 & 20 \\ 1 & 1 & -1 & 0 & 0 & -1 & 1 & 0 & 8 \\ \hdashline -(1+3M) & -(2+2M) & -(2+4M) & 0 & 0 & M & 0 & 1 & -28M \end{array}\right] \end{array} \begin{array}{l} \text{商值} \\ \frac{12}{2}=6 \\ \frac{20}{5}=4 \leftarrow \text{主軸列} \\ \\ \end{array} \quad \overset{\frac{1}{5}R_2}{\sim}$$

↑ 主軸行（x_3 行）

首先找調入變數，因 $-(2+4M) < -(1+3M) < -(2+2M) < 0$。故 $-(2+4M)$ 為 $\boldsymbol{A}$ 矩陣中最下一列元素的最小負數，所以，選 x_3 為調入變數。基本可行解為

$$\boldsymbol{X} = [x_1, x_2, x_3, x_4, x_5, s_1, s_2]^T = [0, 0, 0, 12, 0, 20, 8]^T$$

$$f(\boldsymbol{X}) = -28M$$

$$\boldsymbol{B} = \begin{array}{c} \begin{array}{cccccccccc} x_1 & x_2 & x_3 & x_4 & s_1 & x_5 & s_2 & f & & \end{array} \\ \left[\begin{array}{cccccccccc} 1 & 1 & 2 & 1 & 0 & 0 & 0 & 0 & \vdots & 12 \\ \frac{2}{5} & \frac{1}{5} & 1 & 0 & \frac{1}{5} & 0 & 0 & 0 & \vdots & 4 \\ 1 & 1 & -1 & 0 & 0 & -1 & 1 & 0 & \vdots & 8 \\ \hline -(1+3M) & -(2+2M) & -(2+4M) & 0 & 0 & M & 0 & 1 & \vdots & -28M \end{array}\right] \end{array} \begin{array}{l} -2R_2 + R_1 \\ R_2 + R_3 \\ (2+4M)R_3 + R_4 \end{array}$$

$$\boldsymbol{C} = \begin{array}{c} \begin{array}{cccccccccc} x_1 & x_2 & x_3 & x_4 & s_1 & x_5 & s_2 & f & & \end{array} \\ \left[\begin{array}{cccccccccc} \frac{1}{5} & \frac{3}{5} & 0 & 1 & -\frac{2}{5} & 0 & 0 & 0 & \vdots & 4 \\ \frac{2}{5} & \frac{1}{5} & 1 & 0 & \frac{1}{5} & 0 & 0 & 0 & \vdots & 4 \\ \boxed{\frac{7}{5}} & \frac{6}{5} & 0 & 0 & \frac{1}{5} & -1 & 1 & 0 & \vdots & 12 \\ \hline -\left(\frac{1}{5}+\frac{7}{5}M\right) & -\left(\frac{8}{5}+\frac{6}{5}M\right) & 0 & 0 & \left(\frac{2}{5}+\frac{4}{5}M\right) & M & 0 & 1 & \vdots & 8-12M \end{array}\right] \end{array} \begin{array}{l} \text{商值} \\ 4/\frac{1}{5} = 20 \\ 4/\frac{2}{5} = 10 \quad -\frac{5}{7}R_3 \\ 12/\frac{7}{5} = \frac{60}{7} \leftarrow \text{主軸列} \end{array}$$

↑ 主軸行（x_1）

$$\left(\because -\left(\frac{1}{5}+\frac{7}{5}M\right) < -\left(\frac{8}{5}+\frac{6}{5}M\right) < 0\right)$$

基本可行解為

$$\boldsymbol{X} = [x_1, x_2, x_3, x_4, x_5, s_1, s_2]^T = [0, 0, 4, 4, 0, 0, 12]^T$$

$$f(\boldsymbol{X}) = 8 - 12M$$

$$
\begin{array}{c}
\\
\\
\boldsymbol{D}=
\end{array}
\left[\begin{array}{cccccccc:c}
x_1 & x_2 & x_3 & x_4 & s_1 & x_5 & s_2 & f & \\
\frac{1}{5} & \frac{3}{5} & 0 & 1 & -\frac{2}{5} & 0 & 0 & 0 & 4 \\
\frac{2}{5} & \frac{1}{5} & 1 & 0 & \frac{1}{5} & 0 & 0 & 0 & 4 \\
1 & \frac{6}{7} & 0 & 0 & \frac{1}{7} & -\frac{5}{7} & \frac{5}{7} & 0 & \frac{60}{7} \\
\hdashline
-\left(\frac{1}{5}+\frac{7}{5}M\right) & -\left(\frac{8}{5}+\frac{6}{5}M\right) & 0 & 0 & \left(\frac{2}{5}+\frac{4}{5}M\right) & M & 0 & 1 & 8-12M
\end{array}\right]
\begin{array}{l}
\\
-\frac{1}{5}R_3+R_1 \\
-\frac{2}{5}R_3+R_2 \\
\left(\frac{1}{5}+\frac{7}{5}M\right)R_3+R_4 \\
\sim
\end{array}
$$

$$
\boldsymbol{E}=
\left[\begin{array}{cccccccc:c}
x_1 & x_2 & x_3 & x_4 & s_1 & x_5 & s_2 & f & \\
0 & \textcircled{\frac{3}{7}} & 0 & 1 & -\frac{3}{7} & \frac{1}{7} & -\frac{1}{7} & 0 & \frac{16}{7} \\
0 & -\frac{1}{7} & 1 & 0 & \frac{1}{7} & \frac{2}{7} & -\frac{2}{7} & 0 & \frac{4}{7} \\
1 & \frac{6}{7} & 0 & 0 & \frac{1}{7} & -\frac{5}{7} & \frac{5}{7} & 0 & \frac{60}{7} \\
\hdashline
0 & -\frac{10}{7} & 0 & 0 & \frac{3}{7}+M & -\frac{1}{7} & \frac{1}{7}+M & 1 & \frac{68}{7}
\end{array}\right]
\begin{array}{l}
\text{商值} \\
\leftarrow \frac{16}{7}\Big/\frac{3}{7}=\frac{16}{3} \quad \frac{7}{3}R_1 \sim \\
\\
\frac{60}{7}\Big/\frac{6}{7}=10 \\
\text{主軸列}
\end{array}
$$

$\uparrow$ 主軸行 (在 x_2 行)

$$\left(\because -\frac{10}{7}<-\frac{1}{7}<0\right)$$

基本可行解為

$$\boldsymbol{X}=[x_1,x_2,x_3,x_4,x_5,s_1,s_2]^T=\left[\frac{60}{7},0,\frac{4}{7},\frac{16}{7},0,0,0\right]^T$$

$$f(\boldsymbol{X})=\frac{68}{7}$$

$$
\boldsymbol{F}=
\left[\begin{array}{cccccccc:c}
x_1 & x_2 & x_3 & x_4 & s_1 & x_5 & s_2 & f & \\
0 & 1 & 0 & \frac{7}{3} & -1 & \frac{1}{3} & -\frac{1}{3} & 0 & \frac{16}{3} \\
0 & -\frac{1}{7} & 1 & 0 & \frac{1}{7} & \frac{2}{7} & -\frac{2}{7} & 0 & \frac{4}{7} \\
1 & \frac{6}{7} & 0 & 0 & \frac{1}{7} & -\frac{5}{7} & \frac{5}{7} & 0 & \frac{60}{7} \\
\hdashline
0 & -\frac{10}{7} & 0 & 0 & \frac{3}{7}+M & -\frac{1}{7} & \frac{1}{7}+M & 1 & \frac{68}{7}
\end{array}\right]
\begin{array}{l}
\\
\frac{1}{7}R_1+R_2 \\
-\frac{6}{7}R_1+R_3 \\
\frac{10}{7}R_1+R_4 \\
\sim
\end{array}
$$

$$
\begin{array}{cccccccccc}
x_1 & x_2 & x_3 & x_4 & s_1 & x_5 & s_2 & f & & \\
\end{array}
$$

$$
G=\left[\begin{array}{cccccccccc}
0 & 1 & 0 & \frac{7}{3} & -1 & \frac{1}{3} & -\frac{1}{3} & 0 & \vdots & \frac{16}{3} \\
0 & 0 & 1 & \frac{1}{3} & 0 & \frac{1}{3} & -\frac{1}{3} & 0 & \vdots & \frac{4}{3} \\
1 & 0 & 0 & -2 & 1 & -1 & 1 & 0 & \vdots & 4 \\
\hdashline
0 & 0 & 0 & \frac{10}{3} & -1+M & \frac{1}{3} & -\frac{1}{3}+M & 1 & \vdots & \frac{52}{3}
\end{array}\right]
$$

此時，擴增矩陣 $\boldsymbol{G}$ 中最下一列垂直虛線左邊的元素除 f 之係數為 1 之外，其餘對應於 $x_1, x_2, x_3, x_4, x_5, s_1, s_2$ 之元素不是正數就是 0，因此求得基本可行解為

$$
\boldsymbol{X}=[x_1, x_2, x_3, x_4, x_5, s_1, s_2]^T=\left[4, \frac{16}{3}, \frac{4}{3}, 0, 0, 0, 0\right]^T
$$

而原問題之最適解為 $\boldsymbol{X}=\left[4, \frac{16}{3}, \frac{4}{3}\right]^T$，最大值為 $\frac{52}{3}$。 ★

習題 8-2

1. 試將下列各線性規劃問題轉換為標準形式。

(1) Max. $f(\boldsymbol{X})=3x_1+x_2+x_3$

受制於
$$
\begin{cases}
x_1-x_2+3x_3 \geq 2 \\
4x_1+x_2+2x_3 \leq 4 \\
x_1-x_3=4 \\
x_i \geq 0 \quad (i=1,2,3)
\end{cases}
$$

(2) Max. $f(\boldsymbol{X})=10x_1+9x_2$

受制於
$$
\begin{cases}
\frac{7}{10}x_1+x_2 \leq 630 \\
\frac{1}{2}x_1+\frac{5}{6}x_2 \leq 600 \\
x_1+\frac{2}{3}x_2 \leq 708 \\
\frac{1}{10}x_1+\frac{1}{4}x_2 \leq 135 \\
x_1 \geq 100, \quad x_2 \geq 100, \\
x_1, x_2 \geq 0
\end{cases}
$$

(3) Min. $f(\boldsymbol{X}) = 15x_1 - 10x_2 - 7x_3 + 15x_4$

$$\text{受制於}\begin{cases} 5x_1 + x_2 + 5x_3 + x_4 \leq 6 \\ -3x_1 + x_2 - 4x_3 + 3x_4 \geq 7 \\ x_1 + x_2 + x_3 + x_4 \leq 2 \\ x_1, x_3, x_4 \geq 0 \\ x_2 \leq 0 \end{cases}$$

2. 試利用代數法求下列之線性規劃問題。

Min. $f(\boldsymbol{X}) = 3x_1 + 7x_2$

$$\text{受制於}\begin{cases} 4x_1 + x_2 \geq 8 \\ 5x_1 + 2x_2 \geq 1 \\ x_1 \geq 0,\quad x_2 \geq 0 \end{cases}$$

3. 試利用單純形法求解下列之線性規劃問題。

(1) Max. $f(\boldsymbol{X}) = 6x_1 + 4x_2$

$$\text{受制於}\begin{cases} 2x_1 + x_2 \leq 10 \\ x_1 + 4x_2 \leq 12 \\ x_1 \geq 0,\quad x_2 \geq 0 \end{cases}$$

(2) Max. $f(\boldsymbol{X}) = 3x_1 + 2x_2$

$$\text{受制於}\begin{cases} x_1 \leq 12 \\ x_1 + 3x_2 \leq 45 \\ 2x_1 + x_2 \leq 30 \\ x_1 \geq 0,\quad x_2 \geq 0 \end{cases}$$

(3) Min. $f(\boldsymbol{X}) = 2x_1 - 5x_2$

$$\text{受制於}\begin{cases} x_1 - x_2 \leq 2 \\ -4x_1 + x_2 \leq 1 \\ x_1 + x_2 \leq 6 \\ x_1 \geq 0,\quad x_2 \geq 0 \end{cases}$$

4. 試將下列求極大值問題寫成標準形式。

Max. $f(\boldsymbol{X}) = 4x_1 + 5x_2$

$$\text{受制於}\begin{cases} 5x_1 + 4x_2 \leq 200 \\ 3x_1 + 6x_2 = 180 \\ 8x_1 + 5x_2 \geq 160 \\ x_1 \geq 0,\quad x_2 \geq 0 \end{cases}$$

5. 試將下列求極小值問題寫成標準形式。

$$\text{Min.}\quad f(\boldsymbol{X}) = 2x_1 + 3x_2$$

$$\text{受制於}\begin{cases} 2x_1 + x_2 = 7 \\ 3x_1 - x_2 \geq 3 \\ x_1 + x_2 \leq 5 \\ x_1 \geq 0,\quad x_2 \geq 0 \end{cases}$$

6. 試利用大 M 法求下列之線性規劃問題。

$$\text{Min.}\quad f(\boldsymbol{X}) = 6x_1 + 12x_2$$

$$\text{受制於}\begin{cases} x_1 + 6x_2 \geq 5 \\ 3x_1 + 2x_2 \geq 5 \\ x_1 \geq 0,\quad x_2 \geq 0 \end{cases}$$

7. 正大書局出版甲、乙、丙三種書籍。該書局的印刷部門每天工作不超過 10 小時，裝訂部門每天最多工作 15 小時，已知甲、乙、丙三種書籍的生產工作時間表如下:

書籍＼工作	印　刷	裝　訂
甲	0.2 小時	0.8 小時
乙	0.8 小時	0.8 小時
丙	1.2 小時	0.4 小時

假設甲類書每本價值 16 元，乙類書每本淨賺 32 元，丙類書每本價值 24 元，求正大書局一天的最高生產值為何？

8. 某公司生產甲、乙、丙產品三種，需用二種原料 A、B。A 原料公司庫存有 200，B 原料有 300。生產甲、乙、丙產品所需使用原料 A、B 之比率如下表。試問如何分配產量可使其利潤為最大？

產品＼原料	A	B	利潤（元）
甲	20 %	80 %	20
乙	50 %	50 %	30
丙	60 %	40 %	40

習題答案

第一章　矩陣與線性方程組

習題 1-1

1. (1) 2×1 階矩陣　(2) 2 階矩陣　(3) 2×3 階矩陣
(4) 1×4 階矩陣　(5) 3×4 階矩陣

2. (1)方陣　(2)對角矩陣　(3)上三角矩陣
(4)下三角矩陣　(5)單位矩陣　(6)上三角矩陣

3. $A=\begin{bmatrix}1 & 0 & -1\\ 3 & 2 & 1\end{bmatrix}$

4. $A=\begin{bmatrix}1 & 0 & 0 & 0\\ 0 & 1 & 0 & 0\\ 0 & 0 & 1 & 0\\ 0 & 0 & 0 & 1\end{bmatrix}$　**5.** $A=\begin{bmatrix}1 & 4\\ 4 & 7\\ 9 & 12\end{bmatrix}$

6. $A=\begin{bmatrix}1 & -2 & -2\\ 2 & 1 & -2\\ 2 & 2 & 1\end{bmatrix}$, $A^T=\begin{bmatrix}1 & 2 & 2\\ -2 & 1 & 2\\ -2 & -2 & 1\end{bmatrix}$　**7.** $A^T=\begin{bmatrix}2 & 3 & 0\\ 1 & 7 & -1\\ 4 & 5 & 9\end{bmatrix}$

8. A、B、C 均非反對稱方陣，D 為反對稱方陣。

9. $[\,1\,], [\,2\,], [\,3\,], [\,4\,], \begin{bmatrix}1\\ 2\end{bmatrix}, \begin{bmatrix}3\\ 4\end{bmatrix}, [\,1, 3\,], [\,2, 4\,], \begin{bmatrix}1 & 3\\ 2 & 4\end{bmatrix}$

10. $[\,1\,], [\,-1\,], [\,2\,], [\,0\,], [\,3\,], [\,5\,], [\,2\,], [\,4\,], [\,-3\,], \begin{bmatrix}-1 & 2\\ 3 & 5\end{bmatrix}, \begin{bmatrix}1 & 2\\ 0 & 5\end{bmatrix},$

$\begin{bmatrix}-1 & 2\\ 4 & -3\end{bmatrix}, \begin{bmatrix}1 & 2\\ 2 & -3\end{bmatrix}, \begin{bmatrix}1 & -1\\ 2 & 4\end{bmatrix}, \begin{bmatrix}3 & 5\\ 4 & -3\end{bmatrix}, \begin{bmatrix}0 & 5\\ 2 & -3\end{bmatrix}, \begin{bmatrix}0 & 3\\ 2 & 4\end{bmatrix},$

$\begin{bmatrix}1 & -1 & 2\\ 0 & 3 & 5\\ 2 & 4 & -3\end{bmatrix}$

習題 1-2

1. $\begin{cases} x=-2 \\ y=3 \end{cases}$ 2. $X=-\frac{1}{4}\begin{bmatrix} 11 & 24 & 27 \\ 13 & 15 & -103 \end{bmatrix}$

3. (1) $\begin{bmatrix} 4 & -1 \\ -5 & -11 \end{bmatrix}$ (2) $\begin{bmatrix} 1 & 9 & -9 \\ -5 & 4 & -2 \\ 8 & 5 & -11 \end{bmatrix}$ (3) $\begin{bmatrix} 12 & 23 \\ -7 & 17 \\ 0 & 52 \end{bmatrix}$

4. 不相等

5. $AB=\begin{bmatrix} 15 & -5 & -10 \\ -5 & 21 & 6 \\ -10 & 6 & 11 \end{bmatrix}$, $BA=\begin{bmatrix} 21 & -9 & -2 & -7 \\ -9 & 10 & -3 & 0 \\ -2 & -3 & 2 & 3 \\ -7 & 0 & 3 & 6 \end{bmatrix}$

6. 是

7. (1) 略 (2) 略 8. $X=\begin{bmatrix} 1 & -2 \\ 3 & 1 \end{bmatrix}$

9. $A^2=\begin{bmatrix} -\frac{1}{2} & \frac{\sqrt{3}}{2} \\ -\frac{\sqrt{3}}{2} & -\frac{1}{2} \end{bmatrix}$, $A^3=\begin{bmatrix} -1 & 0 \\ 0 & -1 \end{bmatrix}$

10. (1) 略 (2) 略 11. (1) 略 (2) 略

12. $A^2=I_2$, $A^3=A$, $A^4=I_2$, $A^5=A$, $A^6=I_2$

13. 否；略 14. 略 15. 略

16. (1) 略 (2) 略 (3) 略 17. (1) 略 (2) 略 (3) 略

18. (1) $A^2=\begin{bmatrix} 9 & -4 \\ -8 & 17 \end{bmatrix}$, $A^3=\begin{bmatrix} -7 & 30 \\ 60 & -67 \end{bmatrix}$ (2) $f(A)=\begin{bmatrix} -13 & 52 \\ 104 & -117 \end{bmatrix}$

19. $A^n=AA^{n-1}$ 20. 略

習題 1-3

1. (1) 不可逆 (2) $B^{-1}=\begin{bmatrix}\frac{1}{5} & \frac{2}{5}\\ -\frac{1}{5} & \frac{3}{5}\end{bmatrix}$ (3) $C^{-1}=\begin{bmatrix}-\frac{1}{11} & \frac{2}{11}\\ \frac{4}{11} & \frac{3}{11}\end{bmatrix}$

2. $A^{-1}=\begin{bmatrix}\cos\theta & -\sin\theta\\ \sin\theta & \cos\theta\end{bmatrix}$

3. $A=\begin{bmatrix}\frac{2}{7} & 1\\ \frac{1}{7} & \frac{3}{7}\end{bmatrix}$

4. (1) 不成立 (2) 成立

5. $A=\begin{bmatrix}-\frac{1}{4} & \frac{1}{4}\\ -\frac{3}{16} & \frac{1}{8}\end{bmatrix}$

6. $x=2$ 7. 略 8. $A=\mathbf{0}_{n\times n}$ 9. 略

10. $(A^T)^{-1}=\begin{bmatrix}7 & -2\\ -3 & 1\end{bmatrix}$, $(A^{-1})^T=\begin{bmatrix}7 & -2\\ -3 & 1\end{bmatrix}$, $(A^T)^{-1}=(A^{-1})^T$

11. $(2A)^{-3}=\begin{bmatrix}-\frac{1}{12} & -\frac{1}{24}\\ \frac{5}{24} & \frac{1}{24}\end{bmatrix}$

習題 1-4

1. (1) 基本矩陣 (2) 非基本矩陣 (3) 基本矩陣
   (4) 基本矩陣 (5) 非基本矩陣

2. (1) $\underset{\sim}{7R_1+R_2}$ (2) $\underset{\sim}{\frac{1}{6}R_3}$ (3) $\underset{\sim}{R_1\leftrightarrow R_3}$, $\underset{\sim}{R_3\leftrightarrow R_4}$ (4) $\underset{\sim}{\frac{1}{5}R_3+R_1}$

3. (1) $E_1=\begin{bmatrix}0 & 0 & 1\\ 0 & 1 & 0\\ 1 & 0 & 0\end{bmatrix}$ (2) $E_2=\begin{bmatrix}0 & 0 & 1\\ 0 & 1 & 0\\ 1 & 0 & 0\end{bmatrix}$

   (3) $E_3=\begin{bmatrix}1 & 0 & 0\\ 0 & 1 & 0\\ -2 & 0 & 1\end{bmatrix}$ (4) $E_4=\begin{bmatrix}1 & 0 & 0\\ 0 & 1 & 0\\ 2 & 0 & 1\end{bmatrix}$

4. (1) $A^{-1}=\begin{bmatrix} 7 & -3 \\ -2 & 1 \end{bmatrix}$　(2) $B^{-1}=\begin{bmatrix} \frac{1}{6} & \frac{1}{2} & -\frac{5}{6} \\ -\frac{1}{6} & \frac{1}{2} & -\frac{2}{3} \\ \frac{1}{6} & -\frac{1}{2} & \frac{7}{6} \end{bmatrix}$

(3) $C^{-1}=\begin{bmatrix} -\frac{1}{2} & 1 & \frac{3}{2} \\ \frac{1}{2} & 0 & -\frac{1}{2} \\ -\frac{1}{2} & 1 & \frac{1}{2} \end{bmatrix}$　(4) $D^{-1}=\begin{bmatrix} 1 & -\frac{1}{2} & 0 & -\frac{1}{2} \\ 1 & 0 & 0 & -1 \\ 0 & \frac{1}{2} & 0 & \frac{1}{2} \\ -1 & 0 & 1 & 1 \end{bmatrix}$

5. (1) 不可逆　(2) 不可逆

6. A 是簡約列梯陣。B 是簡約列梯陣。C 不是簡約列梯陣。D 不是簡約列梯陣

7. $C=\begin{bmatrix} 0 & 1 & 0 & 0 & 0 \\ 0 & 0 & 1 & 0 & 0 \\ 0 & 0 & 0 & 1 & 0 \\ 0 & 0 & 0 & 0 & 1 \end{bmatrix}$　8. $a=1$, $A^{-1}=\begin{bmatrix} 0 & 1 & 0 \\ 1 & -1 & 0 \\ -2 & 1 & 1 \end{bmatrix}$

習題 1-5

1. (1) $x_1=-\frac{3}{4}$, $x_2=-\frac{5}{4}$, $x_3=\frac{13}{4}$　(2) $\begin{cases} x_1=2t \\ x_2=\frac{5t}{3}-\frac{1}{3}, & t\in\mathbb{R} \\ x_3=t \end{cases}$

(3) $\begin{cases} x_1=\frac{1}{2}+s \\ x_2=1+2s-t & s\in\mathbb{R},\ t\in\mathbb{R} \\ x=s \\ x_4=t \end{cases}$　(4) $x_1=1$, $x_2=2$, $x_3=2$

2. (1) $x_1=-\frac{3}{4}$, $x_2=-\frac{5}{4}$, $x_3=\frac{13}{4}$　(2) $x_1=1$, $x_2=-1$, $x_3=2$

3. $I_1=\frac{9}{31}$ 安培，$I_2=\frac{24}{31}$ 安培，$I_3=-\frac{33}{31}$ 安培（負號表示與原來 I_3 方向相反）

4. (1) $a=-3$　(2) 除 $a=\pm3$ 之外的所有 a 值　(3) $a=3$

5. (1) 具有非明顯解　(2) 具有明顯解　(3) 具有非明顯解

6. (1) $A^{-1}=\begin{bmatrix}1&2&3\\1&3&3\\1&2&4\end{bmatrix}$, $x_1=5,\quad x_2=4,\quad x_3=7$

(2) $A^{-1}=\begin{bmatrix}-\frac{1}{2}&1&\frac{3}{2}\\ \frac{1}{2}&0&-\frac{1}{2}\\ -\frac{1}{2}&1&\frac{1}{2}\end{bmatrix}$, $x_1=\frac{3}{2},\quad x_2=\frac{1}{2},\quad x_3=\frac{3}{2}$

7. $\begin{cases}x_1=-\frac{t}{3}\\ x_2=\frac{2}{3}t,\quad t\in\mathbb{R}\\ x_3=t\end{cases}$

8. $X=\begin{bmatrix}11&12&-3&27&26\\-6&-8&1&-18&-17\\-15&-21&9&-38&-35\end{bmatrix}$

9. $\lambda=3$ 或 $\lambda=-2$

10. $x_1=\frac{23}{41},\quad x_2=-\frac{1}{41},\quad x_3=-\frac{7}{41}$

第二章　行列式

習題 2-1

1. (1) -40　(2) -66　(3) -240

2. (1) 0　(2) 0　(3) 2　(4) -78

3. 0

4. $A_{13}=-9,\quad A_{23}=0,\quad A_{33}=3,\quad A_{43}=-2$

5. $\lambda=-4$ 或 $\lambda=-1$ 或 $\lambda=0$

6. 略

7. 略

習題 2-2

1. (1) $\operatorname{adj}A=\begin{bmatrix}-7&8&-13\\5&4&-15\\-4&-10&12\end{bmatrix}$　(2) $\det(A)=-34$　(3) 略

2. $\lambda=-5$ 或 $\lambda=0$ 或 $\lambda=3$

3. $\lambda=4$ 或 $\lambda=0$

4. $\begin{bmatrix}x_1\\x_2\\x_3\end{bmatrix}=\begin{bmatrix}\frac{15}{34}\\-\frac{1}{34}\\-\frac{6}{34}\end{bmatrix}$

5. 略

6. 略

7. (1) 有一非明顯解　(2) 具有明顯解

8. (1) $x_1=4$, $x_2=8$, $x_3=19$ (2) $x_1=3$, $x_2=-2$, $x_3=1$, $x_4=2$

9. (1) 略 (2) 略

習題 2-3

1. $y_c=2.6+0.4x$ 2. (1) $y_c=5.102+1.870x$ (2) 42,500 元

3. (1) $p=f(x)=-0.81x+40,\ 0\le x\le 49.38$ (2) 每卷 22.22 元

第三章 三維空間與 n 維空間上的向量

習題 3-1

1. $\langle 3,2,-7\rangle$ 2.(1) $-10\mathbf{i}-4\mathbf{j}+8\mathbf{k}$ (2) $6\sqrt{5}$

3. $\langle \frac{2}{\sqrt{29}},\frac{4}{\sqrt{29}},\frac{-3}{\sqrt{29}}\rangle$ 4. $-\frac{15}{\sqrt{59}}\mathbf{i}-\frac{5}{\sqrt{59}}\mathbf{j}+\frac{35}{\sqrt{59}}\mathbf{k}$ 5. 略

6. $\cos\alpha=\frac{4}{\sqrt{53}}\approx 0.5494$, $\cos\beta=\frac{-1}{\sqrt{53}}\approx -0.1374$, $\cos\gamma=\frac{6}{\sqrt{53}}\approx 0.8242$

7. $\mathbf{v}=\left\langle \frac{7}{\sqrt{6}},\frac{7}{\sqrt{3}},\frac{7}{\sqrt{2}}\right\rangle$ 8. $G=\left(\frac{4}{3},1,\frac{4}{3}\right)$

9. $a=-2, b=1, c=-3$ 10. $\begin{cases} x=2+2t \\ y=-3+5t, \quad t\in\mathbb{R} \\ z=1+4t \end{cases}$ 11. 略

習題 3-2

1. $\cos\theta=\frac{-11}{\sqrt{13}\sqrt{74}}$ 2. $\cos\theta=0$

3. (1) $\mathbf{u}$ 與 $\mathbf{v}$ 正交 (2) θ 為鈍角

4. (1) $\mathbf{w}\cdot\mathbf{v}$ 為一純量，所以無法和向量 $\mathbf{u}$ 作內積
(2) $\mathbf{v}\cdot\mathbf{u}$ 為純量，無法與 $\mathbf{w}$ 相加
(3) $\mathbf{u}\cdot\mathbf{v}$ 不為向量
(4) c 為純量

5. $(\|\mathbf{u}\|\mathbf{v})\cdot\mathbf{w}=\left\langle\frac{35}{\sqrt{26}},\frac{-1}{\sqrt{26}},0\right\rangle$

6. (1) $k=\frac{10}{3}$ (2) $k=-\frac{6}{5}$ (3) $k=\frac{1}{2}$ 7. 略 8. 略

9. (1) $\text{proj}_{\mathbf{v}}\,\mathbf{u}=\left\langle\frac{8}{13},\frac{-12}{13}\right\rangle$ (2) $\text{proj}_{\mathbf{v}}\,\mathbf{u}=\left\langle\frac{16}{89},\frac{12}{89},\frac{32}{89}\right\rangle$

10. (1) $\|\text{proj}_{\mathbf{v}}\,\mathbf{u}\|=\frac{2}{5}$ (2) $\|\text{proj}_{\mathbf{v}}\,\mathbf{u}\|=\frac{18}{\sqrt{22}}$

11. $\angle ABC\approx 13.11°$ 12. $\frac{10}{7}\langle -6,1,3\rangle$ 與 $-\frac{10}{7}\langle -6,2,3\rangle$

13. $\text{proj}_{\mathbf{v}}\,\mathbf{u}=\frac{5}{19}\mathbf{i}+\frac{15}{19}\mathbf{j}-\frac{15}{19}\mathbf{k}$, $\|\text{proj}_{\mathbf{v}}\,\mathbf{u}\|\approx 1.1471$

14. $\mathbf{u}=\left\langle\frac{6}{25},\frac{12}{25},-\frac{3\sqrt{5}}{25}\right\rangle+\left\langle-\frac{81}{25},\frac{13}{25},-\frac{22\sqrt{5}}{25}\right\rangle$

15. 略 16. $\frac{5}{\sqrt{6}}$ 17. 24 呎-磅 18. 略 19. 略

習題 3-3

1. $\frac{4}{9}\mathbf{i}+\frac{1}{9}\mathbf{j}+\frac{8}{9}\mathbf{k}$ 及 $-\frac{4}{9}\mathbf{i}-\frac{1}{9}\mathbf{j}-\frac{8}{9}\mathbf{k}$

2. $\frac{1}{2}\sqrt{374}$

3. $3\sqrt{5}$ 4. $\sqrt{638}$ 5. $\frac{3\sqrt{33}}{2}$

6. 69 7. (1) 9 (2) $\sqrt{35}$ (3) 40.01°

8. 略 9. $\frac{88}{3}$ 10. $\frac{x+1}{6}=\frac{y-2}{-1}=\frac{z-3}{4}$

11. $4x+7y-5z+3=0$ 12. 略

13. $\begin{cases}x=-2+11t\\ y=5-2t\\ z=5-2t\end{cases}$, $t\in Re$

14. $x+y-3z+11=0$

習題 3-4

1. $x = 2,\quad y = -1,\quad u = 2,\quad v = 2$

2. $\left\langle 0, -\frac{1}{\sqrt{6}}, \frac{2}{\sqrt{6}}, -\frac{1}{\sqrt{6}} \right\rangle$

3. (1) $\left\langle \frac{1}{\sqrt{2}}, \frac{1}{3\sqrt{2}}, \frac{2}{3\sqrt{2}}, \frac{2}{3\sqrt{2}} \right\rangle$　(2) 1

4. $\sqrt{10}$　5. $k = \pm\frac{5}{7}$　6. -11

7. 略　8. $\frac{-11}{\sqrt{546}}$　9. 略　10. 略

11. (1) $\sqrt{59}$　(2) 10

第四章　向量空間

習題 4-1

1. (1) V 不為向量空間。$1\langle x, y\rangle = \langle 0, 0\rangle \neq \langle x, y\rangle$, $\forall \langle x, y\rangle \in V$。
   (2) V 不為向量空間。加法交換律不成立，沒有加法單位元素，沒有加法反元素。
   (3) V 為向量空間。
2. (1) 不為 $\mathbb{R}^4$ 的子空間　(2) 為 $\mathbb{R}^4$ 的子空間　(3) 為 $\mathbb{R}^4$ 的子空間
3. 略　4. 略　5. 略
6. 略　7. 略　8. 略
9. 略　10. 否

習題 4-2

1. (1) $\langle 1, 1, 1\rangle$ 不為 $\mathbf{x}_1$、$\mathbf{x}_2$ 與 $\mathbf{x}_3$ 之線性組合
   (2) $\langle -2, -1, 1\rangle = (2t-1)\mathbf{x}_1 + (1-3t)\mathbf{x}_2 + t\mathbf{x}_3,\ \ t \in \mathbb{R}$
2. 是
3. (1) 線性相依，$\mathbf{x}_3 = \frac{1}{2}(\mathbf{x}_1 - \mathbf{x}_2)$　(2) 線性相依，$\mathbf{x}_4 = 2\mathbf{x}_1 + \mathbf{x}_2 + \mathbf{x}_3$
   (3) 線性獨立
4. 不可生成 P_3
5. (1) 不為 $\mathbb{R}^3$ 的基底　(2) 不為 $\mathbb{R}^3$ 的基底　(3) 為 $\mathbb{R}^3$ 的基底

6. { 〈1, 1, 0〉, 〈0, 1, 1〉 } 為 **w** 的基底

7. dim **w** = 3　　8. {**0**}　　9. dim $W = 2$　　10. {**0**}

習題 4-3

1. (1) $\mathbf{v}_1 = \begin{bmatrix} 1 \\ 0 \\ 2 \end{bmatrix}$, $\mathbf{v}_2 = \begin{bmatrix} 0 \\ 1 \\ 0 \end{bmatrix}$　　(2) $\mathbf{v}_1 = \begin{bmatrix} -1 \\ -1 \\ 1 \\ 0 \end{bmatrix}$, $\mathbf{v}_2 = \begin{bmatrix} 2 \\ -4 \\ 0 \\ 7 \end{bmatrix}$

2. (1) $\left(1, 0, -\frac{1}{2}\right)$　　(2) $\mathbf{w}_1 = \langle 1, 4, 5, 2 \rangle$, $\mathbf{w}_2 = \langle 0, 1, 1, \frac{4}{7} \rangle$

3. (1) $\mathbf{v}_1 = \begin{bmatrix} 1 \\ 2 \\ -1 \end{bmatrix}$, $\mathbf{v}_2 = \begin{bmatrix} 4 \\ 1 \\ 3 \end{bmatrix}$　　(2) $\mathbf{v}_1 = \begin{bmatrix} 1 \\ 2 \\ 0 \\ 2 \end{bmatrix}$, $\mathbf{v}_2 = \begin{bmatrix} -2 \\ -5 \\ 5 \\ 6 \end{bmatrix}$, $\mathbf{v}_3 = \begin{bmatrix} 0 \\ -3 \\ 15 \\ 18 \end{bmatrix}$

4. $\mathbf{v}_1 = \langle 1, 4, 5, 6, 9 \rangle$, $\mathbf{v}_2 = \langle 3, -2, 1, 4, -1 \rangle$

5. (1) nullity $(A) = 2$　　(2) nullity $(A) = 2$

第五章　內積空間

習題 5-1

1. $k = \frac{4}{3}$

2. (1) $12\langle \mathbf{u} \mid \mathbf{u} \rangle + 2\langle \mathbf{u} \mid \mathbf{v} \rangle - 30\langle \mathbf{v} \mid \mathbf{v} \rangle$

   (2) $4\|\mathbf{u}\|^2 - 12\langle \mathbf{u} \mid \mathbf{v} \rangle + 9\|\mathbf{v}\|^2$

3. $\mathbf{w}_1 = \langle -3, 1, 0 \rangle$, $\mathbf{w}_2 = \langle 4, 0, 1 \rangle$, 向量 $\mathbf{w}_1$ 與 $\mathbf{w}_2$ 形成方程式之解空間的基底, 因此為 $\mathbf{u}^2$ 之基底

4. $\cos\theta = \frac{5}{\sqrt{38}\sqrt{26}}$　　5. (1) $-\frac{11}{12}$　　(2) $\|\mathbf{f}\| = \sqrt{13}$, $\|\mathbf{g}\| = \frac{1}{5}\sqrt{5}$

6. $\cos\theta = -\dfrac{55}{12\sqrt{65}}$　　7. $\cos\theta = \dfrac{119}{\sqrt{271}\sqrt{91}}$

8. $\theta = \dfrac{\pi}{2}$　　9. 2　　10. $\sqrt{98}$

11. $<\mathbf{p}\mid\mathbf{q}> = \dfrac{7}{12}$, $\|\mathbf{p}\| = \sqrt{\dfrac{7}{3}}$, $\|\mathbf{q}\| = \sqrt{\dfrac{1}{5}}$

12. 1　　13. 0　　14. 略　　15. $\sqrt{\dfrac{8}{3}}$　　16. 略　　17. (1) 略　(2) 略

18. $\{\mathbf{x}_1, \mathbf{x}_2\}$ 為一正規正交基底，其中 $\mathbf{x}_1 = \left\langle \dfrac{1}{\sqrt{2}}, -\dfrac{1}{\sqrt{2}}, 0 \right\rangle$　$\mathbf{x}_2 = \left\langle \dfrac{1}{\sqrt{3}}, \dfrac{1}{\sqrt{3}}, \dfrac{1}{\sqrt{3}} \right\rangle$

19. $\left\{ \left\langle \dfrac{2}{3}, \dfrac{1}{3}, \dfrac{2}{3} \right\rangle, \left\langle \dfrac{\sqrt{2}}{6}, -\dfrac{4\sqrt{2}}{6}, \dfrac{\sqrt{2}}{6} \right\rangle, \left\langle -\dfrac{\sqrt{2}}{2}, 0, \dfrac{\sqrt{2}}{2} \right\rangle \right\}$

20. $\left\{ \left[\dfrac{1}{\sqrt{5}}, \dfrac{2}{\sqrt{5}}, 0 \right]^T, \left[-\dfrac{6\sqrt{5}}{5\sqrt{14}}, \dfrac{3\sqrt{5}}{5\sqrt{14}}, \dfrac{\sqrt{5}}{\sqrt{14}} \right]^T \right\}$

21. $\left\{ \left\langle \dfrac{1}{\sqrt{2}}, 0, -\dfrac{1}{\sqrt{2}}, 0 \right\rangle, \left\langle \dfrac{1}{\sqrt{6}}, -\dfrac{2}{\sqrt{6}}, \dfrac{1}{\sqrt{6}}, 0 \right\rangle, \left\langle \dfrac{1}{\sqrt{3}}, \dfrac{1}{\sqrt{3}}, \dfrac{1}{\sqrt{3}}, 0 \right\rangle \right\}$ 為正規正交基底

22. $\left\{ 1, \sqrt{3}(2x-1), 6\sqrt{5}\left(x^2 - x + \dfrac{1}{6} \right) \right\}$ 為正規正交基底

習題 5-2

1. (1) $g(x) = \dfrac{1}{3}$　(2) $g(x) = 4e - 10 + (18 - 6e)x$　(3) $g(x) = -24\pi^{-3}x + 12\pi^{-2}$

2. $g(x) = -\dfrac{3}{4}e + \dfrac{33}{4}e^{-1} + 3e^{-1}x + \dfrac{15}{4}(e - 7e^{-1})x^2$　3. $f(x) \sim 2\sin x - \sin 2x$

4. $f(x) \sim \dfrac{\pi}{2} + \dfrac{4}{\pi}\left\{ \cos x + \dfrac{1}{3^2}\cos(3x) + \dfrac{1}{5^2}\cos(5x) \right\}$

第六章　線性變換與矩陣的特徵值

習題 6-1

1. (1) 不為線性變換　(2) 為線性變換　(3) 不為線性變換

2. 略　　**3.** 略　　**4.** $\begin{bmatrix} 1 \\ -19 \end{bmatrix}$

5. $L(\langle x, y, z\rangle) = \langle 4x-2y-z, 3x-4y+z\rangle$ ， $\langle 9, 23\rangle$

6. 略　　**7.** (1) $\boldsymbol{A} = \begin{bmatrix} 1 & 1 & 0 \\ 0 & 0 & 0 \end{bmatrix}$　(2) $\boldsymbol{A} = \begin{bmatrix} -1 & 1 & 0 \\ 0 & -1 & 1 \end{bmatrix}$

8. (1) $\boldsymbol{A} = \begin{bmatrix} 1 & 0 & 0 \\ 1 & 1 & 0 \\ 1 & 1 & 1 \end{bmatrix}$　(2) $\boldsymbol{A} = \begin{bmatrix} 0 & 0 & 2 \\ 3 & 1 & 0 \\ 2 & 0 & -1 \end{bmatrix}$

9. (1) $\boldsymbol{A} = \begin{bmatrix} 2 & -1 & -1 \\ -1 & 2 & -1 \\ -1 & -1 & 2 \end{bmatrix}$　(2) (a) $L(\mathbf{x}) = \begin{bmatrix} 2 \\ -1 \\ -1 \end{bmatrix}$　(b) $L(\mathbf{x}) = \begin{bmatrix} -15 \\ 9 \\ 6 \end{bmatrix}$

10. $\begin{bmatrix} 1 & 0 \\ 0 & 1 \\ 1 & 1 \end{bmatrix}$　**11.** $\boldsymbol{A} = \begin{bmatrix} 2 & 2 \\ 1 & 0 \end{bmatrix}$　**12.** (1) $\begin{bmatrix} 1 & \frac{1}{2} & \frac{1}{2} \\ -2 & 0 & 0 \end{bmatrix}$　(2) $\begin{bmatrix} 5 \\ -8 \end{bmatrix}$

13. $L\left(\begin{bmatrix} x \\ y \end{bmatrix}\right) = \begin{bmatrix} \frac{x}{\sqrt{2}} - \frac{y}{\sqrt{2}} \\ \frac{x}{\sqrt{2}} + \frac{y}{\sqrt{2}} \end{bmatrix}$, $L\left(\begin{bmatrix} -1 \\ 2 \end{bmatrix}\right) = \begin{bmatrix} -\frac{3}{\sqrt{2}} \\ \frac{1}{\sqrt{2}} \end{bmatrix}$　**14.** $\begin{bmatrix} 1 \\ -1 \\ 1 \end{bmatrix}$

15. (1) $\begin{bmatrix} 1 & 2 \\ 2 & -1 \end{bmatrix}$　(2) $\begin{bmatrix} 1 & -\frac{1}{2} \\ 1 & \frac{3}{4} \end{bmatrix}$　(3) $\begin{bmatrix} 3 & 2 \\ -4 & 4 \end{bmatrix}$

(4) $\begin{bmatrix} -2 & 2 \\ \frac{1}{2} & 2 \end{bmatrix}$　(5) (i) $\begin{bmatrix} 5 \\ 0 \end{bmatrix}$　(ii) $\begin{bmatrix} 5 \\ 0 \end{bmatrix}$　(iii) $\begin{bmatrix} 5 \\ 0 \end{bmatrix}$　(iv) $\begin{bmatrix} 5 \\ 0 \end{bmatrix}$

16. (1) $\begin{bmatrix} 1 & 2 & 1 \\ 2 & -1 & 0 \\ 0 & 2 & 1 \end{bmatrix}$　(2) $\begin{bmatrix} 1 & 2 & 1 \\ 2 & -1 & 0 \\ -3 & 1 & 0 \end{bmatrix}$　(3) (i) $\begin{bmatrix} 1 \\ 1 \\ 0 \end{bmatrix}$　(ii) $\begin{bmatrix} 1 \\ 1 \\ 0 \end{bmatrix}$

17. (1) $\begin{bmatrix} \frac{7}{3} & -\frac{4}{3} \\ -\frac{2}{3} & \frac{5}{3} \\ \frac{2}{3} & -\frac{2}{3} \end{bmatrix}$ (2) $\begin{bmatrix} -3 \\ 4 \\ 3 \end{bmatrix}$

18. (1) $\begin{bmatrix} 0 & 0 & 0 \\ 0 & 0 & 0 \\ 1 & 1 & 4 \\ 0 & 2 & 5 \\ 1 & 3 & 1 \end{bmatrix}$ (2) $L(-3+5x-2x^2)=-3x^2+5x^3-2x^4$

習題 6-2

1. (1) $\lambda^2-5\lambda+7$ (2) λ^2-4 (3) λ^2+3
(4) $\lambda^3-4\lambda^2+7$ (5) $\lambda^3-6\lambda^2+12\lambda-8$

2. (1) 特徵值為 $\lambda_1=2$ 或 $\lambda_2=3$。

(i) $\mathbf{x}_1=\begin{bmatrix} 1 \\ 1 \end{bmatrix}$ 為對應於 $\lambda_1=2$ 之特徵向量。

(ii) $\mathbf{x}_2=\begin{bmatrix} 1 \\ 2 \end{bmatrix}$ 為對應於 $\lambda=3$ 之特徵向量。

(2) 特徵值為 $\lambda_1=1,\ \lambda_2=2,\ \lambda_3=4$。

(i) $\mathbf{x}_1=\begin{bmatrix} -1 \\ 1 \\ 1 \end{bmatrix}$ 為 $\boldsymbol{A}$ 對應於 $\lambda_1=1$ 之特徵向量。

(ii) $\mathbf{x}_2=\begin{bmatrix} 1 \\ 0 \\ 0 \end{bmatrix}$ 為 $\boldsymbol{A}$ 對應於 $\lambda_2=2$ 之特徵向量。

(iii) $\mathbf{x}_3=\begin{bmatrix} 7 \\ -4 \\ 2 \end{bmatrix}$ 為 $\boldsymbol{A}$ 對應於 $\lambda_3=4$ 之特徵向量。

(3) 特徵值為 $\lambda_1=0,\ \lambda_2=2,\ \lambda_3=3$。

(i) $\mathbf{x}_1 = \begin{bmatrix} 0 \\ -1 \\ 1 \end{bmatrix}$ 為 $\boldsymbol{A}$ 對應於 $\lambda_1 = 0$ 之特徵向量。

(ii) $\mathbf{x}_2 = \begin{bmatrix} -2 \\ -3 \\ 1 \end{bmatrix}$ 為 $\boldsymbol{A}$ 對應於 $\lambda_2 = 2$ 之特徵向量。

(iii) $\mathbf{x} = \begin{bmatrix} 1 \\ 2 \\ 0 \end{bmatrix}$ 為 $\boldsymbol{A}$ 對應於 $\lambda_3 = 3$ 之特徵向量。

3. $\lambda_1 = 1,\ \lambda_2 = -512,\ \lambda_3 = 0,\ \lambda_4 = \dfrac{1}{512}$

4. $\begin{bmatrix} 2 \\ 3 \\ 1 \\ 0 \end{bmatrix}, \begin{bmatrix} 0 \\ 0 \\ 0 \\ 1 \end{bmatrix}, \begin{bmatrix} -1 \\ 0 \\ 1 \\ 0 \end{bmatrix}, \begin{bmatrix} -2 \\ 1 \\ 1 \\ 0 \end{bmatrix}$

5. $\left\{ \begin{bmatrix} 1 \\ -2 \\ 1 \end{bmatrix} \right\}$

6. (1) 略　(2) 略

習題 6-3

1. (1) 可對角線化　(2) 不可被對角線化　(3) 可對角線化
   (4) 可對角線化　(5) 不可被對角線化

2. (1) $\begin{bmatrix} 1 & 0 & 0 \\ 0 & 1 & 0 \\ 0 & 0 & 3 \end{bmatrix}$　(2) $\begin{bmatrix} 2 & 0 & 0 \\ 0 & 3 & 0 \\ 0 & 0 & 3 \end{bmatrix}$　(3) $\begin{bmatrix} 0 & 0 & 0 \\ 0 & 1 & 0 \\ 0 & 0 & 2 \end{bmatrix}$　(4) $\begin{bmatrix} 1 & 0 & 0 \\ 0 & 2 & 0 \\ 0 & 0 & 3 \end{bmatrix}$

3. (1) $\boldsymbol{J}_1 = [-2],\ \boldsymbol{J}_2 = \begin{bmatrix} 4 & 1 \\ 0 & 4 \end{bmatrix}$　(2) $\boldsymbol{J}_1 = \begin{bmatrix} 2 & 1 \\ 0 & 2 \end{bmatrix},\ \boldsymbol{J}_2 = [2]$

4. $\begin{bmatrix} 1 & 0 & 0 \\ 0 & 32 & 32 \\ 0 & 32 & 32 \end{bmatrix}$

5. $\dfrac{1}{6}\begin{bmatrix} 1 & -3 & 7 \\ -1 & 9 & -13 \\ 1 & 3 & -5 \end{bmatrix}$

6. $\begin{bmatrix} -1 & 10237 & -2047 \\ 0 & 1 & 0 \\ 0 & 10245 & -2048 \end{bmatrix}$

習題 6-4

1. 略

2. (1) $A^{-1}=\begin{bmatrix}1 & 0 & 0\\ 0 & \cos\theta & -\sin\theta\\ 0 & \sin\theta & \cos\theta\end{bmatrix}$ (2) $A^{-1}=\begin{bmatrix}1 & 0 & 0\\ 0 & \frac{1}{\sqrt{2}} & -\frac{1}{\sqrt{2}}\\ 0 & -\frac{1}{\sqrt{2}} & -\frac{1}{\sqrt{2}}\end{bmatrix}$

3. (1) $\begin{bmatrix}-\frac{1}{\sqrt{2}} & \frac{1}{\sqrt{2}}\\ \frac{1}{\sqrt{2}} & \frac{1}{\sqrt{2}}\end{bmatrix}$ (2) $\begin{bmatrix}-\frac{1}{\sqrt{2}} & -\frac{1}{\sqrt{6}} & \frac{1}{\sqrt{3}}\\ \frac{1}{\sqrt{2}} & -\frac{1}{\sqrt{6}} & \frac{1}{\sqrt{3}}\\ 0 & \frac{2}{\sqrt{6}} & \frac{1}{\sqrt{3}}\end{bmatrix}$

(3) $\begin{bmatrix}1 & 0 & 0\\ 0 & -\frac{1}{\sqrt{2}} & \frac{1}{\sqrt{2}}\\ 0 & \frac{1}{\sqrt{2}} & \frac{1}{\sqrt{2}}\end{bmatrix}$ (4) $\begin{bmatrix}\frac{1}{\sqrt{3}} & \frac{1}{\sqrt{2}} & \frac{1}{\sqrt{6}}\\ \frac{1}{\sqrt{3}} & 0 & -\frac{2}{\sqrt{6}}\\ \frac{1}{\sqrt{3}} & -\frac{1}{\sqrt{2}} & \frac{1}{\sqrt{6}}\end{bmatrix}$

習題 6-5

1. (1) 非二次形 (2) 非二次形 (3) 二次形 (4) 二次形

2. (1) $\mathbf{x}^T A\mathbf{x}=[x_1 \quad x_2]\begin{bmatrix}4 & 3\\ 3 & -9\end{bmatrix}\begin{bmatrix}x_1\\ x_2\end{bmatrix}$ (2) $\mathbf{x}^T A\mathbf{x}=[x_1 \quad x_2]\begin{bmatrix}5 & 2\\ 2 & 0\end{bmatrix}\begin{bmatrix}x_1\\ x_2\end{bmatrix}$

(3) $\mathbf{x}^T A\mathbf{x}=[x_1 \quad x_2 \quad x_3]\begin{bmatrix}9 & 3 & -4\\ 3 & -1 & \frac{1}{2}\\ -4 & \frac{1}{2} & 4\end{bmatrix}\begin{bmatrix}x_1\\ x_2\\ x_3\end{bmatrix}$

(4) $\mathbf{x}^T A\mathbf{x}=[x_1 \quad x_2 \quad x_3 \quad x_4]\begin{bmatrix}1 & 1 & 0 & -5\\ 1 & 1 & 0 & 0\\ 0 & 0 & -1 & 2\\ -5 & 0 & 2 & -1\end{bmatrix}\begin{bmatrix}x_1\\ x_2\\ x_3\\ x_4\end{bmatrix}$

3. (1) $2x_1^2-6x_1x_2+5x_2^2$ (2) $x_1^2-3x_2^2+5x_3^2$

(3) $2x_1x_2+2x_1x_3+2x_1x_4+2x_2x_3+2x_2x_4+2x_3x_4$

4. 略

5. 最大值為 $\lambda_1=4$，發生在 $\pm\begin{bmatrix}\frac{1}{\sqrt{6}}\\ \frac{1}{\sqrt{6}}\\ \frac{2}{\sqrt{6}}\end{bmatrix}$；最小值為 $\lambda_2=-2$，發生在 $\pm\begin{bmatrix}-\frac{1}{\sqrt{3}}\\ -\frac{1}{\sqrt{3}}\\ \frac{1}{\sqrt{3}}\end{bmatrix}$

6. (1) 正定矩陣　(2) 不是正定矩陣　(3) 正定矩陣

7. 負定矩陣

8. (1) $y_1^2+6y_2^2$　(2) $-3y_2^2+3y_3^2$

9. (1) $\frac{x''^2}{6}+\frac{y''^2}{3}=1$ 為一橢圓　(2) $\frac{x''^2}{12}-\frac{y''^2}{8}=1$ 為雙曲線

(3) $\frac{x'^2}{3/2}+\frac{y'^2}{3/2}+\frac{z'^2}{3/8}=1$ 為一橢球面方程式

第七章　矩陣在微分方程上之應用

習題 7-1

1. 略　2. 略　3. 略　4. 略

5. $\mathbf{x}(t)=c_1\begin{bmatrix}2e^{3t}\\ e^{3t}\end{bmatrix}+c_2\begin{bmatrix}-2e^{-t}\\ e^{-t}\end{bmatrix}$

6. $\mathbf{x}(t)=c_1e^{2t}\begin{bmatrix}0\\ 1\end{bmatrix}+c_2e^{2t}\begin{bmatrix}\frac{1}{3}\\ t\end{bmatrix}$

7. $\mathbf{x}(t)=c_1\begin{bmatrix}0\\ 1\\ 0\end{bmatrix}+c_2\begin{bmatrix}-\cos t\\ \frac{1}{2}(\cos t-\sin t)\\ \cos t+\sin t\end{bmatrix}+c_3\begin{bmatrix}-\sin t\\ \frac{1}{2}(\cos t+\sin t)\\ \sin t-\cos t\end{bmatrix}$

習題 7-2

1. $\mathbf{x}(t)=\begin{bmatrix}-\frac{1}{3}e^{t}+\frac{4}{3}e^{4t}\\ -\frac{1}{3}e^{t}-\frac{2}{3}e^{4t}\end{bmatrix}$

2. $\mathbf{x}(t)=\begin{bmatrix}\frac{1}{6}e^{-t}+\frac{1}{2}e^{t}+\frac{1}{3}e^{2t}\\ -\frac{1}{6}e^{-t}+\frac{1}{2}e^{t}+\frac{2}{3}e^{2t}\\ \frac{1}{6}e^{-t}+\frac{1}{2}e^{t}+\frac{4}{3}e^{2t}\end{bmatrix}$

3. $\mathbf{x}(t)=\begin{bmatrix} e^{2t}-2e^{3t} \\ e^{t}-2e^{2t}+2e^{3t} \\ -2e^{2t}+2e^{3t} \end{bmatrix}$

4. $\mathbf{x}(t)=c_1\begin{bmatrix} 3 \\ 1 \end{bmatrix}e^{-3t}+c_2\left(\begin{bmatrix} -\frac{1}{2} \\ 0 \end{bmatrix}+\begin{bmatrix} 3 \\ 1 \end{bmatrix}t\right)e^{-3t}$

5. $\mathbf{x}(t)=\begin{bmatrix} -\frac{9}{8}e^{-t}-\frac{1}{56}e^{7t} \\ \frac{3}{4}e^{-t}-\frac{1}{28}e^{7t} \end{bmatrix}$

6. $\mathbf{x}(t)=\begin{bmatrix} \frac{2}{3}e^{2t}+\frac{1}{3}e^{8t} \\ \frac{2}{3}e^{2t}+\frac{1}{3}e^{8t} \\ -\frac{4}{3}e^{2t}+\frac{1}{3}e^{8t} \end{bmatrix}$

7. $\mathbf{x}(t)=\begin{bmatrix} e^{2t}+te^{2t} \\ (1-t)e^{2t} \\ e^{2t} \end{bmatrix}$

8. (1) $e^{A}=\begin{bmatrix} -e^2+2e & -e^2+e \\ 2e^2-2e & 2e^2-e \end{bmatrix}$　(2) $e^{A}=\begin{bmatrix} e^3 & 2e^2-2e^3 & -\frac{1}{3}+\frac{1}{3}e^3 \\ 0 & e^2 & 0 \\ 0 & 0 & 1 \end{bmatrix}$

(3) $e^{A}=\begin{bmatrix} 2e^2-e^3 & -2e+2e^2 & \frac{e}{2}-\frac{e^3}{2} \\ -e^2+e^3 & 2e-e^2 & -\frac{e}{2}+\frac{e^3}{2} \\ -4e^2+4e^3 & 4e-4e^2 & -e+2e^3 \end{bmatrix}$

9. $e^{At}=e^{-t}\begin{bmatrix} 1+t & 2t+\frac{t^2}{2} & t \\ 0 & 0 & 0 \\ -t & -t-\frac{t^2}{2} & -t+1 \end{bmatrix}$

10. (1) 略　(2) 略

11. 略

12. $\mathbf{x}(t)=\begin{bmatrix} \frac{1}{6}e^{-2t}+\frac{5}{6}e^{4t} \\ -\frac{1}{2}e^{-2t}+\frac{15}{6}e^{4t} \end{bmatrix}$

13. $\mathbf{x}(t)=\begin{bmatrix} 0 & e^{t} & 2e^{4t} \\ -e^{-2t} & 0 & -3e^{4t} \\ e^{-2t} & 0 & -3e^{4t} \end{bmatrix}\begin{bmatrix} -1 \\ 1 \\ 0 \end{bmatrix}\begin{bmatrix} e^{t} \\ e^{-2t} \\ -e^{-2t} \end{bmatrix}$

習題 7-3

1. $\mathbf{x}(t)=c_1e^{-t}\begin{bmatrix}-2\\1\end{bmatrix}+c_2e^{3t}\begin{bmatrix}2\\1\end{bmatrix}+\begin{bmatrix}-5\\1\end{bmatrix}$

2. $\mathbf{x}(t)=c_1e^{-t}\begin{bmatrix}-2\\1\end{bmatrix}+c_2e^{3t}\begin{bmatrix}2\\1\end{bmatrix}+e^{t}\begin{bmatrix}0\\-1\end{bmatrix}$

3. $\mathbf{x}(t)=c_1e^{-t}\begin{bmatrix}-2\\1\end{bmatrix}+c_2e^{3t}\begin{bmatrix}2\\1\end{bmatrix}+\begin{bmatrix}-\frac{1}{2}-t\\\frac{1}{2}t\end{bmatrix}e^{-t}$

4. $\mathbf{x}(t)=c_1e^{t}\begin{bmatrix}0\\1\\0\end{bmatrix}+c_2\begin{bmatrix}-\cos t\\\frac{1}{2}(\cos t-\sin t)\\\cos t+\sin t\end{bmatrix}+c_3\begin{bmatrix}-\sin t\\\frac{1}{2}(\cos t+\sin t)\\-\cos t+\sin t\end{bmatrix}+\begin{bmatrix}2\\-3\\-4\end{bmatrix}$

5. $\mathbf{x}(t)=c_1e^{t}\begin{bmatrix}0\\1\\0\end{bmatrix}+c_2\begin{bmatrix}-\cos t\\\frac{1}{2}(\cos t-\sin t)\\\cos t+\sin t\end{bmatrix}+c_3\begin{bmatrix}-\sin t\\\frac{1}{2}(\cos t+\sin t)\\-\cos t+\sin t\end{bmatrix}+\begin{bmatrix}0\\0\\-e^{-t}\end{bmatrix}$

6. $\mathbf{x}(t)=\frac{1}{28}\begin{bmatrix}7-\sqrt{7}\\-7+2\sqrt{7}\end{bmatrix}e^{(3+\sqrt{7})t}+\frac{1}{28}\begin{bmatrix}7+\sqrt{7}\\-7-2\sqrt{7}\end{bmatrix}e^{(3-\sqrt{7})t}+\frac{1}{2}\begin{bmatrix}-1\\t+1\end{bmatrix}$

第八章 線性規劃

習題 8-1

1. (1)

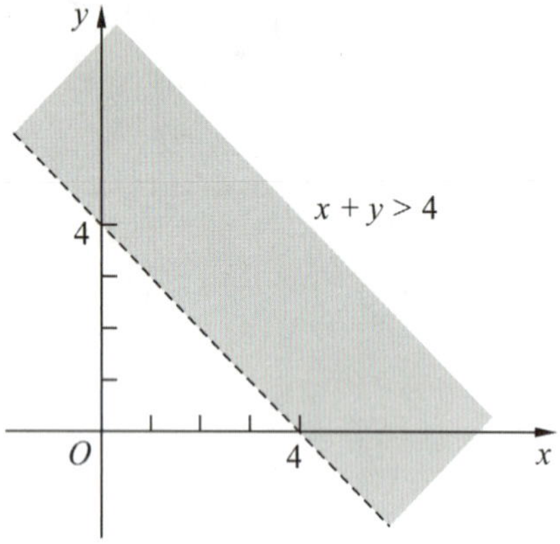

(2)

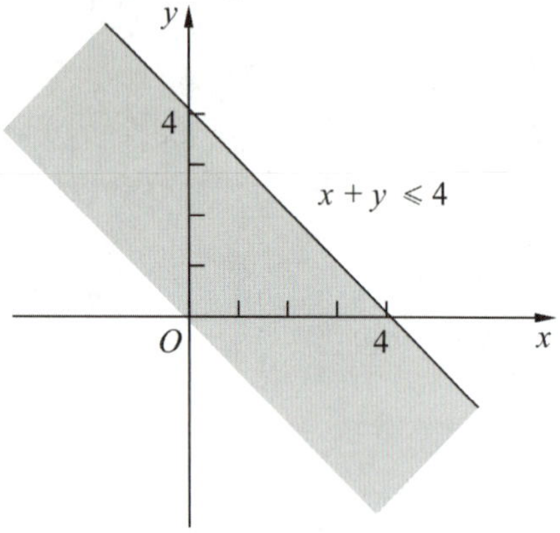

2. 0 ← 最小，30 ← 最大

3.

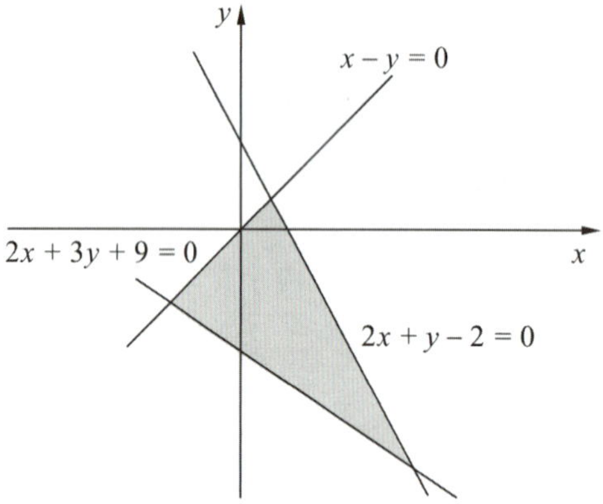

4. 5　　　**5.** 0 ← 最小，5 ← 最大

6. 甲、乙兩種作物各種 20 畝。

7. 甲種肥料 30 公斤，乙種肥料 5 公斤。

8. 甲種維他命丸 3 粒，乙種維他命丸 3 粒。

9. 甲機器開動 3 天，乙機器開動 2 天，可使成本減至最輕 700 元。

10.

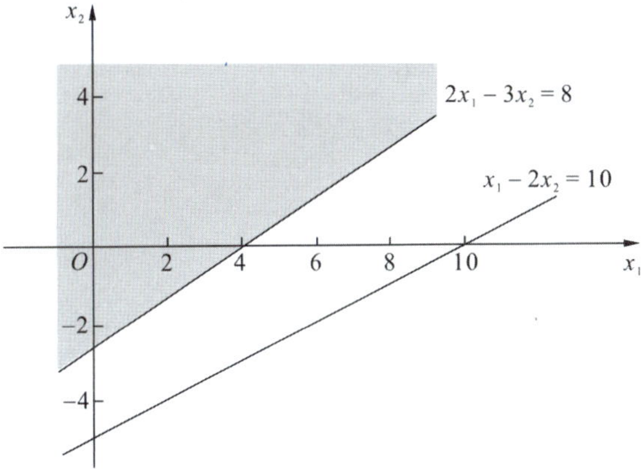

有無限制限

11.

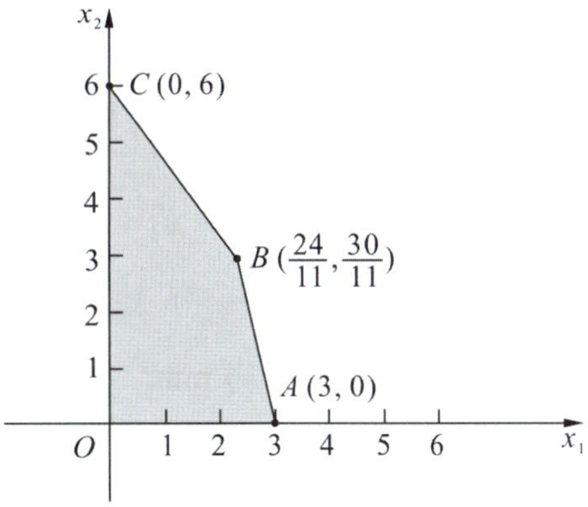

有多重最適解

12. 無界限

習題 8-2

1. (1) Max. $f(\boldsymbol{X}) = 3x_1 + x_2 + x_3 + 0x_4 + 0x_5$

$$\text{受制於}\begin{cases} x_1 - x_2 + 3x_3 - x_4 = 2 \\ 4x_1 + x_2 + 2x_3 + x_5 = 4 \\ x_1 - x_3 = 4 \\ x_i \geq 0 \ (i = 1, 2, 3, 4, 5) \end{cases}$$

(2) Max. $f(\boldsymbol{X}) = 10x_1 + 9x_2 + 0x_3 + 0x_4 + 0x_5 + 0x_6 + 0x_7 + 0x_8$

$$\text{受制於}\begin{cases} \frac{7}{10}x_1 + x_2 + x_3 = 630 \\ \frac{1}{2}x_1 + \frac{5}{6}x_2 + x_4 = 600 \\ x_1 + \frac{2}{3}x_2 + x_5 = 708 \\ \frac{1}{10}x_1 + \frac{1}{4}x_2 + x_6 = 135 \\ x_1 - x_7 = 100 \\ x_2 - x_8 = 100 \\ x_i \geq 0 \ (i = 1, 2, 3, \cdots, 8) \end{cases}$$

(3) Max. $g(X) = -15x_1 - 10x_2^* + 7x_3 - 15x_4$

$$\text{受制於}\begin{cases} 5x_1 - x_2^* + 5x_3 + x_4 + x_5 = 6 \\ -3x_1 - x_2^* - 4x_3 + 3x_4 - x_6 = 7 \\ x_1 - x_2^* + x_3 + x_4 + x_7 = 2 \\ x_1, x_3, x_4, x_2^*, x_5, x_6, x_7 \geq 0 \end{cases}$$

2. $x_1=2$, $x_2=0$, 得 min. $f=6$

3. (1) $x_1=4$, $x_2=2$ (2) $x_1=9$, $x_2=12$ (3) $x_1=1$, $x_2=5$

4. Max. $f(X) = 4x_1 + 5x_2 + 0 \cdot x_3 - Ms_1 + 0 \cdot x_4 - Ms_2$

$$\text{受制於}\begin{cases} 5x_1 + 4x_2 + x_3 = 200 \\ 3x_1 + 6x_2 + s_1 = 180 \\ 8x_1 + 5x_2 - x_4 + s_2 = 160 \\ x_1, x_2, x_3, x_4, s_1, s_2 \geq 0, \text{ 其中 } s_1\text{、}s_2 \text{ 為人為變數} \end{cases}$$

5. Max. $-f(X) = -2x_1 - 3x_2 + 0 \cdot x_3 - Ms_1 + 0 \cdot x_4 - Ms_2$

$$\text{受制於}\begin{cases} 2x_1 + x_2 + s_1 = 7 \\ 3x_1 - x_2 - x_3 + s_2 = 3 \\ x_1 + x_2 + x_4 = 5 \\ x_1, x_2, x_3, x_4, s_1, s_2 \geq 0, \text{ 其中 } s_1\text{、}s_2 \text{ 為人為變數} \end{cases}$$

6. $x_1=\frac{5}{4}$, $x_2=\frac{5}{8}$ 7. $\frac{1400}{3}$ 元

8. 甲產品之生產量為 250, 丙產品之生產量為 250, 乙產品之生產量為零時, 可得最大利潤 15,000 元。